"十四五"职业教育国家规划教材

国家职业教育现代通信技术专业教学资源库配套教材

icve 智慧职教 高等职业教育电类课程新形态一体化教材

通信概论

（第2版）

▶主　编　孙青华

▶副主编　黄红艳　范兴娟

李　辉　冯　征

中国教育出版传媒集团

高等教育出版社·北京

内容提要

本书是“十四五”职业教育国家规划教材、首批课程思政示范课程配套教材、职业教育国家在线精品课程配套教材，也是国家职业教育现代通信技术专业教学资源库配套教材。

本书全面介绍各类通信系统的技术特点、基本原理及主要应用。全书共 10 章。第 1 章和第 2 章从电信系统的基本概念入手，概括介绍电信系统的整体架构；第 3 章以电话通信为例，介绍典型通信系统的通信过程及相关技术；第 4 至 8 章详细介绍数据通信、移动通信、光纤通信、微波通信和卫星通信、接入网的基本原理及关键技术；第 9 章讲述网络安全；第 10 章介绍值得关注的一些通信新技术。

为了让学习者能够快速且有效地掌握核心知识和技能，也方便教师采用更有效的传统方式教学，或者采用更新颖的线上线下的翻转课堂教学模式，本书采用“纸质教材+数字课程”的形式，配有数字化课程网站与教、学、做一体化设计的专业教学资源库。书中以新颖的留白编排方式突出资源导航，扫描二维码即可观看微课、动画等视频类数字资源，随扫随学，突破传统课堂教学的时空限制，激发学生自主学习的兴趣，打造高效课堂。本书配套提供的数字化教学资源包括 PPT 教学课件、微课、动画、电子教案、习题库等，具体使用方式详见“智慧职教”服务指南。教师如需本书授课用 PPT 教学课件等配套资源，请登录“高等教育出版社产品信息检索系统”(https://xuanshu.hep.com.cn/)免费下载。

本书可作为高等职业专科院校、高等职业本科院校通信类、计算机类相关专业或普通本科院校信息管理与信息系统、电子信息工程专业相关课程的教材，也可作为通信系统、网络工程相关工程技术人员的参考书。

图书在版编目（CIP）数据

通信概论 / 孙青华主编 ; 黄红艳等副主编.
2 版. -- 北京 : 高等教育出版社, 2025. 7（2026. 5 重印）
ISBN 978-7-04-063441-9

Ⅰ. TN911

中国国家版本馆 CIP 数据核字第 20244BT410 号

TONGXIN GAILUN

策划编辑 郑期彤　责任编辑 郑期彤　封面设计 李小璐　版式设计 童　丹
责任绘图 邓　超　责任校对 张　薇　责任印制 赵义民

出版发行	高等教育出版社	网　址	http://www.hep.edu.cn
社　址	北京市西城区德外大街 4 号		http://www.hep.com.cn
邮政编码	100120	网上订购	http://www.hepmall.com.cn
印　刷	北京盛通印刷股份有限公司		http://www.hepmall.com
开　本	850mm×1168mm　1/16		http://www.hepmall.cn
印　张	19	版　次	2019 年 5 月第 1 版
字　数	470 千字		2025 年 7 月第 2 版
购书热线	010-58581118	印　次	2026 年 5 月第 3 次印刷
咨询电话	400-810-0598	定　价	49.80 元

本书如有缺页、倒页、脱页等质量问题，请到所购图书销售部门联系调换

物 料 号　63441-00

“智慧职教”服务指南

“智慧职教”(www.icve.com.cn)是由高等教育出版社建设和运营的职业教育数字教学资源共建共享平台和在线课程教学服务平台,与教材配套课程相关的部分包括资源库平台、职教云平台和App等。用户通过平台注册,登录即可使用该平台。

- 资源库平台:为学习者提供本教材配套课程及资源的浏览服务。

登录“智慧职教”平台,在首页搜索框中搜索“通信概论”,找到对应作者主持的课程,加入课程参加学习,即可浏览课程资源。

- 职教云平台:帮助任课教师对本教材配套课程进行引用、修改,再发布为个性化课程(SPOC)。

1. 登录职教云平台,在首页单击“新增课程”按钮,根据提示设置要构建的个性化课程的基本信息。

2. 进入课程编辑页面后,在“教学任务”的“课程设计”中“导入”教材配套课程,可根据教学需要进行修改,再发布为个性化课程。

- App:帮助任课教师和学生基于新构建的个性化课程开展线上线下混合式、智能化教与学。

1. 在应用市场搜索“智慧职教+”App,下载安装。

2. 登录App,任课教师指导学生加入个性化课程,并利用App提供的各类功能,开展课前、课中、课后的教学互动,构建智慧课堂。

“智慧职教”使用帮助及常见问题解答请访问help.icve.com.cn。

“通信概论”
在线课程

“通信概论”
MOOC

序

现代通信技术及相关专业在高职院校中布点量大，全国有200余所高职院校开设了现代通信技术及相关专业，覆盖全国大部分地区。国家职业教育专业教学资源库建设项目是教育部、财政部为深化高职院校教育教学改革，加强专业与课程建设，推动优质教学资源共建共享，提高人才培养质量而启动的国家级建设项目。2015年7月，现代通信技术（原专业名称为通信技术）专业被教育部、财政部确定为高等职业教育专业教学资源库立项建设专业，由深圳职业技术大学、南京信息职业技术学院和石家庄邮电职业技术学院联合主持建设现代通信技术专业教学资源库。

2015年8月，现代通信技术专业教学资源库建设项目正式启动。按照教育部提出的建设要求，建设项目组聘请了北京邮电大学刘韵洁院士担任首席技术顾问，确定了深圳职业技术大学、南京信息职业技术学院、石家庄邮电职业技术学院、武汉职业技术学院、常州信息职业技术学院、广东轻工职业技术大学、浙江交通职业技术学院、江苏电子信息职业学院、广州民航职业技术学院、广东交通职业技术学院、广东邮电职业技术学院、南京工业职业技术大学、四川信息职业技术学院、福建信息职业技术学院、上海电子信息职业技术学院、长春职业技术学院、吉林电子信息职业技术学院、黑龙江职业学院、重庆工程职业技术学院、西藏职业技术学院、湖南邮电职业技术学院、北京信息职业技术学院、北京工业职业技术学院、芜湖职业技术学院、安徽邮电职业技术学院、浙江邮电职业技术学院、苏州市职业大学等20多所院校，华为技术有限公司、中兴通讯股份有限公司、中国电信集团有限公司、深圳市讯方技术股份有限公司、北京华晟经世信息技术股份有限公司等30多家企业，以及工业和信息化部电子通信行业职业技能鉴定指导中心作为联合建设单位，形成了一支学校、企业、行业紧密结合的建设团队。

现代通信技术专业教学资源库整个建设过程遵循一体化设计、结构化课程、颗粒化资源的原则，以能学辅教为基本定位，通过整合合作院校、行业协会、企业、政府资源，构建了满足教师、学生、企业员工和社会学习者需要的资源空间和服务空间。资源空间建设了专业标准子库、业务流程子库、技术标准子库、课程标准子库、教学文件子库、实习实训项目子库、企业案例子库、虚拟仿真子库、培训认证子库、就业招聘子库、导学助学子库等11个资源子库，服务空间提供微信推送学习相关信息、在线组课、组卷和测试、互动、浏览、智能查询、网上学习、多终端应用多种服务，并于2017年年底圆满完成了资源库建设任务，于2018年验收通过。截至2025年3月，现代通信技术专业教学资源库已建有教学资源30 000多条、题目34 000多道，组建"智慧职教"课程87门、"职教云"课程700多门，学习用户超过10万人，覆盖全国31个省、自治区、直辖市的200多个地区。

本套教材是"国家职业教育现代通信技术专业教学资源库"建设项目的重要成果之一，也是资源库课程开发成果和资源整合应用实践的重要载体。教材体例新颖，特色鲜明，具体如下。

第一，以通信网络工程建设、运营维护及技术服务作为专业人才的定位，一体化确定课程体系和教材体系。项目组对企业职业岗位进行调研，分析归纳出现代通信技术专业职业岗位的典型工作任务，按照逻辑关系、认知规律，进行了现代通信技术专业课程体系顶层设计。课程体系的一体化设计实现了顶层设计下职业能力培养的递进衔接。

第二，项目组按照结构化课程的原则，对课程内容进行明确划分，做到逻辑一致，内容相谐，既使各课程之间知识、技能按照专业工作过程关联化、顺序化，又避免了不同课程之间内容的重复，开发了“现代通信技术”“通信概论”“高频电子技术”等课程的教学资源及配套教材。

第三，有效整合教材内容与教学资源，打造立体化、线上线下、平台支撑的新型教材。学生不仅可以依托教材完成传统的课堂学习任务，还可以通过“智慧职教”平台学习与教材配套的微课、动画、技能操作视频、教学课件、文本、图片等资源（在书中相应知识点处都有资源标记）。其中，微课、动画等视频类资源还可以通过移动终端扫描对应的二维码来学习。

第四，现代通信技术专业教学资源库汇聚了全国现代通信技术专业优质教学资源，且不断更新，提供了丰富鲜活的教学内容，极大丰富了课堂教学内容和教学模式，使得课堂的教学活动更加生动有趣，大大提高了教学效果和教学质量。

第五，本套教材装帧精美，采用双色印刷，并以新颖的版式设计，突出、直观的视觉效果搭建知识、能力与素养结构，给人耳目一新的感觉。

本套教材的编写历时近三年，几经修改，既具积累之深厚，又具改革之创新，是全国 20 多所院校和 30 多家企业的 200 余名教师、企业工程师的心血与智慧的结晶，也是现代通信技术专业教学资源库建设成果的集中体现。2018 年以来，国家职业教育现代通信技术专业教学资源库配套教材共出版 12 本，其中有 5 本入选“十四五”职业教育国家规划教材。随着现代通信技术专业教学资源库的应用与推广，本套教材已成为现代通信技术及相关专业学生、教师、企业员工、社会学习者立体化学习的重要支撑。

国家职业教育现代通信技术专业教学资源库项目组
2025 年 3 月

前 言

人类社会离不开信息的交流——通信。随着科学技术的发展，世界经济趋于全球化，人类社会正进入一个新的历史时期——信息化时代。信息、能源、材料构成世界经济发展的三大支柱。由通信技术、电子技术、计算机和信息服务业构成的信息产业，已成为信息化社会的基础。特别是光通信与计算机的密切结合，以及软件技术的突飞猛进，使通信技术日新月异，各种名目繁多的通信新技术及新业务应运而生，层出不穷，作为社会基础设施的通信技术革新正向着综合化、智能化和个人化方向发展。

本书从认识通信、认识电信网入手，首先为读者建立起电信系统的整体架构，然后介绍电话通信、数据通信、移动通信系统的基本原理及应用，较全面地介绍光纤通信、微波通信和卫星通信、接入网等通信传送网，简要地介绍网络安全以及值得关注的一些通信新技术。由于通信技术发展很快，本书在内容广泛、实用和讲解通俗的基础上，尽量选用最新的资料。

本书为首批课程思政示范课程配套教材、职业教育国家在线精品课程配套教材，编写团队中的各位教师均为国家课程思政教学名师。为加快推进党的二十大精神进教材、进课堂、进头脑，书中通过拓展阅读材料进一步弘扬创新精神、工匠精神及爱国主义精神，引导学生树立科技自立自强的信念，形成精益求精、爱岗敬业的职业素养，强化安全意识和创新意识，增强民族自尊心和自豪感。

"通信概论"课程思政示范课简介

一、学习本书所需要的准备

学习本书需要具备电子技术的基础知识，对电子信息技术有一定了解的读者都会在本书中得到有益的知识。

二、本书的风格

作为通信类专业智慧开启课程的配套教材，本书力图编写成为一本通信技术的学习指南，内容包括各类通信系统的概念、技术特点、系统结构、基本原理及应用。书中含有大量的图表、数据、例证和插图，讲解深入浅出。

通信技术涉及内容比较复杂，而且不少技术有前后的关联性，本书尽可能用形象的图表及实例来解释和描述，为读者建立清晰而完整的体系框架（见图 0-1）。

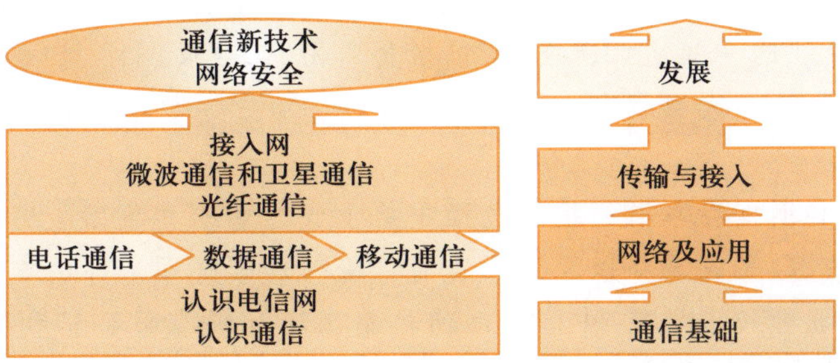

图 0-1　本书各章节的关系

书中在每章的开始明确本章的学习重点、难点及学习方法建议，引导读者深入学习。

为配合教、学、做一体化的教学形式，书中结合每章教学内容，设计了教学情境，使教学与实践有机结合在一起。依托于国家职业教育现代通信技术专业教学资源库，本书可提供丰富的数字化教学资源，每个知识点都配有微课、动画、PPT 教学课件、电子教案，并配备相关的习题库，读者可访问 www.icve.com.cn 观看或使用。微课、动画等视频类数字资源配有二维码，读者可以通过手机等移动终端随扫随学。每章后的“即测即评”栏目让读者可以随时通过手机等移动终端进行学习效果的自我测试，查看成绩，获取答案。

通信技术是当前最有活力的技术领域之一，书中的内容紧跟当前发展的脚步，对充满活力的新技术都做了简要介绍。

此外，本书实现了“纸质教材+数字课程”的完美结合，借助“智慧职教”在线教学平台（在线课程名为“通信概论”），学生不仅可以基于本书完成传统的课堂学习任务，还可以通过书中标注的资源开展自主拓展学习；教师则可以根据实际需要构建适合自己的小规模专属在线课程（SPOC），开展线上线下混合式教学，翻转课堂，让学生成为学习的主角，提升学生的学习效果。“智慧职教”在线教学平台的具体使用方法详见“智慧职教”服务指南。

三、本书的结构

第 1 章从电信系统的基本概念入手，概括介绍电信技术的发展、通信标准化组织以及电信业务的分类。

第 2 章介绍电信网络的概念、系统构成、网络拓扑结构、分层结构以及“云-管-端”架构，旨在建立电信网的整体架构。

第 3 章以电话通信为例，介绍电话通信的过程及 IMS 相关技术应用。

第 4 章从数据通信的特点入手，介绍数据通信的系统组成、传输方式等基本内容，重点介绍数据传输及数据交换的原理，讲述各类数据通信网、IDC、SDN 等技术及业务应用。

第 5 章简要介绍移动通信的特点、工作方式、多址方式、频率分配等内容，重点介绍 GSM、CDMA、3G、4G、5G 移动通信系统和行业解决方案及应用。

第 6 章从光纤通信的概念及发展入手，介绍光纤及其导光原理、光缆的结构、光纤通信系统的基本原理与业务应用、全光网等内容。

第 7 章讲述微波通信的概念、特点及基本组成，简要介绍卫星通信系统、卫星互联网的基本原理和主要应用。

第 8 章讲述接入网的概念及其在电信网中的地位，重点介绍各种接入方式，包括接入技术的演进、光接入网及无线接入技术。

第 9 章介绍网络安全，如网络安全体系架构、网络安全技术、网络安全等级保护等技术应用。

第 10 章介绍值得关注的一些通信新技术，包括物联网、工业互联网、量子通信、大气激光通信、空天地海一体化通信、云网融合、大数据与人工智能等。

四、致谢

我要感谢我的同事和朋友在本书的编写过程中给予我的影响和帮助。特别感谢石家庄邮电职业技术学院杨延广、孙群中、顾长青老师以及河北省通信管理局李怀军老师的支持与建议。

本书为石家庄邮电职业技术学院、中国移动通信集团设计院有限公司和河北省通信管理局校企“双元”合作开发教材，企业专家负责各章的框架设计和企业案例分析，学校教师负责内容文本的汇总、编写与开发。

本书由孙青华担任主编，黄红艳、范兴娟、李辉、冯征担任副主编。第2章、第3章和第6章由石家庄邮电职业技术学院黄红艳教授编写；第5章和第10章由石家庄邮电职业技术学院孙青华教授编写；第4章和第7章由石家庄邮电职业技术学院李辉副教授编写；第1章、第8章和第9章由石家庄邮电职业技术学院范兴娟副教授编写。全书由孙青华统稿。中国移动通信集团设计院有限公司首席专家冯征参与全书的方案设计、教学情境开发和企业案例提供。全书由南京信息职业技术学院杜庆波教授审阅。

由于编者水平有限，书中难免存在一些缺点和不妥之处，恳切希望广大读者批评指正。

孙青华

2025年4月

目 录

第 1 章

认识通信

本章教学说明

- 重点学习通信的基本概念
- 简要介绍现代通信技术的发展
- 概要介绍通信标准化组织
- 概要介绍电信业务的分类

本章内容

- 信息与通信的基本概念
- 通信发展历史
- 认识通信标准化组织
- 电信业务

本章重点、难点

- 电信的定义
- 信号和信息的关系
- 简单通信过程
- 通信系统模型
- 电信业务分类

本章学习目的和要求

- 掌握电信的定义
- 掌握消息、信息和信息量的概念
- 掌握简单通信系统的基本模型
- 了解通信的发展历史及发展趋势
- 了解电信业务的主要类型

本章实做要求及教学情境

- 网络在线学习
- 查询国际知名电信企业情况
- 考察电信营业厅的业务类型
- 通过手机操作掌握移动业务的类型
- 参观电信运营商的业务体验厅

本章学习能力要素及基础要求

- 掌握电信基本概念的内涵
- 查阅有关通信的科普资料
- 通过互联网查询各种电信业务的开展情况

本章学习方法建议

- 通过“智慧职教”平台进行网络学习
- 课前预习与课后复习相结合
- 在掌握基本内容的基础上独立完成作业
- 熟记重点内容的要点

素养目标

- 激发创新精神和实践能力：通过对通信技术发展、通信系统模型的深入学习，培养创新思维与动手解决问题的能力
- 加强国家安全意识：通过学习通信的发展与应用，强化对信息安全的认识，了解保护通信网络安全对于国家及个人的重要性
- 强化社会责任感：通过人工智能、大数据等新一代通信技术的发展及在行业应用案例的学习，认识到科技创新对社会进步起到的作用

本章建议学时数

6 学时

1.1 信息与通信的基本概念

1.1.1 信息与通信的概念

通信，指人与人或人与自然之间通过某种行为或媒介进行的信息交流与传递，广义上指需要信息的双方或多方采用某种方法、使用某种介质，将信息从一方准确安全地传送到另一方。人类社会建立在信息交流的基础之上，所以人们总是离不开信息的传递，通信是指在人与人、人与机器、机器与机器之间进行信息的传递与交换。

1. 消息、信息和信息量

日常用语中把关于人或事物情况的报道称为消息，把消息中有意义的内容称为信息。消息被认为是信息的物质表示方式。如果收信者对传给他的消息事前一无所知，则这样的消息对收信者来说，会包括较多的信息；反之，收信者事前已知的消息就无任何信息可言。因此，信息可理解为消息中的不确定部分，也可理解为，只有消息中不确定的内容才构成信息。信息量就是对消息中这种不确定性的度量，可以表示成

$$I=\log_2 \frac{1}{P}(\text{bit})$$

式中：P 为消息出现的概率。

例如，抛硬币时出现正、反面的概率各为 0.5，则相应的信息量为

$$I=\log_2 \frac{1}{0.5}\ \text{bit}=1\ \text{bit}$$

一条消息发生的可能性越小，其信息越多；而消息发生的可能性越大，则其信息越少。事件出现的概率小，不确定性高，信息量就大；反之，信息量就小。

信息产业包括电信、计算机和广播电视等，信息的表现形式有数据、文本、声音、图像，这四种形式可以相互转化，例如，照片被传送到计算机，就把图像转化成了数据。

2. 信号

信号是运载消息的工具，是消息的物理载体。从广义上讲，信号包含光信号、声信号和电信号等。例如，古代人利用点燃烽火台的烽火而产生的滚滚狼烟，向远方军队传递敌人入侵的消息，这属于光信号；当人们说话时，声波传递到他人的耳朵，使他人了解说话者的意图，这属于声信号；遨游太空的各种无线电波、四通八达的电话网中的电流等，都可以用来向远方传达各种消息，这属于电信号。人们通过对光、声、电信号进行接收，才知道对方要表达的消息。在通信系统中，信号以电（或光）的形式进行处理和传输，最常见的电信号是电流信号或电压信号。

可见，信息是抽象的，而消息是具体的，信息是消息中有意义的内容。消息是信息的载体，而信号是消息的载体，最终在通信网络中传递的是携带信息的信号，就像在高速公路上行驶的是携带乘客（货物）的汽车一样，如图 1-1 所示。

图 1-1 信息与信号的关系

3. 信号的类型

信号基本上可分为两大类：模拟信号和数字信号。如果信号的幅度随时间做连续的、随机的变化，就称其为模拟信号，如图 1-2 所示，其本质特征是幅度取值有无限个样值。话音信号就属于模拟信号。

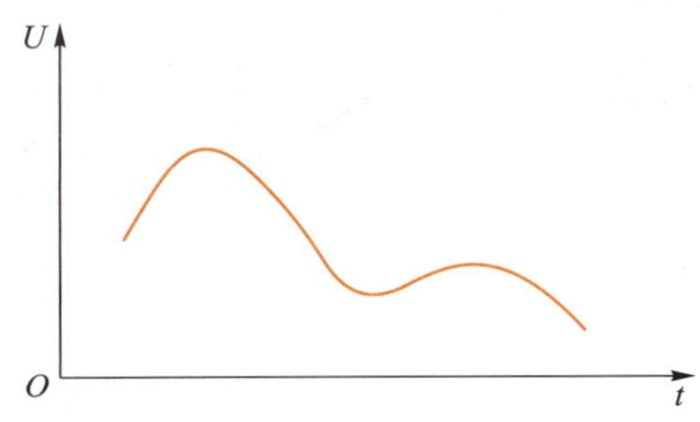

图 1-2 模拟信号

如果信号的幅度随时间的变化只具有离散的、有限的状态，则称其为数字信号。与模拟信号不同，数字信号的幅度取值只有有限个样值，如图 1-3 所示，图 1-3(a) 为二进制的数字信号，图 1-3(b) 为多进制的数字信号。

4. 电信的定义

当人类掌握了电的知识后，便开始研究利用电来实现远距离通信的方法。1837 年，莫尔斯发明了电报，开始了电信通信。电信具有迅速、准确、可靠等特点，且几乎不受时间、地点、空间、距离的限制，得到了飞速发展和广泛应用。

PPT 电信基本概念

微课 电信基本概念

动画 电信基本概念

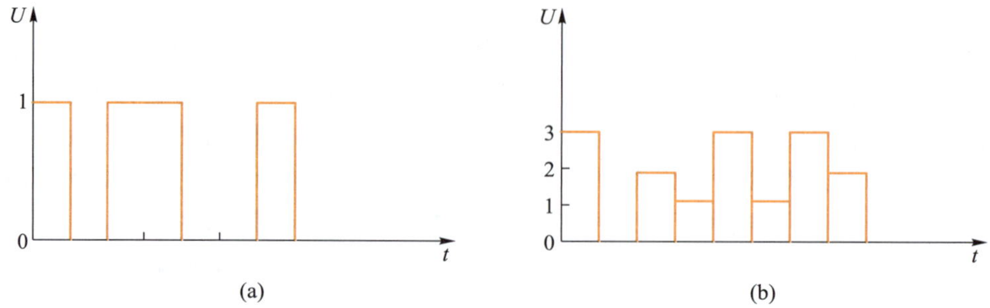

图 1-3 数字信号

国际电信联盟（ITU）对电信的定义是：电信是指利用有线、无线的电磁系统或者光电系统，传输、发射、接收或者处理语音、文字、数据、图像以及其他形式信息的活动。按照这个定义，发信者利用任意的电磁系统（包括有线电信系统、无线电信系统、光学通信系统以及其他电磁系统），采用任意的表示形式（包括符号、文字、声音、图像以及由这些形式组合而成的各种可视、可听或可用的信号），向一个或多个接收者发送信息的过程，都称为电信。它不仅包括电报、电话等传统电信媒体，也包括光纤通信、数据通信、卫星通信等现代电信媒体；不仅包括上述双向传送信息的媒体，也包括广播、电视等单向传送信息的媒体。

PPT 简单通信系统模型

1.1.2 信息通信系统的基本模型

微课 简单通信系统模型

通信系统是通信需要的一切技术设备和传输介质的总体，其功能是对原始信号进行转换、处理和传输。最简单的点对点通信系统的结构模型如图 1-4 所示，从总体上看，信息通信系统包括信源、发送设备、信道、接收设备和信宿五部分。

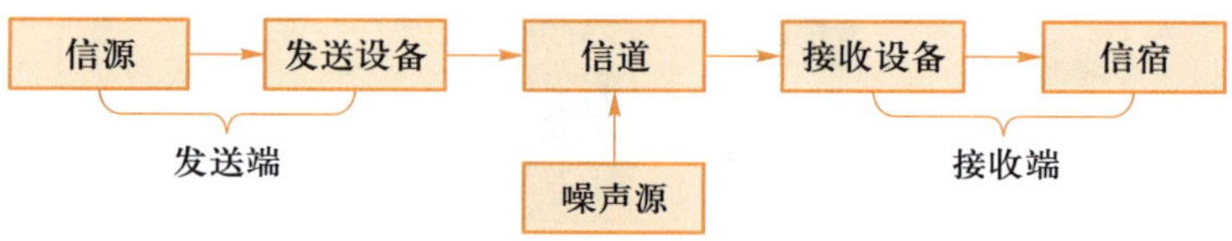

图 1-4 点对点通信系统的结构模型

动画 简单通信系统模型

① 信源：即信息源，是发出信息的基本设施。根据发出信息的不同，信源可以是电话机、传真机、计算机等。

② 信宿：即受信者，是信息传输的终点设施，负责将信息转换为相应的消息。

③ 信道：即信息的传输通道。信道按传输介质的不同可分为无线信道和有线信道，按传输信号形式的不同可分为模拟信道和数字信道。

④ 发送设备：其作用是将信源产生的信号转换成适合在信道中传输的信号，然后将信号发射出去。

⑤ 接收设备：与发送设备的作用相反，其作用是将信道传输中带有噪声和干扰的信号转换为信宿可识别的信息形式交给信宿。

在通信系统中，噪声是客观存在的干扰。

1.1.3 通信系统

通信网是实现端到端信息交流与传递的网络。广义上的电信网是将电信号作为信息传送的载体,从而实现端到端信息交流与传递的网络。古代的通信是以人的视觉和听觉所能感受到的自然界的光和声作为传输介质,随着电报和电话的发明,开启了近代的通信。近代通信均是以电信号作为信息传送的载体,因此,近代通信网就是广义上的电信网。

PPT 通信网络概述

微课 通信网络概述

动画 通信网络概述

1. 模拟通信系统

传输模拟信号的通信系统称为模拟通信系统,其基本模型如图 1-5 所示。

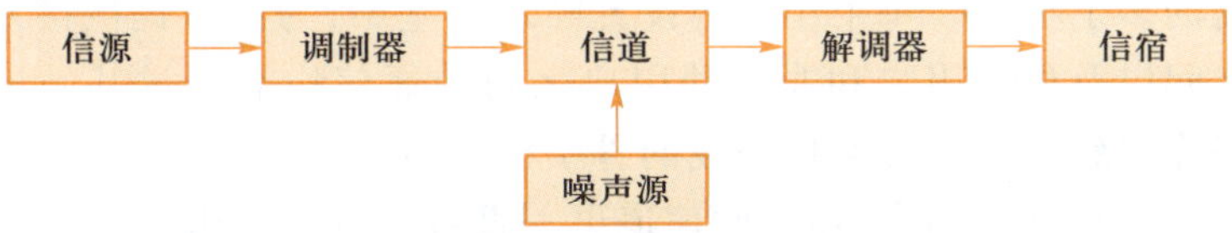

图 1-5　模拟通信系统基本模型

通信时,先将发送端信源中的原始信息变换为电信号(第一次变换);接着将原始电信号经调制器变换为频带适合信道传输的信号,得到已调信号(第二次变换);在接收端,经解调器解调及还原成原始信息两次反变换,最终得到发送端发送的原始信息。

模拟通信系统的特点:① 传输连续的模拟信号;② 占用带宽少,如每路话音信号的带宽仅为 4 kHz;③ 在信号的传输过程中,噪声叠加于信号之上,并随传输距离的增加而加强,在接收端很难将信号和噪声分离,系统的抗干扰能力较弱且不适于长距离信号传输。

PPT 模拟通信系统

微课 模拟通信系统

动画 模拟通信系统

2. 数字通信系统

传输数字信号的通信系统称为数字通信系统,其基本模型如图 1-6 所示。若信源发出的是模拟信号或者信宿不可以直接接收数字信号,则需在信源和信宿部分增加模数转换和数模转换部分。

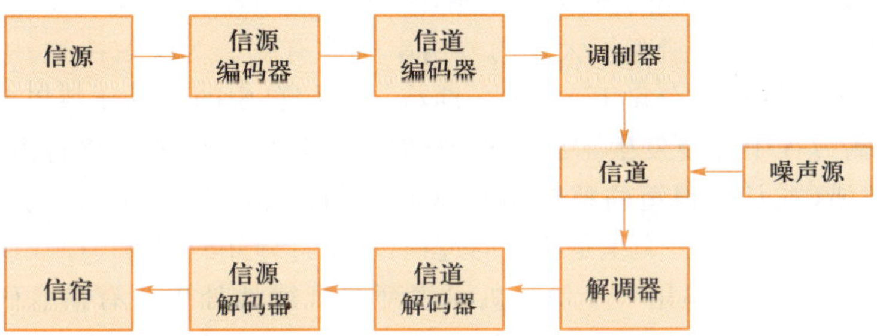

图 1-6　数字通信系统基本模型

PPT 数字通信系统

微课 数字通信系统

动画 数字通信系统

从图 1-6 可以看出数字通信系统的组成结构,典型的数字通信系统包括信源、信源编码器、信道编码器、调制器、信道、解调器、信道解码器、信源解码器、信宿等环节。另外,在接收端和发送端需要同步,在信道传输过程中还会有噪声。

通信时,信源发出的模拟信号经信源编码器转换为数字信号,以提高信号传输的有效性;再经过信道编码器,使信号转换为利于在信道中传输的信号,之后经过调制器进入信道以数字信号的形式传输;最终在接收端进行反变换,恢复出原始信号。

数字通信系统的特点:① 传输离散的数字信号;② 传输有限状态的数字信号,在接收端通过抽样、判决来恢复原始信号,还可以通过纠错编码来进一步提高抗干扰能力;③ 通过再生中继消除噪声积累,实现远距离、高质量传输;④ 便于对数字信息进行处理并进行统一化编码,实现综合业务数字化;⑤ 采用复杂的非线性、长周期码序列对信号加密,安全性强;⑥ 数字通信设备向着集成化、智能化、微型化、低功耗和低成本化发展;⑦ 要取得与模拟通信系统相同质量的话音传输，数字通信系统需占用 16~64 kbit/s 的带宽。

3. 移动通信系统

移动通信系统主要有蜂窝系统、集群系统、卫星移动通信系统等。

(1) 蜂窝系统

蜂窝系统是覆盖范围最广的陆地公用移动通信系统。在蜂窝系统中，覆盖区域一般被划分为类似蜂窝的多个小区。每个小区内设置固定的基站，为用户提供接入和信息转发服务。移动用户之间以及移动用户和非移动用户之间的通信均需通过基站进行。基站则一般通过有线线路连接到主要由交换机构成的骨干交换网络。蜂窝系统是一种有连接网络，一旦一个信道被分配给某个用户，通常此信道可一直被此用户使用。

目前，移动通信系统是最常用的蜂窝系统。移动通信系统基本模型如图 1-7 所示。

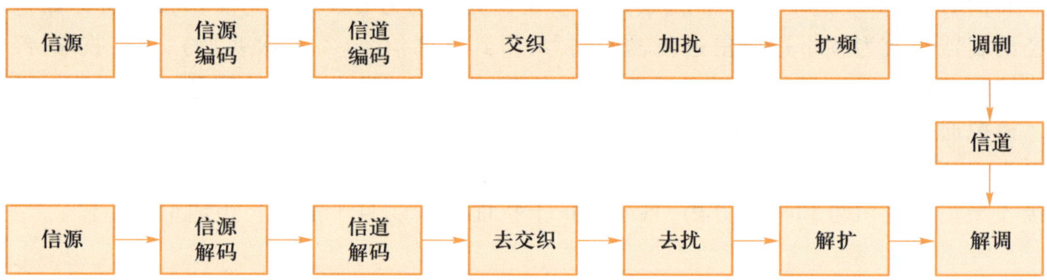

图 1-7 移动通信系统基本模型

图 1-7 中部分模块的作用分别如下。

① 交织、去交织：在移动通信的无线信道上，比特差错经常是成串发生的。然而，信道编码仅在检测和校正单个差错和不太长的差错串时才有效。为了解决这一问题，希望能找到把一条信息中的相继比特分散开的方法，即将一条信息中的相继比特以非相继的方式发送。这样，在传输过程中即使发生了成串差错，但当恢复成一条相继比特串的信息时，差错也就变成单个差错(或长度很短的差错串)，这时再用信道编码的纠错功能纠正差错，恢复原信息。这就是交织技术。去交织是相反的过程，用于将分开的信息还原成连续的信息流。

② 加扰、去扰：加扰就是用一个伪随机码序列有规律地处理原有信息码。为了避免信号流中出现长的连“0”和连“1”，通常采用加扰技术，对原有信息码进行相乘，同时实现对信号的加密。去扰的过程和作用与加扰相反。

③ 扩频、解扩：扩频即扩展频谱，其特点是传输信息所用的信号带宽远大于信息本身的带宽。增加信号带宽可以降低对信噪比的要求，当带宽增加到一定程度，允许信噪比进一步降低，有用信号功率接近噪声功率甚至淹没在噪声之下也是可能的。在无线信道的强干扰下，需要采用扩频技术来获得较好的通信质量。解扩的过程和作用与扩频相反。

(2) 集群系统

集群系统与蜂窝系统类似，也是一种有连接的网络，一般属于专用网络，规模不大，主要为移动用户提供语音通信。

(3) 卫星移动通信系统

卫星移动通信系统的通信范围最广，可以为全球各个角落的用户提供通信服务。在此系统中，卫星起着与基站类似的功能。卫星移动通信系统按卫星所处位置可分为静止轨道、中轨道和低轨道 3 种。卫星移动通信系统存在成本高、传输时延大、传输带宽有限等不足。

1.2 通信发展历史

1.2.1 电信技术发展史

随着生产的发展，新的通信技术和方式不断地被开发、创新和完善。历史上，影响通信发展的重要事件见表 1-1。

表 1-1 影响通信发展的重要事件

重要事件	时间/年	主要贡献者
有线电报技术的发明	1837	莫尔斯
电话技术的发明	1876	贝尔
步进制自动交换机的发明	1891	史端乔
无线电通信技术的开创	1901	马可尼
数字传输理论的创立	1928	奈奎斯特
时分多路复用技术(PCM)的发明	1937	里夫斯
光纤通信技术的发明	1966	高锟
移动通信技术的发明	1978	贝尔实验室
万维网的发明	1989	蒂姆·伯纳斯-李

1. 有线电报技术

1837 年，莫尔斯人工电报（见图 1-8）诞生，这种设备简单，机动灵活，但速率低。1858 年，惠司登发明快速自动电报机，提高了电路利用率。随着科技的发展，电报设备已发展到电子电传机汉字终端和智能终端。而电报的转接方式已发展为程控自动转报，在传输方面已开发了多路音频电报和时分多路复用，大大提高了电路的利用率。现在公众电报业务已经被淘汰，但在专网中仍有部分应用。

2. 电话技术

贝尔在一次试验中发现，对着被电线连接的金属片讲话，使金属片在电磁线圈中振动，由此产生的感应电流通过电话线传向另一端，就可以通话了。1876 年，贝尔（见图 1-9）制作出了第一部电话机，并取得电话专利，实现了一对一通话。

图 1-8 莫尔斯人工电报

图 1-9 发明电话的贝尔

1878 年,美国设立了最早的商用电话机,开通了 20 个用户的市内交换所,使用磁石交换机。1880 年,美国许多城市间架设了电话线,开通了长途电话。早期电话机较粗糙,话音清晰度差。1882 年,共电式交换机发明。1888 年,共电式电话机发明。1891 年,美国史端乔设计出第一部步进制自动交换机,出现了由主叫用户拨打被叫用户号码的自动电话机。1919 年,纵横制交换机发明。1965 年,程控电话交换机开通。1970 年,法国开通了程控数字电话交换机,实现了交换机的全电子化,同时实现了向数字时分交换的重大转变。在电话通信网中,程控交换机的使用时间较长。随着技术的发展,现在程控数字电话交换机已经逐步被软交换、IP 多媒体子系统(IMS)、演进的分组核心网(EPC)所替代。

3. 步进制自动交换机

1891 年,一位名叫史端乔的殡仪馆老板吃了人工交换机的大亏。他发现,打到自己店里的生意电话,总会被话务员转接到另一家殡仪馆。后来才知道,原来当地话务员是那家殡仪馆老板的堂弟。史端乔很生气,发誓一定要发明一个不需要人工操作的交换机。结果,他真的做到了。他在自己的车库里制作了世界上第一台步进制自动交换机(见图 1-10),这种交换机被称为"史端乔交换机"。

4. 无线电通信技术

1896 年,马可尼(见图 1-11)取得世界上首个无线电报系统专利。1897 年 7 月,他成立了"无线电报及电信有限公司",同年改名为"马可尼无线电报有限公司"。1899 年,他建立起跨越英吉利海峡的法国和英国之间的无线电通信。他先后在尼德尔斯、怀特岛、伯恩默斯、哈芬旅社、普尔和多塞特郡建立了永久性的无线电台。1901 年 12 月,马可尼用他的发报系统证明无线电波不受地球表面弯曲的影响,第一次使无线电波越过了康沃尔郡的波特休和纽芬兰省的圣约翰斯之间的大西洋,距离为 2 100 英里(3 380 km)。

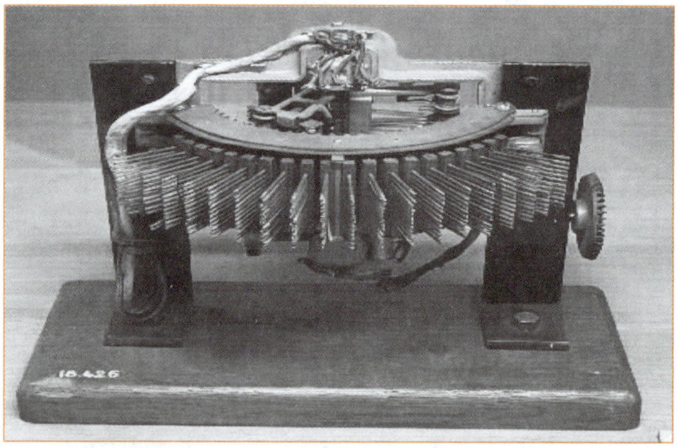

图 1-10 步进制自动交换机

图 1-11 马可尼和他的无线电报系统

5. 数字传输理论

随着数字通信技术的发展,人们开始关注如何将模拟信号转换为数字信号的问题。1928 年,奈奎斯特(见图 1-12)提出了抽样定理,他指出,遵循抽样定理对可压缩信号进行抽样,便能够精确地恢复出原始信号。利用这一理论,可以实现从模拟信号到数字信号的转换。奈奎斯特抽样定理奠定了数字通信的基础。

6. 时分多路复用技术

最初的电报、电话传输采用单根架空铁线或铜线,20 世纪 30 年代末采用了同轴电缆。

为提高电话线路的传输能力，1930 年出现了多路复用技术，可在一根同轴线上同时传送成千上万个话路信号。1937 年，英国人里夫斯发明了脉冲编码调制（PCM）技术，实现了按时间分割的多路复用。复用技术的出现提高了通信容量，为大规模的公共通信服务奠定了基础。

图 1-12 数字传输理论的奠基人奈奎斯特

7. 光纤通信技术

光纤通信是利用光导纤维（简称光纤）传送信息的光波通信技术，通信容量极大。1960 年，美国休斯公司发明了世界上第一个红宝石激光器，揭开了人类进入光通信的序幕。1966 年，高锟教授发表了一篇有关光纤通信的论文《光频率的介质纤维表面波导》，奠定了光纤通信的基础，被誉为“光纤之父”。1970 年，美国康宁公司研制出低损耗光纤。由于光纤通信具有一系列其他通信无可比拟的特点，所以光纤通信已成为当今信息社会新技术革命的标志，成为信息高速公路的组成部分，成为各种信息网的基础传输手段。

近年来我国光纤通信已得到了快速发展，截至 2024 年年底，全国光缆线路总长度达 7 288 万千米，基础电信企业的固定互联网宽带接入用户总数达 6.7 亿户，互联网宽带接入端口数达 12.02 亿个。其中，光纤接入（FTTH/O）端口数达 11.6 亿个，具备千兆网络服务能力的 10G PON 端口数达 2 820 万个。

8. 移动通信技术

移动通信是现代通信中发展最为迅速的一种通信手段，近几十年来，在微电子技术和计算机技术的推动下，移动通信在简单的无线对讲或广播方式的基础上发展成为把有线、无线融为一体，固定、移动相互连通的通信系统。20 世纪后期，由于集成电路技术的迅猛发展，公众移动电话网也得到快速发展。移动通信从 1G 到 5G，提供的业务从语音到数据、多媒体，在传输速率、采用的移动通信技术、传输质量、业务类型等方面都不断提升，各自遵循不同的通信协议。

9. 万维网

英国计算机科学家蒂姆·伯纳斯-李在 1989 年发明了万维网。1990 年 12 月 25 日，他在日内瓦的欧洲粒子物理实验室里开发出世界上第一个网页浏览器。他的发明使得网站和超链接的创建变得更加容易，使用户更容易浏览和与在线内容互动。

PPT 电信技术发展史

1.2.2 我国电信发展史

电信的概念也是在技术发展过程中逐步丰富的，从原来的电话逐步扩展了三网融合的含义，突破了最开始传统电话的内涵。

微课 电信技术发展史

1949—1956 年是我国电信业的恢复发展时期，其间建立了电信管理体制，形成了以北京为中心、沟通各省市的电信网。1956 年后，进入规模建设时期。

固定电话机从早期的手摇电话机，到旋转拨号盘电话机、按键电话机，发展到现在的可视电话机，手机从最初的模拟手机发展到现在的智能手机（见图 1-13），电话机的功能在不断增加，智能化程度也越来越高。

动画 电信技术发展史

2024 年，我国电信业务收入累计完成 1.74 万亿元，总数达到 19.56 亿户。其中，移动电话用户总数为 17.9 亿户，5G 移动电话用户达到 10.14 亿户；固定电话用户总数为 1.67 亿户。中国移动、中国电信、中国联通在 2024 年世界 500 强企业排行榜中分别名列第 55

位、第 135 位、第 279 位。我国主要通信设备制造商有华为、中兴、大唐等，其中华为在 2024 年世界 500 强企业排行榜中名列第 103 位。我国自主开发的较先进的通信产品已打入国际市场，具有较强的竞争能力。从总体上看，因为具有庞大的用户群作支撑，我国电信市场具备做大做强的发展潜力。

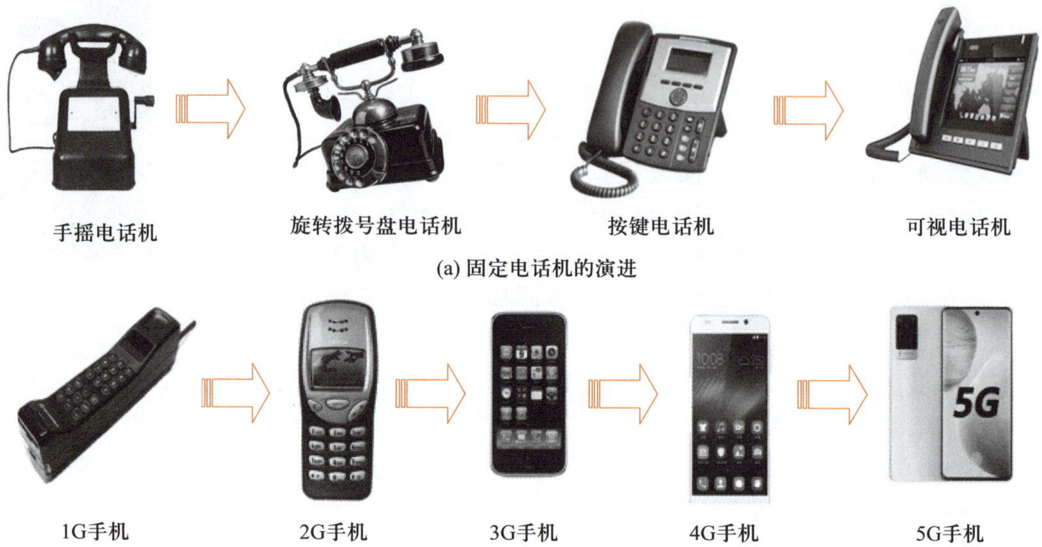

(b) 手机的演进

图 1-13　电话机的演进

PPT 我国电信企业改革

1.2.3　我国电信企业改革

1949 年 11 月 1 日中央人民政府邮电部成立，开始了邮政与电信企业的运营，下面具体介绍我国电信企业成长与发展的历程（见图 1-14）。

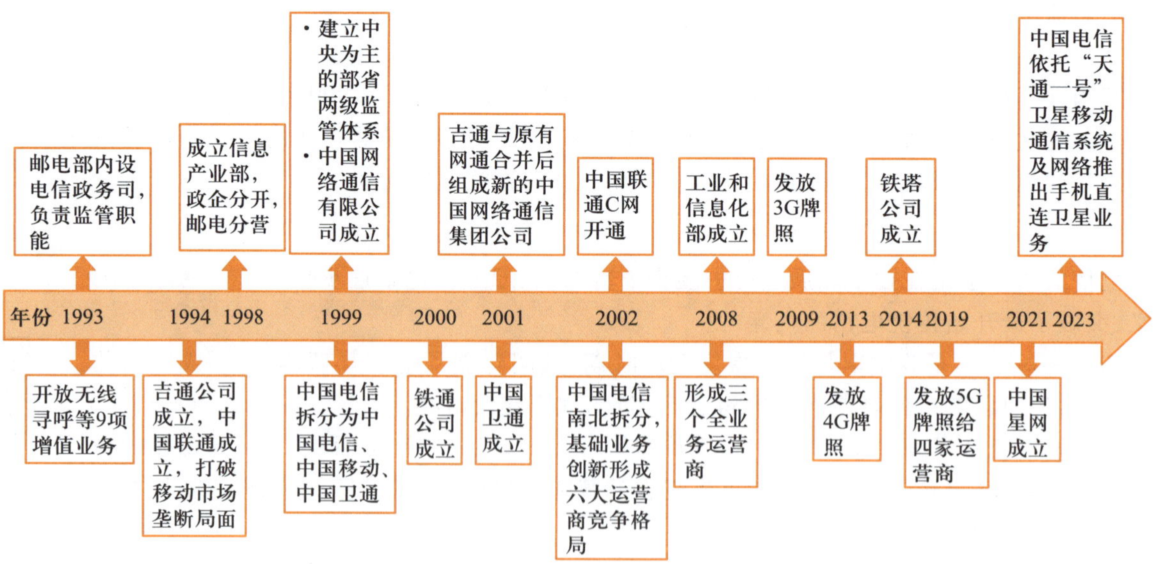

图 1-14　我国电信企业成长与发展的历程

建国初期，当时的电信运营商只有中国电信一家。1994 年，吉通公司由原电子工业部发起成立，主要由电子工业部系统的一些大型国有企业参股组建，包括 30 多个股东单位与中国电信形成竞争。1994 年 7 月，当时的电子工业部联合铁道部、电力工业部成立了中国联通，被赋予打破“老中国电信”垄断地位的重任，但主要还是经营寻呼业务。中国联通的成立，标志着电信业打破垄断，引入竞争。

微课 我国电信企业改革

到现在，我国电信增值业务经历了几十年的发展，走过了从无到有、从小到大的历程。1998 年 3 月，在原电子工业部和邮电部的基础上，国务院组建新的信息产业部，实现政企分开。1998 年 4 月，新成立的信息产业部下发《邮电分营工作指导意见》，邮电开始分离。1999 年 2 月，信息产业部开始对中国电信拆分重组，将中国电信的寻呼、卫星和移动业务剥离出去，原中国电信拆分成新中国电信、中国移动和中国卫星通信三个公司。

动画 我国电信企业改革

1999 年 4 月，中国网络通信有限公司成立。2000 年 12 月，铁道通信信息有限责任公司成立。2001 年 10 月，吉通公司与原有网通公司合并后组成中国网络通信集团公司。2001 年 11 月，国务院批准《电信体制改革方案》，对固定电信企业进行重组整合，决定组建新的中国电信集团公司和中国网络通信集团公司，并要求进一步加强电信监管工作。2001 年 12 月，中国卫星通信集团公司（简称中国卫通）正式挂牌成立。2002 年，中国电信南北拆分为网通（北方）与电信（南方），进一步打破垄断。2002 年 5 月 16 日，信息产业部正式宣布中国电信集团公司和中国网络通信集团公司挂牌成立，形成了中国电信、中国网通、中国移动、中国联通、中国卫通、中国铁通六家基础电信企业的竞争格局。2008 年 3 月 11 日，由信息产业部与国防科工委、国务院信息办等合并成立国家工业和信息化部。

PPT 我国电信发展现状与发展趋势

2008 年新一轮电信业重组，形成中国移动、中国电信和中国联通三分天下的局面。2008 年 5 月 24 日，六大基础电信运营商重组为三家全业务经营的电信企业，其中中国联通的 CDMA 网与 GSM 网被拆分，前者并入中国电信，组建为新中国电信，后者吸纳中国网通，成立新中国联通；中国铁通则并入中国移动，组成新中国移动；原有的中国卫通保持不变。由此，重组后形成新中国电信、新中国联通、新中国移动加上原有的中国卫通，也就是“3+1”的格局（见图 1-15）。2009 年 1 月 7 日，工业和信息化部发放 3G 牌照，其中中国移动获得 TD-SCDMA 牌照，中国联通和中国电信分别获得 WCDMA 和 CDMA2000 牌照，标志中国正式进入 3G 时代。2013 年 12 月 4 日，工业和信息化部正式发放 4G 牌照。

微课 我国电信发展现状与发展趋势

动画 我国电信发展现状与发展趋势

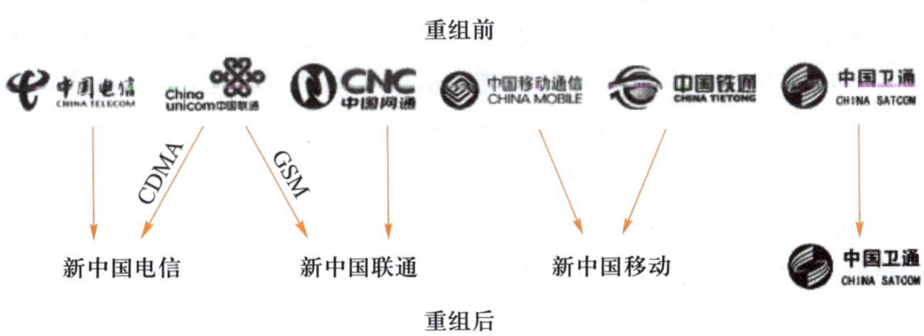

图 1-15 2008 年电信业重组

2014 年，中国移动、中国联通、中国电信共同成立中国通信设施服务股份有限公司（后更名为中国铁塔股份有限公司，简称铁塔公司），三家公司分别持有铁塔公司 40%、30.1%、29.9% 的股份。铁塔公司主营铁塔的建设、维护和运营。铁塔公司的建成，可减少能源的浪费，有利于降低投资规模，节省三大运营商的资本开支，使其聚焦核心业务运营，提供优质的电信服务。

2019 年 6 月 6 日,工业和信息化部正式向中国电信、中国移动、中国联通、中国广电发放 5G 商用牌照,中国正式进入 5G 商用元年。2019 年 8 月 12 日,中国电信决定于当年 9 月率先放出 5G 专用号段的手机号码,且老用户升级 5G 无须换卡换号。2019 年 10 月 31 日,三大运营商公布 5G 商用套餐,并于 11 月 1 日正式上线 5G 商用套餐,标志着中国正式进入 5G 商用时代。

2021 年 4 月,中国卫星网络集团有限公司(简称中国星网)成立。中国星网是一家从事卫星互联网设计建设运营的国有重要骨干企业,注册落户雄安新区。中国星网致力于打造卫星互联网产业发展的核心力量和组织平台,为用户提供先进、优质、安全、经济的空间网络信息服务。

2023 年 9 月 8 日,中国电信依托"天通一号"卫星移动通信系统及网络率先推出手机直连卫星业务,提供双向语音通话和短信收发通信服务,实现了大众消费类 5G 手机直连天通卫星,为用户带来全新的天地一体融合通信体验。

2023 年 12 月,国家发展改革委、国家数据局、中央网信办、工业和信息化部、国家能源局联合印发《关于深入实施"东数西算"工程 加快构建全国一体化算力网的实施意见》。

2024 年 10 月 22 日,华为正式发布原生鸿蒙系统 HarmonyOS NEXT,这是我国首个实现全栈自研的移动操作系统,是继苹果 iOS 和安卓系统后全球第三大移动操作系统。

1.3 认识通信标准化组织

在通信世界,两个实体进行通信时,只有其接口(两个相邻实体之间的连接点)符合一定的"规矩",按照标准研制的通信设备才可以互联互通。制定这些标准的组织就是通信标准化组织。

1.3.1 ITU

国际电信联盟(International Telecommunication Union,ITU)是联合国的一个专门机构,下设无线电通信部、标准化部、发展部和电信展览部,简称国际电联或电联。ITU 的历史可以追溯到 1865 年 5 月 17 日,其总部现设在日内瓦,每年的 5 月 17 日定为世界电信日,中国于 1920 年加入电联。ITU 的主要任务是制定标准,分配无线电资源,组织各个国家之间的国际长途互联方案(这里 ITU 对电信业务的功能类似于万国邮政联盟执行邮政服务的功能)。

第三代合作伙伴计划(3rd Generation Partnership Project,3GPP)是一个成立于 1998 年 12 月的标准化机构。其成员包括欧洲的 ETSI、日本的 ARIB/TTC、中国的 CCSA、韩国的 TTA 和北美的 ATIS。TD-SCDMA 和 WCDMA 标准都隶属于 3GPP 组织,由 3GPP 负责其标准的制定。

第三代合作伙伴计划 2(3rd Generation Partnership Project 2,3GPP2)的成立时间也是 1998 年 12 月。其成员包括北美的 TIA、中国的 CCSA、日本的 ARIB/TTC 和韩国的 TTA。

1.3.2 ISO

国际标准化组织(International Organization for Standardization,ISO)成立于 1947 年,是标准化领域中的一个国际组织。ISO 负责当今世界上多数领域的标准化活动。ISO 的名称来源于希腊语"ISOS",意为"平等"。ISO 的成员包括各会员国的国家标准机构和主要工业和服务业企业。中国国家标准化管理委员会(由国家市场监督管理总局管理)于 1978 年加入 ISO,在 2008 年 10 月的第 31 届国际标准组织大会上,中国正式成为 ISO 的常任理事国。

1.3.3 IETF

互联网工程任务组(The Internet Engineering Task Force,IETF)成立于1985年年底,是全球互联网最具权威的技术标准化组织,主要负责互联网相关技术规范的研发和制定,是国际互联网业界具有一定权威的网络相关技术研究团体,当前绝大多数国际互联网技术标准出自IETF。

IETF是一个由为互联网技术工程及发展做出贡献的专家自发参与和管理的国际民间机构。它汇集了与互联网架构演化和互联网稳定运作等业务相关的网络设计者、运营者和研究人员,并向所有对该行业感兴趣的人士开放。

1.3.4 IEEE

电气与电子工程师协会(Institute of Electrical and Electronics Engineers,IEEE)成立于1884年,总部位于美国纽约,是一个国际性的电子技术与信息科学工程师的协会,也是全球最大的非营利性专业技术学会。IEEE致力于电气、电子、计算机工程和科学相关领域的开发和研究。

1.3.5 CCSA

中国通信标准化协会(China Communications Standards Association,CCSA)于2002年12月18日在北京正式成立。该协会是国内企事业单位自愿联合组织起来,开展通信技术领域标准化活动的社会团体。

CCSA的主要任务是为了更好地开展通信标准研究工作,把通信运营企业、制造企业、研究单位、大学等关心标准的企事业单位组织起来,按照公平、公正、公开的原则制定标准,进行标准的协调、把关,把具有我国自主知识产权的标准推向世界。

1.4 电信业务

1.4.1 电信业务条例

《中华人民共和国电信条例》简称《电信条例》,于2000年9月20日国务院第31次常务会议通过,其目的是规范电信市场秩序,维护电信用户和电信业务经营者的合法权益,保障电信网络和信息的安全,促进电信业的健康发展。

《电信条例》出台后,我国的电信改革力度加大,结构重组加快。2002年,中国电信集团公司和中国网络通信集团公司的成立,使中国电信业的运营机制、市场格局和管理体制发生了根本变化,彻底实现政企分开,形成多运营商竞争格局。

PPT
电信业务分类

1.4.2 电信业务分类

微课
电信业务分类

为便于管理,《电信条例》对电信业务的分类做出明确的规定,自2000年9月《电信业务分类目录》作为《电信条例》的附件颁布施行以来,国家先后于2003年、2007年、2008年、2015年、2019年对其进行过多次调整(见图1-16)。

动画
电信业务分类

2003年,信息产业部对《电信业务分类目录》进行了调整,保证了电信业务的持续有序发展。随着电信新技术的不断发展,新业务不断涌现,一些业务已逐渐萎缩,考虑到我国加入WTO后国际上对于电信业务的开放,以及电信业务发展、网络演进及融合等因素,2007年对《电信业务分类目录》又进行了修改。2008年电信改革、运营商重组后,认为原有版本的业务分类过细,为更好地适应新形势的要求,需要规范新业务管理,对《电信业务分类目录》进行适当的调整。2008 年版的《电信业务分类目录》仍然将电信业务分为基础电信业务和增值电信业务两种，保持基础电信业务细分为第一类和第二类两种电信业务，增值电信业务不再细分。

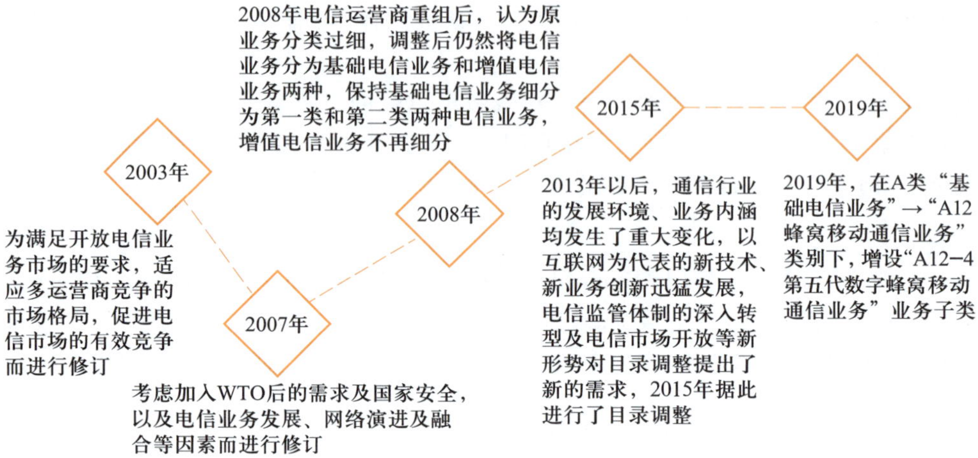

图 1-16 《电信业务分类目录》修订

2013 年以后，全球通信行业的发展环境、业务内涵均发生了重大变化，以互联网为代表的新技术、新业务创新迅猛发展，电信监管体制的深入转型及电信市场开放等新形势对目录调整提出了新的需求。2015 年 12 月 29 日，工业和信息化部发布《电信业务分类目录（2015 年版）》，并于 2016 年 3 月 1 日起正式施行。依据新版目录，我国电信业务分为基础电信业务和增值电信业务两类，此次目录修订仍维持基本分类框架不变。基础电信业务仍分为第一类基础电信业务和第二类基础电信业务，并对 IP 电话业务、蜂窝移动通信业务、卫星通信业务、互联网数据传送业务、网络接入设施服务业务等进行了调整和细化。

为贯彻落实中央经济工作会议精神，加快 5G 商用步伐，依据《电信条例》，工业和信息化部于 2019 年 6 月 6 日对《电信业务分类目录（2015 年版）》进行了修订，在 A 类“基础电信业务”→“A12 蜂窝移动通信业务”类别下，增设“A12-4 第五代数字蜂窝移动通信业务”业务子类（见图 1-17）。具体业务表述为：“第五代数字蜂窝移动通信业务是指利用第五代数字蜂窝移动通信网提供的话音、数据、多媒体通信等业务”。其他业务维持不变。

1.4.3 电信业务实例

1. 基础电信业务

下面主要介绍第一类基础电信业务中的固定通信业务。

固定通信是指通信终端设备与网络设备之间主要通过有线或无线方式固定连接起来，向用户提供话音、数据、多媒体通信等服务，进而实现的用户间相互通信，其主要特征是终端的不可移动性或有限移动性。固定通信业务在此特指固定通信网通信业务和国际通信设施服务业务。

根据我国现行的电话网编号标准，全国固定通信网分成若干个长途编号区，每个长途编号区为一个本地通信网（又称本地网）。

固定通信业务包括：固定网本地通信业务、固定网国内长途通信业务、固定网国际长途通信业务、国际通信设施服务业务。

例如，用固定电话进行电话通信的业务，属于基础电信业务。

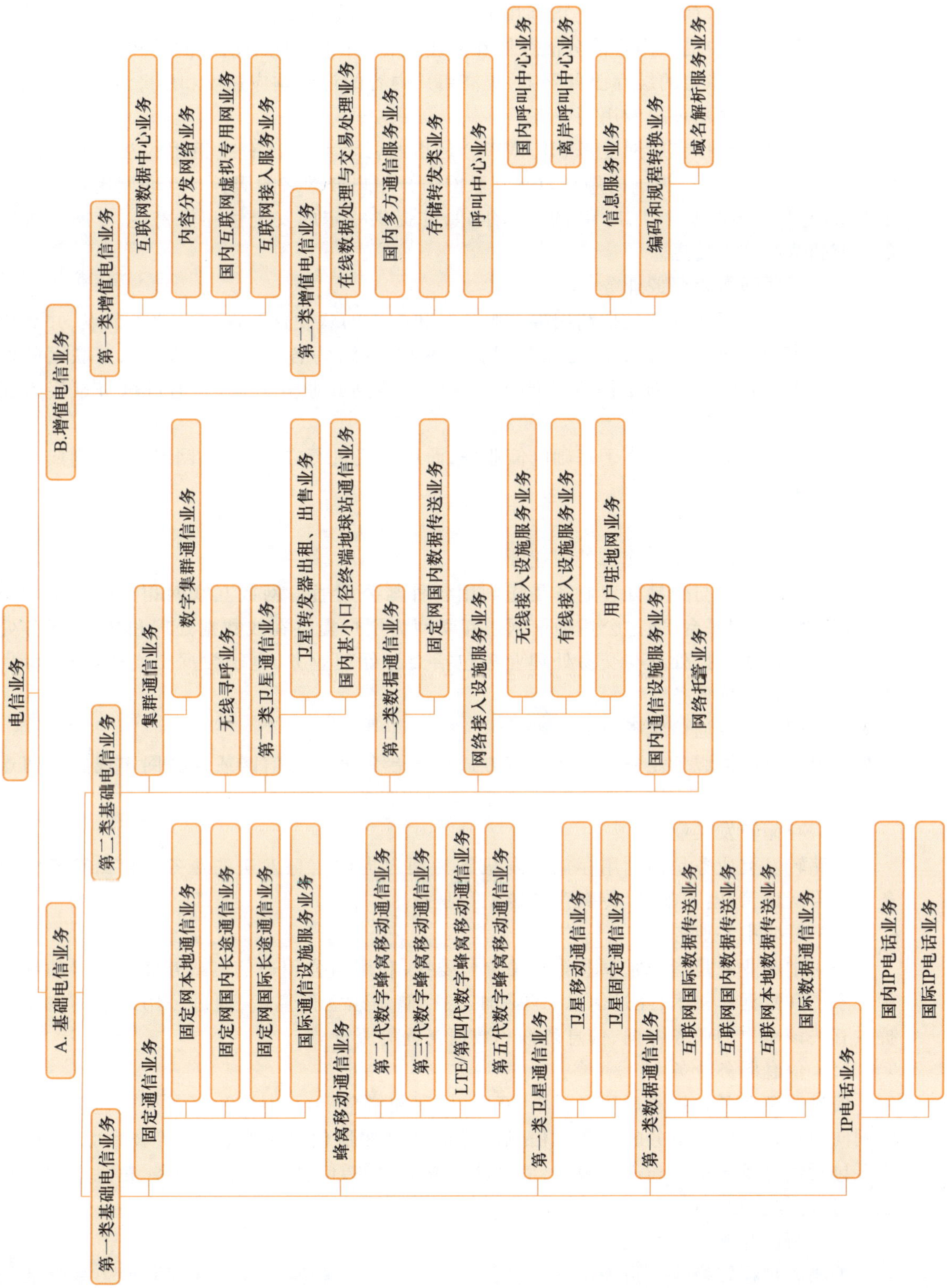
电信业务
A. 基础电信业务
第一类基础电信业务
固定通信业务
固定网本地通信业务
固定网国内长途通信业务
固定网国际长途通信业务
国际通信设施服务业务
蜂窝移动通信业务
第二代数字蜂窝移动通信业务
第三代数字蜂窝移动通信业务
LTE/第四代数字蜂窝移动通信业务
第五代数字蜂窝移动通信业务
第一类卫星通信业务
卫星移动通信业务
卫星固定通信业务
第一类数据通信业务
互联网国际数据传送业务
互联网国内数据传送业务
互联网本地数据传送业务
国际数据通信业务
IP电话业务
国内IP电话业务
国际IP电话业务
第二类基础电信业务
集群通信业务
数字集群通信业务
无线寻呼业务
第二类卫星通信业务
卫星转发器出租、出售业务
国内甚小口径终端地球站通信业务
第二类数据通信业务
固定网国内数据传送业务
网络接入设施服务业务
无线接入设施服务业务
有线接入设施服务业务
用户驻地网业务
国内通信设施服务业务
网络托管业务
B.增值电信业务
第一类增值电信业务
互联网数据中心业务
内容分发网络业务
国内互联网虚拟专用网业务
互联网接入服务业务
第二类增值电信业务
在线数据处理与交易处理业务
国内多方通信服务业务
存储转发类业务
呼叫中心业务
国内呼叫中心业务
离岸呼叫中心业务
信息服务业务
编码和规程转换业务
域名解析服务业务

图 1-17 电信业务分类

2. 第一类增值电信业务

(1) 内容分发网络业务

内容分发网络(CDN)业务是指利用分布在不同区域的节点服务器群组成流量分配管理网络平台,为用户提供内容的分散存储和高速缓存,并根据网络动态流量和负载状况,将内容分发到快速、稳定的缓存服务器上,提高用户内容的访问响应速度和服务的可用性。

(2) 国内互联网虚拟专用网业务

国内互联网虚拟专用网业务(IP-VPN)是指经营者利用自有或租用的互联网网络资源,采用 TCP/IP 协议,为国内用户定制互联网闭合用户群网络的服务。互联网虚拟专用网主要采用 IP 隧道等基于 TCP/IP 的技术组建,并提供一定的安全性和保密性,专网内可实现加密的透明分组传送。

(3) 互联网接入服务业务

互联网接入服务业务是指利用接入服务器和相应的软硬件资源建立业务节点,并利用公用通信基础设施将业务节点与互联网骨干网相连接,为各类用户提供接入互联网的服务。用户可以利用公用通信网或其他接入手段连接到其业务节点,并通过该节点接入互联网。

例如,用手机打电话,属于基础电信业务;而用手机进行在线支付、网络购物,则属于增值电信业务。

3. 第二类增值电信业务

(1) 在线数据处理与交易处理业务

在线数据处理与交易处理业务是指利用各种与公用通信网或互联网相连的数据与交易/事务处理应用平台,通过公用通信网或互联网为用户提供在线数据处理和交易/事务处理的业务。在线数据处理与交易处理业务包括交易处理业务、电子数据交换业务和网络/电子设备数据处理业务。

(2) 国内多方通信服务业务

国内多方通信服务业务是指通过多方通信平台和公用通信网或互联网实现国内两点或多点之间实时交互式或点播式的话音、图像通信服务。

(3) 存储转发类业务

存储转发类业务是指利用存储转发机制为用户提供信息发送的业务。存储转发类业务包括语音信箱、电子邮件、传真存储转发等业务。

(4) 呼叫中心业务

呼叫中心业务是指受企事业等相关单位委托,利用与公用通信网或互联网连接的呼叫中心系统和数据库技术,经过信息采集、加工、存储等建立信息库,通过公用通信网向用户提供有关该单位的业务咨询、信息咨询和数据查询等服务。

(5) 信息服务业务

信息服务业务是指通过信息采集、开发、处理和信息平台的建设,通过公用通信网或互联网向用户提供信息服务的业务。信息服务的类型按照信息组织、传递等技术服务方式,主要包括信息发布平台和递送服务、信息搜索查询服务、信息社区平台服务、信息即时交互服务、信息保护和处理服务等。

(6) 编码和规程转换业务

编码和规程转换业务指为用户提供公用通信网与互联网之间或在互联网上的电话号

码、互联网域名资源、互联网业务标识(ID)号之间的用户身份转换服务。编码和规程转换业务在此特指互联网域名解析服务业务。

归纳思考

- 电信业务分基础电信业务和增值电信业务两种。这两大类业务又分别分为第一类业务和第二类业务。
  - 基础电信业务是指提供公共网络基础设施、公共数据传送和基本语音通信服务的业务。
  - 增值电信业务是指利用公共网络基础设施提供电信与信息服务的业务。
- 手机打电话属于哪一种电信业务?

1.5 实做项目及教学情境

实做项目一:网络在线学习

目的和要求:登录"智慧职教"平台(www.icve.com.cn),注册账号,查找"通信概论"课程,进入课程页面,单击"加入课程"按钮,对相关知识点进行学习。

本书结合每章教学内容设计了教学情境,使教学与实践有机结合在一起。学习者可以通过以下几种方式访问和使用课程资源。

① 通过扫描书上的二维码学习相关知识点的微课、动画等资源。需要说明的是:扫码前,需要在"智慧职教"平台注册账号,登录后方可扫描二维码获得相关视频资源。

配套课程 "通信概论"在线课程

② 在"智慧职教"平台上查找"通信概论"在线课程,或者扫描边栏二维码,加入课程,可以系统学习。

③ 自学者可以登录"智慧职教"平台后选择"MOOC学院",搜索"通信概论"MOOC,或者扫描边栏二维码,在开课期间进行学习,学习成绩大于或等于60分且小于80分可以获得网络平台颁发的合格证书,学习成绩大于或等于80分可以获得优秀证书。

配套MOOC "通信概论"MOOC

④ 使用本书教学的教师,可以利用教学资源库("通信工程设计与监理"专业资源库)中的"通信概论"课程生成自己的云课堂,进行教学。

实做项目二:查询国际知名电信企业情况

目的和要求:上网查询资料,撰写总结报告,了解国际电信企业。

实做项目三:考察电信业务

目的和要求:考察电信营业厅的业务类型,理解电信业务,撰写调查报告。

实做项目四:手机使用

目的和要求:通过手机操作掌握移动业务的使用方法。

实做项目五:参观电信运营商的业务体验厅

目的和要求:参观电信运营商的业务体验厅,了解电信新业务。

小 结

1. 关于人或事物情况的报道称为消息,消息中有意义的内容称为信息。

2. 信息量就是对消息中不确定性的度量,一条消息发生的可能性越小,其信息越多;而消息发生的可能性越大,则其信息越少。事件出现的概率小,不确定性高,信息量就大;反之，信息量就小。

3. 信号是运载消息的工具，是信息的物理载体。从广义上讲，信号包含光信号、声信号和电信号等。其中，电信号又分为模拟信号和数字信号。

4. ITU 对电信的定义是：利用有线、无线的电磁系统或者光电系统，传输、发射、接收或者处理语音、文字、数据、图像以及其他形式信息的活动。

5. 最简单的点对点通信系统包括信源、发送设备、信道、接收设备和信宿五部分。

6. 随着通信技术的发展，各种名目繁多的通信新业务层出不穷，所以电信业务的分类也是发展的。电信业务一般可分为基础电信业务和增值电信业务。

即测即评

（扫描二维码可进行自我测试）

第 2 章

认识电信网

本章教学说明

- 重点讲授电信系统构成、电信网络拓扑结构
- 主要介绍电信系统的硬件组成及其功能
- 概括介绍电信网的分层结构，建立电信网的整体框架
- 概括介绍通信网络的网络架构以及发展
- 概括介绍电信支撑网

本章内容

- 电信系统构成
- 电信网络拓扑结构
- 电信网的分层结构
- 网络“云-管-端”架构
- 电信支撑网

本章重点、难点

- 电信系统的三种硬件设备
- 各种电信网络拓扑结构的特点及适用情况
- 电信网的分层结构

本章学习目的和要求

- 掌握电信系统构成
- 理解电信网络拓扑结构
- 了解电信网的分层结构
- 理解网络架构
- 了解电信支撑网

☑ 本章实做要求及教学情境

- 网络在线学习
- 参观运营商机房，认识电信设备
- 考察通信线路，认识传输设备
- 参观计算机机房，认识电信网络结构
- 通过网管观察网络拓扑结构

☑ 本章学习能力要素及基础要求

- 掌握电信系统构成相关基本内容
- 掌握电信网络拓扑结构
- 了解电信网的整体概念

☑ 本章学习方法建议

- 通过“智慧职教”平台进行网络学习
- 课前预习与课后复习相结合
- 观察机房、线路与课堂学习结合
- 自学与探讨相结合
- 课后作业与章节个人总结相结合
- 教师答疑与学习反馈相结合

☑ 素养目标

- 培养规范意识：通过对电信网络拓扑结构、电信支撑网的学习及理解，认识到行业规则、企业规范、通信标准等的重要性，培养规范意识
- 树立协同理念：通过对电信网硬件设备和信令知识的学习，理解网络的协同工作原理，树立全程全网协同的理念
- 培养创新思维：通过对网络“云-管-端”架构等技术的学习，了解网络架构的发展，培养创新思维

☑ 本章建议学时数

6 学时

2.1 电信系统构成

探 讨

- 打电话时声音信息传递的过程是怎样的？
- 通话是如何实现的？

PPT 电信系统模型

微课 电信系统模型

2.1.1 电信系统组成模型

最简单的电信系统是只在两个用户之间建立的专线系统，即点对点通信，如图 2-1 所示。在电话网中，用双绞线把两部电话机连接起来就可以实现电话通信；在数据网中，用网线将两台计算机连接起来就可以实现数据传输。用线路将两部电话机或者计算机连接起来就可以实现话音或数据的点对点通信。

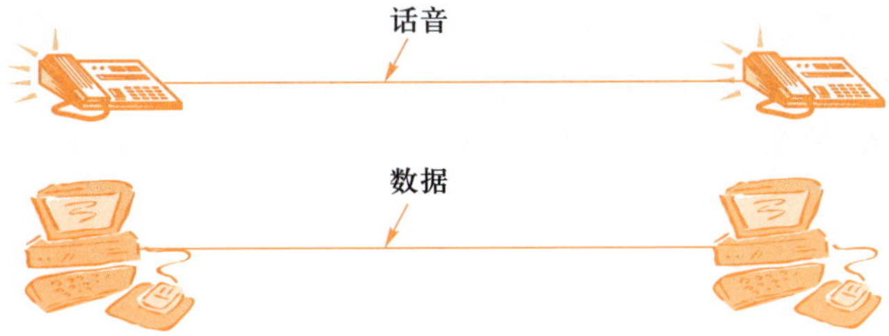

图 2-1 点对点通信示意图

动画
电信系统模型

探 讨

当通话的电话用户越来越多时，会出现什么问题呢？

利用这种点对点的通信方式，当通信用户越来越多时，会出现什么问题呢？下面以电话网为例看一下 2~5 个人两两通信需要的线路情况，如图 2-2 所示。

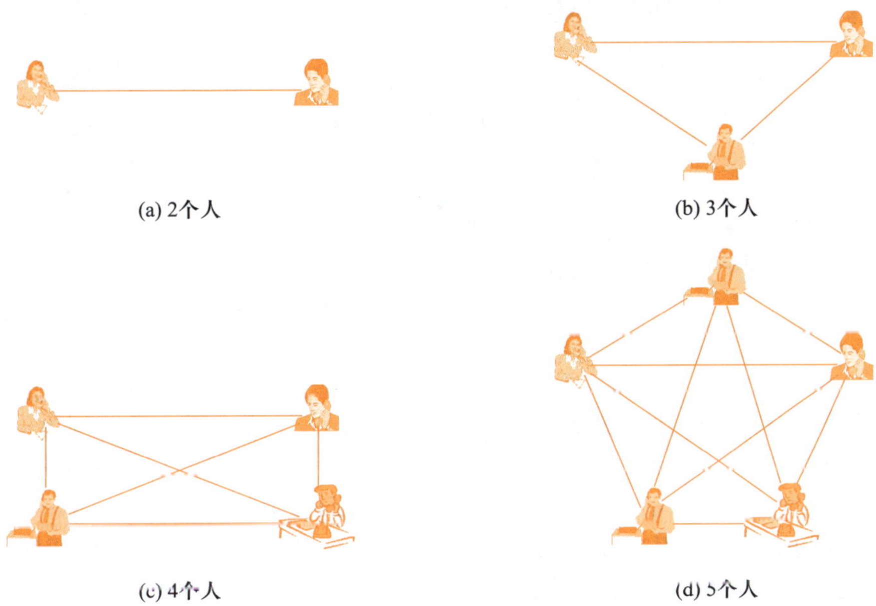

图 2-2 2~5 个人点对点电话通信示意图

从图 2-2 中可以看出，2 个人相互打电话需要 1 对线路，3 个人相互打电话需要 3 对线路，4 个人相互打电话需要 6 对线路，5 个人相互打电话需要 10 对线路。通过推导可以得出，N 个人相互打电话需要 $N(N-1)/2$ 对线路。

通过计算可以得出，当用户数达到 100 时，需要 4 950 对线路；当用户数达到 1 000 时，需要 50 万对线路。显然，这样庞大的电话网需要引入其他设备来实现。

对于较复杂的通信系统，为了解决随着用户数增加而带来的线路连接问题，产生了交换式通信系统，多个用户同时接到交换机上，由交换机根据需要实时完成呼叫接续，在此基础上形成了以交换机为核心的通信系统，如图 2-3 所示。

由于交换机的存在，5 个人之间的通话只需要 5 对线路，100 个人需要 100 对，1 000 个人需要 1 000 对，大大节约了通信线路。最开始采用人工选择路由的方式，也就是人工交换，后来又升级为自动交换。

用户数多的电话通信网会有多个交换机，为了区分线路的不同，把电话机和交换机之间的线路称为用户线，把交换机之间的线路称为中继线，如图 2-4 所示。

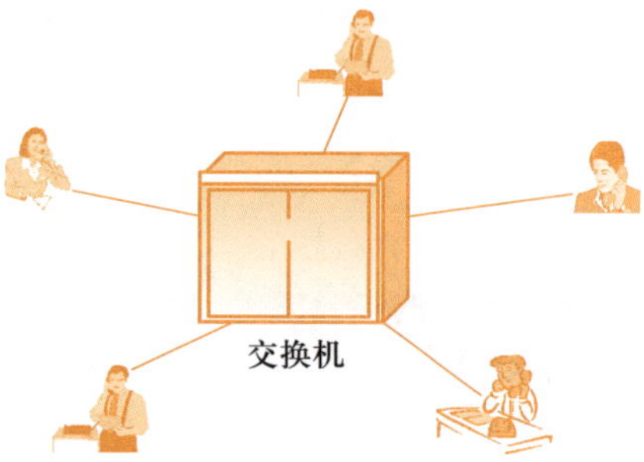

图 2-3 以交换机为核心的电话通信示意图

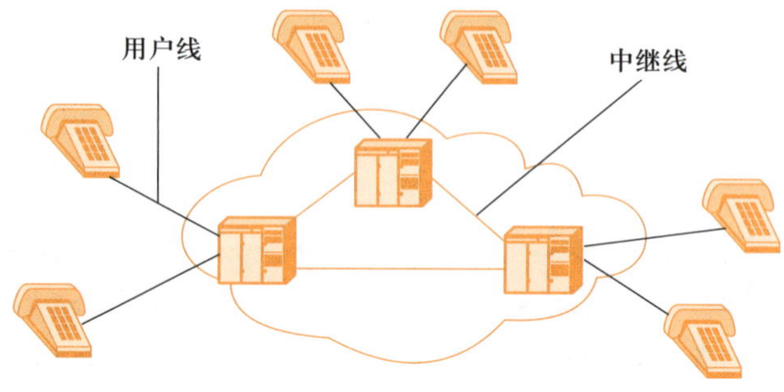

图 2-4 用户数多的电话通信示意图

电信系统的功能是把发信者的信息进行转换、处理、交换、传输，最后送给收信者，下面以电话通信为例来具体说明通信过程，如图 2-5 所示。

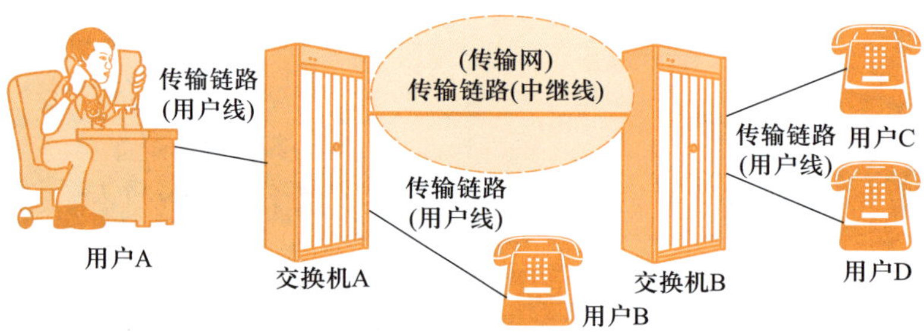

图 2-5 电话通信过程示意图

图 2-5 中用户之间的通话包括两种情况：一种是同一个交换机所辖范围内的两个用户的通话，局内接续完成，一般称为局内通话；另一种是不同交换机之间的两个用户的通话，局间接续完成，属于局间通话。如用户 A 和用户 B 间的通话为局内通话，用户 A 和用户 C 间的通话为局间通话。当用户 A 与用户 B 之间通话时，用户 A 的电话机通过用户线连接到交换机 A，交换机 A 根据电话号码判断用户 B 为局内用户，直接接通。当用户 A 与用户 C 之间通话时，用户 A 的电话机通过用户线连接到交换机 A，交换机 A 根据用户 A 拨打的电话号码判断为局间接续，连接到交换机 B，交换机 B 根据电话号码通过用户线连通用户 C，这样就建立了一条连接用户 A 和用户 C 的话路通道。

现有的电信系统都是基于交换设备的系统，尽管各种电信系统中具体设备的构造和功能各不相同，但都可以抽象和概括为统一的模型表示。传统的电话通信系统模型如图 2-6 所示。

重点掌握

一个完整的电信系统应由终端设备、传输设备和交换设备三大部分组成。例如，在电话系统中，终端设备是电话机，传输设备是长距离传输的设备，交换设备是电话交换机。

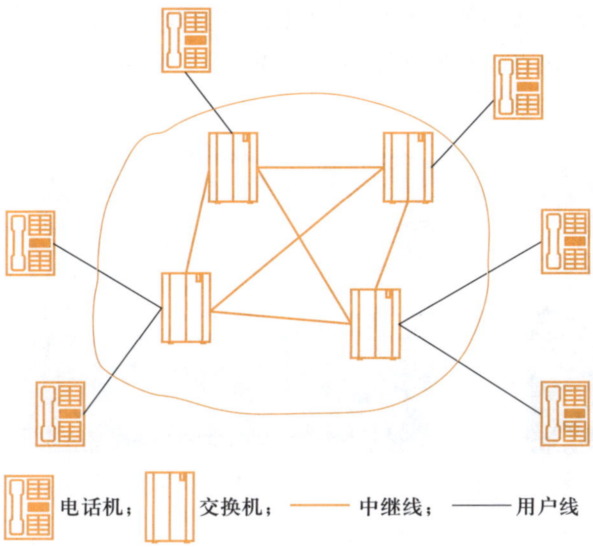

图 2-6 传统的电话通信系统模型

2.1.2 电信系统的三大硬件设备

在前面介绍的电信系统组成模型中，系统组成的各部件可归结为三类，即电信系统的三大硬件设备：终端设备、传输设备和交换设备。

PPT 电信系统硬件设备

1. 终端设备

终端设备一般装在用户处，是实现用户接入电信网所必需的设备，即信源或信宿。它的作用是将话音、文字、数据或图像信息转变为电信号、电磁信号或光信号发出去，并将接收到的电信号、电磁信号或光信号复原为原来的话音、文字、数据或图像信息。

微课 电信系统硬件设备

典型的终端设备有电话机、电报机、移动电话机、微型计算机，数据终端机、传真机、电视机等，如图 2-7 所示。

动画 电信系统硬件设备

图 2-7 终端设备

2. 传输设备

传输设备包括无线传输设备和有线传输设备。无线传输设备有短波、超短波、微波的收发信机以及卫星通信系统的卫星和地球站设备等；有线传输设备有同步数字体系设备、波分复用设备等。传输设备加上传输线路组成传输系统，将电信号、电磁信号或光信号从一个地点传送到另一个地点。传输线路可由光缆、电缆等传输介质组成。部分传输介质和传输设备如图 2-8 和图 2-9 所示。

(a) 光缆 (b) 市话电缆

图 2-8 传输介质

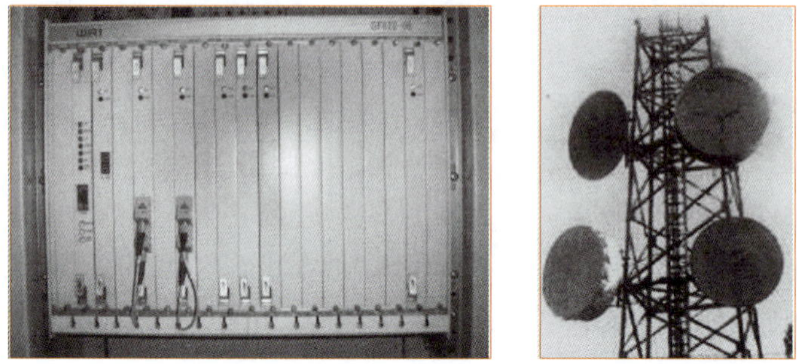

(a) 光传输设备 (b) 微波传输设备

图 2-9 传输设备

3. 交换设备

交换设备是实现一个呼叫终端(用户)和它所要求的另一个或多个终端(用户)之间的接续或非连接传输选路的设备和系统，是构成通信网中节点的主要设备。

交换设备根据主叫用户终端所发出的选择信号来选择被叫终端，使两个或多个终端间建立连接，然后经过交换设备连通的路由传递信号。其作用类似于十字路口的信号灯或者交通警察。

下面通过一次具体的通话过程梳理出交换设备的功能。假设你从学校打电话给你的家人，声音经过电话机转变为电信号，经过光缆或者无线电波传输到归属的交换机节点，由于不可能是专线电话，节点上存在多个方向的线路，节点上的交换设备会根据用户所提供的被叫号码/目的地址和路由表，选择下一个交换节点形成通路，直至连通到你家人的电话机上。在通信发展初期，采用人工交换方式，需要大量人工完成接线工作，就是原来的“话务员”职业工种(见图 2-10)。后来发展为自动交换方式，从步进制到纵横制再到程控制，程控电话交换机实现了由存储程序控制交换，节省了大量人力。

图 2-10 话务员工作状态

随着通信技术的不断发展，交换设备的种类也不断推陈出新，从发展的顺序来看，电话交换机经历了人工交换机、步进制交换机、纵横制交换机、程控交换机，并演进至了软交换架构的“软交换机+媒体网关和信令网关”、IMS(多媒体子系统)；数据交换机则包括 DXC(数字交叉连接设备)、X. 25 交换机、帧中继交换机、ATM 交换机、集线器、局域网交换机、路由器等。传统的交换设备如图 2-11 所示。

以终端设备、交换设备为点，以传输设备为线，点、线相连就构成了一个通信网，这三大设备即电信系统的硬件设备。电信系统只有硬件无法使用，还需要安装相应的软件系统。电信系统通过软件实现的控制更便于功能的扩展和迭代更新，通过硬件实现的转发能够获得更好的效率。电信系统的控制软件是一整套的网络技术，包括网络拓扑结构、网内信令、协议和接口以及网络的技术体制、标准等，是业务网实现电信服务和运行支撑的重要组成部分,类似于人的神经系统。

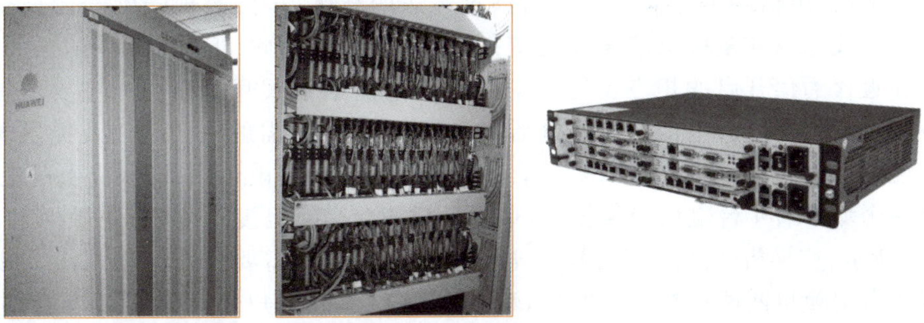

图 2-11 传统的交换设备

警 示

电信系统的组成不单单包括硬件设备,还应该包括电信网的软件系统,如通信协议、技术体制、标准等。

除了上述三大类硬件设备外,通信电源也是整个通信网络的关键基础设施,是通信网络中一个完整而又不可替代的独立专业。通信电源产品的种类繁多,包括高频开关电源设备(见图 2-12)、半导体整流设备、直流-直流模块电源、直流-直流变换设备、逆变电源设备、交/直流配电设备、交流稳压器、交流不间断电源(UPS)、铅酸蓄电池(见图 2-13)、移动通信手持机电池、发电机组、集中监控系统等。

图 2-12 高频开关电源设备

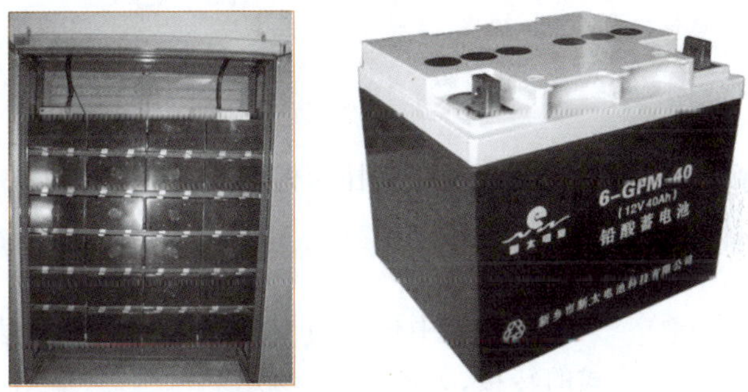

图 2-13 铅酸蓄电池

2.2 电信网络拓扑结构

2.2.1 电信网络拓扑结构形式

探 讨

庞大的通信网络中,各种设备是如何连接起来的呢?电话网和计算机网的结构形式一样吗?

对通信网而言,不管实现何种业务,或是服务何种范围,其基本拓扑结构形式都是一致的。所谓拓扑,即网络的形状,也就是网络节点和传输线路的几何排列方式,可以反映电信设备物理上的连接性。其目的是要实现/保证具有通信关系的任意网络接入节点(终端)之间都具备至少一条逐条连接的通路。

从广义上讲，电信网是将电信号作为信息传送的载体，从而实现端到端信息交流与传递的网络。近代通信均是以电信号作为信息传送的载体，因此，近代通信网就是广义上的电信网。在近代通信开启的相当长的一段时间内，世界各国民用通信技术主要聚焦于电话通信业务，因此，狭义上的电信网特指电话网，包括电话网所需的信令网以及提供电话增值业务的智能网等。本节接下来的内容没有特殊说明均指的是电话网，即狭义上的电信网。

假设一个城市有 4 台电话交换机，可以设计成 3 台交换机接入另外 1 台交换机的形式，如图 2-14 所示，交换机 2、3、4 所管辖的电话用户之间通信需要通过交换机 1 完成。也可以设计成 4 台交换机两两连接，如图 2-15 所示，这时不同用户之间的通话连接比图 2-14 所示的拓扑结构灵活得多，但需要连接 4 台交换机的线路数增加了。所以说，电信网拓扑结构是描述交换设备间、交换设备与终端间连接关系的连通图，拓扑结构直接决定网络的效能、可靠性和经济性。

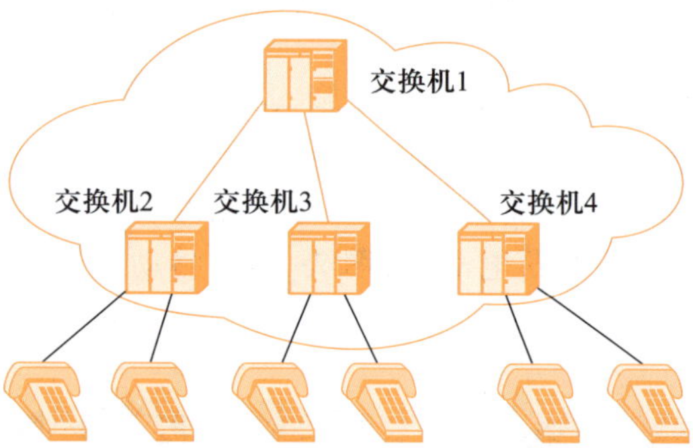

图 2-14 网络拓扑结构示意图(1)

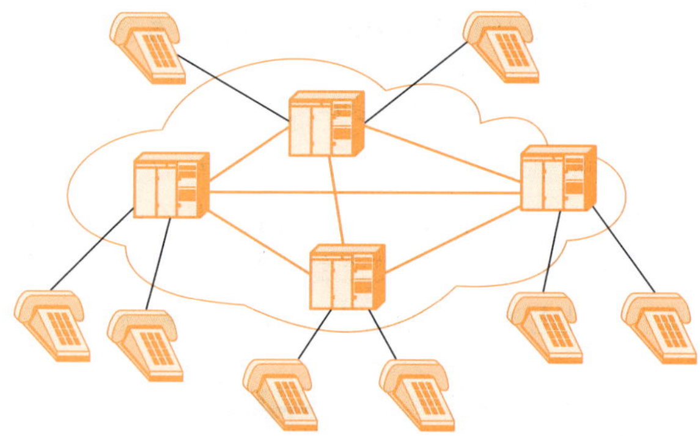

图 2-15 网络拓扑结构示意图(2)

电信网络拓扑结构形式主要有网状网、星形网、复合网、总线网、环形网、蜂窝网等，下面逐一进行介绍。

PPT 电信网络拓扑结构形式

1. 网状网

网状网中任意两个节点之间都有直达电路相连接，在通信建立的过程中，无须任何形式的转接，如图 2-16 所示。

微课 电信网络拓扑结构形式

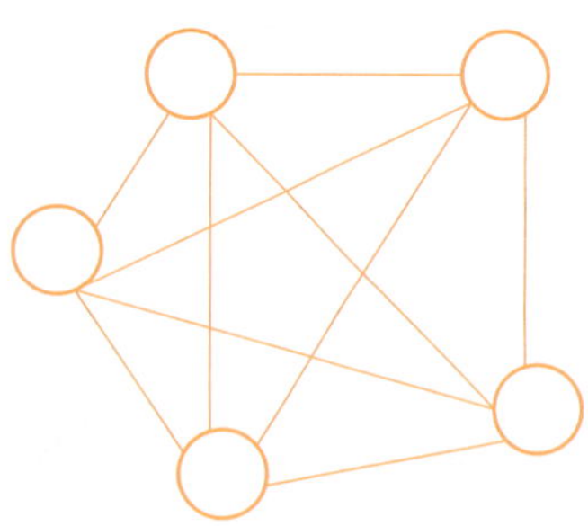

图 2-16 网状网

采用这种形式建网时，如果通信网中的节点数为 N，则连接网络的链路数 H 可由如下公式计算：

$$H=\frac{N(N-1)}{2}$$

这种拓扑结构的优点是：

① 点点相连，每个通信节点间都有直达电路，信息传递快；

② 灵活性大，可靠性高，其中任何一条电路发生故障时，均可以通过其他电路保证通信畅通；

③ 通信节点不需要汇接交换功能，交换费用低。

动画 电信网络拓扑结构形式

这种拓扑结构的缺点是：

① 线路多，总长度长，基本建设和维护费用都很大；

② 在通信量不大的情况下，电路利用率低。

网状网适用于通信节点数较少而相互间通信量较大的情况，如我国电话网中重要城市之间的电信网络。随着承载IP化后，核心网网元之间实现了网状网拓扑结构，但物理通道取决于IP网的拓扑结构，不一定是网状网结构。

2. 星形网

星形网在地区中心设置一个中心通信点，地区内的其他通信点都与中心通信点有直达电路，而其他通信点之间的通信都经中心通信点转接，如图2-17所示。

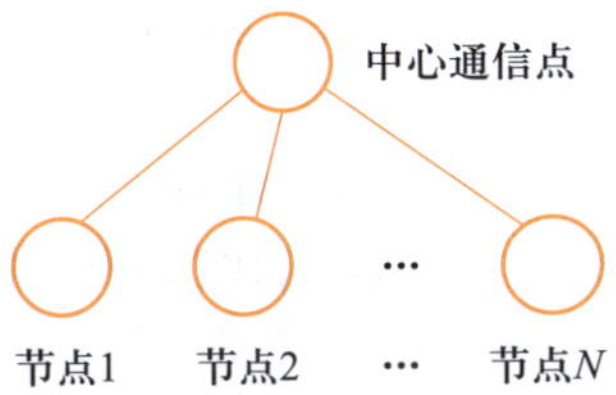

图2-17 星形网

采用这种形式建网时，如果通信网中的节点数为N，则连接网络的链路数H可由如下公式计算：

$$H=N-1$$

这种拓扑结构的优点是：

① 网络结构简单，电路少，总长度短，基本建设和维护费用少；

② 中心通信点增加了汇接交换功能，集中了业务量，提高了电路利用率。

这种拓扑结构的缺点是：

① 可靠性低，若中心通信点发生故障，则整个通信系统都会瘫痪；

② 通信量集中到一个通信点，负荷重时影响传输速度，通信量大时增加交换成本；

③ 相邻两点的通信也需经中心通信点转接，电路距离增加。

星形网适用于通信点比较分散，距离远，相互之间通信量不大，且大部分通信是在中心通信点和其他通信点之间往来的情况，如端局的交换机和用户间的网络。

这里需要注意的是，在电话网中一般不提“星形网”，而是采用汇接制，即本节点连向归属节点，而且考虑到网络安全，通常采用双星形的一对汇接局。

3. 复合网

复合网是几种网络拓扑结构的组合，如我国电话网主要复合了网状网和星形网两种，以星形网为基础，在通信量较大的地区间构成网状网，吸取了两者的优点，比较经济合理，且有一定的可靠性，如图2-18所示。

4. 总线网

总线网中的所有站点共享一条数据通道，通常用于计算机局域网中，如图2-19所示。总线网安装简单方便，需要铺设的电缆最短，成本低，某个站点的故障一般不会影响整个网络，但介质的故障会导致网络瘫痪。总线网安全性低，监控比较困难，增加新站点也不如星形网容易。

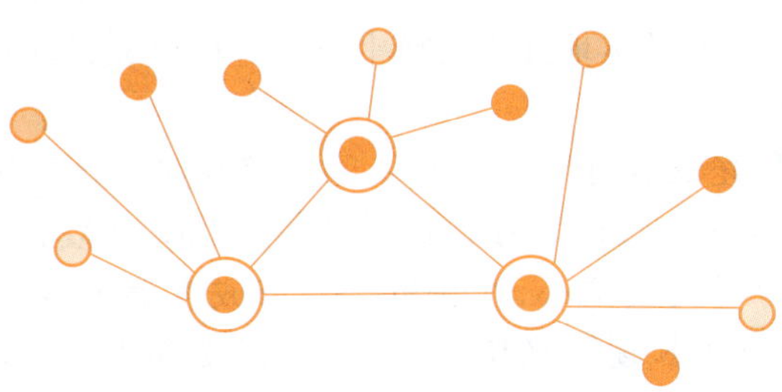

图2-18 复合网

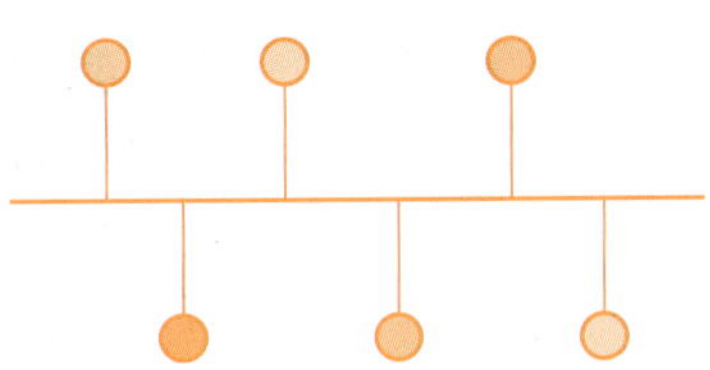

图2-19 总线网

在局域网中采用总线网时，将总线缩短为1个点就得到星形网，考虑到网络安全，采用的是双局域网交换机。

5. 环形网

环形网中，各站点通过通信介质连成一个封闭的环形，如图 2-20 所示。节点数为 N 的环形网，其链路数也为 N。这种网络结构的优点是，当一个方向的线路出现故障时，可以切换到环的另一个方向，从而实现业务保护；其缺点是，容量有限，网络建成后难以增加新的站点。现有通信网的传输手段主要是光纤传输，为了保证可靠传输，环形网是光纤传输网的基本结构形式。

6. 蜂窝网

蜂窝网是移动通信网络覆盖的一种形式，网络形状为正六边形，连在一起像蜂窝的形状，如图 2-21 所示。

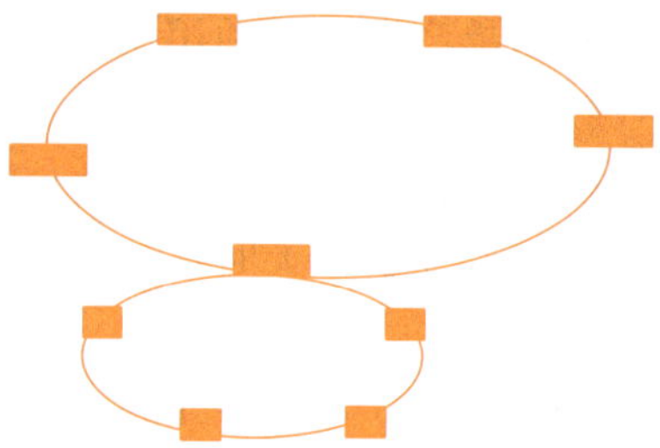

图 2-20 环形网

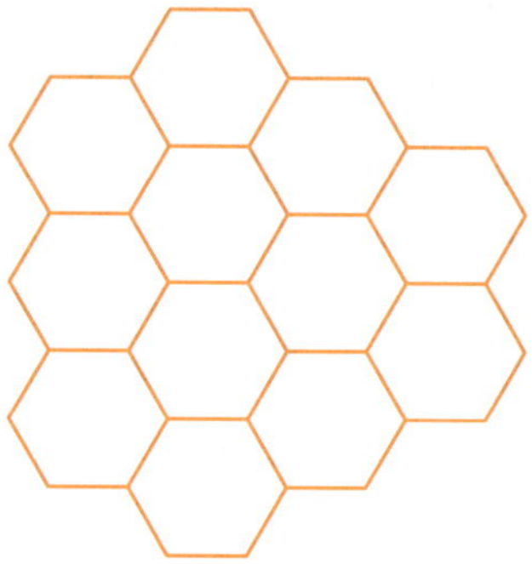

图 2-21 蜂窝网

重点掌握

各种网络拓扑结构的概念、特点及适用网络。

2.2.2 我国长途电话网网络结构

根据服务范围，传统电话网分为国际长途电话网、国内长途电话网和本地网。

我国电话网一般采用复合网的结构形式，并且把交换设备根据其所处位置的不同进行等级划分，采用等级结构。所谓等级结构就是把全网的交换局划分成若干个等级，低等级的交换局与管辖它的高等级的交换局相连，形成多级汇接辐射网即星形网；而最高等级的交换局间则直接互连，形成网状网，如图 2-22 所示。

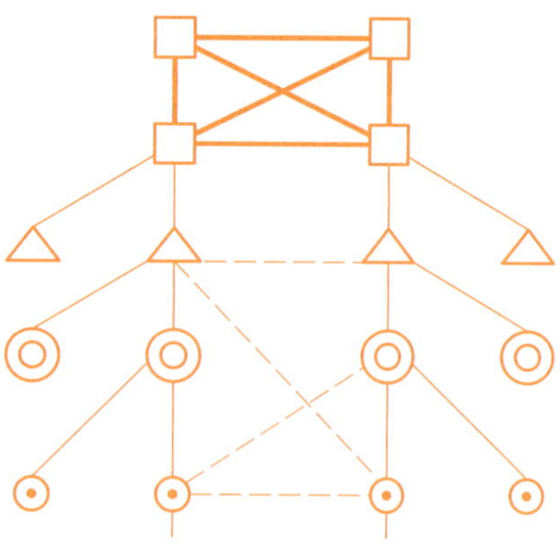

图 2-22 等级结构示意图

最早邮电部规定我国电话网的网络等级分为五级，由一、二、三、四级长途交换中心及本地五级交换中心即端局组成，如图 2-23 所示。

其中：一级长途交换中心 C_1 为大区交换中心，全国共有 8 个，分别是北京、上海、广州、沈阳、南京、武汉、成都、西安；二级长途交换中心 C_2 为省交换中心，设在省会城市或直辖市，如北京、石家庄、太原等；三级长途交换中心 C_3 为地区交换中心，设在地市级城市，如张家口、承德等；四级长途交换中心 C_4 为县交换中心，是长途终端局，设在县级城市。

经过多年的网络建设，我国电话网的等级数逐渐减少，由五级网演进为三级网，包括长途电话网和本地网两部分。其中，长途电话网由一级长途交换中心 DC_1、二级长途交换中心 DC_2 组成，本地网由端局 DL 和汇接局 Tm 组成，如图 2-24 所示。国际出入口局设在北京、上海、广州，省级出入口局设在 DC_1，地市级出入口局设在 DC_2。

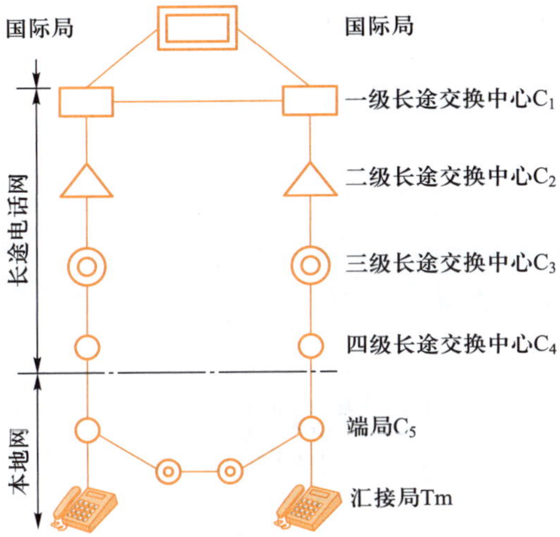

图 2-23 五级电话网结构

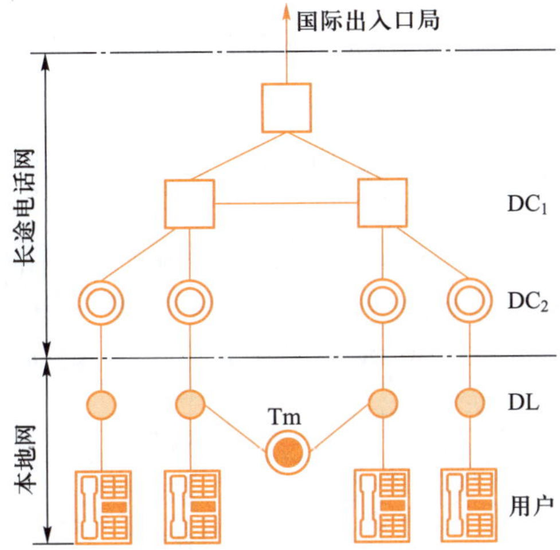

图 2-24 三级电话网结构

长途电话网由各城市的长途交换中心、长市中继线和长途中继线组成，用来疏通各个不同本地网之间的长途话务。长途电话网中的节点是各长途交换局，各长途交换局之间的电路即为长途电路。二级长途电话网由 DC_1、DC_2 两级长途交换中心组成，为复合网，如图 2-25 所示。

PPT
我国长途电话网网络结构

微课
我国长途电话网网络结构

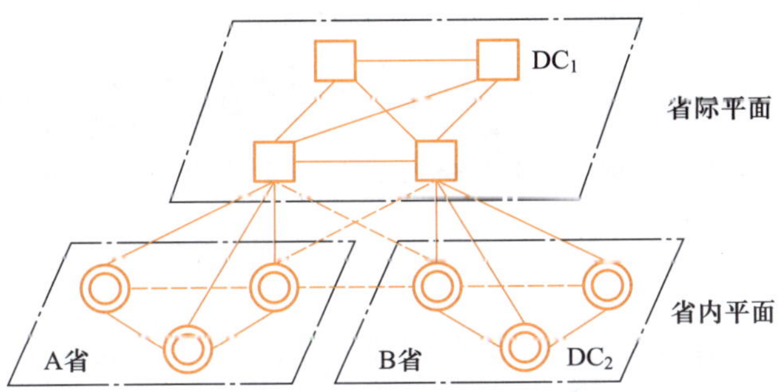

图 2-25 二级长途电话网结构

动画
我国长途电话网网络结构

DC_1 为省级交换中心，设在各省会城市，由原 C_1、C_2 交换中心演变而来，主要职能是疏通所在省的省际长途来话、去话业务，以及所在本地网的长途终端业务。

DC_2 为地区交换中心，设在各地区城市，由原 C_3、C_4 交换中心演变而来，主要职能是汇接所在本地网的长途终端业务。

二级长途电话网中形成了两个平面。DC_1 之间以网状网相互连接，形成高平面，或称为省际平面。DC_1 与本省内各地市的 DC_2 局以星形网相连，本省内各地市的 DC_2 局之间以网状网或不完全网状网相连，形成低平面，或称为省内平面。同时，根据话务流量流向，二级长途交换中心 DC_2 也可与非从属的一级长途交换中心 DC_1 之间建立直达电路群。

PPT 我国本地电话网网络结构

2.2.3　我国本地电话网网络结构

本地电话网是指在同一长途编号区范围内,由若干个端局(或者若干个端局和汇接局)及局间中继线、长市中继线、用户线、用户交换机、电话机等所组成的电话网。如石家庄本地电话网就是在"311"这个长途编号区范围内,包括市区和周边县市的电话。

微课 我国本地电话网网络结构

本地网一般是由汇接局和端局构成的两级结构。汇接局为高一级,端局为低一级,一般一个城市设多个端局和若干个汇接局。我国本地电话网的两级结构如图 2-26 所示。

动画 我国本地电话网网络结构

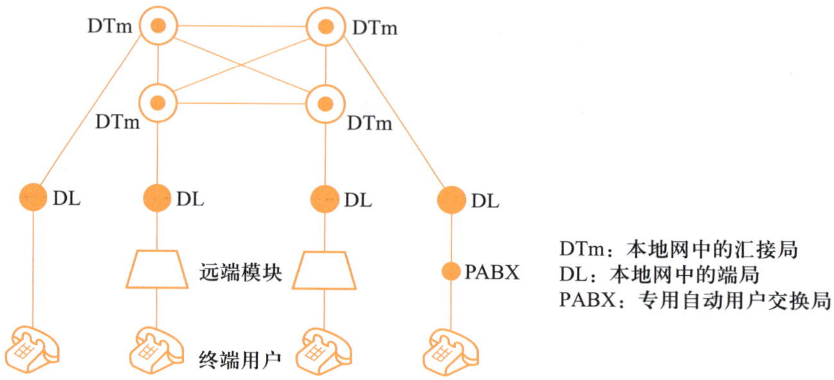

图 2-26　本地电话网的两级结构

端局是本地网中的第二级,通过用户线与用户相连,它的职能是疏通本局用户的去话和来话业务。

汇接局是本地网中的第一级,它与本汇接区内的端局相连,同时与其他汇接局相连,它的职能是疏通本汇接区内用户的去话和来话业务,还可疏通本汇接区内的长途话务。有的汇接局还兼有端局职能,称为混合汇接局(Tm/DL)。

归纳思考

- 我国电话网采用等级辐射汇接制,由原来的四级长途交换中心变为两个长途交换平面,为什么会出现层级减少的现象?
- 为什么要设置本地网?

电话网分为国内电话网和国际互通两部分,上面介绍的为我国 TDM 数字电话网的网络结构。随着 IP 化、移动与固定融合等技术发展,我国的 TDM 数字电话网民用网络已经退网,世界上其他一些非发达国家及地区仍在使用。目前我国国内电话网是基于软交换网和 IMS 网的,国内电话网为软交换网时,分为省内平面和省际平面;国内电话网为 IMS 网时,网络不分层,运营商之间的互通由本地互通(地市)向省内互通演进。国际互通部分的国际交换机基本已演进至软交换架构。

PPT 电信网的分层

2.3　电信网的分层结构

为了便于分析和规划,ITU-T 提出了网络分层和分割的概念,即任意一个网络总可以在垂直方向上分解为若干独立的网络层(即层网络),相邻层网络之间具有客户/服务者关系。每一层网络在水平方向上又可以按照该层内部结构分割为若干部分。通信网分层的目的主要是实现语音增值业务与核心网的解耦,便于新业务功能的引入。采用网络分层模型后有下述主要好处：

① 单独地设计和运行每一层网络要比将整个网络作为单个实体来设计和运行简单方便得多；

② 可以利用类似的一组功能来描述每一层网络，从而简化电信管理目标的规定；

③ 从网络结构的观点来看，对某一层网络的增加或修改不会影响其他层网络，便于某一层独立地引进新技术和新拓扑；

④ 采用这种简单的建模方式便于容纳多种技术，使网络规范与具体实施方法无关，使规范能保持相对稳定性。

微课 电信网的分层

动画 电信网的分层

电信网在垂直方向上分为传送网、核心网、业务网、支撑网。

传送网是支持业务网的传送手段和基础设施，由线路设施、传输设施等组成，为传送信息业务提供所需传送承载能力的通道。长途传送网、本地传送网、接入网均属于传送网，如图 2-27 所示。目前，传送网一般是指“IP 网+传输网”。

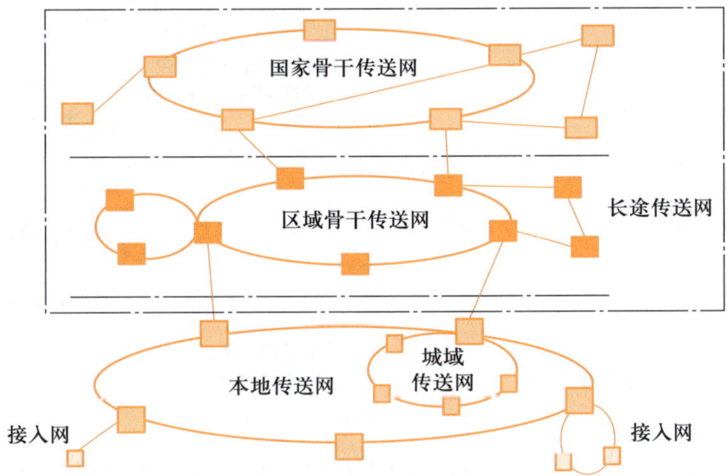

图 2-27 传送网示意图

核心网负责业务路由/接续功能和基础电话业务。核心网上接各种业务和应用，是整个网络业务的汇聚点，下连各种制式的终端及接入网，是整个网络拓扑的中心，牵一发而动全身。

业务网是指向用户提供诸如电话、电报、图像、数据等电信业务的网络。通信技术发展到今天，通信网络已经是全业务网络，包括电话增值业务和数据业务。

支撑网能使电信业务网络正常运行，可以支持全部三个层面的工作，提供保证网络有效正常运行的各种控制和管理能力，包括信令网、同步网和电信管理网。此外，一般还设有网管系统和计费系统等支撑系统。

2.4 网络“云-管-端”架构

2.4.1 网络的传统架构

探 讨

- 平常寄送快递的物品是如何运送的？
- 通信网络的信息传输架构是怎样的？

我们平常都在收寄快递，下面先看一下快递的简单流程。如果你要把物品用快递从上海寄往北京的朋友家，那么物品的运送过程（见图2-28）就是：先由快递小哥收件，把物品运到快递公司营业部或者快递分公司，再由货车把物品运到上海物流总部，上海物流总部将物品分类打包，通过水陆空等方式运到北京物流总部，再由北京物流总部根据接收地址把物品运到特定快递分公司，最后由快递小哥将物品配送给你的朋友。

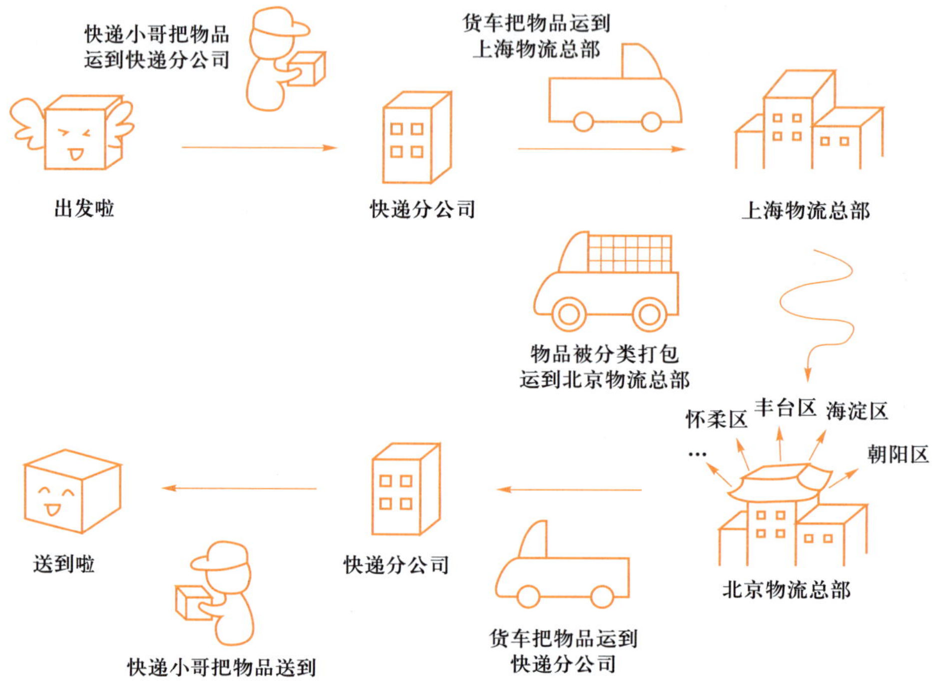

图2-28 快递物品的运送过程

快递物品的运送需要由快递分公司、物流总部这样的节点利用货车等运送方式完成。相似的，信息的传送是通过通信网络（从研究网络架构的角度，不强调电信概念，本节使用“通信网络”一词）中的传输设备、交换设备、终端设备、传输线路等实现的，也需要有一个网络架构。

通信网络是一张复杂的网络，由很多节点设备和线路组成。网络设备往往是指人们熟知的路由器、交换机等。重要节点上的交换机功能比较复杂，比普通交换机个头大、功能强，一般称为核心交换机。网络设备最主要的功能就是处理或者转发业务。

假设某个通信网络涵盖北京、成都、上海、广州四个城市，每个城市有一台路由器，通过光纤连接起来。由于每两个城市之间相隔的距离都非常远，光信号在光纤里面传输时会有衰减，从广州发出的信号到达成都时，其功率可能已低于传输设备能够识别的最小功率，就会被认为线路断了，所以需要在两个城市之间放一些设备，把光信号放大、再生之后再发送出去，这样信号传输距离就可以拉得更远。这样的设备称为中继设备。但只是拉远传输距离还不够，如果链路中间某个地方发生中断，那么路由器之间的光信号也会中断，因此可在四个城市间建设较多的光缆线路，将路由器和中继设备组成一张复杂的网络，具有一定的冗余保护功能，即使某一条链路发生故障，光信号依然可以走另一边迂回。这样城市间的链路可靠性得到增强，有了链路保护的功能。这个网络称为光传输网（Optical Transmission Network，OTN），如图2-29所示。

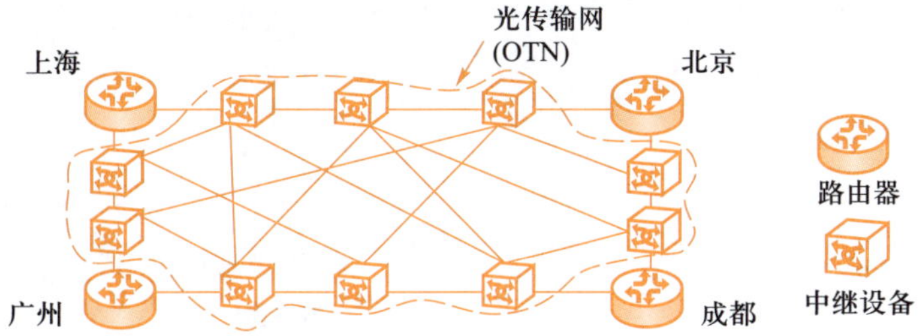

图 2-29 简单城市网络结构示意图

运营商建设网络的目的是为用户提供服务,而现实网络中的用户是分布在全国乃至全球各地的,如何把不同的用户终端,如手机、PC 等,都接入网络中呢?直接接入图 2-29 中四个城市的路由器显然不行。因为路由器上的接口数量有限,再加上这种大城市重要节点的路由器(骨干路由器或核心路由器)比较贵,此外用户离骨干路由器可能比较远,直接通过网线或光纤连接成本也比较高。

基于这样的场景,有一种比较合理的解决方案,例如,在用户的 PC 和骨干路由器之间加一些汇聚型的设备,提供一个上行端口与骨干路由器对接,再通过扩展的下行端口接入更多的用户。这一类的设备可以是交换机或者光线路设备,称为接入设备。它相当于把多个用户汇聚到一个接口,再连至骨干路由器。这样,骨干路由器只占用一个端口,就可以接入很多用户。这部分网络称为接入网。如图 2-30 所示。

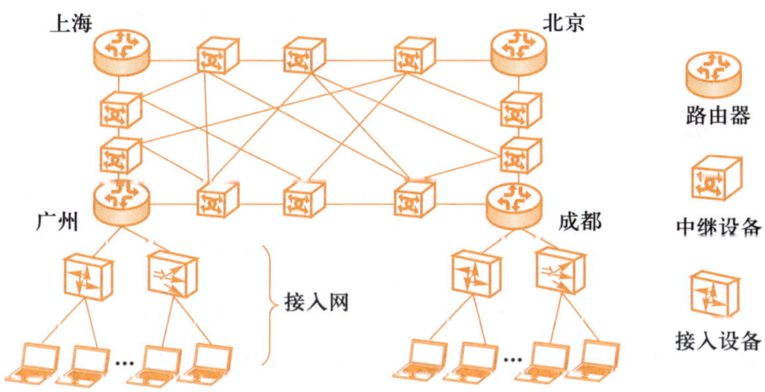

图 2-30 接入网的城市网络结构示意图

对于一个城市来讲,运营商通常在接入网与骨干网之间再组成一个网络层次,把整个城市的终端设备都连接起来,通常称为城域网,以实现城市通信网络的灵活扩展。这就得到网络的传统架构,如图 2-31 所示。图中,上海、北京等城市处于通信网络的核心位置,称为核心网,其主要实现高速路由功能和业务转发功能,处理和分发全网的业务。

基于这样一种架构,网络中的设备主要关注如何转发用户数据,并不处理用户的业务数据。将网络的这种特征称为透明转发或透明传送。相当于网络只承载数据,不处理数据,所以也称为承载网。用户只是接入网络还远远不够,最终还是要使用业务。网络中会有一个业务处理层,主要负责处理、提供、终结业务,由业务平台和终端负责业务处理。

假设城市 A 和城市 B 间的用户要实现数据或语音业务,整个通信网络的逻辑架构就是:计算机(手机)→接入网→(承载网)→核心网→传输网→核心网→(承载网)→接入网→计算机(手机),如图 2-32 所示。

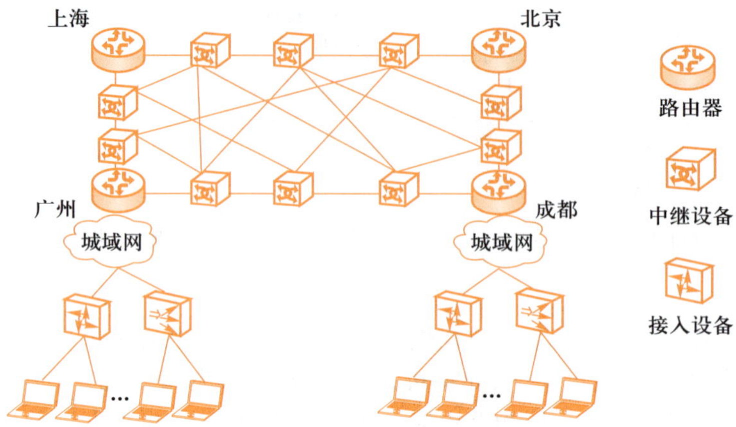

图 2-31 网络的传统架构

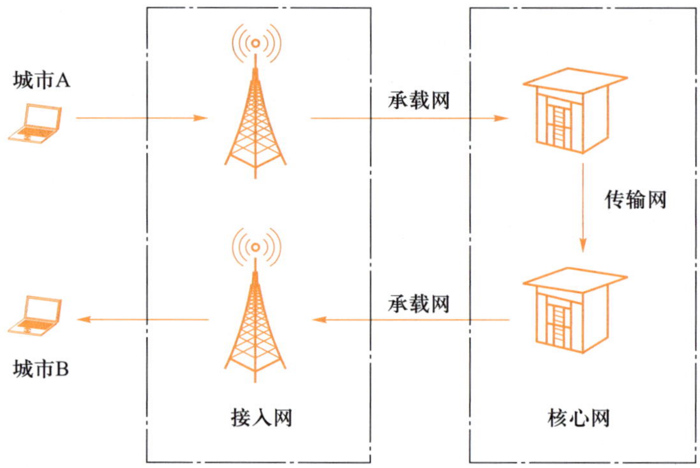

图 2-32 传统网络的逻辑架构

接入网实现将用户业务汇集到核心网，分为无线接入与有线接入。接入网有城市内区域范畴、城域范畴、省内跨本地网范畴，取决于终端设备或局域网与交换网（核心网）接入节点之间的位置、距离等。

核心网包含业务处理在内，随着业务的不断更新而演进。核心网内部通常最复杂，包括：接入节点→本地汇聚节点→省内汇聚节点（省内出口节点，即流量出省节点）→核心骨干节点（全国大区中心，部分省的省中心作为所辖多省的中心）→核心骨干节点→省内汇聚节点→本地汇聚节点→接入节点。

传输网一般指通信网络中骨干节点之间的传输网络，除了 OTN，还有微波、卫星等组网方式。若核心网是 IP 数据网，则连接上述各节点的是传输系统，如 OTN。若核心网是电话网，则连接上述各节点的是承载网，承载网就是 IP 数据网，其底层是传输网。

为上层业务提供 IP 通道的 IP 网络称为 IP 承载网，简称承载网，一类是为移动通信无线接入网与移动通信核心网之间的回传链路提供 IP 通道的 SDH（同步数字系列）、PTN（分组传送网）、SPN（切片分组网）、MSTP（多业务传输平台）、IP RAN（无线接入网）等，以及卫星中继、微波中继；另一类是移动通信核心网网元之间、软交换网元之间、IMS 网元之间的 IP 承载。

2.4.2 网络的“云-管-端”架构

传统的通信网络只透明传送数据,不处理业务。过去因为业务少,如主要是语音业务时,核心网就要承担处理语音交换业务的工作。随着网络技术的发展,业务逐渐多元化,出现了数据上网业务、视频业务、物联网业务等,处理这些业务的系统不同,也就要有不同的业务层。

从业务的端到端的角度来看,除了有上面的业务层,还有用户实现通信业务体验的载体,称为终端,如电话。业务从终端侧接入之后,经过整体网络送到业务层去处理,通信网络负责用户终端业务与相应业务平台的连接,包括业务路由选择和媒体业务转发。由于业务的多样性,业务层一般称为业务平台。而且随着业务云化的发展,云上业务处理能力增强,大多业务都可以放在云上处理,也就形成了很多个处理不同业务的基于云的业务平台。整体网络基本不需要处理用户媒体,仍然相当于透明传送。既然是透明传送,就可以把它看成运送自来水的水管,而把管道里传送的各个业务的数据流看成自来水。不同的业务可以看成不同类型的水,有热水,有冷水。对应的不同的管道(热水管、冷水管)可以采用不同的技术。这样就形成了一个终端、管道和基于云的业务平台,这就是网络的“云-管-端”架构,如图 2-33 所示。

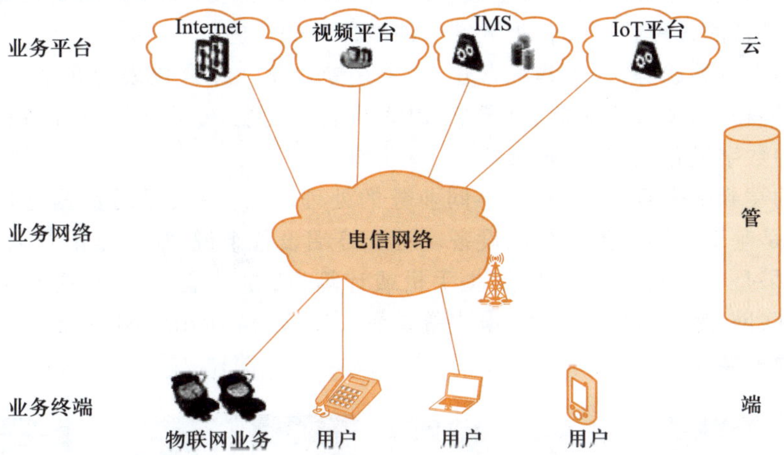

图 2-33 网络的“云-管-端”架构

随着宽带网络的快速发展,以及电信业务和互联网业务的相互渗透与融合,通信网络逐步从“烟囱式”的业务垂直子系统向业务云化、网络 IP 化和终端智能化的“云-管-端”信息服务架构转变。

1. 云

云,即业务平台。由于业务平台的实现方式正在逐步向云计算方式演变,因此这里以“云计算业务平台”指代“业务平台”,简称“云”。

云计算的核心技术是如何同时动态管理百万台级别的服务器,即超大型数据中心的操作系统。通过这样一套操作系统,就可以实现对几万台、几十万台甚至数百万台服务器的动态管理。原来每家企业都要建立一个自有的小型机房,对某些大型企业来说要建立一个中型机房,为了确保服务器能够承载突发情况,还会留有较多的冗余空间。而在云计算时代,上云后企业的计算能力得到极大的增强,可以根据需要调用相应的计算能力。更宽泛地来讲,云也可以指为用户提供云计算和大数据等云服务的集合,还可以指设备的云化等。

云平台是信息服务架构的核心。云平台主要带来两个方面的变化,一是从以 No.7 信令为代表的语音业务为主体变为以 Web 为代表的数据业务为主体，实现业务的 IT 化；二是新一代分布式计算技术替代传统的单机计算，实现应用软件与硬件的解耦，促进数据中心云化和业务云化，数据中心云化形成独立的超大规模的云计算数据中心，业务云化是指各种业务运行在云计算数据中心之上。

2. 管

管，即网络管道。通信需要建立起全国性的大规模网络，这些网络由交换机、路由器、无线基站、有线接入等设备组合而成。所谓管道，主要就是指提供信息传输服务的通信网络，形成“像太平洋一样粗的管道”，从而实现海量数据的高速流动。

面对海量信息的传送，固定接入向超宽带方向发展，移动宽带是业界发展最快的。全网 IP 化已经成为业界共识，并取得长足进展。IP 技术作为一项与业务无关的技术，成为接入网、城域网、骨干网等设备的共同技术，成为下一代网络的核心。

3. 端

端，即终端，包括物联网终端和智能手机等人机接口。物联网终端可以是智能的，也可以是普通的感知终端，如智能手机、数据卡、平板计算机、机器人、工业设备等能上网的终端设备。终端所承载的业务应用是海量数据产生的源泉，正是大规模的网络终端将人们的各种行为、机器设备的各种状态转化为数字。终端即基础设施。

终端有两大发展趋势，一个是综合化，一个是专业化。综合化表现在个人手持终端上，融合手机、数码相机、音乐播放器、电子书、PDA 等各种功能；专业化表现在各种行业终端以及专业功能的数字设备上，如电子书等。

从整体的端到端来看，云端有了不同业务的处理平台，中间是对数据进行透明转发的管道，最下面是基于不同业务的终端设备。对于终端设备来说，如果是语音业务，终端肯定是电话机；如果是上网业务，终端可能是手机或计算机；如果是车联网，终端可能是车载模组；如果是物联网，终端可能是水表、电表等装置。图 2-34 所示为网络“云-管-端”架构在物联网应用的框架。

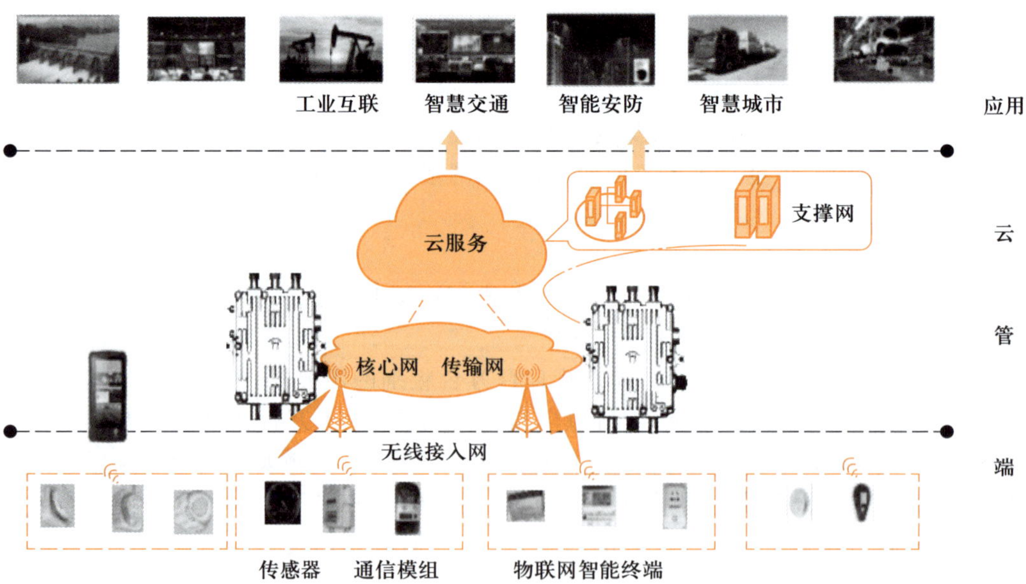

图 2-34 网络“云-管-端”架构在物联网应用的框架

2.5 电信支撑网

2.5.1 电信管理网

了 解

- 电信管理网的基本概念。
- 电信管理网和电信网的关系。
- 电信管理网的功能。

PPT 电信支撑网

微课 电信支撑网

动画 电信支撑网

电信网从产生以来就是面向公众提供服务业务的，结合电信业务的特点，为了保证业务质量，电信网的管理一直非常重要。随着网络技术的发展，电信网的设备越来越多样化和复杂化，规模也越来越大。这些因素决定了现代电信网络的管理必须是有效的、可靠的、安全的和经济的。

1. 电信管理网的概念

电信管理网（Telecommunication Management Network，TMN）是现代电信网运行的支撑系统之一，是为了保持电信网正常运行和服务并对它进行有效管理所建立的软、硬件系统和组织体系的总称。1986 年，ITU 提出电信管理网的概念，规定：TMN 提供一个有组织的网络结构，以取得各种类型的操作系统之间、操作系统与电信设备之间的互联。它是采用商定的具有标准协议和信息的接口进行管理信息交换的体系结构。简单地说，TMN 是收集、处理、传送和存储有关电信网维护、操作和管理信息的一种手段。

2. 电信管理网与电信网的关系

ITU T 给出的 TMN 框架如图 2-35 所示，在通信网络节点设置工作站，利用各种网管软件系统，TMN 通过数据通信网实现对电信网络中各类设备（网元）的操作与管理。

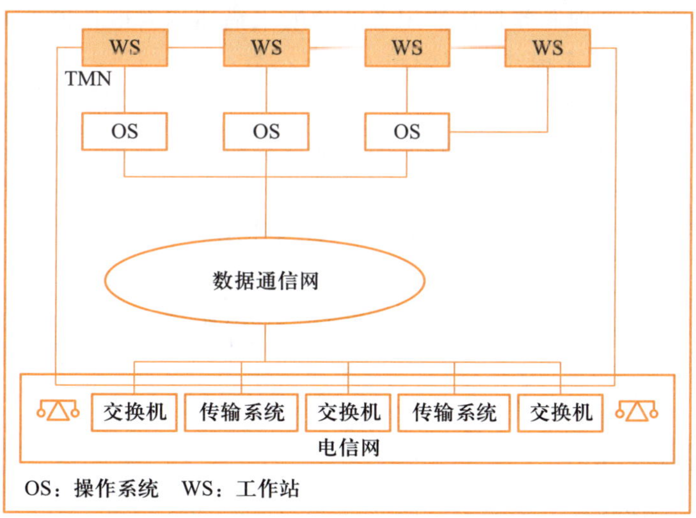

图 2-35　TMN 框架

TMN 与它所管理的电信网紧密耦合，但在概念上又是一个分离的网络，它在若干点与电信网连接。另外，TMN 有可能利用电信网的一部分来实现它的通信能力。

TMN 中的电信网设备部分是电信网状态数据的收集和网管指令的执行设施，如交换机的网管接口、传输设备的监控设施等。它们负责从电信网的设备中收集相应设备的网管信息或执行网管中心的指令，对交换系统或传输设备的状态和参数进行控制，有的是电信网设备的一部分，有的是在电信网设备外附加的。

网管系统可以有一至多个，每个网管系统通常都是一组计算机，负责处理电信网的网管数据，发送对电信网设备的控制指令，是电信网及其 TMN 的“大脑”或“指挥中心”。电信网的操作人员则通过网管系统对电信网进行管理和控制，所以网管系统一般都具有良好的人机接口，包括网络信息的显示输出、控制指令和参数的输入。

数据通信网负责在运营系统之间、运营系统与电信网之间传递信息，是一个可靠的专用数据网，并且具有多层次的体系结构。

图 2-36 网管中心机房实景图

网络管理工作站可以认为是网管系统的本地或远程操作终端。电信网的操作人员只要在这些工作站上进行操作，就能实现对电信网的管理。网管操作终端通过 TMN 与各个运营系统相连。

网管中心机房实景图如图 2-36 所示。

3. 电信管理网的管理业务

电信管理网主要包括网络管理系统、维护监控系统等。电信管理网的主要功能是：根据各局间的业务流向、流量统计数据，有效地组织网络流量分配；根据网络状态，经过分析判断进行电路调度、组织迂回和流量控制等，以避免网络过负荷和阻塞扩散；在出现故障时根据告警信号和异常数据采取封闭、启动、倒换和更换故障部件等措施，尽可能使通信及相关设备恢复和保持良好运行状态。

TMN 既然是一个网络，它也提供自己的网络业务，拥有自己的用户。它的业务就是 TMN 的管理业务，这种管理业务是从使用者的角度来描述的对电信网的操作、组织与维护的管理活动。TMN 管理业务基本可以归纳为以下三类：

① 通信网日常业务和网络运行管理业务；

② 通信网的检测、测试和故障处理等网络维护管理业务；

③ 网络控制和异常业务处理等网络控制业务。

网管中心的功能构成如图 2-37 所示，其设备按作用可分为计算机、显示告警设备和操作终端三种。

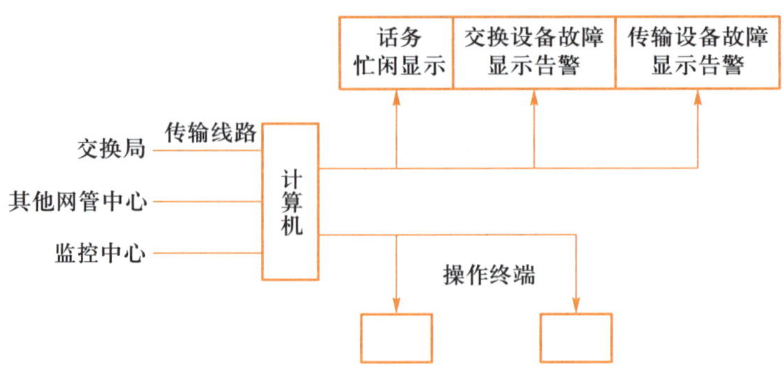

图 2-37 网管中心的功能构成

4. 电信管理网的网络管理功能

TMN 为电信网及电信业务提供一系列的管理功能，主要可划分为以下五种管理功能域。

(1) 性能管理

性能管理功能是对电信设备的性能和网络单元的有效性进行评估，并提出评价报告的一组功能，包括性能测试、性能分析及性能控制。

(2) 配置管理

配置管理功能包括提供状态和控制及其安装功能，可对网络单元的配置、业务的投入、开/停业务，以及网络的状态等进行管理。

(3) 账务管理

账务管理功能测试电信网中各种业务的使用情况，计算处理使用电信业务的应收费用，并对电信业务的收费过程提供支持。实际上运营商都有专门的计费系统进行账务管理。

(4) 故障管理

故障管理功能可对电信网的运行情况异常和设备安装环境异常，以及网络的状态进行管理。

(5) 安全管理

安全管理功能主要提供对网络及网络设备进行安全保护的能力，主要包括接入及用户权限的管理、安全审查及安全告警处理。

2.5.2 信令网

为了保证在一次通信服务中相关终端设备、交换设备等多种设备能够协调一致地完成必需的连接动作和信息传送，通信网必须提供一套完整的控制信号和操作程序，以协调各设备完成相应的控制功能。用以产生、发送和接收这些控制信号的硬件及相应执行的控制、操作等程序的集合体就称为信令系统。

通俗地讲，信令是指用户终端与交换机之间以及交换机相互间传送的有关交换接续控制的指令信息。在接续过程中，信令必须遵守协议和规约进行传送，该协议和规约为信令方式。由各种特定的信令方式和与其相应的信令设备构成的系统称为信令系统。通常将传送和转发相关网元之间信令的网络称为信令网。网元之间直接相连并互通信令的信令网称为直联信令网，网元之间通过信令转接点转发信令的信令网称为准直联信令网。下面介绍的是准直联信令网。

1. 信令网的组成

信令网由信令点、信令转接点和信令链路组成。

(1) 信令点

信令网中既发出又接收信令消息的信令网节点称为信令点(Signaling Point，SP)，它是信令消息的起源点和目的地点。在信令网中，交换局、服务控制点可作为信令点。常常把产生消息的信令点称为源信令点，把信令消息最终到达的信令点称为目的信令点。显然，源信令点是信令消息的始发点。

(2) 信令转接点

信令转接点(Signaling Transfer Point，STP)具有信令转接功能，可以将信令消息从一个信令点转发到另一个信令点。在信令网中，STP 有两种，一种是专用信令转接点，它只具有信令消息的转接功能，也称为独立型 STP；另一种是综合型 STP，它与交换局合并在一起，是具有信令点功能的转接点。

(3) 信令链路

在信令点与信令转接点之间、不同信令点之间,以及不同信令转接点之间建立连接,用于传送信令消息的通道称为信令链路。每条运行的信令链路都分配有一条信令数据链路和位于此信令数据链路两端的两个信令终端。

信令点、信令转接点和信令链路之间的关系如图 2-38 所示,图中交换局 A、交换局 B 为信令点,交换局 C 为信令转接点,连接各点之间的线路为信令链路。

2. 信令网的结构

我国的 No.7 信令网采用三级结构,如图 2-39 所示。第一级是信令网的最高级,称为高级信令转接点(High Signaling Transport Point,HSTP);第二级是低级信令转接点(Lower Signaling Transport Point,LSTP);第三级是信令点(SP),由各种交换局和特种服务中心(业务控制点、网管中心等)组成。

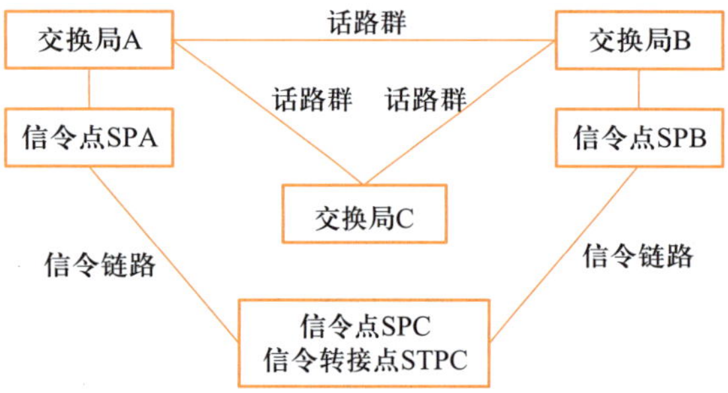

图 2-38 信令网组成关系

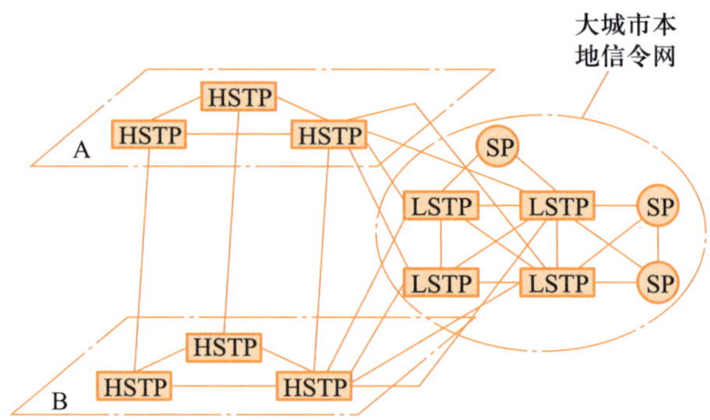

图 2-39 我国 No.7 信令网的三级结构

(1) 各信令点的职能

第一级 HSTP 负责转接它所辖的第二级 LSTP 和第三级 SP 的信令消息。HSTP 采用独立型信令转接点设备。第二级 LSTP 负责转接它所辖的第三级 SP 的信令消息。LSTP 可以采用独立型信令转接点设备,也可以采用与交换局合设在一起的综合型信令转接点设备。第三级 SP 是信令网传送各种信令消息的源点或目的地点。

(2) 信令网的网络组织

第一级 HSTP 间采用 A、B 平面连接方式。它是网状连接方式的简化形式。A 和 B 平面内部,各个 HSTP 网状相连;A 和 B 平面之间,成对的 HSTP 相连。

第二级 LSTP 间的连接方式采用分区固定连接方式。

第三级 SP 至第二级 LSTP 间的连接可以采用自由连接方式,也可以采用分区固定连接方式。

2.5.3 同步网

同步网是电信支撑网之一,为管理网和信令网提供支持。电信网中传输的信号之间的频率、时钟和相位要保持某种严格的特定关系,即在相对应的有效瞬间内以同一平均速率出现。同步网包括时钟同步网和时间同步网。下面主要介绍时钟同步网。

为实现信号同步,需使数字网中每个设备的时钟都具有相同的频率,解决方法是建立时钟同步网。时钟同步网是由节点时钟设备和定时链路组成的一个实体网,它还配置了自己的监控网。时钟同步网负责为各种业务网提供定时,以实现各种业务网的同步。传送时钟频率的数字传输系统称为同步链路，有主/备两条传送链路,故障时自动倒换备用链路。

我国时钟同步网结构如图 2-40 所示。

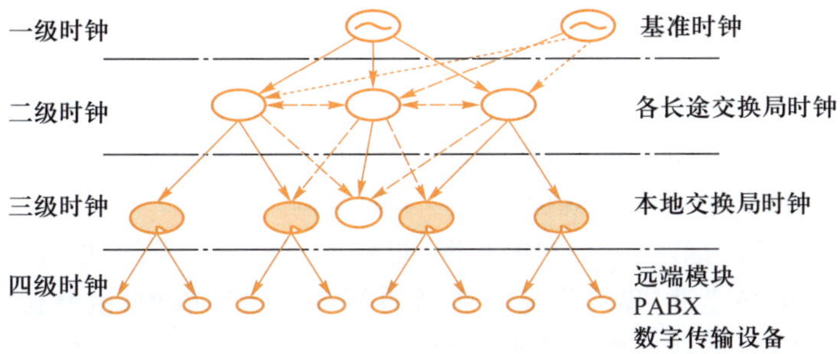

图 2-40 我国时钟同步网结构

第一级是基准时钟,由铯原子钟或 GPS 配铷钟组成。它是数字网中最高等级的时钟,是其他所有时钟的唯一基准。北京国际通信大楼中安装有三组铯钟,武汉长话大楼中安装有两组超高精度铯钟及两个 GPS,这些都是超高精度的一级基准时钟(Primary Reference Clock,PRC)。

第二级是有保持功能的高稳时钟(受控铷钟和高稳定度晶体钟),分为 A 类和 B 类。上海、南京、西安、沈阳、广州、成都六个大区中心及乌鲁木齐、拉萨、昆明、哈尔滨、海口五个边远省会中心均配置有地区级基准时钟(二级标准时钟,Local Primary Reference,LPR),此外还增配有 GPS 定时接收设备,它们均属于 A 类时钟。其他各省、自治区、直辖市中心的长途通信大楼内安装的大楼综合定时供给系统,以铷(原子)钟或高稳定度晶体钟作为二级 B 类标准时钟。A 类时钟通过同步链路直接与基准时钟同步,并受中心局内的局内综合定时供给设备时钟同步。B 类时钟应通过同步链路受 A 类时钟控制,间接地与基准时钟同步,并受中心内的局内综合定时供给设备时钟同步。

第三级是各省内设置在汇接局和端局的时钟,采用有保持功能的高稳定度晶体时钟,其频率偏移率可低于二级时钟。三级时钟通过同步链路与二级时钟或同等级时钟同步,需要时可设置局内综合定时供给设备。

第四级是远端模块、数字用户交换设备、数字终端设备时钟,一般是普通的晶体时钟。

2.6 实做项目及教学情境

实做项目一:网络在线学习

目的和要求:登录“智慧职教”平台,学习相关知识点的 PPT、微课、动画等资源,完成网络学习任务。具体使用方法参见 1.5 节。

实做项目二:参观运营商机房

目的和要求:认识交换机、传输设备,形成对通信网络的初步认识,撰写书面报告。

实做项目三:考察通信线路

目的和要求:通过考察通信线路、参观通信线务与传输实训室,认识通信线路。

实做项目四:参观计算机机房

目的和要求:通过参观计算机的组网,认识网络拓扑结构。

实做项目五:观察运营商机房的网管系统

目的和要求:通过观察运营商机房的网管系统,理解电信网的网络拓扑结构。

小 结

1. 电信系统的功能是把发信者的信息进行转换、处理、交换、传输,最后送给收信者。

2. 电信系统硬件设备由终端设备、传输设备和交换设备组成。以终端设备、交换设备为点,以传输设备为线,点、线相连就构成了一个通信网。

3. 电信网络拓扑结构形式主要有网状网、星形网、复合网、总线网、环形网和蜂窝网。

4. 经过多年的网络建设,我国传统电话网的等级数逐渐减少,由最初的 C_1、C_2 合并为 DC_1,C_3、C_4 合并为 DC_2,构成二级长途电话网。

5. 本地网一般是由汇接局和端局构成的两级结构。汇接局为高一级,端局为低一级,一般一个城市设多个端局和若干个汇接局。

6. 电信网在垂直方向上分为传送网、核心网、业务网和支撑网。

7. 通信网络的传统架构包括终端、接入网、承载网、传输网和核心网。随着电信业务和互联网业务的相互渗透与融合,通信网络转变为业务云化、网络 IP 化和终端智能化的“云-管-端”信息服务架构。

8. TMN 与它所管理的电信网紧密耦合,但在概念上又是一个分离的网络,它在若干点与电信网连接。另外,TMN 有可能利用电信网的一部分来实现它的通信能力。

9. TMN 为电信网及电信业务提供一系列的管理功能,主要有性能管理、配置管理、账务管理、故障管理和安全管理。

10. 信令网是用于信令传输与处理的支撑网络,由信令点、信令转接点和信令链路组成。

11. 时钟同步网是由节点时钟设备和定时链路组成的一个实体网,它还配置了自己的监控网。时钟同步网负责为各种业务网提供定时,以实现各种业务网的同步。

即测即评

(扫描二维码可进行自我测试)

第3章

电话通信

本章教学说明

- 针对生活应用，说明电话通信发展
- 以 PCM 数字电话为例，说明电话通信过程以及传输机制
- 重点介绍 PCM30/32
- 简单介绍多路复用的种类及其与复接的区别
- 概括介绍交换技术发展历程及各类技术
- 简单介绍信令系统和电话业务

本章内容

- 电话通信概述
- PCM 电话通信技术
- 复用与复接技术
- 电话交换技术
- 电话信令
- 电话业务

本章重点、难点

- 数字电话通信过程
- PCM 技术原理
- PCM30/32 系统
- 多路复用技术
- 数字程控交换原理
- 信令流程
- 典型电话业务

☑ 本章学习目的和要求

- 掌握数字通信过程
- 掌握 PCM 技术原理及应用
- 理解多路复用技术
- 了解数字复接技术
- 理解数字程控交换原理
- 了解软交换和 IMS 技术
- 了解信令系统
- 理解电话业务

☑ 本章实做要求及教学情境

- 网络在线学习
- 安装固定电话
- 在话务台和管理终端上开通电话新业务
- 参观用户交换机房和局端交换机房

☑ 本章学习能力要素及基础要求

- 掌握电话通信过程
- 理解 PCM 技术原理和数字复接的概念
- 理解电话交换技术的发展历程
- 了解电话通信的信令流程
- 理解各种电话业务

☑ 本章学习方法建议

- 通过“智慧职教”平台进行网络学习
- 课前预习与课后复习相结合
- 考察交换机、安装电话与课堂学习相结合
- 自学与探讨相结合
- 课后作业与章节个人总结相结合
- 教师答疑与学习反馈相结合

☑ 素养目标

- 培养标准意识：通过对 PCM、交换技术的学习及理解，认识到通信标准等的重要性，培养标准意识
- 树立协同理念：通过对电话通信过程、电话业务等知识的学习，理解网络的协同工作原理，树立全程全网协同的理念
- 培养创新思维：通过对软交换、IMS 等技术的学习，了解交换技术的发展，培养创新思维

☑ 本章建议学时数

10 学时

3.1 电话通信概述

3.1.1 电话通信发展历程

探 讨

你和远方的朋友通过什么方式进行交流沟通?

电话是人们日常使用较多的通信业务,不管是固定电话,还是手机,通话是最基本的功能,也是非常重要的功能。本章主要以固定电话为例进行说明。

固定电话通信的历史最早可以追溯到19世纪末期以及20世纪初期。以下是电话通信主要的发展历程。

电话的发明:1876年,贝尔发明了世界上第一台电话。他成功地将声音转换为电信号,并通过电线传输到远处,使人们能够通过电信号进行语音通信。

早期电话系统:早期的电话系统是由一系列电话交换机(电话局)组成的,这些交换机通过电线连接起来,允许人们通过中央操作员实现通话。这种系统通常被称为人工交换系统,因为操作员需要手动连接不同的电话线路。

自动交换机的引入:20世纪初,自动交换机的引入使得电话系统更加普及和便利。这些自动交换机使用机械设备来自动连接电话线路,而不再需要人工操作员。

长途通信的发展:随着技术的进步,电话网络开始连接不同城市和国家之间的通信线路,从而实现了长途通信。

数字化技术的应用:20世纪后期,数字化技术开始应用于电话通信系统。数字电话网络提供了更高质量的通信服务,并且可以更有效地传输数据。

光纤技术的应用:1990年代以后,光纤技术开始在电话网络中得到广泛应用。光纤通信使得电话网络的容量大大增加,提供了更高速度和更大带宽的通信能力。

互联网电话(VoIP)的兴起:21世纪初,VoIP技术开始崭露头角。VoIP利用互联网传输语音数据,取代了传统的电话线路,提供了更便宜和更灵活的通信解决方案。

移动电话的普及:随着移动通信技术的发展,移动电话成为人们日常生活中不可或缺的一部分。移动电话网络通过无线技术连接手机和基站,使人们能够在任何地方进行通信。移动电话的普及给固定电话的发展带来挑战。

宽带互联网的普及:宽带互联网的普及是数据业务普及的重要推动力之一。随着宽带技术的发展和普及,用户可以以更高速度和更稳定的方式访问互联网。各种即时通信软件也像雨后春笋般出现,替代了部分固定电话业务。

移动互联网的发展:移动互联网的快速发展使得人们可以通过移动设备(如智能手机、平板计算机)随时随地访问互联网。移动数据服务(如3G、4G、5G网络)的普及为用户提供了更加便捷的数据通信方式,推动了移动应用、移动支付、移动娱乐等数据业务的普及。集语音、视频等于一体的各种App,大大方便了用户语音通话的使用。

固定电话通信经历了从最初的简单通话,到数字化、智能化通信系统的发展,改变了人类社会的沟通方式,促进了信息交流和社会发展。随着通信技术的不断发展,移动业务超越了固定业务,IP语音替代了传统语音。在如今的全IP时代,各种智能设备(如智能手机、智能穿戴设备、智能家居等)都可以通过互联网进行数据交换和语音通信,为用户提供了更智能、更便捷的生活和工作方式。现在的电话都是基于 IMS 网络的电话,已经没有单独传统意义上的专用电话网了。

3.1.2 电话通信过程

探 讨

声音是如何变成数字信号进行传输的?

电话通信是利用电的方法传送人的语言,并完成远距离语音通信的过程。传统电话网使用的固定电话一般为模拟电话,通过用户线连接到交换机,交换机之间的中继线上传输的是数字信号。电话通信过程要经过模拟信号与数字信号之间的转换,包括发送端的模数(A/D)转换、信道传输和接收端的数模(D/A)转换三部分。

目前,将模拟信号转换为数字信号的方法有多种,最基本的是脉冲编码调制(Pulse Code Modulation,PCM),另外还有差值脉冲编码调制(Difference Pulse Code Modulation,DPCM)、自适应差值脉冲编码调制(Adaptive Difference Pulse Code Modulation,ADPCM)以及典型的增量调制(Delta Modulation,ΔM)。下面以典型的脉冲编码调制为例说明数字电话通信过程,如图 3-1 所示。

PPT 数字电话通信过程

微课 数字电话通信过程

动画 数字电话通信过程

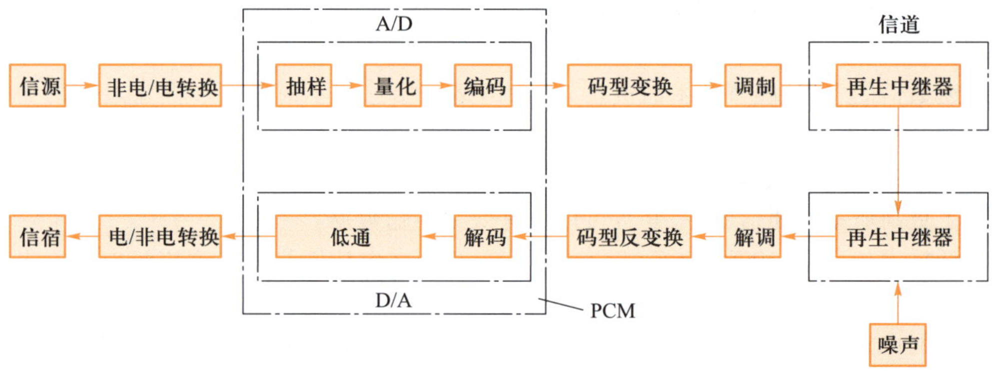

图 3-1 数字电话通信过程示意图

1. 发送端的声/电转换和 A/D 转换

信源发出的声音经过电话机的受话器转换成电信号,由于话音信号为模拟信号,要经过 A/D 转换得到数字信号。经过抽样将时间上连续的信号变成时间上离散的信号,然后经过量化和编码,将信号的幅值也离散化,就得到了数字信号,这实际上是信源编码过程。

2. 信道传输

(1) 信道传输的码型变换与反变换

信源编码器输出的信号码型不适合长距离传输,要通过码型变换得到适合信道传输的线路码型,这是信道编码过程。到达接收端需要进行反变换,以便进行 D/A 转换,这是信道解码过程。

(2) 调制与解调

在发送端,将基带信号调制,变成频带信号送往信道进行传输。到达接收端,将频带信号解调,恢复出基带信号。

(3) 再生中继

数字信号在信道上传输的过程中会受到衰减和噪声干扰的影响,使得波形失真。而且随着通信距离的增加,接收信噪比下降,误码增加,通信质量下降。因此,在信道上每隔一段距离就要对数字信号波形进行一次“修整”,再生出与原发送信号相同的波形,然后再进行传输。

3. 接收端的 D/A 转换和电/声转换

(1) 再生、解码

接收端收到数字信号后,首先经整形再生,然后将线路码型转换为终端设备处理的码型,送至解码电路。

解码与编码恰好相反,是进行数模转换,它把二进制码元还原成与发送端抽样、量化后的信号近似的重建信号。

(2) 低通滤波(平滑)

解码后的信号送入低通滤波器,输出信号的包络线。该包络线与原始的模拟信号极其相似,即还原(或称重建)为原始话音的模拟信号,送给收端用户。

以上两个过程就是信源解码过程。

(3) 电/声转换

将模拟的电信号送给听筒,完成电/声转换,恢复出声音信号,送给信宿,完成一次通话过程。

归纳思考

电话通信包括以下三个过程:

- 发送端的模数转换,包括抽样、量化和编码;
- 信道传输,包括码型变换与反变换、调制与解调、再生中继;
- 接收端的数模转换,包括再生、解码和低通滤波。

3.2 PCM 电话通信技术

3.2.1 PCM 技术原理

PPT PCM 原理

微课 PCM 原理

1. 抽样

模拟信号数字化的第一步是在时间上对信号进行离散化处理,即将时间上连续的信号处理成时间上离散的信号,这一过程称为抽样。通过抽样,可得到一系列在时间上离散的幅值序列,称为样值序列。这些样值序列的包络线仍与原模拟信号波形相似,将这些样值序列称为脉冲幅度调制(Pulse Amplitude Modulation,PAM)信号。具体地说,就是某一时间连续信号 $f(t)$,仅取 $f(t_0)$,$f(t_1)$,$f(t_2)$,…各离散点数值,就变成了时间离散信号。这个取时间连续信号离散点数值的过程就称为抽样,如图 3-2 所示。

警示

抽样后的信号在时间上变成离散的,但仍然是模拟信号。

动画
PCM 原理

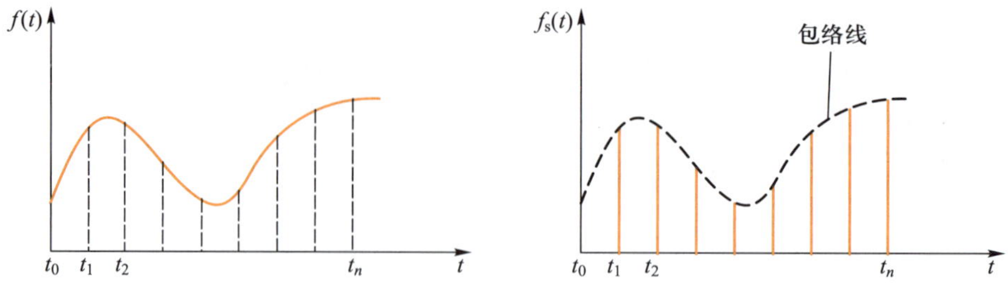

(a) 原信号　　(b) PAM信号

图 3-2 抽样信号

设时间连续信号 $f(t)$ 的最高频率为 f_M，如果用时间间隔为 $T_s \leqslant \dfrac{1}{2f_M}$ 的开关信号对 $f(t)$ 进行抽样，则 $f(t)$ 就可被样值信号 $f_s(t)=f(nT_s)$ 来唯一地表示。或者说，要从样值序列无失真地恢复原始连续信号，其抽样频率应选为 $f_s \geqslant 2f_M$。这就是著名的奈奎斯特抽样定理，简称抽样定理。

话音信号的最高频率为 3 400 Hz，这时满足抽样定理的最低抽样频率应为 f_s = 6 800 Hz，为了留有一定的防卫带，ITU-T 规定话音信号的抽样频率为 f_s = 8 000 Hz，这样就留出了(8 000−6 800) Hz = 1 200 Hz 作为滤波器的防卫带，则抽样周期 T_s = 125 μs。

2. 量化

由于抽样后的 PAM 信号的幅度仍然是连续的，因此还是模拟信号，若直接送入信道传输，其抗干扰性能仍很差；又因其幅值在一定范围内为无限多个值，若直接转换成二进制数字信号表示，则需要无限多位二进制信号与之对应，这是不可能实现的，为此要采用量化的办法。量化是把信号在幅度域上连续的样值序列用近似的办法变换成幅度离散的样值序列。具体的定义是，将幅度域连续取值的信号在幅度域上划分为若干个分级（量化间隔），每一个分级范围内的信号值取某一个固定的值来表示。图 3-3 中，$m(t)$ 表示信号的实际值，$m_q(t)$ 表示信号的量化值，将信号的幅度域分为 $x_1, x_2, \cdots$ 若干个分级，相邻两个分级 x_i、x_{i+1} 之间的信号值用 m_{i+1} 表示，如落入 $x_5 \sim x_6$ 之间的信号值均用 m_6 表示，这就是量化的过程。这一近似过程一定会产生误差，这个误差称为量化误差。量化误差就是量化前后信号之差，会产生量化噪声。

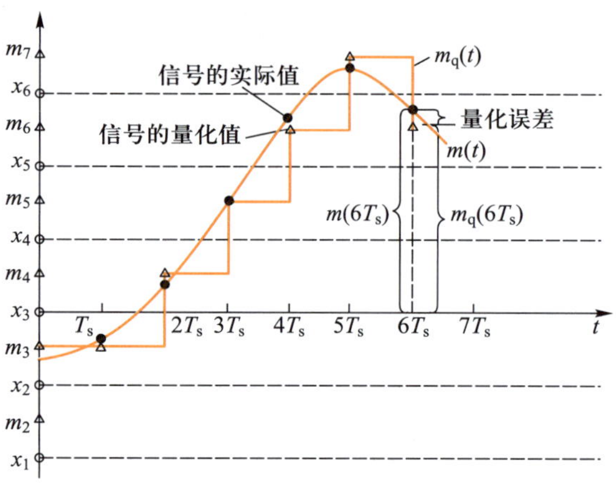

图 3-3 量化示意图

量化可以分为均匀量化与非均匀量化两种方式。均匀量化是指各量化间隔相等的量化方式，即在整个输入信号的幅度范围内，量化级的大小都相等。图 3-3 所示即为均匀量化。均匀量化将 $-U \sim +U$ 均匀等分为 N 个量化间隔，则 N 称为量化级数。设量化间隔为 Δ，则 $\Delta = 2U/N$。如量化值取于每一量化间隔的中间值，则最大量化误差为 $\Delta/2$。由于量化间隔相等，为某一固定值，不能随信号幅度的变化而变化，故大信号时信噪比大，小信号时信噪比小，小信号时质量差。

非均匀量化的特点是：信号幅度小时，量化间隔小，其量化误差也小；信号幅度大时，量化间隔大，其量化误差也大。采用非均匀量化可以改善小信号的量化信噪比。实现非均匀量化的方法之一是采用压缩扩张技术。目前我国使用的是 A 律 13 折线压缩扩张技术，具体的实现方法是：对 x 轴在 0~1（归一化）范围内以 1/2 递减规律分成 8 个不均匀段（每一段内再等分成 16 个量化间隔），其分段点分别是 1/2、1/4、1/8、1/16、1/32、1/64 和 1/128。对 y 轴在 0~1（归一化）范围内以均匀分段方式分成 8 个均匀段，其分段点分别是 1/8、2/8、3/8、4/8、5/8、6/8、7/8 和 1。将 x 轴和 y 轴对应的分段线在 x-y 平面上的相交点相连接，就得到有 8 条线段的折线。如图 3-4 所示，图中第（1）段和第（2）段折线的斜率相同，也即 7 段折线。再加上第三象限部分的 7 段折线，共 14 段折线。由于第一象限和第三象限的起始段斜率相同，所以共 13 段折线，这便是 A 律 13 折线压缩扩张特性。

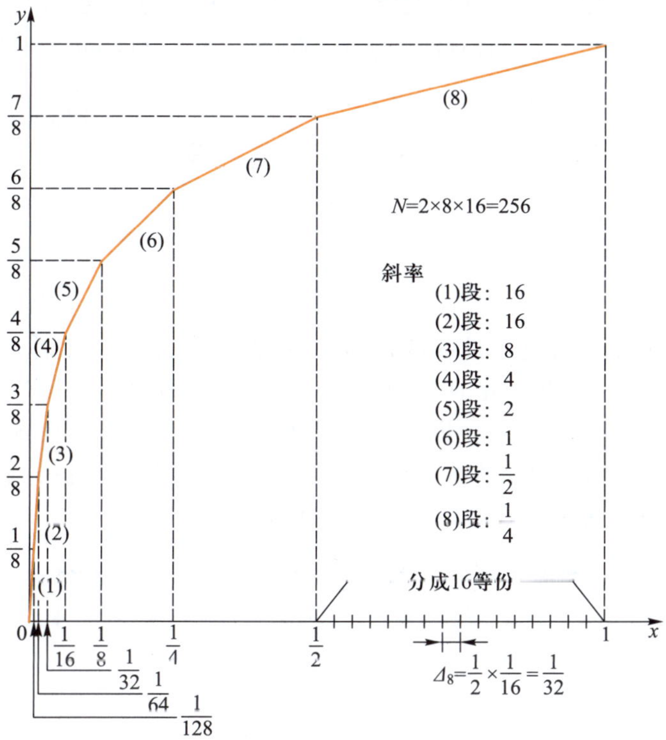

图 3-4　A 律 13 折线示意图

探　讨

为什么要采用非均匀量化？

3. 编码

编码是把抽样并量化的量化值变换成一组二进制码组，此信号称为脉冲编码调制信号，即 PCM 信号。从概念上讲，编码过程可以用天平称某一物体质量的过程类比。实际电路中，量化和编码电路常合在一起，称为模数转换电路。

在 PCM 电话通信中，将一路话音信号编成 8 位二进制代码，其中首位为极性码，即代表正、负，也就是量化中的第一、第三象限；第 2~4 位为段落码，代表量化中处于哪一段；第 5~8 位为段内码，代表段内 16 等分时处于哪一段。

对于一个数字话路来说，每秒钟抽取 8 000 个样值，每个样值编为 8 位二进制代码，则每一话路的信息速率为 8×8 000 bit/s = 64 kbit/s。下面以一个具体的波形图来解释模数转换的过程，如图 3-5 所示。

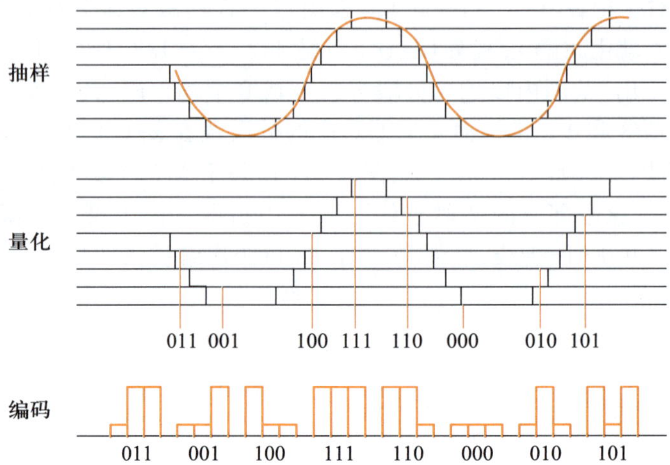

图 3-5　模数转换过程示意图

PPT
PCM 一次群系统

3.2.2　PCM 基群系统

1. PCM30/32 路系统的时隙分配和帧结构方式

微课
PCM 一次群系统

我国采用的典型的时分复用设备是 PCM30/32 路系统，称为一次群或基群。PCM30/32 的含义是整个系统共分为 32 个路时隙，其中 30 个路时隙分别用来传送 30 路话音信号，1 个路时隙（TS_0）用来传送帧同步码，另外 1 个路时隙（TS_{16}）用来传送信令码。由于 PCM30/32 路系统是一个一次群，所以又称为 E1 信道，用于北美和日本以外的国家和地区，包括中国。PCM30/32 路系统帧结构示意图如图 3-6 所示。

动画
PCM 一次群系统

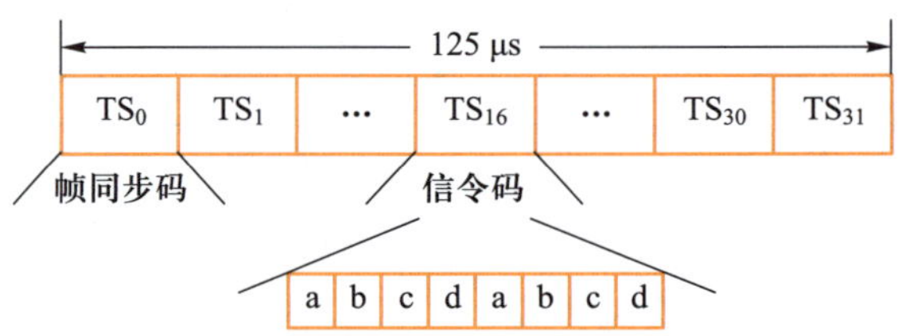

图 3-6　PCM30/32 路系统帧结构示意图

从图 3-11 中可以看出，PCM30/32 的每一帧占用的时间是 125 μs，每帧的频率为 8 000 f/s。一帧包含 32 个路时隙，其编号为 TS_0，TS_1，TS_2，…，TS_{31}，每一路时隙所占用的时间为 3.9 μs，包含 8 bit，则 PCM30/32 路系统的总信息速率为

$$f_b = 8\ 000\ \text{f/s} \times 32\ \text{路时隙}/f \times 8\ \text{bit/路时隙} = 2\ 048\ \text{kbit/s} = 2.048\ \text{Mbit/s}$$

而每一路的信息速率则为 8×8 000 bit/s = 64 kbit/s。

E1 信道复用 30 路电话的通信过程示意图如图 3-7 所示。

2. PCM24 路基群传输

PCM24 路系统，也称为 T1 信道，广泛用于北美和日本的电话系统中，是把 24 路话音信道按时分多路的原理复合在一条 1.544 Mbit/s 的高速信道上。该系统的工作原理是用一个编码解码器轮流对 24 路话音信道进行抽样、量化和编码，一个抽样周期（125 μs）中得到的 7 bit 一组的数字合并成一串，共 7×24 bit。这样的数字串在送入高速信道前要在每一个 7 bit 组的后面插入一个信令位，于是变成了 8×24 bit = 192 bit 的数字串。这 192 bit 的数字串组成一帧，最后再加入一个帧同步位，故帧长为 193 bit，如图 3-8 所示。

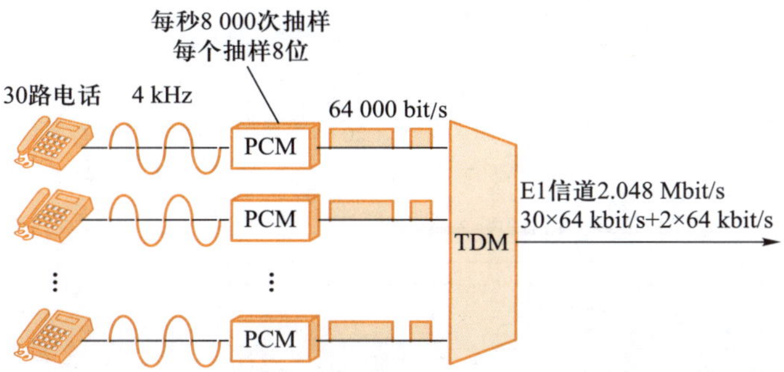

图 3-7　E1 信道复用 30 路电话的通信过程示意图

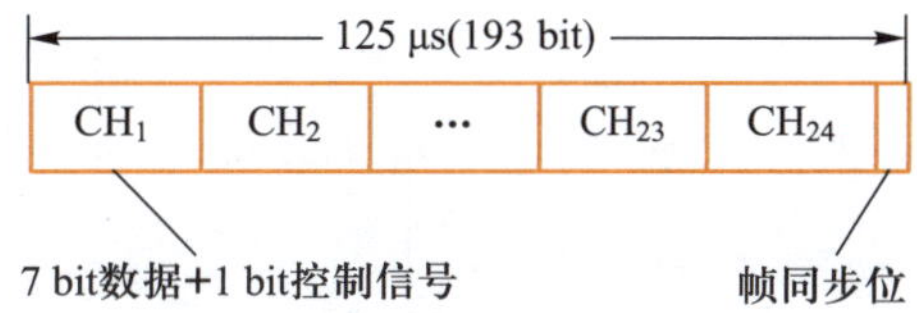

图 3-8　PCM24 路系统帧结构示意图

3.3 复用与复接技术

3.3.1 多路复用技术

PPT 多路复用技术

为了提高线路利用率，使多个信号沿同一信道传输而互不干扰的通信方式，称为多路复用。多路复用技术就是将多路信号组合在一条物理信道上进行传输，到接收端再用专门的设备将各路信号分离开来，以使一条物理信道资源被多路信号共享，如图 3-9 所示。

微课 多路复用技术

动画 多路复用技术

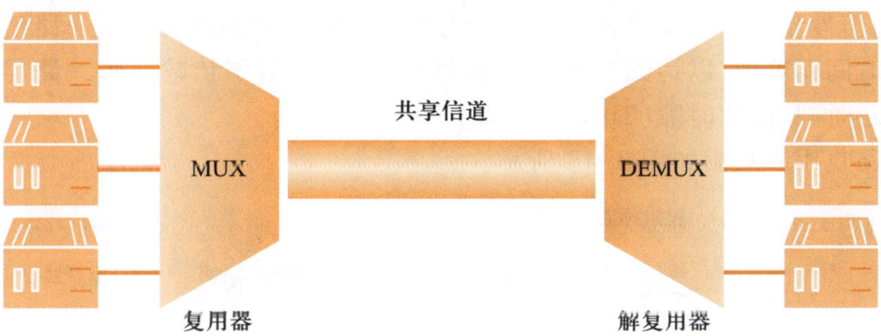

图 3-9　多路复用示意图

多路复用主要包括频分多路复用（Frequency Division Multiplexing，FDM）、时分多路复用（Time Division Multiplexing，TDM）和波分多路复用（Wavelength Division Multiplexing，WDM）。

1. 频分多路复用

频分多路复用（FDM）的工作原理是在同一信道上，利用频率分割技术，把多个信号调制在不同的载波频率上，从而在同一信道上实现同时传送多路信号而互不干扰，通常用于模拟传输中。频分多路复用示意图如图 3-10 所示。

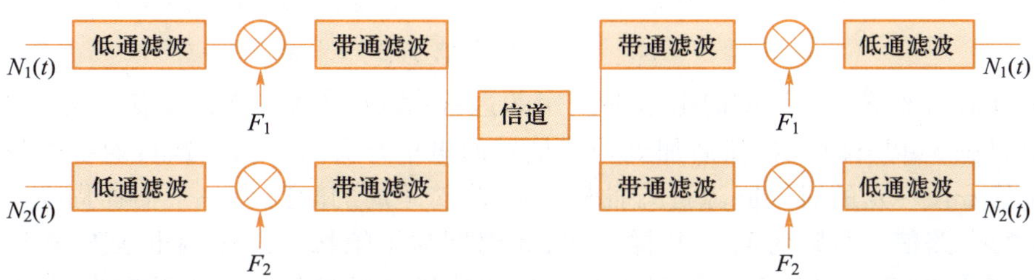

图 3-10　频分多路复用示意图

话音信号的频率范围很宽，在电话通信中，有效频率范围限定在 0.3~3.4 kHz 范围内，通过低通滤波器实现，话音信号 FDM 的多路复用与解复用过程示意图如图 3-11 所示。

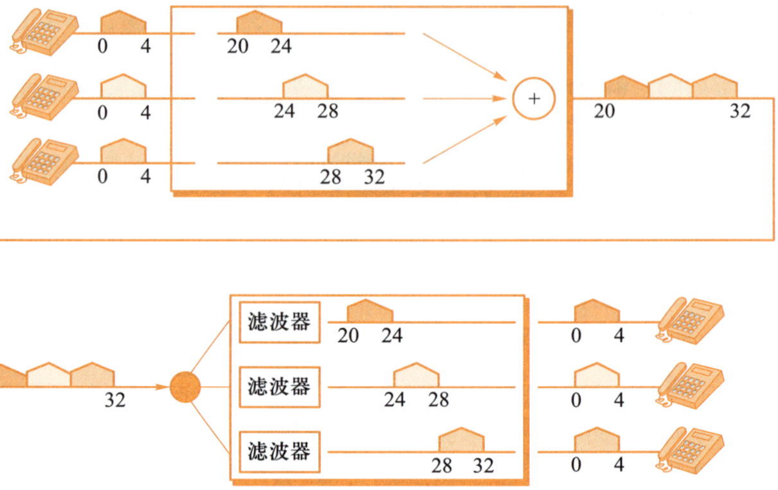

图 3-11 话音信号 FDM 的多路复用与解复用过程示意图

早期的载波电话采用的就是频分多路复用技术。

2. 时分多路复用

时分多路复用（TDM）的工作原理是利用各路信号在一条传输信道上占有不同时间间隙，以把各路信号分开。具体说就是把时间分成均匀的时间间隙，将每一路信号的传输分配在不同的时间间隙内，以达到互相分开的目的，多用于数字传输。每一路信号所占的时间间隙称为路时隙，简称时隙（Time Slot，TS）。

时分多路复用示意图如图 3-12 所示。

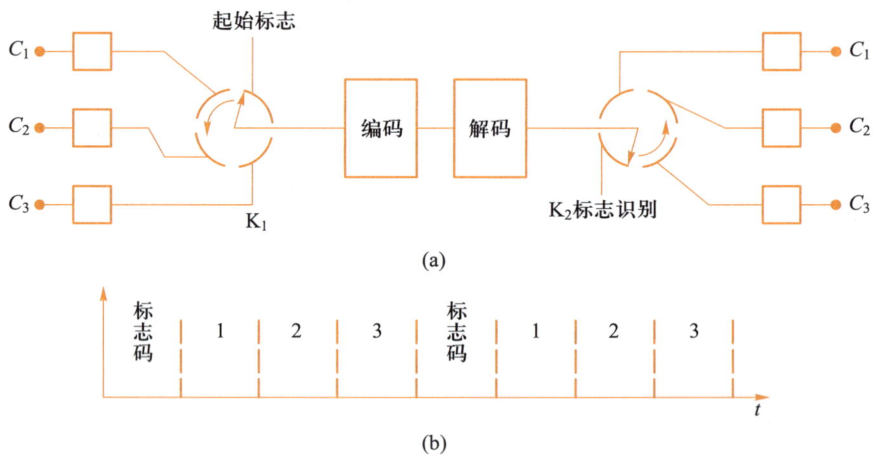

图 3-12 时分多路复用示意图

下面以电话通信为例说明时分多路复用的过程：发送端的各路话音信号经低通滤波器将带宽限制在 3.4 kHz 以内，然后加到匀速旋转的电子开关 K_1 上，依次接通各路信号，相当于对各路信号按一定的时间间隙进行抽样。K_1 旋转一周的时间为一个抽样周期 T，这样就做到了对每一路信号每隔时间 T 抽样一次，此周期为 1 帧长。发送端电子开关 K_1 不仅起到抽样作用，同时还要起到合路作用。合路后的抽样信号送到编码器进行量化和编码，然后将信号码流送往信道。

在接收端，将各分路信号码进行统一解码，还原后的信号由分路开关 K_2 依次接通各分路，在各分路中经低通滤波器将重建的话音信号送往接收端用户。

在上述过程中，应该注意的是：收、发双方的电子开关的起始位置和旋转速率都必须一致，否则将会造成错收，这就是时分多路复用系统中的同步要求。收、发两端的信息速率或时钟频率相同称为位同步或比特同步，也可通俗地理解为两电子开关的旋转速率相同；收、发两端的起始位置是每隔 1 帧长（即每旋转一周）核对一次的，称为帧同步，这样才能保证正确区分收到的码组是属于哪一路的信号。

常用的 PCM 采用的就是时分多路复用技术。

3. 波分多路复用

波分多路复用（WDM）的工作原理是将两种或多种不同波长的光载波信号（携带各种信息）在发送端经复用器（亦称合波器，Multiplexer）汇合在一起，并耦合到光线路的同一根光纤中进行传输；在接收端经解复用器（亦称分波器或称去复用器，Demultiplexer）将各种波长的光载波分离，然后由光接收机做进一步处理以恢复原信号。波分多路复用示意图如图 3-13 所示。通过不同的波长可使传输速率达到时分多路复用的最高速率，所以波分多路复用技术可以提高单个光纤的传输容量，常用于光纤信道传输，以尽力挖掘光纤传输的潜力。需要说明的是，波分多路复用技术其实是光传输技术，不是电话通信的多路复用技术。

图 3-13 波分多路复用示意图

归纳思考

- 频分多路复用是通过不同的频段区分不同的信道。
- 时分多路复用是通过不同的时隙区分不同的信道。
- 波分多路复用是通过不同的波长区分不同的信道。

3.3.2 数字复接技术

PPT 数字复接

微课 数字复接

在数字通信系统中，为了扩大传输容量和提高传输效率，常常需要把若干路低速数字信号流（称为低次群）合并成一路高速数字信号流（称为高次群）。把这种两路或两路以上的低速数字信号合并成一路高速数字信号的过程称为数字复接。

扩大数字通信容量有两种方法，一种方法是采用 PCM30/32 路系统复用的方法。例如需要传送 120 路电话时，可将 120 路话音信号分别用 8 kHz 抽样频率抽样，然后对每个抽样值编 8 位码，其信息速率为 8 000×8×120 bit/s = 7 680 kbit/s。由于每帧时间为 125 μs，每个路时隙的时间只有 1 μs 左右，这样每个抽样值编 8 位码的时间只有 1 μs，其编码速率非常高，对编码电路及元器件的速度和精度要求很高，实现起来非常困难。另一种方法是将几个（例如 4 个）经 PCM 复用后的数字信号（例如 4 个 PCM30/32 路系统）再进行时分复用，形成更多路的数字通信系统。显然，经过数字复用后，信号的信息速率提高了，但是每一个基群的编码速率没有提高，实现起来容易，目前广泛采用这种方法提高通信容量。这种将几个经复用后的信号再次进行时分复用，合并成一个更多路的高速数字信号流的过程称为数字复接技术，如图 3-14 所示。

动画 数字复接

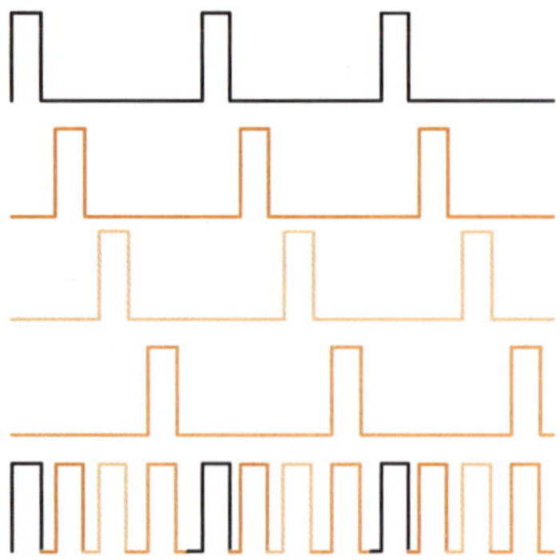

图 3-14 数字复接示意图

复接方式有按位复接、按字节复接和按路复接三种，如图 3-15 所示。

目前国际上有两种标准系列与速率，我国和欧洲一些国家采用 PCM30/32 路，2.048 Mbit/s 作为一次群。日本、美国采用 PCM24 路，1.544 Mbit/s 作为一次群。然后，分别以一次群为基础，构成更高速率的二、三、四、五次群。我国数字复接情况如表 3-1 所示。

话路1：0 1 0 1 0 1 0 1 0 1 0 1 0 1 0 1

话路2：1 1 1 1 1 1 1 1 0 0 0 0 0 0 0 0

话路3：1 1 0 0 1 0 1 1 1 1 1 0 0 1 0 1

按位复接：011 111 010 110 011 110 011 111…

按字节复接：01010101 11111111 11001011 01010101 00000000 11100101…

按路复接：0101010101010101 1111111100000000 1100101111100101…

图 3-15 复接方式示意图

表 3-1 我国数字复接情况

项目	基群/一次群	二次群	三次群	四次群	五次群
速率/(Mbit/s)	2.044 8	8.448	34.368	139.264	564.992
话路数	30	120	480	1 920	7 680

从表 3-1 中可以看出，在我国电话数字复接过程中，采用 4 路低速数字码流复接成 1 路高速数字码流。

3.3.3 复用与复接的区别

多路复用和数字复接是数字通信领域中两个关键的概念，两种技术都能够提高传输速率。

多路复用技术就是在发送端将多路信号进行组合，然后在一条专用的物理信道上实现传输，接收端再将复合信号分离出来。多路复用技术主要分为两大类：频分多路复用和时分多路复用。波分多路复用虽属于时分多路复用，但由于通常用波长进行区分，有时候会单独划分出来，另外还有一些多路复用技术，如码分多路复用、极化波多路复用和空分多路复用等。通过多路复用，多个低速数字信号被组合成一个高速数字信号，可以提高传输效率和利用率。例如，PCM30/32 路系统通过时分多路复用，将 32 路 64 kbit/s 的电话信号复用到电话传输线路上传输，传输速率可达到 2 Mbit/s。

在一条高速宽带信道上如果只传送一路低速信号，显然信道利用率很低，信道容量没有得到充分利用。数字复接就是将若干个低速数字信号按一定的规律和方法合并成一个高速数字信号，以便在高速信道中传输。数字复接是将几个低次群在时间的空隙上叠加合成高次群。例如，将 4 个一次群在时间的空隙上叠加就可以复接成 1 个二次群。4 个

PCM30/32 基群复接成 1 个二次群时,传输速率可由 2 Mbit/s 提高到 8 Mbit/s。数字复接还可细化分为同步复接和异步复接。

归纳思考

- 什么叫数字复接?
- 数字复接的种类有哪些?
- 复用和复接的区别是什么?

3.4 电话交换技术

3.4.1 交换技术发展

人们打电话拨打被叫号码时,通信网络会根据被叫号码去寻找到被叫的位置,这样电话就打通了。整个通信网络中有多种交换设备,包括核心交换设备、汇聚交换设备和局端交换设备。局端交换设备登记用户的电话号码,核心交换设备和汇聚交换设备登记用户电话号码的前几位(号码段)属于哪个局端(如固定电话号码的前 3~4 位),负责转接各局端交换设备之间互联互通的请求。

电话网经历了人工网和模拟自动网,进展为数字程控自动交换电话网。自数字程控自动交换电话网开通后,交换机的发展经历了程控交换机时代、软交换时代和 IP 多媒体时代三个阶段。

1. 程控交换机时代

程控交换机时代也称为 PSTN(Public Switched Telephone Network,公共交换电话网)时代,是固定电话通信领域的一个重要发展阶段。在这个时代,传统的机械式交换机转向程控交换机,这一转变标志着电话通信系统的自动化和数字化。

PSTN 时代的核心是引入了程控交换机。1970 年代,程控交换机技术开始取代传统的机械式交换机。这些交换机利用计算机技术对电话线路进行管理和控制,不再需要人工操作员手动插拔线路,实现了自动化的电话交换功能。程控交换机的引入大大提高了通信系统的可靠性和效率,减少了人工操作的需求。PSTN 时代标志着固定电话通信数字化时代的开始,通过数字化技术,电话信号从传统的模拟信号转换为数字信号,提高了通信质量,减少了信号失真。

程控交换机使得固定电话系统的功能得到了大幅增强。例如,引入了呼叫等待、呼叫转移、语音信箱等功能,使得固定电话通信更加灵活和方便,满足了用户对通信功能不断增长的需求。PSTN 时代也见证了电话网络拓扑结构的优化。由于程控交换机的普及,电话网络的结构更加灵活,能够更好地适应用户通信需求的变化。随着数字化技术的普及,国际长途通信变得更加便捷和可靠。跨国间的通信质量得到提升,通信成本也有所下降。企业可以利用电话系统进行客户服务、销售、市场调查等一系列商业活动,电话成为商务沟通的重要工具。

1982 年 12 月,我国第一个数字程控自动交换电话网开通,解决了基本语音通话需求,实现了电话大规模普及。数字化、自动化等技术的不断完善和发展,为后续移动通信、互联网通信等新兴技术的发展打下了基础。

2. 软交换时代

1990 年代末至 2000 年代初，软交换（Softswitch）技术开始兴起。软交换时代是固定电话通信领域的一个重要发展阶段，也被称为 VoIP（Voice over Internet Protocol，互联网电话）时代。软交换是一种基于软件的电话交换，实现了“控制与转发相分离”，并以 IP 网作为承载网，实现了语音媒体面在业务层面的网状拓扑。软交换机及其上层应用平台负责呼叫的业务接续，各类媒体网关负责用户通话媒体流的转发。新增业务功能主要是软交换机及其上层应用平台的升级改造，而各类媒体网关基本无须改造。

电话交换机演进至程控交换机时代，就已经是由存储程序（软件）控制呼叫接续和业务处理。软交换技术的出现，使得固定电话通信系统更加灵活、可扩展，并且降低了设备成本。

随着软交换技术的普及，VoIP 技术得到了广泛应用。VoIP 利用互联网协议（IP）传输语音数据，取代了传统的电话信息传输，将语音信号数字化后通过互联网进行传输，极大地推动了通信系统的数字化和网络化进程。VoIP 技术的应用使得通信成本大幅下降，尤其是国际长途通信成本大幅减少，为个人用户和企业用户节省了大量通信费用。

通过软交换，不同类型的通信网络可以在统一的平台上进行管理和控制，为话音业务与数据业务在通信终端的整合提供了技术基础和解决方案。

软交换技术的应用对于固定电话通信系统的发展产生了深远的影响，推动了通信系统从传统的由存储程序（软件）控制呼叫接续和业务处理的硬件式架构向软件定义的网络架构转变，更加适应大规模通信网络的需求。软交换技术的发展推动了通信技术的创新和进步，为后续移动通信、互联网通信等新兴技术的发展奠定了基础。

3. IP 多媒体时代

2002 年，3GPP 提出了 IP 多媒体子系统（IP Multimedia Subsystem，IMS）的概念。IP 多媒体时代是固定电话通信的最新阶段，是一种基于 IP 网络的通信架构，使得不同类型的通信服务（如语音、视频、数据）能够通过统一的平台进行交互和管理。IMS 的设计旨在为移动和固定网络提供一个开放的、标准化的平台，以支持语音、视频、消息和其他多媒体服务。

首先，IMS 基于 IP 网络，将传统的固定电话网络和互联网通信网络的信息承载方式统一为了 IP。这意味着语音通信、视频通信等多种多媒体通信服务可以通过相同的 IP 网络进行传输，从而实现了通信服务的统一化和标准化。

其次，IMS 引入了丰富的多媒体通信功能，使得通信服务不再局限于传统的语音通话。通过 IMS，用户可以享受到更丰富、更多样化的通信体验，包括视频通话、实时消息、文件共享等多种形式的通信。

此外，IMS 还提供了灵活的业务支持能力，使得运营商能够快速部署和调整各种增值业务。这使得通信服务不再仅仅是简单的通话功能，还包括了许多增值服务，如统一消息、在线游戏、社交媒体集成等。

IMS 为固定电话通信系统的升级和创新提供了技术支持和基础架构，为用户提供了更加丰富、更加便捷的通信体验，实现了移动电话和固定电话在核心网基本架构的统一。

从程控交换到软交换，最后到 IP 多媒体子系统的演进，正体现了交换技术不断满足人们通信业务多样性需求的过程。从单一的语音业务，到部分多媒体业务，再到全业务（全多媒体业务），通信网络进入了一个全 IP 的时代。

PPT 数字程控交换机组成

3.4.2 数字程控交换

程控交换机是存储程序控制（Stored Program Control，SPC）交换机的简称。它是利用电子计算机进行控制的，它把电话交换机各种控制功能按步骤编成程序存入存储器，利用存储器内所存的程序来控制整个交换机工作。

1. 程控交换机

(1) 程控交换机的组成

程控交换机由硬件系统和软件系统组成，其总体结构如图 3-16 所示。从图 3-16 可以看出，程控交换机的硬件系统包括话路子部分和控制子系统。系统中的硬件动作均由软件进行控制完成。

微课 数字程控交换机组成

1) 话路子系统

话路子系统可以分为用户级和选组级两部分，主要包括模拟用户电路、用户集中级、数字用户电路、数字中继电路、信令设备以及数字交换网络（即选组级）等部件。

动画 数字程控交换机组成

① 模拟用户电路。用户电路是用户线与交换机的接口电路，若用户线连接的终端是模拟电话机，则用户线称为模拟用户线，其用户电路称为模拟用户电路，应有模数（A/D）转换和数模（D/A）转换的功能。模拟用户电路板实物如图 3-17 所示。

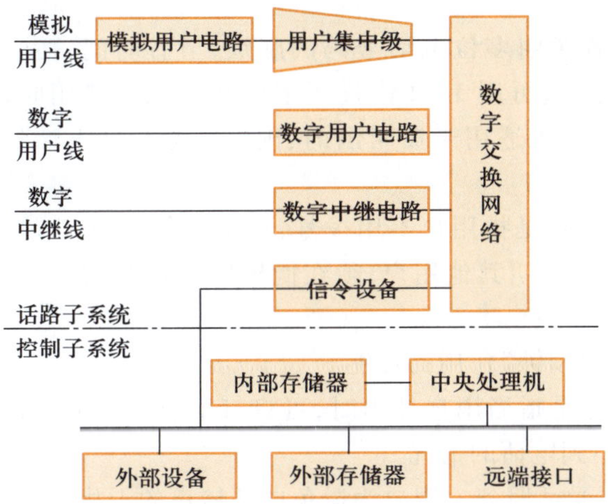

图 3-16 程控交换机总体结构

图 3-17 模拟用户电路板实物

模拟用户电路的主要功能——“BORSCHT”功能示意图如图 3-18 所示。

拓展阅读 中国通信行业的“争气机”

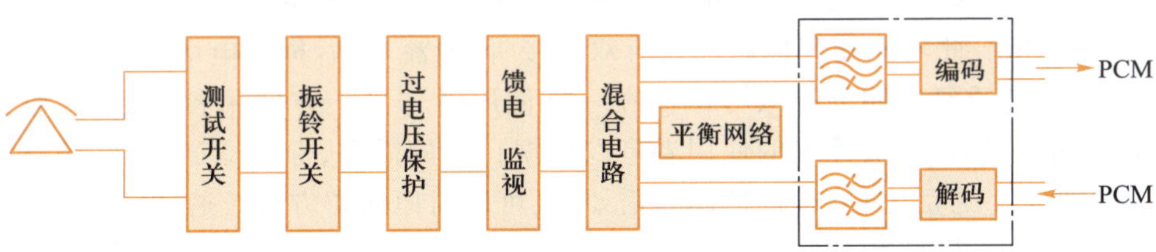

图 3-18 模拟用户电路的“BORSCHT”功能示意图

B 是馈电，为用户线提供通话和监视电流；O 是过电压保护，在用户电路处阻断用户外线受到雷电袭击的可能等；R 是振铃，由被叫侧的用户模块向被叫用户话机馈送铃流信号，同时向主叫用户送出回铃音；S 是监视，监视用户回路通、断状态，以监测用户摘机、挂机、拨号脉冲等用户线信号；C 是编解码和滤波，把电话机发出的模拟信号转换为数字信号送往信道传输，完成模拟信号和数字信号间的转换；H 是混合电路，完成 2 线与 4 线的转换；T 是测试,可对用户进行局内侧和外线侧的测试。

② 用户集中级。用户集中级是用来进行话务量集中(或分散)的。

③ 数字用户电路。数字用户电路是数字用户终端设备与程控交换机之间的接口电路。

④ 数字中继电路。数字中继电路是连接数字局之间的数字中继线与数字交换网络的接口电路,它的输入端和输出端都是数字信号,因此不需要进行模数和数模转换。

⑤ 信令设备。信令设备用于产生各种类型的信号音,如忙音、拨号音、回铃音等,还用于接收用户电话机送来的双音频信号等。它是电话通信中各种音频信号产生、发送和接收的设备。

⑥ 数字交换网络。数字交换网络利用时间接线器与空间接线器实现语音交换。

2)控制子系统

控制子系统是程控交换机的核心,其主要任务是根据外部用户与内部维护管理的要求,执行存储程序和各种命令,以控制相应硬件实现交换及管理功能。程控交换机的控制设备主要是指内部存储器和中央处理机(CPU)。

PPT 程控交换机的用户服务功能

(2) 程控交换机的用户服务功能

① 缩位拨号。此项功能用来减少使用者拨叫多位电话号码的麻烦,节省时间,便于记忆。对于来往密切而又使用频繁的电话号码,可用1~2位代码来代替。此后使用时,只需拨代码便可以完成所需的呼叫。缩位拨号也适用于拨叫国内、国际长途自动电话的号码。

微课 程控交换机的用户服务功能

② 热线服务。热线服务又称为免拨号接通,是指用户不用拨号,只要拿起听筒,5 s后就会自动接通所登记的热线电话。如果用户要拨叫其他用户,须在摘机后5 s内拨出第一位号码。

③ 闹钟服务。这是一项用户电话机可起"闹钟"作用的功能。

动画 程控交换机的用户服务功能

④ 转移呼叫。转移呼叫又称为电话跟踪,是指当用户外出时,可将打给该用户的电话转移到临时去处的电话机,从而避免用户接不到电话的情况。

⑤ 免打扰服务。免打扰服务又称为暂不受话服务。用户为避免电话铃声的干扰,可使用此功能,暂不受理呼入电话,有电话呼叫时,可由运营商代答服务。

⑥ 三方通话。在两方使用者进行通话时,如需要第三方也加入通话,一方使用者可不中断与对方通话而拨叫出第三方使用者,达成三方共同通话或分别与两方通话。

⑦ 呼叫等待。此功能的其他叫法还有双向接听、轮流通话、插入电话等,这是一种提高呼叫接通率、避免重复呼叫的有效方法。在一方使用者与另一方使用者通话时,遇到第三方使用者呼叫而进入时,被呼叫的使用者可以根据自己的需要,保留原通话方,而与第三方使用者进行通话。通话完毕,根据使用者需要,又可以与原保留方继续通话。

除上述服务功能外,程控交换机还可以提供遇忙回叫、呼出限制、缺席用户服务、追查恶意呼叫、会议电话等服务项目。这些服务功能由用户自行选择使用,用户到当地电话营业厅申请、登记后便可开通使用,不使用时注销即可。

探 讨

- 程控交换机提供的新业务有哪些?
- 交换机是如何实现交换的?

2. 数字程控交换原理

PPT 数字程控交换原理

微课 数字程控交换原理

数字交换是通过时隙交换实现的，数字交换的实质就是把信息在时间位置上进行搬移，如图 3-19 所示。

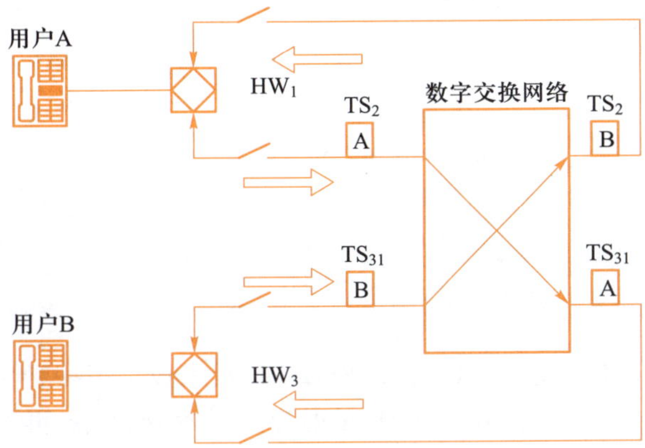

动画 数字程控交换原理

图 3-19　数字交换示意图

在图 3-19 中，用户 A 的话音信息送到 HW_1 线的 TS_2 时隙，经过数字交换网络后，将用户 A 的话音信息搬移到 HW_3 线的 TS_{31} 时隙，然后送给用户 B；反之亦然。那么，数字交换网络就需要完成两项功能：一是时隙交换；二是总线交换。

3. 电话交换的呼叫接续过程

探　讨

- 为完成一次通话，交换机要经过哪些接续过程？
- 交换机是如何了解接收者的电话位置信息的？

PPT 电话交换的呼叫接续过程

程控交换机对所连接的用户状态进行周期性扫描，当用户摘机发出启呼信号后，程控交换机识别到用户的呼叫请求后就开始进行相应的呼叫处理。呼叫接续过程主要包括呼叫建立、双方通话和话终释放。程控交换机完成一次呼叫的接续过程主要包括如下几个阶段。

微课 电话交换的呼叫接续过程

① 主叫摘机，识别主叫（判断用户是否有权使用该项业务，如用户关闭了国际长途功能，则不能提供国际通话），向主叫送拨号音。

② 接收主叫拨号（主叫用户拨出电话号码的数字双音频信号）。

③ 分析号码，确定是局内接续还是出局接续（若首位为 0，则为长途，应该确定为出局接续，送到长途局；若首位不为 0，则识别前 3～4 位，与本局局号不同，为出局接续，与本局局号相同，为局内接续）。

动画 电话交换的呼叫接续过程

④ 测试被叫忙、闲。如闲，向被叫送振铃并向主叫送回铃音；如忙，则向主叫送忙音。

⑤ 被叫应答，完成通话接续。

⑥ 话终拆线，通话结束，一方挂机，释放电路，用户状态示闲。

下面通过图 3-20 所示的具体实例说明分析号码的过程。交换机 A 所在的局号为 8591，交换机 B 所在的局号为 8599。当用户 A 拨打电话时，如果交换机 A 收到的号码是 85910002，则为局内接续；如果收到的号码是 85990003，则为出局接续。

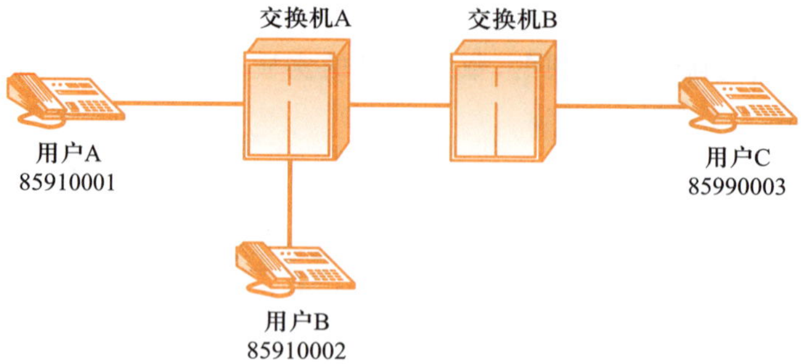

图 3-20 分析号码的过程

3.4.3 IMS

1. IMS 的由来

随着互联网的普及和发展，IP（Internet Protocol）技术成为了一种主流的通信协议，电信网络经历了从模拟空分交换机到基于 TDM 的数字时分交换网络，再到以 IP 为基础的下一代网络（Next Generation Network，NGN）的发展阶段。

从发展的角度来看，NGN 从传统的以电路交换为主的 PSTN 网络逐渐迈向以分组交换为主的新型电信网络。它承载了原有 PSTN 网络的所有业务，把大量的数据传输卸载到 IP 网络中以减轻 PSTN 网络的重荷，又以 IP 技术的新特性增加和增强了许多新老业务。NGN 是基于分组交换网络的，采用开放、标准的体系结构，可以提供话音、视频、数据等多媒体综合业务，业务功能与底层传送分离。NGN 只是一个目标，并没有限定采用哪种技术来实现这一目标。

软交换概念是 20 世纪 90 年代后期在 IP 电话的基础上逐步发展起来的，它继承了电信网集中控制的架构和可靠的信令技术，采用分层的机构实现了呼叫控制和媒体处理相分离的原则，运营商期望采用软交换技术实现 PSTN 向 NGN 的演进。

传统的电信网络架构导致了不同业务（如语音通信、数据传输等）之间难以融合和互操作的问题，限制了新业务的推出和发展。用户希望在一个平台上获得多种通信服务，如语音通话、视频通话、即时消息等。IMS（IP 多媒体子系统）作为一种基于 IP 网络的多媒体通信架构被提出，目标是实现传统电信网络（如固定电话网络、移动电话网络）和 IP 网络的融合，为各种多媒体业务提供统一的接入、控制和管理。

在移动通信 3G 网络时代，2002 年 3GPP 在 R5 版本中提出 IMS，在 R6、R7 版本中细化，支持语音、视频、消息和其他多媒体服务。

通过在 IP 网络上建立统一的通信架构，IMS 可以为传统电信网络提供与 IP 网络的互联互通，从而实现业务和网络的融合。IMS 的提出旨在实现多种多媒体业务的统一接入和管理，使得用户可以在一个平台上享受到各种不同类型的通信服务。

PPT 软交换技术

2. 软交换向 IMS 的演进

微课 软交换技术

（1）软交换产生的背景

国际软交换组织（International Softswitch Consortium，ISC）自 1999 年 5 月成立以来，致力于提供一个开放分布的体系结构，支持语音、数据和多媒体通信与多提供商互通。软交换思想吸取了 IP、ATM 和 TDM 等众家之长，完全形成分层、全开放的体系架构。

软交换不但实现了网络的融合，更重要的是实现了业务的融合，具有充分的优越性，真正向着“个人通信”的宏伟目标迈出了重要的一步，即在任何时间（whenever）、任何地点

(wherever)与任何人(whoever)进行通信。

动画 软交换技术

软交换的基本含义是将呼叫控制功能从媒体网关中分离出来,通过软件实现基本呼叫控制功能,从而实现呼叫控制与承载的分离、传输与接入的分离。

软交换独立于传送网络,主要完成呼叫控制、资源分配、协议处理、路由、认证、计费等主要功能,同时可以向用户提供现有电路交换机所能提供的所有业务,并向第三方提供可编程能力。

软交换通过软件实现连接控制、翻译和选路、网关管理、呼叫控制、带宽管理、信令、安全性和生成呼叫详细记录等功能,把控制和业务提供分开。软交换提供了在包交换网中与电路交换相同的功能,因此,软交换也称为呼叫代理或呼叫服务器。

软交换是建立在以 IP 技术为基础的公共电信网络上的一种交换技术,在统一的网络平台上以统一管理的方式提供多媒体业务,整合现有的电话通信网。

(2) 基于软交换的网络体系结构

软交换网络体系结构分为接入层、传输层、控制层和业务层。与传统电信网络体系结构相比,其最大的不同就是把呼叫的控制和业务的生成从媒体层中分离出来。基于软交换的网络体系结构如图 3-21 所示。

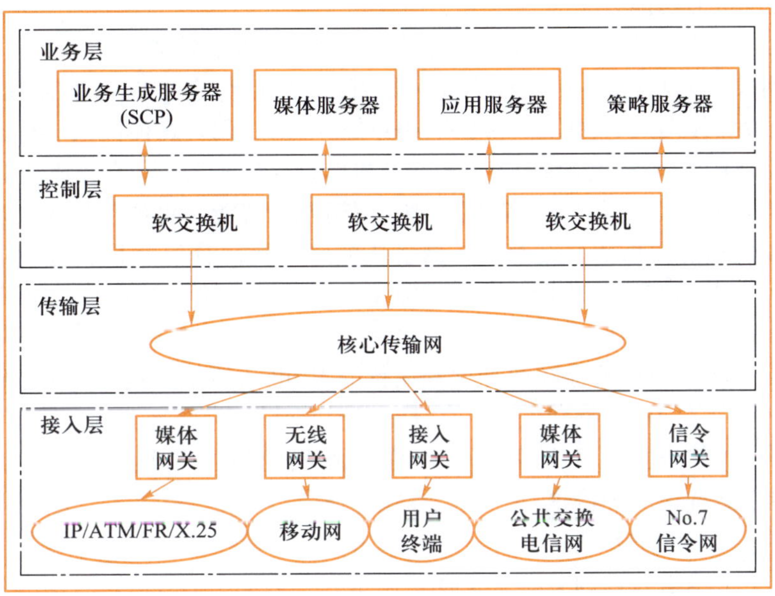

图 3-21 基于软交换的网络体系结构

① 接入层。接入层主要实现异构网络到核心传输网以及异构网络之间的互联互通,集中业务数据量并将其通过路由选择传送到目的地。

媒体网关用来处理电路交换网和 IP 网的媒体信息互通。它作为接入层的基本处理单元,负责管理 PSTN 与分组数据网之间的互通,媒体、信令的相互转换,包括协议分析、语音编解码、回声消除、数字检测和传真转发等。

信令网关负责将电路交换网的信令转换成 IP 网的信令,根据相应的信令生成 IP 网的控制信令,在 IP 网中传输。

无线网关负责移动通信网到分组数据网络的交换。

接入网关位于软交换架构中的边缘接入层,提供用户线接口,用于直接将普通电话用户接入软交换网。

② 传输层。传输层完成业务数据和控制层与接入层间控制信息的集中承载传输。

③ 控制层。控制层决定呼叫的建立、接续和交换，将呼叫控制与媒体业务相分离，理解上层生成的业务请求，通知下层网络单元如何处理业务流。

软交换机通过提供基本的呼叫控制和信令处理功能，对网络中的传输和交换资源进行分配和管理，在这些网关之间建立起呼叫或已定义的复杂的处理，同时产生该次处理的详细资料。

④ 业务层。业务层决定提供和生成哪些业务，并通知控制层做出相应处理。

业务层中的应用服务器提供了执行、处理和生成业务的平台，负责处理与控制层中软交换机的信令接口，提供开放的API用于生成和管理业务。应用服务器也可单独生成和提供各种各样增强的业务。

媒体服务器是用于提供专用媒体资源（IVR、会议、传真）的平台，并负责处理与媒体网关的承载接口。

业务生成服务器可以生成新的自动业务流程或维护旧的流程。

策略服务器负责用户的安全、QoS与业务方面的策略控制。

(3) 软交换机的功能

软交换机作为新、旧网络融合的关键设备，必须具有以下功能。

① 媒体网关接入功能。媒体网关接入具有适配功能，它可以连接各种媒体网关，如PSTN的IP中继媒体网关、ATM媒体网关、用户媒体网关、无线媒体网关、数据媒体网关等。

② 呼叫控制功能。呼叫控制功能是软交换机的重要功能之一。它完成基本呼叫的建立、维持和释放，所提供的控制功能包括呼叫处理、连接控制、智能呼叫触发检出和资源控制等。

③ 业务提供功能。由于软交换机在网络从电路交换向分组交换演进的过程中起着十分重要的作用，因此软交换机应能够支持PSTN交换机提供的全部业务，包括基本业务和补充业务。

④ 互联互通功能。目前存在两种比较流行的IP电话体系结构：一种是ITU-T制定的H.323协议；另一种是IETF制定的SIP（会话初始协议）。两者是并列的、不可兼容的体系结构，均可以完成呼叫建立、释放、补充业务、能力交换等功能。软交换可以支持多种协议，当然也可以同时支持这两种协议。

(4) 软交换向IMS的演进

软交换是一个基于软件的分布式交换控制平台，它通过分布式处理技术和媒体网关控制协议，将传统交换机中的呼叫控制功能和媒体交换矩阵分离开来，实现网络的承载与控制的分离，利用分组网技术代替交换矩阵。

以IMS技术与软交换技术为支持打造的网络有着明显的不同：IP网络是软交换的承载网络，主要业务是语音类业务；IMS技术的工作重点是IP多媒体业务，涉及文本、话音、短信以及视频等。IMS技术网络主要体现在端到端IP架构上，即端到端的IP连通性，IMS必须是IP接入，支持固定IP接入、移动IP接入，IMS不再承担媒体控制器的角色，不需要通过控制综合接入设备和接入网关等实现对不同类型终端的接入适配和媒体控制，真正实现了业务层与控制层的完全分离；软交换网络主要体现在核心网络IP架构上，其核心是实现了传输层与控制层的分离，但并没有实现控制层与业务层的严格分离，软交换机与传统交换机一样，仍然承担了基本电信业务、补充业务、承载业务等业务的提供。软交换技术下的控制协议为 SS7、SIP，需要处理多种信令；IMS 技术下的控制协议为 SIP，只需要处理 SIP 信令。

IMS 最初是基于固定电话网的演进而提出的，后为移动通信网在 3G 时代的 3GPP R5 所引入，不断完善，并在 4G VoLTE 时代得以规模商用。IMS 与接入无关的特性，使其成为融合移动网络与固定网络的一种手段。由于 IMS 技术本身具有明显的优势，因此在提出后得到包括 ITU、ETSI（欧洲电信标准协会）、3GPP2 的认可，被认为是发展下一代网络的新型通信架构。

重点掌握

- 软交换是与业务无关的，是在基于 IP 的网络上提供电信业务的技术。
- 软交换的设计思想是业务、控制与传送、接入分开，各实体间通过标准协议进行连接和通信，能更灵活地提供业务。
- IMS 在 3G 时代的 3GPP R5 所引入，并不断完善。
- IMS 技术的工作重点是 IP 多媒体业务，具有端到端的 IP 连通性。

3. IMS 的体系结构

IMS 支持语音、视频、消息和其他多媒体服务，是基于 IP 网络的多媒体服务体系结构，分为应用平面、控制平面和用户平面，如图 3-22 所示。

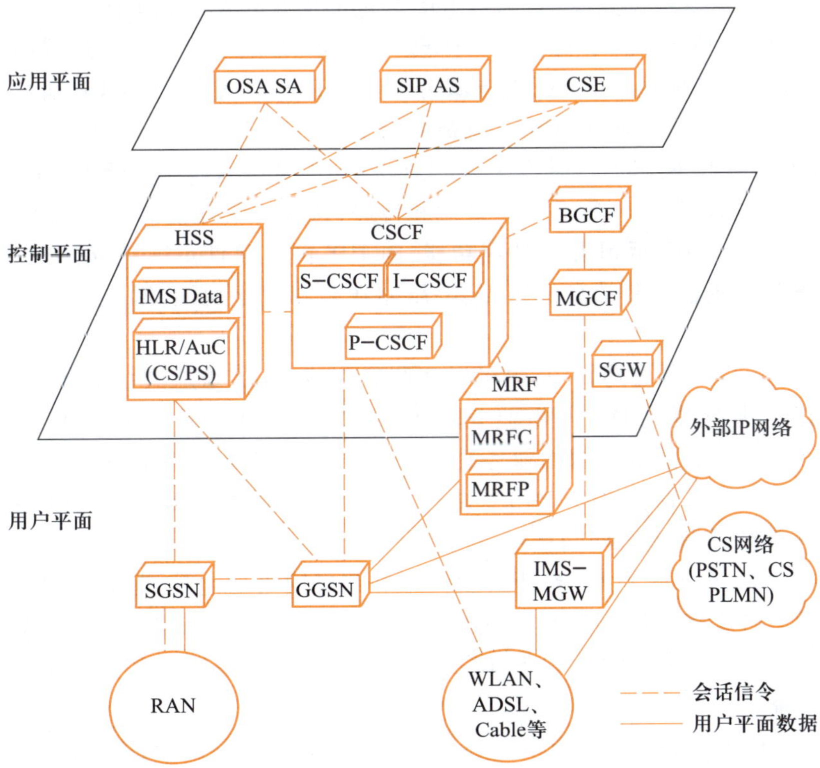

图 3-22 IMS 的体系结构

IMS 的核心组件和功能层如下：

应用平面提供各种业务实现，如 PSTN 仿真业务集、Centrex 业务集、呈现业务、即时消息业务等。此层与控制层完全分离，主要由各种不同的应用服务器组成。

控制平面负责建立、维持和终止端到端的会话，包括用户注册、会话控制、路由选择、业务触发、承载面 QoS、媒体资源控制等功能。此层的核心功能实体为呼叫会话控制功能（CSCF），包括代理 CSCF（P-CSCF）、协商 CSCF（I-CSCF）和服务 CSCF（S-CSCF）。

用户平面负责将各种接入网络汇总到 IMS 核心网，完成对现有网络的互通及对承载的控制。此层的设备包括计算机、手机、PDA 和数字电话等，它们可以通过网络连接到 IMS 基础设施。

HSS（归属用户服务器）存储每个用户的唯一服务配置文件，包括用户的 IP 地址、电话记录、联系人列表、语音邮件问候语等。

互通层完成 IMS 网络与其他网络的互通功能，如公用电话交换网（PSTN）、公用陆地移动网（PLMN）、其他 IP 网络等。互通层主要指的是 CS 网关，由 4 个网络实体组成，分别是出口网关控制功能（BGCF）、媒体网关控制功能（MGCF）、IMS 多媒体网关（IMS-MGW）和信令网关（SGW）。

媒体资源功能（MRF）在归属网络中提供媒体信息源，支持播放媒体信息、混合媒体流、编码转换和统计分析功能，包括媒体资源功能控制器（MRFC）、媒体资源功能处理器（MRFP）。

4. IMS 通话流程

IMS 网络结构的关键在于会话控制层引入了 CSCF。其中 P-CSCF 是 IMS 终端和 IMS 网络之间的第一个信令连接点，所有来自 IMS 终端的信令和发送到 IMS 终端的信令都要经过指定的 P-CSCF。IMS 终端所对应的 P-CSCF 是 IMS 终端在接入网络过程中，通过非 SIP 机制的协商（如 DHCP 协商）或者配置方式分配的。IMS 在获得 P-CSCF 地址之后才能够发起 SIP 注册，并且一旦注册，P-CSCF 就被固定下来。

P-CSCF 作为 IMS 网络的终端汇聚点，要承担 SIP 代理的作用。所有出入 IMS 终端的 SIP 信令都要经过指定的 P-CSCF 进行处理和传递，这些信令既包括注册信令，也包括其他会话信令。P-CSCF 还要承担安全管理功能，向 IMS 网络保证 IMS 终端用户身份的可靠。此外，P-CSCF 还要提供 SIP 消息的压缩、解压缩功能和优化功能，以提高 IMS 终端与网络之间的信令处理效率。

P-CSCF 既可以在拜访网络中，也可以在归属网络中，这是从网络演化的角度考虑的。一般来说，当拜访网络提供 IMS 漫游业务时，P-CSCF 位于拜访网络中。IMS 终端通过拜访网络中的 P-CSCF 实现漫游期间的业务功能。当拜访网络不支持 IMS 业务或者虽然支持 IMS 业务但没有 IMS 漫游协议时，IMS 终端通过拜访网络提供的 IP 分组交换网络连接到归属网络的 P-CSCF，实现漫游期间业务。

I-CSCF 也是一个 SIP 代理，位于拜访网络和归属网络的边界，起到关口局的作用。在绝大部分应用下，I-CSCF 位于 IMS 网络的归属域中，通过向 HSS 查询，为每个呼叫选择相应的 S-CSCF，并将请求信息转发给 S-CSCF。此外，I-CSCF 还可以提供网络拓扑隐藏功能和离线计费功能。

S-CSCF 是 IMS 网络的业务交换中心和核心，它总是位于归属网络中。S-CSCF 既是一个 SIP 注册服务器，也是一个 SIP 会话控制服务器。当 IMS 终端接入网络时，它通过向 S-CSCF 注册，来获得网络和业务访问权限。S-CSCF 通过向 HSS 查询用户信息，实现对注册用户的身份验证和业务授权。IMS 终端用户一旦注册成功，就可以在授权范围内使用 IMS 业务。而对 IMS 业务的控制，也是通过 S-CSCF 实现的。

IMS 通话过程如图 3-23 所示。

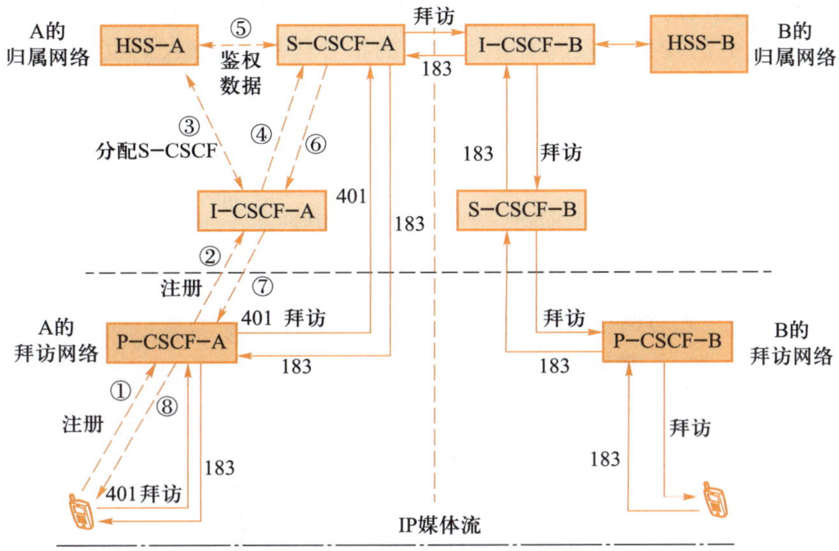

图 3-23 IMS 通话过程

虚线流程①~⑧是注册流程，其中终端负责发起注册 P-CSCF 位于用户的拜访域，负责正确地把用户注册请求路由回其归属域，S-CSCF 负责处理鉴权，HSS 提供用户的鉴权数据。实线流程是一个简化的打电话流程，其中终端发起电话邀请，P-CSCF 根据用户注册时保存的路由把用户的业务请求路由回 S-CSCF，S-CSCF 负责分析被叫路由，并正确地找到被叫 IMS 网元。

3.5 电话信令

3.5.1 信令流程

PPT 市话呼叫信令流程

要建立一次电话通信，需要知道什么时候用户摘机、什么时候用户挂机、如何进行计费等，这是电话信令需要完成的功能，具体如下。

监视功能：主要完成网络设备忙闲状态和通信业务的呼叫进展情况的监视。

微课 市话呼叫信令流程

选择功能：在通信开始前，通过在节点设备之间传递包含目的地址的连接请求消息，使得相关交换节点根据该消息进行路由选择，进行入线到出线的时隙交换接续，并占用相关的局间中继线路。通信结束时，通过传递连接释放消息，通知相关的交换节点释放本次通信服务中所占用的相关资源和中继线路，拆除交换节点的内部连接等。

管理功能：主要完成网络设施的管理和维护，如检测和传送网络上的拥塞信息，提供呼叫计费信息和远端维护信令等。

动画 市话呼叫信令流程

电话呼叫接续信令流程如图 3-24 所示。

从图 3-24 中可以看出，在一次电话通信过程中，信令在通话链路的连接建立、通信和释放阶段均起着重要的指导作用。如果没有这些信令协调操作，人和机器都将不知所措。如果没有摘机信令，交换机将不知道要为哪个用户提供服务；如果没有拨号音，用户将不知道交换机是否能为其服务，更不知道是否可以开始拨叫被叫号码。交换机之间的连接过程也是如此，可以通过信令告诉对端设备自己的状态、接续进程和服务要求等。即使在用户通信阶段，信令系统也持续地对用户终端的通信状态进行着监视，一旦发现某方要结束本次通话，则会马上通知另一方及相关设备释放连接和相关资源。由于在通信网中信令系统对实现一个通信业务的操作过程起着相当重要的指导作用，所以人们也常将其比作通信网的神经系统。

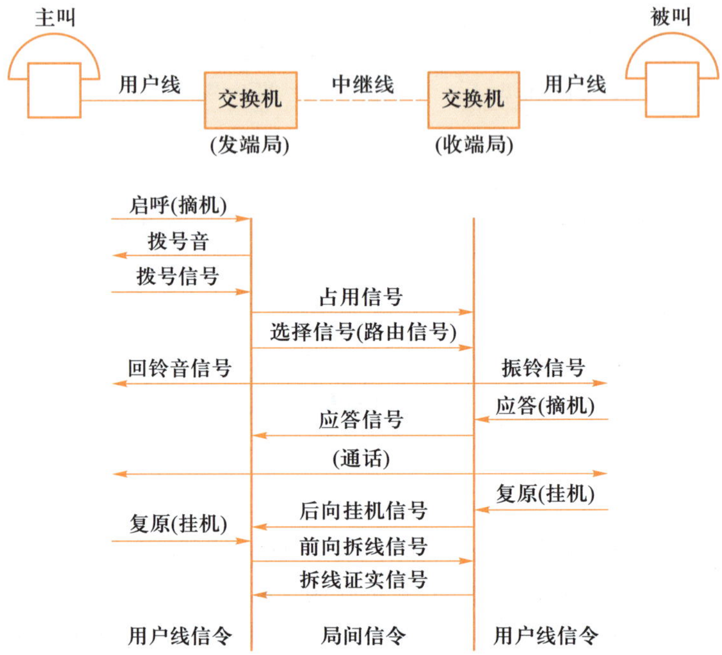

图 3-24　电话呼叫接续信令流程

对图 3-24 中的流程简单说明如下：

① 当用户摘机时，用户摘机信号送到发端交换机；

② 发端交换机收到用户摘机信号后，立即向主叫用户送出拨号音；

③ 主叫用户拨号，将被叫用户号码送给发端交换机；

④ 发端交换机根据被叫号码选择局向及中继线，发端交换机在选好的中继线上向收端交换机发送占用信号，并把被叫用户号码送给收端交换机；

⑤ 收端交换机根据被叫号码，将呼叫连接到被叫用户，向被叫用户发送振铃信号，并向主叫用户送回铃音；

⑥ 当被叫用户摘机应答时，收端交换机收到应答信号，收端交换机将应答信号转发给发端交换机；

⑦ 用户双方进入通话状态，这时线路上传送话音信号；

⑧ 话终挂机复原，传送拆线信号；

⑨ 收端交换机拆线后，回送一个拆线证实信号，所有设备复原。

PPT 信令概念及分类

3.5.2　信令的分类

1. 按工作区域划分

信令按工作区域可分为用户线信令和局间信令。

① 用户线信令是在用户终端与交换机之间的用户线上传送的信令，是用户和交换机之间的信令。用户线信令包括用户终端向交换机发送的状态信令和地址信令，以及交换机向

用户终端发送的通知信令。用户线状态信令是指用户摘机、应答、拆线等信号；地址信令又称选择信令，是指主叫用户发出的被叫用户号码；通知信令是指各种可闻音信令，是由交换机发送给用户的，包括振铃、回铃音、拨号音、催挂音等。

微课
信令概念及分类

② 局间信令是交换机与交换机之间，交换机与业务控制点、网管中心、数据库中心之间传送的信令，在局间中继线上传送。局间信令主要完成网络的节点设备之间连接链路的建立、监视和释放控制，网络服务性能的监控、测试等功能。相对用户线信令而言，局间信令要多得多并且复杂得多。

动画
信令概念及分类

2. 按使用信道划分

在局间信令范围，按信令传送信道与用户信息传送信道之间的关系划分，信令可分为随路信令和公共信道信令。

① 随路信令系统如图 3-25 所示，信令通常和用户信息在同一信道上传送，或者传送信令的信道与对应的用户信息信道之间在时间上或物理上存在着一一对应的固定关系。从图 3-25 中可看到，两端交换节点的信令设备之间没有专用的信令信道，信令通过对应的用户信息信道传送。

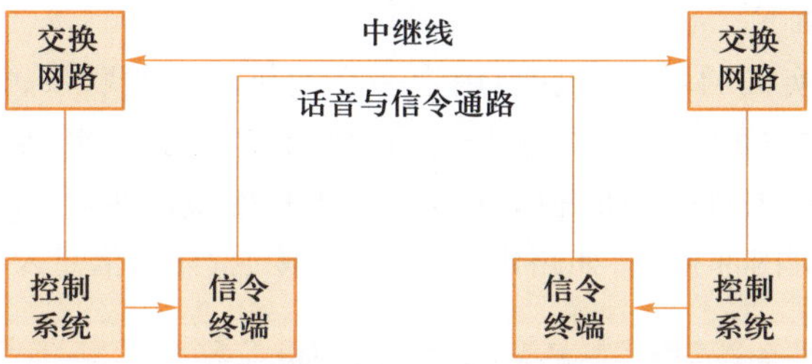

图 3-25 随路信令系统

如上所述，每个随路信令均与对应的话路绑定，传送控制对应话路建立和释放的信令，难以传送与对应话路无关的信令。

我国国标规定的随路信令方式称为中国 No.1 信令。它把话路所需要的各种控制信号（如占用、应答、拆线、拨号等）由该话路本身或与之有固定联系的一条信令通路来传递，即用同一通路传送话音信号和与其相应的信令。

② 公共信道信令系统如图 3-26 所示，信令在一条与用户信息信道相互分开的专门的信令信道上传送，并且该信令信道不是为某一个用户专用，而是为一群用户信息信道所共享的公共信令信道。在这种方式中，两端交换节点的信令设备之间直接用一条数据链路相连，信令的传送与话路相互隔离，物理上和逻辑上都相互无关。当一个呼叫到来时，交换节点先在专门的信令信道上传送信令，端到端的连接建立成功后，再在选好的话路上传送话音信号。

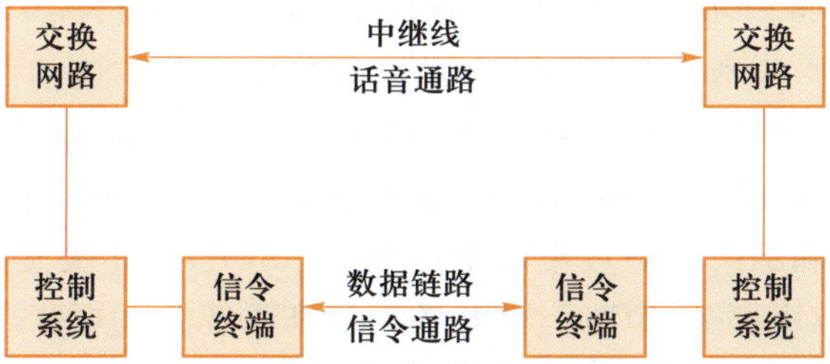

图 3-26 公共信道信令系统

与随路信令相比，公共信道信令的优点主要有：信令传送速度快、容量大，具有改变或增加信令的灵活性，便于开放新业务等。

目前，世界上广泛采用的公共信道信令系统是 No.7 信令系统。

3. 按信令功能划分

按信令完成的功能划分，信令可分为线路信令、路由信令和维护管理信令。

① 线路信令又叫监视信令，是用于表示线路状态的信令。

② 路由信令又叫地址信令，是主叫终端发出的被叫号码和交换机之间传送的路由选择信令。

③ 维护管理信令用于信令网的管理，包括网络拥塞、资源调配、故障告警及计费信息等。

另外，信令按照其信号形式分为模拟信令和数字信令，模拟信令是按模拟方式传送的信令，数字信令是将信令按数字方式编码进行传送的信令；信令按照信号频率与话音频带之间的关系可分为带内信令与带外信令，可以在话音频带内（300~3 400 Hz）传送的信令为带内信令，在话音频带外传送的信令为带外信令。

3.5.3 信令的作用

信令的主要作用如下。

① 建立用户与交换机的联系，包括：用户→交换机之间的联系，如用户话机状态和拨号信令等；交换机→用户之间的联系，如拨号音、回铃音或忙音、振铃等。

② 建立交换机之间的联系，如占用、应答、拆线和拆线证实等。

③ 用于控制交换机内部接续，如路由选择、链路接通、计费信息及各类统计、故障信息等。

归纳思考

- 信令有什么作用？
- 打电话时拨的电话号码属于哪种信令？

3.5.4 No.7 信令

PPT No.7 信令系统

人类自 1878 年第一次使用电话交换机向公众提供电话业务以来就使用了信令。随着电话交换机从人工交换、机电交换到电子交换的发展，信令也由一号信令发展到了七号信令。

微课 No.7 信令系统

一号信令靠人工电话交换机的话务员用振铃发送信令。二号信令采用拨号脉冲发送信令，未付诸使用。三号信令为单音频的带内信令。四号信令为双音频的带内信令。五号信令利用 6 个语音频率中 2 个频率的组合传送各种信令，即带内双音多频（Dual Tone Multi-Frepuency，DTMF）信令。1968 年，CCITT（国际电话电报咨询委员会）提出第一个公共信道信令系统，也就是六号信令系统，主要用于模拟电话网。

动画 No.7 信令系统

1980 年，ITU-T 的黄皮建议书提出新的信令系统，即七号（No.7）信令系统。No.7 信令系统是一种国际标准，是为数字电话网设计的一种局间公共信道信令方式。黄皮建议书提出该信令系统总体结构和消息传递部分（MTP）、电话用户部分（TUP）和数据用户部分（DUP）的相关建议，从而建立了 No.7 信令系统技术规程。1984 年，红皮建议书提出信令连接控制部分（SCCP）和综合业务数字网用户部分（ISUP）的相关建议。1988 年，蓝皮建议书提出事务处理能力应用部分（TCAP）的相关建议和系统测试规范。

随着多年来的不断研究和完善，No.7 信令系统已能满足多种通信业务的要求。

我国 No.7 信令网三级结构对应传统固定电话网的三级结构。HSTP 设置在 DC_1(省)级交换中心所在地,汇接 DC_1 间的信令。LSTP 设置在 DC_2(市)级交换中心所在地,汇接 DC_2 和端局信令。端局、DC_1 和 DC_2 均分配一个信令点编码。No.7 信令网与三级电话网的对应关系如图 3-27 所示。

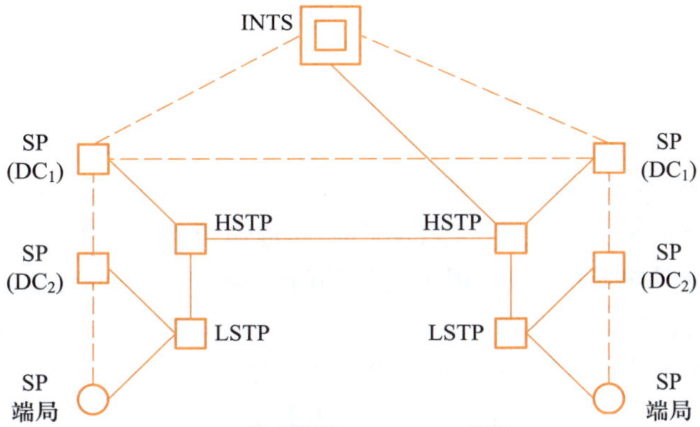

图 3-27 No.7 信令网与三级电话网的对应关系

INTS(International Network Transport Service)是国际网络传输部分,主要用于在国际 No.7 信令网络中转发信令信息,和国际电话出入口局对应。

HSTP 对应主信号区,每个主信号区设置一对,负荷分担方式工作。HSTP 采用 A、B 平面网,平面内网状连接,两平面间成对相连。所谓主信号区是指电话网的 DC_1 交换中心。

LSTP 对应分信号区,每个分信号区设置一对,负荷分担方式工作。LSTP 连至 A、B 平面内成对的 HSTP。所谓分信号区是指电话网的 DC_2 交换中心。

在实际网络中,为保障信令可靠传输,一个 SP 至少和两个 STP 连接。

3.5.5 其他信令

No.7 信令主要用于传统电路交换网(PSTN),随着技术的发展,产生了用于软交换网络和 IMS 网络的信令协议。软交换将传统电话交换功能分离为控制层和媒体层,在 IP 网络中控制语音、视频和数据通信。软交换信令协议确保了软交换系统的功能和互操作性。软交换信令包括 SIP、H.323、BICC、H.248、SIGTRAN 等,应用于 NGN,支持 VoIP、IP 电话等。IMS 信令以 SIP 为核心,还包括 Diameter、H.248 和 SIGTRAN。下面简单介绍几种。

1. SIP

SIP 是一种应用层控制协议,用于在 IP 网络中创建、修改和终止多媒体会话(如语音、视频呼叫)。SIP 被广泛应用于 VoIP、IP 电话、即时消息和多媒体会议等服务。

SIP 的基本概念包括会话和 URI。SIP 用于建立、管理和终止两个或多个参与者之间的会话,可以涵盖多种通信形式,如语音呼叫、视频会议、即时消息等。SIP 通过建立会话的起始点(发起者)和目标点(接收者)之间的协议交互,管理会话的各个阶段,包括参数协商、状态更新和终止过程。SIP 使用类似电子邮件地址的 URI 来唯一标识用户。

典型的 SIP URI 格式为 sip:username@ domain,其中,sip 用于指示使用 SIP 协议;username 为用户在域中的唯一标识;domain 为用户所在的域名或服务器地址。例如,sip:alice@ example.com 表示用户名为 alice、位于 example.com 域的 SIP 用户。这样的 URI 被用来定位和联系 SIP 网络中的用户，使得通信系统能够准确识别和路由呼叫或消息。

SIP 消息分为请求和响应两类。

SIP 请求消息有以下 11 种。

① INVITE：用于发起会话请求，呼叫者发送 INVITE 请求以启动会话。

② ACK：确认对 INVITE 请求的响应，用于确认会话的建立。

③ BYE：终止会话，用于结束会话。

④ CANCEL：取消未完成的请求，用于取消正在进行的会话请求。

⑤ REGISTER：注册用户信息，用于向 SIP 服务器注册用户的当前位置。

⑥ OPTIONS：查询服务器功能，用于探测服务器支持的功能。

⑦ INFO：传递会话相关信息，用于在会话期间传输额外信息。

⑧ PRACK：对临时响应的确认，用于确认临时响应。

⑨ SUBSCRIBE：订阅某个事件的通知，用于订阅事件通知。

⑩ NOTIFY：通知订阅者某个事件的发生，用于发送事件通知。

⑪ UPDATE：修改会话状态，用于更新会话参数。

SIP 响应消息分为 6 类，使用状态码标识（类似 HTTP）。

① 1xx（临时响应）：如 100 Trying、180 Ringing，表示请求正在处理。

② 2xx（成功）：如 200 OK，表示请求已成功。

③ 3xx（重定向）：如 302 Moved Temporarily，指示客户端联系其他服务器。

④ 4xx（客户端错误）：如 404 Not Found、486 Busy Here，表示请求有错误，客户端需要修改请求。

⑤ 5xx（服务器错误）：如 500 Server Internal Error，表示服务器内部错误。

⑥ 6xx（全局错误）：如 600 Busy Everywhere，表示全局错误，任何服务器都无法处理请求。

SIP 的工作流程包括会话建立、会话管理和会话终止。会话建立（INVITE）包括呼叫者发送 INVITE 请求到被叫者、被叫者响应（如 180 Ringing、200 OK）、呼叫者确认（ACK）。会话管理指的是通过 UPDATE 或 RE-INVITE 消息修改会话参数（如改变媒体类型、添加或移除参与者）。会话终止指任一方发送 BYE 消息终止会话，另一方响应 200 OK 确认。

SIP 的架构组件包括 SIP 用户代理、代理服务器、注册服务器、重定向服务器、位置服务器。SIP 用户代理包括用户代理客户端和用户代理服务器，负责发起和接收 SIP 请求。代理服务器负责转发 SIP 请求和响应，提供路由功能，确保请求能够到达目标用户。注册服务器负责处理 REGISTER 请求，存储用户位置信息，帮助定位用户。重定向服务器负责指示客户端联系其他服务器，用于负载均衡和高可用性。位置服务器负责提供用户的位置信息，用于请求路由，协助代理服务器找到用户。

SIP 在实际中的应用主要有 VoIP、IMS、即时消息和视频会议等。SIP 作为 IMS 的核心信令协议，支持多媒体服务的控制和管理。

2. H.323 协议

H.323 是由 ITU-T 制定的标准，专门用于分组网络（如 IP 网络）基础上的音频、视频和数据通信。它是一种综合的协议套件，用于实现在异构网络上的实时多媒体会议系统。H.323 最初发布于 1996 年，被设计用来适应早期互联网的需求，特别是在 VoIP 和视频会议领域。

H.323 包括终端、网关、门户等部分。终端是网络上的任何设备，能够发送和接收实时音频、视频或数据。每个终端都必须支持音频通信，而视频和数据通信则是可选的。网关负责将 H.323 网络和不同类型的网络(如 PSTN 或 ISDN)之间的通信进行转换,实现不同系统之间的互操作性。门户是可选的网络设备,负责地址解析、权限控制、带宽管理和计费等功能。门户的使用可以简化网络管理,优化网络资源分配。多点控制单元用于控制三个或更多终端间的会议,它管理资源分配,并且可能包括用于处理音频、视频和数据混合的多点控制器和多点处理器。

H.323 信令定义了一系列用于会话建立、管理和终止的信令协议,包括注册、准入和状态信令,以及能力交换、通道管理和控制信令,使用 RTP(实时传输协议)来传输音频和视频数据,确保媒体流的同步和实时传输。

与 SIP 相比,H.323 是更早的标准,有复杂的系统结构,支持严格的网络控制。SIP 则更简单、更灵活,易于和现有的互联网协议和应用集成。

3. BICC 协议

BICC(Bearer Independent Call Control,承载无关呼叫控制)也是由 ITU-T 制定的协议,主要用于实现承载独立的呼叫控制,允许在不同传输技术(如电路交换和分组交换网络)之间实现电话呼叫控制功能。

BICC 的核心特点是承载独立性,它能够在不依赖于具体传输网络(如传统的 PSTN、ATM 或 IP 网络)的情况下进行呼叫控制。它支持多种网络技术和多种服务,包括语音、数据和视频服务。BICC 作为一个承载独立的呼叫控制协议,为电信运营商提供了在不同网络之间实现服务的能力,广泛应用在从传统的电信网络向全 IP 网络迁移的过程中,如从传统的电路交换网络向基于 IP 的分组交换网络的过渡。同时,BICC 支持跨国界的呼叫控制,使其在国际通信中特别有用。在需要高度可靠和可恢复的通信网络中,BICC 能够提供有效的解决方案。

BICC 操作通常涉及以下三个基本步骤。

① 建立呼叫:通过 BICC 协议,发起方可以在任何支持的网络技术上发起呼叫。

② 信号传递:信号通过电信网络传递,不受底层网络技术的限制。

③ 会话管理:BICC 提供会话管理功能,确保呼叫在不同的网络技术之间能够有效管理和维护。

4. H.248 协议

H.248 协议是由 IETF 和 ITU 共同制定的协议,主要用于控制媒体网关上的信令和媒体流,从而连接传统的电信网络和基于 IP 的网络。

H.248 定义了媒体网关控制器和媒体网关之间的控制协议,可实现媒体网关控制器管理媒体网关上资源的功能,具体如下。

① 会话管理:建立、修改和终止媒体流的会话。

② 信号转换:在不同类型的网络之间进行信号转换,如从 PSTN 到 VoIP 网络。

③ 媒体流控制:控制语音、视频等媒体流的转发和处理。

④ 状态和事件报告:报告设备状态和处理特定事件,如呼叫进入和断开。

H.248 协议的操作主要有以下四个步骤。

① 终端探测和能力交换:媒体网关控制器和媒体网关之间首先进行能力交换,确立双方可以支持的功能。

② 会话设置:媒体网关控制器向媒体网关下达指令,建立必要的信号通道和媒体流。

③ 会话管理:在会话进行期间,媒体网关控制器可以修改会话参数或请求媒体网关上

报特定事件。

④ 会话结束:媒体网关控制器指示媒体网关终止特定的会话,清除资源。

H.248协议的应用场景广泛,包括但不限于IP电话、视频会议、即时通信和在线游戏等多媒体通信系统,特别是在涉及跨网络界的通信时,如在VoIP场景中,能够和传统电话网络之间提供无缝通信VoIP服务,支持旧有电信网络向现代IP网络的平滑过渡的网络融合。

H.248通常与SIP一起使用,其中SIP负责会话的建立、管理和终止,而H.248则更专注于管理媒体网关内的具体资源。

5. SIGTRAN协议

SIGTRAN是信令传输协议,是由IETF定义的一系列协议,专门用于在IP网络中传输传统的PSTN信令系统(SS7)的消息。SIGTRAN协议的主要作用是允许传统的SS7信令网络与基于IP的网络无缝集成,从而支持语音、数据和视频服务的传输。

SIGTRAN协议族包括多个具体的协议,每个协议都有特定的功能和应用场景,具体如下。

① SCTP(Stream Control Transmission Protocol,流控制传输协议):作为SIGTRAN的核心传输协议,SCTP提供了多路复用、多宿主、确认传输、重传机制和四层握手等特性。

② M3UA(MTP Level 3 User Adaptation Layer,MTP第三层用户适配层):主要用于将传统SS7信令系统的MTP第三层功能适配到基于IP网络的传输系统,以直接访问IP网络,而无须通过传统的SS7网络结构。

③ M2UA(MTP Level 2 User Adaptation Layer,MTP第二层用户适配层):为MTP第二层用户部分提供访问SCTP服务的能力,使得MTP第二层的信令可以在IP网络中传输。

④ M2PA(MTP Level 2 Peer-to-Peer Adaptation Layer,MTP第二层点对点适配层):用于适配传统SS7信令系统中的MTP第二层到基于IP的网络,使得信令点之间可以直接在IP网络上进行端到端的信令传输。

⑤ SUA(SCCP User Adaptation Layer,SCCP用户适配层):允许使用SCCP服务的应用直接访问SCTP,而无须经过SS7的MTP第三层。

⑥ IUA(ISDN User Adaptation Layer,ISDN用户适配层):用于在IP网络上实现ISDN信令的适配,使得基于ISDN的服务可以通过IP网络进行传输和管理。

SIGTRAN协议使用SCTP作为其底层传输协议,SIGTRAN协议的工作流程主要涉及以下几个关键步骤。

① 初始化SCTP连接:SIGTRAN使用SCTP替代TCP或UDP作为其传输层,启动时,SIGTRAN端点之间建立SCTP关联,包括参数协商、确认各端的可达性,并且交换必要的网络配置信息。

② 信令适配层协议的角色定位:根据部署的具体SIGTRAN协议(如M3UA、M2PA、SUA等),决定其在信令网络中的角色(如信令网关、媒体网关控制器等),进行必要的能力交换,如支持的消息类型、支持的协议版本等。

③ 信令传递:使用SCTP连接传输SS7信令消息,这些消息通过适配层协议(如M3UA或SUA)封装成适当的格式。消息在发送前可能需要通过一系列处理,包括消息封装、地址转换和路由选择。

④ 信令消息的接收和解封装:接收端收到SCTP数据包后,首先进行基本的校验,然后根据适配层协议解封装消息,对解封装后的消息进行处理,可能包括转发、应答或执行特定的信令操作。

⑤ 会话和状态管理：管理和维护信令会话的状态，包括跟踪各种信令流程的状态，如呼叫建立、维护和释放，应对网络条件变化，如重新路由、拥塞控制和故障恢复。

⑥ 故障恢复和会话终止：如果 SCTP 报告网络故障或端点不可达，可执行必要的故障恢复机制，如重新建立 SCTP 关联或寻找备用路由。会话结束时，清理资源，关闭 SCTP 关联。

SIGTRAN 协议可以应用于 VoIP、移动通信网络、网络升级等场景，使得 VoIP 服务提供商可以在 IP 网络上实现与传统电话网络的互通，在移动通信网络中支持 2G、3G、4G 等网络的信令传输，逐步从传统 SS7 网络迁移到基于 IP 的网络，在网络设备或链接发生故障时支持快速的信令恢复机制。

6. Diameter 协议

Diameter 协议是应用层协议，用于身份验证、授权和计费（AAA）服务。该协议是 RADIUS 协议的后续版本和扩展，专为提供更强的安全性、更广泛的应用支持以及更好的传输可靠性而设计。Diameter 协议在移动网络和 IMS 中得到广泛应用。

Diameter 协议使用点对点的方式进行通信，其中任何节点都可以充当客户端或服务器。相比于 RADIUS，Diameter 提供了更为可靠的传输机制，支持消息确认、重传机制和传输错误检测，支持广泛的命令和属性扩展，使得它可以适用于更多类型的网络应用和服务。Diameter 中引入了会话和状态机制，能够更好地管理持续性的交互和事务，并提供内置的安全支持，包括消息加密、身份验证和数据完整性验证。Diameter 设计时考虑了与多种网络应用的兼容性，如移动 IP、NAS 应用、VoIP 和 IMS 等。

Diameter 协议的基本组件包括 Diameter 节点、Diameter 客户端、Diameter 服务器、代理（中继、重定向和代理）等。Diameter 节点是参与 Diameter 协议通信的任何设备。Diameter 客户端通常位于请求端，负责向 Diameter 服务器发起请求。Diameter 服务器处理来自客户端的请求，并进行相应的答复。代理（中继、重定向和代理）负责在 Diameter 节点之间转发请求。

Diameter 的工作流程涉及多个步骤，包括请求初始化、消息传递、响应处理以及可能的错误处理。下面简单介绍 Diameter 协议的几个典型工作流程。

① 初始化连接。Diameter 节点之间首先建立连接，设置传输层连接，如 TCP 或 SCTP，确保两个或多个节点之间的可靠通信。

② 会话开始。在任何具体的 Diameter 交互开始之前，参与节点通常会进行能力交换，以通知对方自己支持的功能和参数。客户端节点（如网络访问服务器或移动管理实体）向服务器节点（如认证服务器）发送 Diameter 请求。这些请求可以是认证请求、授权请求或计费开始请求等。

③ 请求处理。服务器接收到请求后，解析请求内容，并进行相应的处理，如查找用户信息、执行认证算法或检索授权策略。如果涉及代理服务器，请求可能需要在多个服务器之间转发。代理服务器根据自身配置和请求的目的地，决定如何路由请求。

④ 响应生成。处理完请求后，服务器生成一个响应消息。这个响应包含处理结果，如认证成功、授权的服务详情或计费确认。响应消息沿原路径返回至请求发起的客户端。如果请求经过代理服务器，响应同样需要通过这些代理服务器。

⑤ 错误处理。在请求或响应过程中，如果发生错误（如用户认证失败、请求的服务不被授权、网络错误等），将生成错误消息并发送给请求方。

⑥ 会话维护和终止。对于持续的会话，如在线计费，Diameter 允许会话中途更新（如服务更改或计费更新）等会话维护。服务完成时会发送会话终止消息，以关闭会话并进行必

要的清理工作。

⑦ 结束连接。在会话完全结束后，如果没有其他持续的交互需要，节点之间的连接被关闭。

Diameter 协议可以应用于移动网络认证、IMS、在线计费系统等场景，用于移动网络中的用户身份验证和服务授权，处理 IMS 中的注册、服务触发和计费等，支持复杂的计费交互，适用于实时和非实时计费环境。

在以上信令协议中，SIP 和 H.323 负责会话控制和媒体传输，BICC 支持传统网络向 IP 网络的过渡，H.248 用于媒体网关控制，SIGTRAN 用于确保 SS7 信令在 IP 网络中的传输，Diameter 用于处理与用户相关的所有管理任务，包括认证、授权和计费。

3.6 电话业务

探 讨

- 电话业务如何分类？
- 你知道哪些日常生活中常见的特殊号码电话业务？

固定电话业务分为固定网本地电话业务和固定网长途电话业务等，下面主要介绍几种。

PPT 电话业务

3.6.1 本地电话业务

微课 电话业务

动画 电话业务

1. 业务描述

本地电话业务是指在同一个长途编号区范围内的电话业务。用户拨打本地电话不加长途区号，直接拨打被叫用户号码。

2. 业务分类

本地电话网可划分为一个或多个营业区，营业区一般以一个城市或一个县为单位。本地电话网内同一营业区的用户之间相互通话的业务称为区内电话，本地电话网内两个不同营业区的用户之间相互通话的业务称为区间电话。

3. 业务功能

按照用户装用的设备和电话企业提供的服务项目，本地电话业务包括若干业务种类，如普通电话（正机）、用户交换机或集团电话、中继线、专线、公用电话、移机、改名和过户等。另外还可以开通呼出限制、热线服务、呼叫转移、遇忙回叫、缩位拨号、来电显示、追查恶意呼叫等程控服务项目。

3.6.2 长途电话业务

1. 业务描述

长途电话业务是指处于两个不同长途编号区内的电话用户利用电话进行信息交换的一种通信方式，通过话音交换实现信息的双向交流。通话时长是从被叫用户摘机开始至主叫用户挂机为止。如果被叫电话是分机，则通话时长是从总机应答开始计算的。

2. 业务分类

长途电话业务分为国内长途电话业务和国际长途电话业务。

① 国内长途电话业务是指用户利用具有长途直拨功能的电话机，拨打国内不同长途编号区的电话用户以进行通话的一种电话业务。国内直拨电话号码由国内长途字冠、长途区

号和被叫用户电话号码组成。如在石家庄拨打北京 114 查号台时的拨号方式为“0+10+114”,其中,“0”为国内长途字冠,“10”为北京的长途区号,“114”为被叫用户电话号码。

② 国际长途电话业务是指用户利用具有国际直拨功能的电话机,直接拨叫世界各地开放国际电话业务的国家或地区的用户,通过国际电话电路进行国际通话的一种电话业务。国际直拨电话号码的组成方式是:国际长途字冠+国家代码+地区(城市)代码+被叫用户电话号码。如中国某固定电话用户拨打日本东京号码为 2476319 的电话时的拨号方式为“00+81+3+2476319”, 其中,“00”为国际长途字冠,“81”为日本的国家代码,“3”为东京的城市代码,“2476319”为被叫用户电话号码。

3.6.3 特殊号码业务

手机未插入电话卡时,屏幕上往往会提示“仅限紧急呼叫”,也就是只能拨打一些特殊号码。特殊号码是电信部门为方便服务大众而设立的电话号码,其中一些重要的业务是完全免费的。世界各国家及地区都设有特殊号码,目前我国常用的一些特殊号码见表 3-2。

表 3-2 我国常用的特殊号码

序号	特殊号码	业务含义	收费情况
1	110	匪警	免费
2	120	急救	免费
3	119	火警	免费
4	122	全国道路交通事故报警	免费
5	114	查号	基本通话费

3.6.4 800 被叫集中付费业务

1. 业务描述

800 被叫集中付费业务简称 800 业务,是指当主叫用户拨打 800 业务号码时,即可接通到由被叫用户在申请时指定的电话上,对主叫用户免收通信费用,通信费用由被叫集中付费,这种业务目前只能是固定电话用户拨打。

2. 业务分类

800 业务有国内被叫集中付费业务、国际被叫集中付费业务和全球被叫集中付费业务三种。

① 国内被叫集中付费业务:简称国内 800 业务,主叫用户只能在国内。

② 国际被叫集中付费业务:简称国际 800 业务,是指用户通过所在国电信部门向一个或多个国家或地区申请一个或多个特别号码(800 业务号码),允许这些国家的用户利用这些特别号码免费向申请用户拨打电话,所有通信费用均由申请用户支付。该业务的接入码由发话国电信部门指定。

③ 全球被叫集中付费业务:简称全球 800 业务,是指用户具有一个唯一的全球通用的 800 电话号码,世界各国的用户都可以用这个全球通用号码呼叫某一个全球被叫集中付费业务的用户。

3.6.5 400 主被叫分摊付费业务

1. 业务描述

400 主被叫分摊付费业务是一项为被叫客户提供一个全国范围内的唯一号码,并把对该号码的呼叫接至被叫客户事先规定目的地(电话号码或呼叫中心)的全国性业务。该业务的通话费由主、被叫分摊付费,简称400业务。

对需要400业务的呼叫中心客户,需要申请一个“400×××××××”作为其在全国的统一接入码。在全国范围内,主叫用户只需拨打该号码,无须加拨区号,便可按照企业业务用户预先设定的方案,将呼叫直接接续到客户所指定的电话号码或呼叫中心。

2. 业务定位

① 需要建立企业客服中心或呼叫中心的企业,如银行、证券公司等。

② 全国范围内业务涉及跨地域并建有相应服务分支机构的企事业单位。

③ 信息台、互联网公司等。

④ 未能申请到专用短号码作为企业客服中心接入码的企业。

上述800、400业务均属于智能网的范畴,除此之外还有虚拟专用网等业务。

智能网是在原有通信网络基础上为提供新业务而设置的附加网络结构,其目的在于使电信经营者能经济有效地快速提供用户所需的各类电信新业务。其基本特点是将呼叫控制和业务控制分离,即交换机只完成基本的呼叫控制功能,在电信网中设置一些新功能节点来完成业务控制功能,智能业务由这些功能节点协同网中的交换机共同完成。

目前,智能网主要用于快速开展电路域的话音增值业务,电话交换机仅负责话路接续和基本话音业务处理,新增的增值业务由业务控制点负责。电话交换机作为业务交换点将增值业务触发到业务控制点,由业务控制点负责增值业务的控制,交换机/业务交换点负责在业务控制点的控制下完成呼叫的接续。

智能网是基于TDM电话网和软交换网电话网提出的一种快速、灵活、方便地引入新的增值业务的手段。随着技术的演进和发展,在采用“承载、控制、业务”分离架构的IMS电话网中,通过增值业务AS(应用服务器)即可实现智能网业务功能,便于开展更多的增值业务。

3.7 实做项目及教学情境

实做项目一:网络在线学习

目的和要求:登录“智慧职教”平台,学习相关知识点的PPT、微课、动画等资源,完成网络学习任务。具体使用方法参见1.5节。

PPT 认知交换机

实做项目二:参观用户交换机房和局端交换机房

目的和要求:认识交换机,了解交换机的构成,了解机架、机框、插板的功能及告警指示,观察交换机与配线架、电源设备的走线。

微课 认知交换机

实做项目三:安装固定电话

目的和要求:在交换机的配线架上进行打线操作,安装固定电话,理解电话机和交换机之间的连接。

安装电话就是将电话机接入电话网,各种电话安装网络结构如图3-28所示。下面以电话机通过分线盒接入配线架,再到机房总配线架,最后跳线到交换机为例进行说明。

动画 认知交换机

安装电话需要有交换机、配线架、电话机,另外还需要打线钳、跳线、分线盒,保险器等工具器材,如图3-29所示。

安装电话的步骤如下。

第1步:确定离用户最近的分线盒,将电话机通过双绞线接入最近的分线盒。

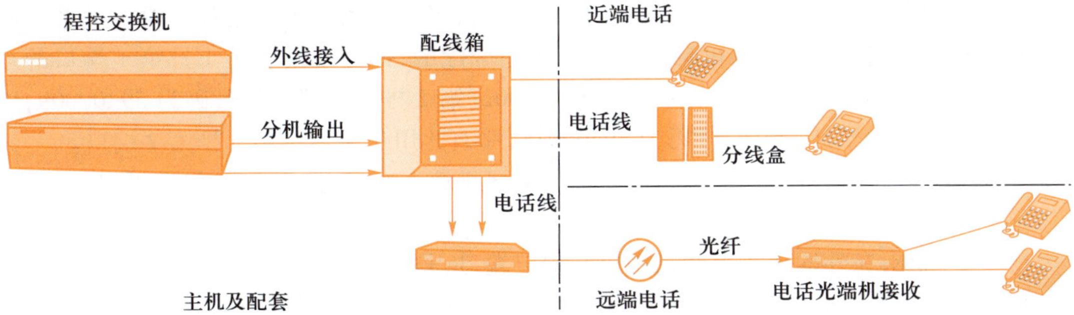

图 3-28 电话安装网络结构

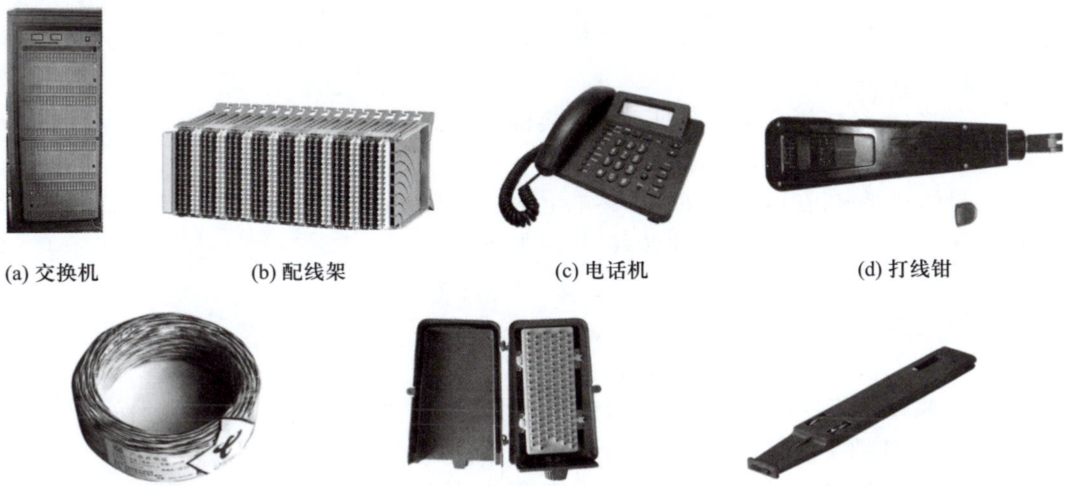

(a) 交换机 (b) 配线架 (c) 电话机 (d) 打线钳

(e) 跳线 (f) 分线盒 (g) 保险器

图 3-29 电话安装工具器材实物

第 2 步：确定分线盒中用户端的配线号，并记录该用户的配线号（假设为 15 号），以便在机房总配线架（MDF）上进行跳线操作。

PPT 安装电话

第 3 步：按照号码分配表，确定机房总配线架上的内线端口号。交换机房总配线架结构如图 3-30 所示，配线架分为内线模块和外线模块，内线模块一排 8 线，外线模块一排 10 线。

微课 安装电话

动画 安装电话

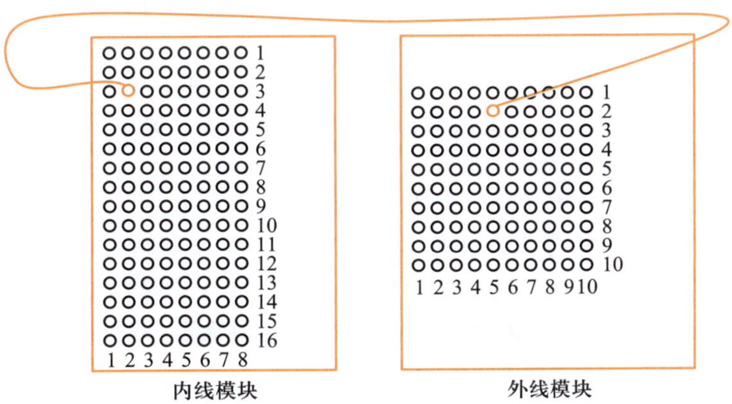

图 3-30 交换机房总配线架结构

首先要了解运营商电话交换机房的号码表，得知号码与内线模块的对应关系。假设运营商机房的局号为 5940，电话号码是按顺序分配的，即内线模块第 1 排第 1 端口的号码为 59400001，第 1 排第 2 端口的号码为 59400002，第 2 排第 1 端口的号码为 59400009，以此类推。如果分配给此用户的号码为 59400018，那么此用户应该是第 3 排第 2 端口。

第 4 步：在内线模块用测试电话接上第 3 排第 2 端口，拨 111##，然后得到号码信息“本端口号为 59400018”。

第 5 步：在外线模块上找到相应的用户端口（即第 15 端口），用专用跳线从内线模块相应端口（即第 3 排第 2 端口）跳至相应外线模块端口（即第 15 端口）。

第 6 步：为了防雷，避免外线干扰，在机房总配线架的外线模块部分安装保险器，将保险器插入外线模块的第 15 端口。

第 7 步：连接外线模块与用户连接的分线盒，需要注意市话电缆的色谱，选择正确的双绞线进行连接。

至此，已经将用户电话和机房的交换机连通了，电话安装完毕。

实做项目四：开通程控服务

目的和要求：在话务台和管理终端上增、删、改电话用户，并设置电话用户的属性，开通电话新业务，如三方通话、呼叫转移、热线服务等。

小　结

1. 将模拟信号转换为数字信号的最基本方法是 PCM（脉冲编码调制）。

2. PCM 数字通信过程主要包括三大部分：第一部分是发送端的模数转换，其中需经抽样、量化和编码过程；第二部分是信道传输，包括码型变换与反变换、调制与解调、再生中继；第三部分是接收端的数模转换，主要指再生、解码和低通滤波过程。

3. 抽样定理：要从样值序列无失真地恢复原始连续信号，其抽样频率 f_s 应大于或等于被抽样信号最高频率的两倍。

4. 量化分为均匀量化和非均匀量化。均匀量化是指在整个输入信号的幅度范围内量化级的大小都相等，最大量化误差为量化间隔的一半，大信号时信噪比大，小信号时信噪比小。

5. 非均匀量化的特点是：信号幅度小时，量化间隔小，其量化误差也小；信号幅度大时，量化间隔大，其量化误差也大。采用非均匀量化可以改善小信号的量化信噪比。非均匀量化在我国采用的是 A 律 13 折线压缩扩张特性。

6. PCM30/32 的含义是整个系统共分为 32 个路时隙，其中 30 个路时隙分别用来传送 30 路话音信号，1 个路时隙用来传送帧同步码，另外 1 个路时隙用来传送信令码。我国采用 2.048 Mbit/s、30 个话路作为一次群。

7. 使多个信号沿同一信道传输而互不干扰的通信方式，称为多路复用。多路复用主要包括频分多路复用、时分多路复用和波分多路复用。

8. 为了充分发挥长途通信线路的效率，总是把若干个小容量的低速数字流以时分复用的方式合并成一个大容量的高速数字流再传输，传到对方后再分开，这就是数字复接。

9. 程控交换机由话路子系统和控制子系统组成。

10. 数字交换是通过时隙交换实现的，数字交换的实质就是把信息在时间位置上进行搬移。

11. 交换机识别到用户的呼叫请求后就开始进行相应的呼叫处理，呼叫接续过程主要包括呼叫建立、双方通话和话终释放。

12. 软交换的基本含义是将呼叫控制功能从媒体网关中分离出来，通过软件实现基本呼叫控制功能，从而实现呼叫控制与承载的分离、传输与接入的分离。

13. 软交换网络体系结构分为接入层、传输层、控制层和业务层。

14. IMS 支持语音、视频、消息和其他多媒体服务，是基于 IP 网络的多媒体服务体系结构，分为应用平面、控制平面和用户平面。

15. IMS 的核心功能实体为呼叫会话控制功能(CSCF)，包括代理 CSCF(P-CSCF)、协商 CSCF(I-CSCF)和服务 CSCF(S-CSCF)。

16. 信令按工作区域可分为用户线信令和局间信令；局间信令按使用信道可分为随路信令和公共信道信令；信令按功能可分为线路信令、路由信令和维护管理信令。

17. 软交换信令包括 SIP、H. 323、BICC、H. 248、SIGTRAN 等；IMS 信令以 SIP 为核心，还包括 Diameter、H. 248 和 SIGTRAN。

即测即评

(扫描二维码可进行自我测试)

第 4 章

数据通信

本章教学说明

- 从数据通信系统组成开始，介绍数据通信的编码、传输及交换技术
- 概括介绍数据通信相关技术及应用，建立数据通信系统整体框架

本章内容

- 数据通信概述
- 数据编码
- 数据传输
- 数据交换
- 数据通信网
- 互联网数据中心(IDC)
- 软件定义网络(SDN)

本章重点、难点

- 数据通信系统组成
- 同步及异步传输方式
- 电路交换与分组交换
- IP 交换
- 软件定义网络

本章学习目的和要求

- 掌握数据通信的特点及系统组成
- 理解数据传输的过程及方式
- 领会数据交换的思想
- 了解数据通信网的应用与发展
- 了解互联网数据中心
- 理解软件定义网络

本章实做要求及教学情境

- 网络在线学习
- 组建局域网的方法及步骤

本章学习能力要素及基础要求

- 掌握数据通信相关基本内容
- 理解通信协议内涵
- 了解局域网组网的知识

本章学习方法建议

- 通过“智慧职教”平台进行网络学习
- 课前预习与课后复习相结合
- 观察数据机房组网方法与课堂学习相结合
- 通过 Internet 收集不同的数据组网方案
- 自学与探讨相结合
- 课后作业与章节个人总结相结合
- 教师答疑与学习反馈相结合

素养目标

- 培养规范意识：通过对网络体系结构、通信协议的学习及理解，认识到行业规则、企业规范、通信标准等的重要性，培养规范意识
- 树立协同理念：通过对数据通信编码、传输和交换技术以及数据通信网络结构的学习，理解网络设备之间协同工作的重要性，树立全程全网协同的理念
- 培养创新思维：通过对 IDC、SDN 等技术的学习，了解网络的发展趋势，培养创新思维

本章建议学时数

10 学时

4.1 数据通信概述

通信所传输的信息有多种形式，如符号、文字、数字、语音、图形及图像等。数据通信是 20 世纪 50 年代末随着计算机的发展和应用而出现的一种通信方式。20 世纪 70 年代以后，基于分组交换的数据通信很快遍地开花，进入商用化时代。从此，数据通信就迅速地发展起来，所采用的技术越来越先进，所提供的业务越来越多，传输速率也越来越高。

4.1.1 数据通信的概念及特点

1. 数据通信的概念

数据通信是通信技术和计算机技术相结合产生的一种通信方式。要在两地间传输信息，必须有传输信道，根据传输媒体的不同，可把数据通信分为有线数据通信与无线数据通信。它们都是通过数据传输信道将数据终端与数据通信网络连接起来，而使不同地点的数据终端实现软、硬件和信息资源的共享。

2. 数据通信的特点

① 实现计算机之间或计算机与人之间的通信，需要定义严格的通信协议或标准。

② 数据传输的准确性和可靠性高。数据传输的误码率要求小于 10^{-9}，而语音系统只

有 10^{-3}。

③ 传输速率高，目前的传输速率可达 Tbit/s 数量级。

④ 通信持续时间差异较大，传输流量具有突发性。

⑤ 数据通信具有灵活的接口功能，以满足各类终端间的相互通信。

4.1.2 数据通信系统组成

数据通信的基本目的是在接收方与发送方之间交换数据信息。数据通信系统由计算机、数据电路终接设备（DCE）、传输信道三部分组成，如图 4-1 所示。

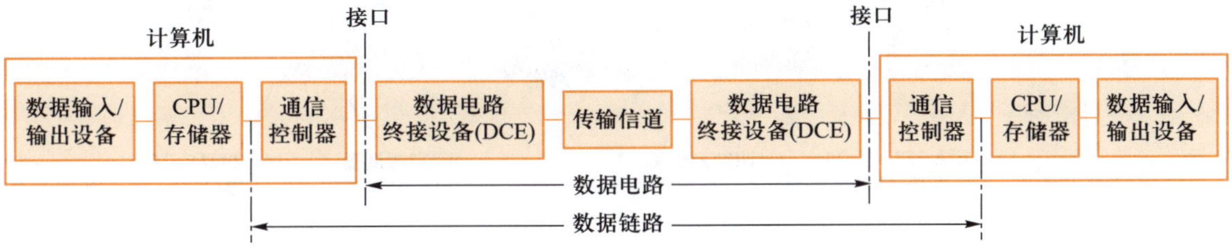

图 4-1 数据通信系统的组成

1. 计算机

PPT 数据通信系统组成

计算机即数据的生成者和使用者，由数据输入/输出设备、CPU/存储器和通信控制器组成。

① 数据输入/输出设备是操作人员与终端之间的界面。它把人可以识别的信息变换成计算机可以处理的信息或执行相反的过程。常见的输入设备有键盘、鼠标和扫描仪；输出设备有显示器、打印机等。

微课 数据通信系统组成

② CPU 是中央处理器，是一台计算机的运算核心和控制核心。存储器是用来存储计算机信息的部件，包括内存和外存。

③ 通信控制器是数据电路和计算机系统的接口，用于管理与计算机相连接的所有通信线路，接收从另一计算机发来的数据信号，并向另一计算机发送数据信号。通信控制器执行与通信网络之间的通信过程控制，包括差错控制、流量控制、接续和传输等通信协议的实现。它除了可进行通信状态的连接、监控和拆除等操作外，还可转换信息格式。在数据通信系统中，一般计算机内部的集成网卡就是通信控制器。计算机内部的网卡可分为有线网卡和无线网卡，如图 4-2 所示。

动画 数据通信系统组成

2. 数据电路终接设备

数据电路终接设备（Data Circuit-terminating Equipment，DCE）是一种信号变换器，其功能是把通信控制器提供的数据转换成适合通信信道要求的信号形式，或把信道中传来的信号转换成可供计算机使用的数据，最大限度地保证传输质量。

在计算机网络的数据通信系统中，最常用的 DCE 是调制解调器（见图 4-3）和光纤通信网中的光电转换器，它们为用户设备提供了入网的连接点。

图 4-4 所示为两台计算机通过 DCE 进行通信的实例。

3. 传输信道

传输信道是信息在 DCE 之间传输的通道，如电话线路等模拟通信信道、数字通信信道、同轴电缆和光纤等。按传输介质不同，信道可分为有线信道和无线信道。图 4-5 所示为传输介质实例。

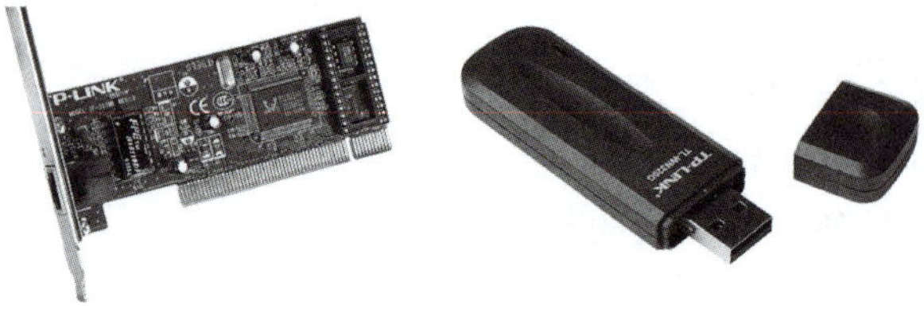

(a) 有线网卡　　(b) 无线网卡

图 4-2 通信控制器实例

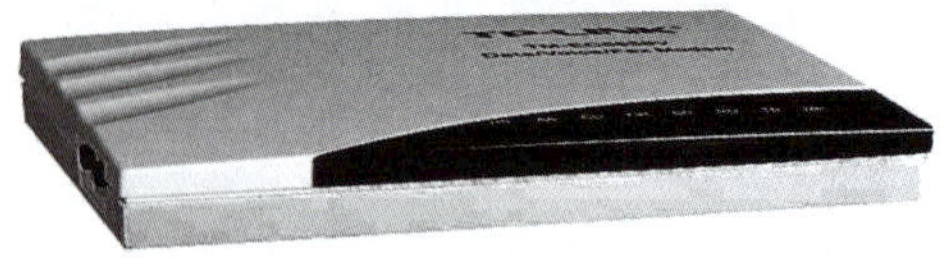

图 4-3 DCE 实例——调制解调器

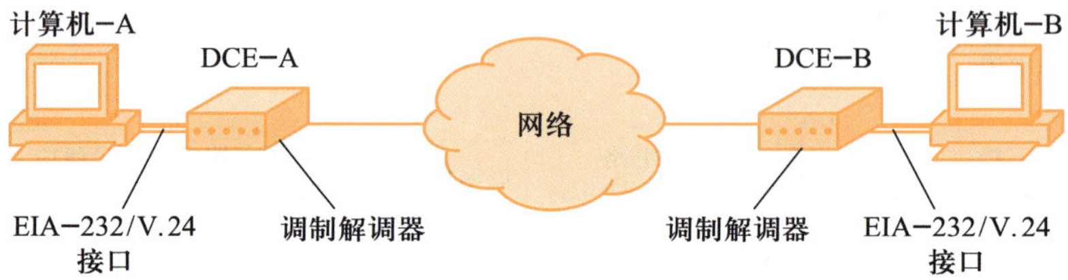

图 4-4 两台计算机通过 DCE 进行通信的实例

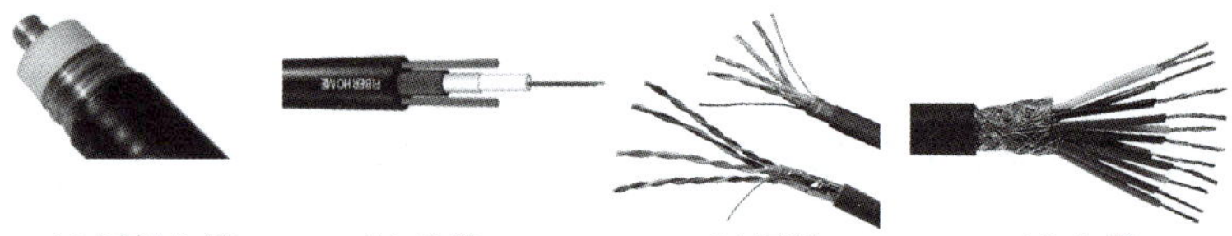

(a) 同轴电缆　　(b) 光缆　　(c) 网线　　(d) 电缆

图 4-5 传输介质实例

4. 数据电路与数据链路

数据电路指传输信道加上两端的 DCE，用于实现数据传输功能。

数据链路是在数据电路的基础上加上通信控制器，用于实现可靠的数据传输。

归纳思考

- 数据电路类似于道路，是人们行走的通道。但是如果这条通道没有交警和交通法规，则其是相对不安全的。
- 数据链路类似于有了安全保障的道路。数据通信系统中的通信控制器就起到交警和交通法规的作用。

4.1.3 数据通信网络互联

重点掌握

- 按覆盖范围分，数据通信网可分为局域网（LAN）、城域网（MAN）、广域网（WAN）。
- 常见的网络互联设备包括交换机、路由器、网关等。

PPT 数据通信网络互联

数据通信网可以实现计算机与计算机或数据终端与计算机之间的通信。按照覆盖范围不同，数据通信网可以划分为局域网（LAN）、城域网（MAN）、广域网（WAN）。

1. 局域网（LAN）

局域网（Local Area Network，LAN）通常为某一单位私有网络，覆盖范围小于 10 km。如图

4-6 所示。常用的局域网拓扑结构有星形、总线型,通信介质有网线、光纤等。

微课 数据通信网络互联

动画 数据通信网络互联

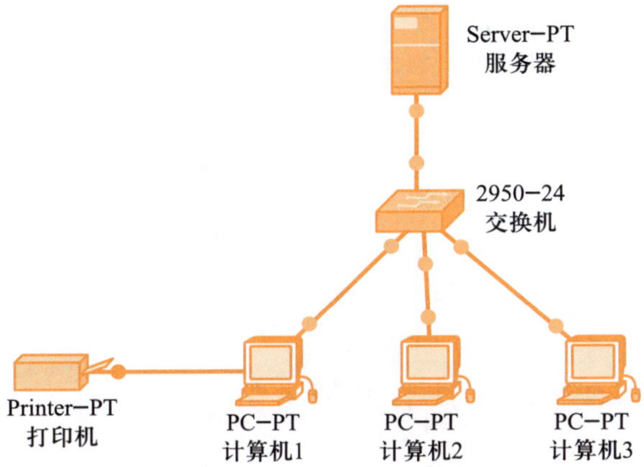

图 4-6 局域网示意图

2. 城域网(MAN)

城域网(Metropolitan Area Network,MAN)覆盖整个城市,覆盖范围为几千米到几百千米。城域网一般为公有网络,也有由大企业组成的私有网络。如某个城市的教育城域网如图 4-7 所示。城域网的功能是向各分散的局域网提供服务,使用户能有效地利用网上资源。其传输介质主要是光纤。

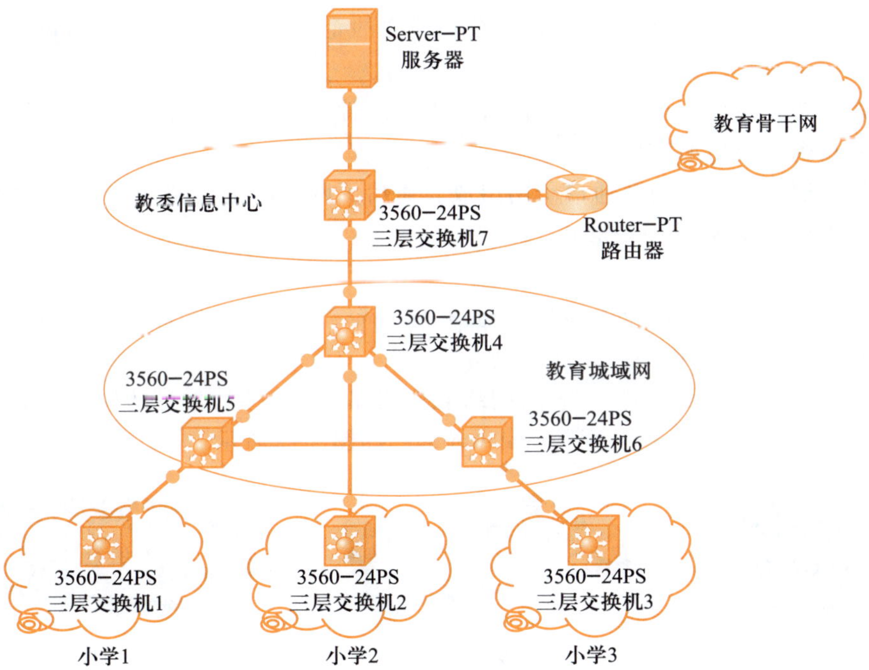

图 4-7 城域网实例

3. 广域网(WAN)

广域网(Wide Area Network,WAN)是覆盖范围较广的数据通信网络。它常利用公共网络系统提供的便利条件进行传输,可以分布在多个城市、一个国家乃至全球范围,覆盖范围为几千米到几千千米。如北京某局域网与广州和上海局域网通过广域网连接在一起，如图 4-8 所示。

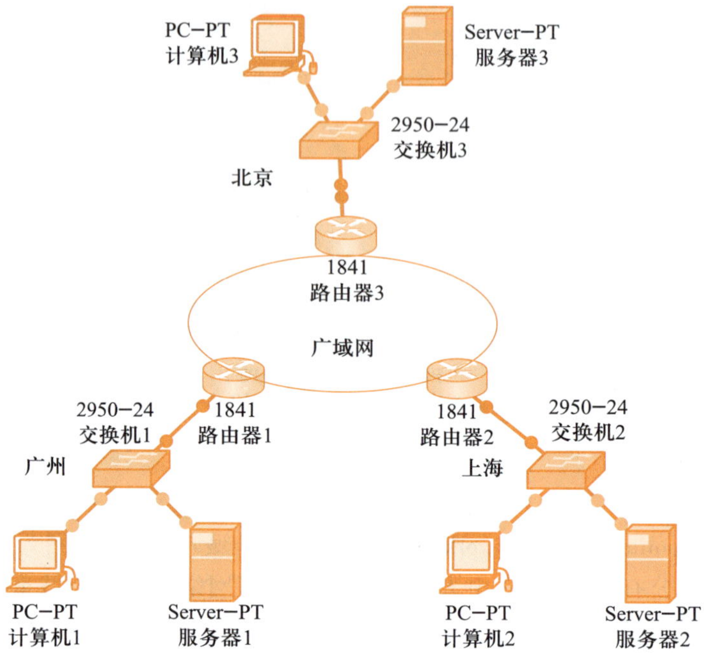

图 4-8 广域网实例

广域网一般为公有网，但一些跨国大公司建立的企业网拥有自己的广域网，如朗讯、思科、华为等。

广域网的拓扑结构根据定位不同而有所不同。骨干网络采用分布或网状结构；基层网与本地网采用树形或星形结构。

广域网一般由资源子网和通信子网组成。通信子网一般由公共网络充当，通信子网有电话交换网 PSTN、IP 数据网等形式。

4. 网络互联设备

为使处于不同网络的用户能够相互通信，实现资源共享，需将若干性质相同或不同的网络互联在一起，往往要用到网络互联设备。

网络互联的复杂程度不同，对应的网络互联设备有所不同，常见的网络互联设备有交换机（switch）、路由器（router）、网关（gateway）等，如图 4-9 所示。

(a) 交换机

(b) 路由器

(c) 网关

图 4-9 常见网络互联设备

① 交换机。交换机能够通过自学习机制来自动建立端口-地址表，通过端口-地址表转发数据帧。交换机允许多对计算机间同时交换数据。

② 路由器。路由器的主要功能是路径选择、连接异构网络、包过滤等。

③ 网关。网关又称高层协议转发器,一般用于不同类型且差别较大的网络系统间的互联,也可用于同一物理网而在逻辑上不同的网络间的互联(见图 4-10)。

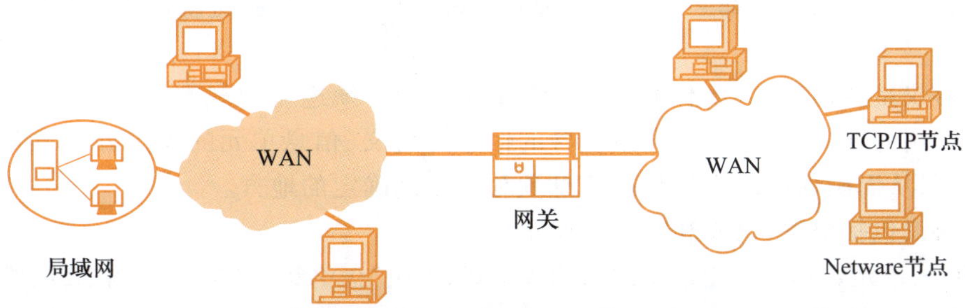

图 4-10 网关功能示意图

如果网络不能互联,则其功能非常有限。Internet 的成功主要在于 TCP/IP 技术可以把各种类型的计算机网络都连接到一起。网络的互联有多种方法,但最重要的是利用 IP 的网络互联:由各个网络根据自身的特点管理自己网络内部的链路层地址,再由网络层的 IP 地址来贯通全局。图 4-11 所示为由局域网和广域网组成的互联网实例。

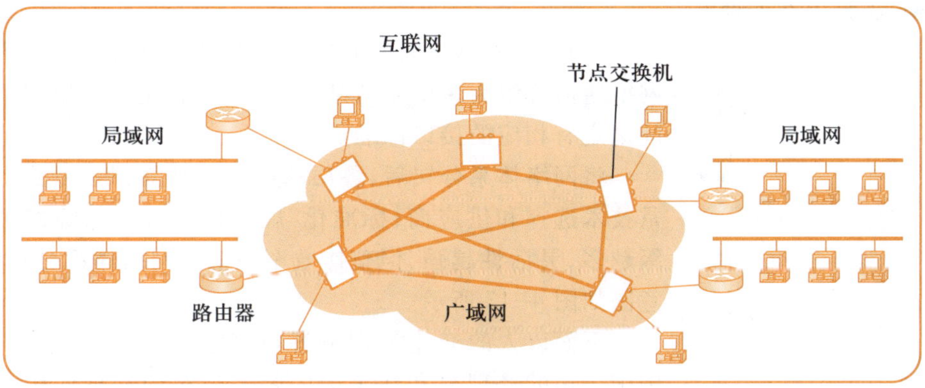

图 4-11 由局域网和广域网组成的互联网实例

4.1.4 通信协议

PPT 通信协议

人与人交流有一定的规则,计算机之间的数据通信也需要遵循通信协议。图 4-12 用一个简单的例子将人与人交流的规则和网络协议进行了对比。

微课 通信协议

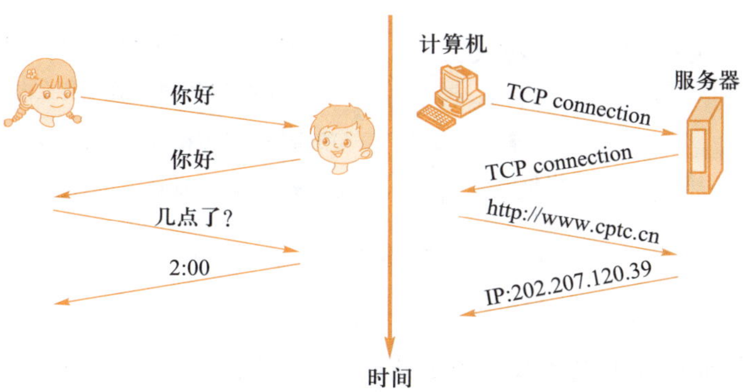

图 4-12 人与人交流的规则和网络协议之间的对比

动画 通信协议

以此类推，对于通过通信信道和设备互联起来的处于多个不同地理位置的数据通信系统，要使其能协同工作实现信息交换和资源共享，它们之间必须具有共同的语言。交流什么、怎样交流及何时交流，都必须遵循某种互相都能接受的规则，这就是通信协议。

1. 通信协议三要素

通信协议是通信双方（实体）完成通信或服务所必须遵循的规则和约定。协议定义了信息单元使用的格式、信息单元应该包含的信息与含义、信息单元的连接方式、信息发送和接收的时序，从而确保网络中的数据信息顺利传送到确定的地方。

通信协议包括语法、语义和时序三要素。

① 语法：确定数据与控制信息的结构或格式，解决“怎么讲”的问题。例如，浏览“智慧职教”网站时，在浏览器地址栏中应按要求的格式书写网站地址，即 http://www.icve.com.cn。

② 语义：是指控制信息的含义，需要做出的动作及响应，解决“讲什么”的问题。例如，8.139.72.161 是上述网站的 IP 地址（语义）。

③ 时序：规定了操作的执行顺序，解决“什么时候”做以及做的“先后顺序”问题。

2. 网络体系分层结构

网络通信一步到位固然简单，但如果遇到不同类型的网络、不同类型的数据结构、不同的数据格式，该怎么处理？

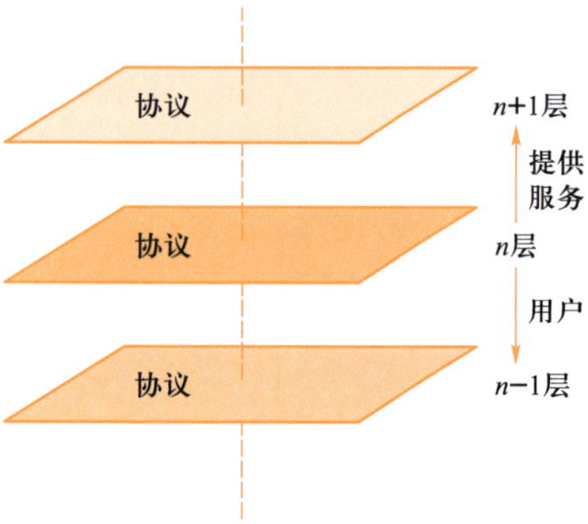

图 4-13 网络体系分层结构示意图

实际上，网络之间的通信通常采用“分而治之”的方法，把网络通信分解为多层通信结构，每一层有相应的协议，各层之间规定有相应的接口标准。

将网络体系分层后，各层功能相对独立；每一层可以有多重技术选择和供应商，标准化/规范化后可以保障兼容性；层级越多，灵活性越强，但整体效率越低。网络体系分层结构示意图如图 4-13 所示。

下面以人的交流为例来解释网络体系分层结构。例如，中国公司的经理要和在美国的韩国公司的经理谈生意，双方都要请翻译，从而使简单的交流要经过三层处理，如图 4-14 所示。

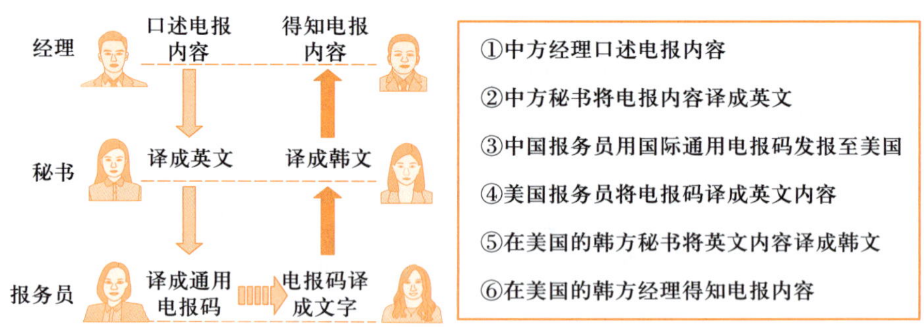

图 4-14 网络体系分层结构举例

3. 开放系统互联参考模型（OSI 参考模型）

目前分层数据通信模型主要参考的是开放系统互联（Open System Interconnection，OSI）参考模型。这个模型是由国际标准化组织（ISO）于 1980 年 12 月首次发布的，经过改进，

1984 年成为正式的国际标准 ISO 7498。其具体协议可见开放系统互联参考模型 OSI/RM (Open System Interconnection/Reference Model)的建议书。

重点掌握

- 开放系统互联(OSI)参考模型是数据通信网采用的分层参考模型。
- OSI 共分七层,其中,1~3 层为低层,用于保证各类数据的可靠传输;4~7 层为高层,用于实现面向应用的信息处理和通信功能。

OSI 参考模型从低到高分为物理层、链路层、网络层、传输层、会话层、表示层、应用层七层。OSI 的数据流向是在发送方层层打包,接收方层层拆包,如图 4-15 所示。

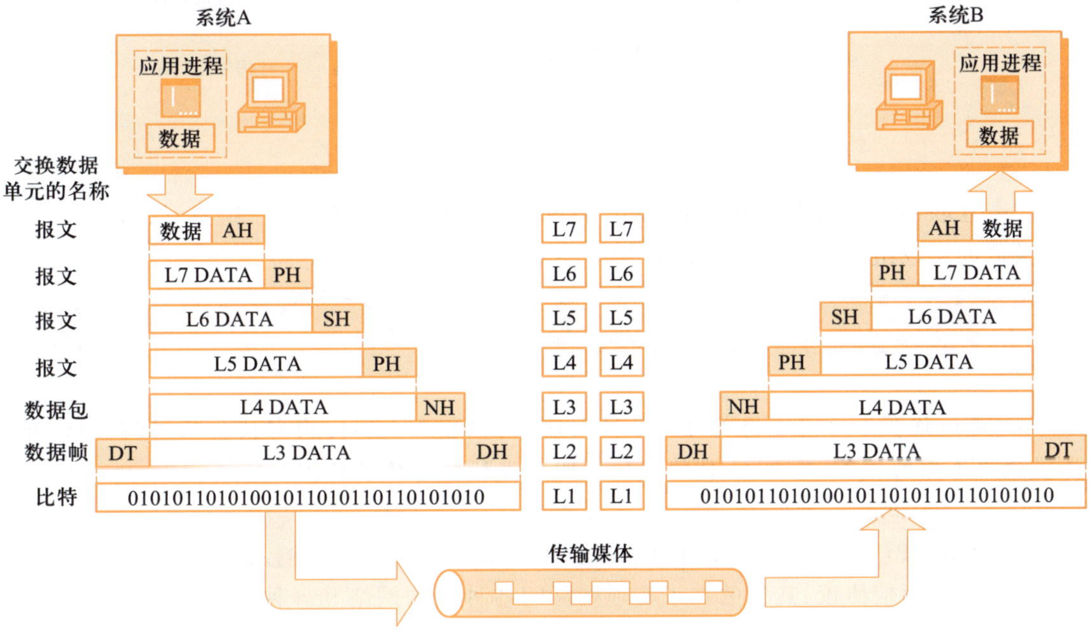

图 4-15 OSI 的数据流向示意图

OSI 七层协议模型的功能如下。

① 应用层:提供网络与最终用户之间的界面。

② 表示层:转换特定设备的数据和格式,使通信与设备无关。

③ 会话层:在应用程序之间建立连接和会话,并验证用户身份。

④ 传输层:提供节点之间可靠的数据传输,负责数据格式的转换。

⑤ 网络层:实现节点间数据包的传输,处理通信拥塞和介质传输速率等问题。

⑥ 链路层:保证在数据节点之间可靠地传输数据帧。

⑦ 物理层:规定物理线路的机械特性、电气特性、功能特性、规程特性。

为便于理解,将 OSI 参考模型与邮寄流程进行比较说明,如图 4-16 所示。

OSI 参考模型是各种通信协议遵循的参考模型,在实际通信协议中,都体现了七层模型的思想,但有所改变与简化。目前互联网使用的协议就是在 OSI 基础上简化的 TCP/IP 通信协议,下面具体介绍 TCP/IP。

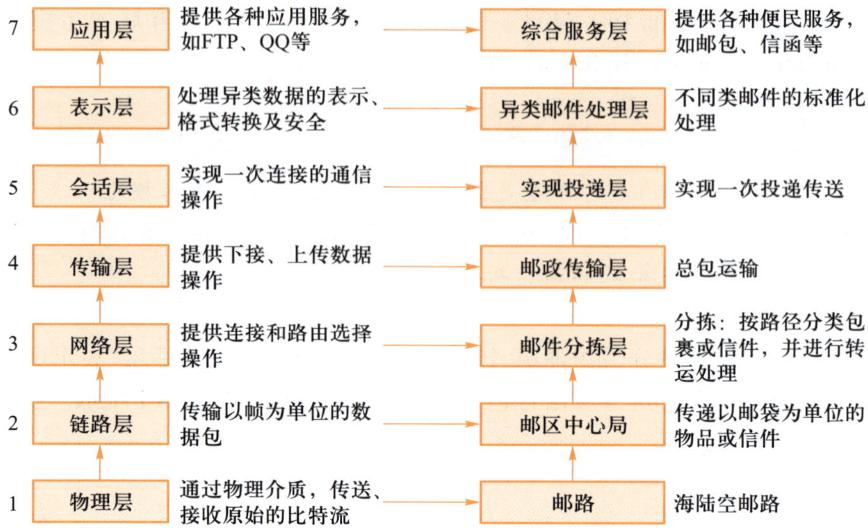

图 4-16 OSI 参考模型与邮寄流程的比较示意图

4. TCP/IP 协议簇

互联网上的世界语就是 TCP/IP 协议簇。TCP/IP 协议簇是一组协议，由 100 多种相互关联的协议组成，其中 TCP 和 IP 为核心协议。

探　讨

Internet 是由许多小的网络构成的国际性大网络，在各个小网络内部使用不同的协议，正如不同的国家使用不同的语言，那么，如何使它们之间能进行信息交流呢？

TCP/IP（Transmission Control Protocol/Internet Protocol，传输控制协议/网际协议）是一种网际互联通信协议，其目的在于实现网际间各种异构网络和异种计算机的互联通信。运行 TCP/IP 的网络是一种采用包（或分组）交换的网络。因特网（Internet）采用的就是 TCP/IP。

TCP/IP 也分为不同的网络层次结构，每一层负责不同的通信功能。但 TCP/IP 简化了网络层次结构，只有 4 层，由下而上分别为网络接口层、网际层、传输层、应用层。OSI 参考模型与 TCP/IP 模型的对比如图 4-17 所示。

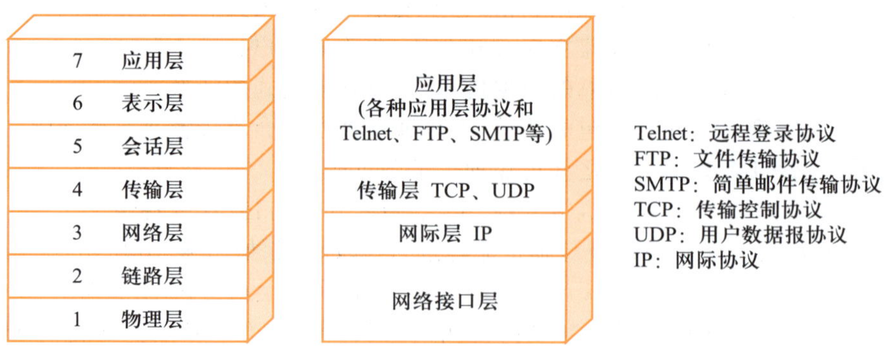

(a) OSI参考模型　(b) TCP/IP模型

图 4-17 OSI 参考模型与 TCP/IP 模型的对比

(1) 网络接口层

网络接口层(Network Interface Layer,NIL)是 TCP/IP 模型的最低层,该层负责接收从网际层交来的 IP 数据包,并将 IP 数据包通过底层的物理网络发送至选定的网络,或者从底层的物理网络上接收物理帧,抽出 IP 数据包,交给网际层。网络接口层使采用不同技术的网络硬件之间能够互联,它包括属于操作系统的设备驱动器和计算机网络接口卡,以处理具体的硬件物理接口。

(2) 网际层

网际层(Internet Layer,IL)又称为 IP 层,主要功能是处理来自传输层的分组,将分组形成数据包(IP 数据包),并为该数据包进行路由选择,最终将数据包从源主机发送到目的主机。TCP/IP 模型的网际层在功能上非常类似于 OSI 参考模型的网络层,即检查网络拓扑结构,以决定传输报文的最佳路由。

(3) 传输层

传输层(Transport Layer,TL)的基本任务是在源节点和目的节点的两个对等实体间提供可靠的端到端的数据通信。为保证数据传输的可靠性,传输层协议提供了确认、差错控制和流量控制等机制。传输层从应用层接收数据,在必要的时候把它分成较小的单元,传递给网际层,并确保到达对方的各段信息正确无误。

(4) 应用层

应用层(Application Layer,AL)为用户提供网络应用,并为这些应用提供网络支撑服务,把用户的数据发送到低层,为应用程序提供网络接口。由于 TCP/IP 将所有与应用相关的内容都归为一层,所以在应用层要处理高层协议、数据表达和对话控制等任务。

TCP/IP 模型各层的重要协议,即 TCP/IP 协议簇如图 4-18 所示。

OSI参考模型	TCP/IP协议簇	
应用层	应用层	FTP、Telnet SMTP、SNMP、NFS
表示层		
会话层		
传输层	传输层	TCP、UDP、SCTP
网络层	网际层	IP、ICMP、ARP、RARP
链路层	网络接口层	Ethernet 802.3、Token Ring 802.5、 Frame Relay、HDLC、PPP
物理层	未定义	

图 4-18 TCP/IP 协议簇

TCP/IP 是 Internet 上的核心协议。IP 负责数据的传输,TCP 负责数据传输的可靠性。IP 实现的是不可靠无连接的数据包服务,TCP 可以实现数据的可靠传输。IP 是把每个 TCP 信封再套上一个 IP 信封,在上面写上接收主机的 IP 地址,然后在物理网络上传送数据。IP 层协议还具有利用路由算法进行路由选择的功能。所谓路由就是数据包从源地址到达目标地址所经过的传输途径。TCP 负责对传输的数据包进行顺序检查和错误处理,必要时可以请求发送端重发数据包。

除 TCP/IP 外，互联网上还有许多其他协议，其中常用的应用层协议有 SMTP（简单邮件传输协议）、DNS（域名系统服务）、FTP（文件传输协议）、Telnet（远程登录协议）、SNMP（网络管理协议）、HTTP（超文本传输协议）、RTP（实时传输协议）等。

PPT IP 地址

4.1.5 IP 地址

微课 IP 地址

动画 IP 地址

IP 提供了一种全球统一的编址方式，屏蔽了物理网络地址的差异，便于路由查找。IP 地址可以使人们在 Internet 上方便地寻址，因此 Internet 上每台主机的每个接口（包括路由器）都需要分配一个全球范围内唯一的 IP 地址。主要的 IP 版本号有 4（IPv4）和 6（IPv6），IPv6 正在逐渐取代 IPv4 成为数据通信的核心协议。

1. IPv4 地址

在 IPv4 中，IP 地址由 32 位二进制数组成，为了方便记忆，用点号每 8 位一分割，用十进制数表示，称为点分十进制记法，如 192.168.255.255。

因为 TCP/IP 网络是为大规模的互联网络设计的，32 位地址中应包括子网标识和子网上主机号，前一部分标识子网号码，后一部分标识子网中的主机号。

IPv4 地址的编址方法经历了如下三个历史阶段。

① 分类的 IP 地址。这是最基本的编址方法，这种方法将 IP 地址定义为二级地址，并分为 A、B、C、D、E 五类。

② 子网划分。这是对最基本的编址方法的改进，引入了子网掩码，将 A、B、C 类 IP 地址进一步划分为三级地址。

③ 无分类编址。这是比较新的无分类编址方法，取消了传统的 A、B、C 类地址以及划分子网的概念，又回到了二级编址方式（无分类的二级编址）。

下面仅介绍分类的 IPv4 地址，如图 4-19 所示。分类的 IPv4 地址分为 A、B、C、D、E 五类，每一类地址都由两个固定长度的字段组成：一部分用于标识所属网络的网络号（net-id）；另一部分用于标识给定网络上某个特定主机的主机号（host-id）。为了给不同规模的网络提供必要的灵活性，IP 的设计者将 IP 地址空间划分为几个不同的地址类别。

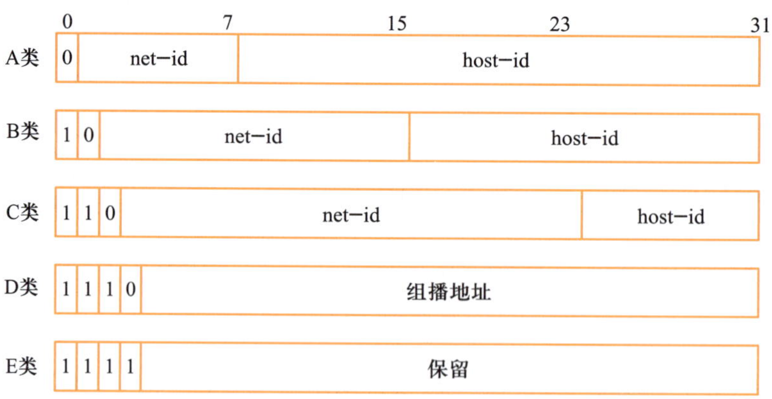

图 4-19 分类的 IPv4 地址

从图 4-19 中可以得出以下结论。

A 类地址：网络号为 1 字节，定义最高位为“0”，余下 7 位为网络号；主机号则有 24 位编址。A 类地址用于超大型网络，每个网络有 16 777 214 台主机（主机号全“0”和全“1”的主机有特殊含义）。全世界总共有 126 个 A 类地址。

B 类地址:网络号为 2 字节,定义前 2 位为“10”,余下 14 位为网络号;主机号则可有 16 位编址。B 类地址用于中型规模的网络,总共有 16 383 个网络,每个网络有 65 534 台主机。

C 类地址:网络号为 3 字节,定义前 3 位为“110”,余下 21 位为网络号;主机号仅有 8 位编址。C 类地址适用于较小规模的网络,每个网络有 256 台主机。

D 类地址:不分网络号和主机号,定义前 4 位为“1110”,表示一个组播地址,即一对多通信,可用来识别一组主机。

E 类地址:定义前 4 位为“1111”,保留为以后用。

如何识别一个 IP 地址的类别呢?只需看点分十进制记法最左边的十进制数就可以判断其归属。例如,1~126 属于 A 类地址,128~191 属于 B 类地址,192~223 属于 C 类地址,224~239 属于 D 类地址。除了以上四类地址外,还有 E 类地址,但暂未使用。

在 IP 地址范围内,互联网编址委员会(IANA)将一部分地址保留作为私有 IP 地址,专门供内部局域网使用,见表 4-1。

表 4-1 私有 IP 地址

类别	IP 地址范围	网络数
A	10.0.0.0~10.255.255.255	1
B	172.16.0.0~172.31.255.255	16
C	192.168.0.0~192.168.255.255	256

私有 IP 地址不会被 Internet 分配,因此它们在 Internet 上也从来不会被路由。虽然它们不能直接和 Internet 连接,但仍旧可以被用来和 Internet 通信,可以根据需要来选用适当的地址类。公有 IP 地址是由 Internet 信息中心负责分配的,这些地址允许直接访问 Internet。

2. IPv6 地址

IPv4 发展到现在,地址空间已经耗尽,IPv6 将 32 位 IP 地址升级为 128 位,解决了 IPv4 地址紧张的问题。IPv6 与 IPv4 不能直接兼容,但是可以采用多种过渡技术实现兼容。在 IPv6 中,每个 IP 地址占 128 位,地址空间大于 3.4×10^{38}。巨大的地址范围虽然不存在地址枯竭的问题,但是也要让使用者易于阅读和操纵这些地址。与 IPv4 的点分十进制记法不同,IPv6 使用冒号十六进制记法,它把每个 16 位的二进制数用 4 位十六进制数表示,各数值之间用冒号分隔。例如:

68E6:8C64:FFFF:FFFF:0:1180:960A:FFFF

在十六进制记法中允许省去两个冒号之间的 4 位十六进制数前面连续的“0”,如“000F”可缩写为“F”。

冒号十六进制记法还包括两个十分有用的技术。

首先,冒号十六进制记法可以允许零压缩(zero compression),即冒号分隔的一连串连续的“0”值可以只用一对冒号所取代,例如:

FF05:0:0:0:0:0:0:BE

可以写成

FF05::BE

为了保证零压缩不出现歧义,规定在一个地址中只能使用一次零压缩。

其次,冒号十六进制记法可结合点分十进制记法的后缀,这种结合在 IPv4 向 IPv6 过渡

时特别有用。例如,下面的串是一个合法的冒号十六进制记法:

0:0:0:0:0:0:0:128.10.2.2

其中,冒号分隔的是 16 位的数值,且用十六进制表示,但每个点分隔的是 8 位的数值,且用十进制表示。对上述地址进一步使用零压缩可以得到

::128.10.2.2

4.2 数据编码

考虑数字信号处理及传输的过程,人们一般习惯把数据通信过程分为数据编码、传输和交换几部分,下面分别予以介绍。本节先介绍数据编码。

探 讨

- 为什么要进行编码?
- 如何进行编码?

PPT 数据编码

数据编码有两种类型:一类是信源编码;另一类是信道编码。

1. 信源编码的作用

① 实现模拟信号的数字化。

② 提高信源的效率,去除冗余度。

微课 数据编码

2. 信道编码的作用

数字信号在传输过程中往往会因为各种原因而在传送的信息中产生误码,通过信道编码可以增加纠错能力,减少差错。通过在传输码元序列中增加冗余码元,可以使码元序列具有自动检错与纠错能力。信道编码的本质是增加通信的可靠性。

动画 数据编码

4.2.1 信源编码

数据通信系统的终端种类非常多,包括计算机、手机、平板计算机、手提终端等,对于不同类型的终端设备,会用到不同的信源编码技术。

压缩类信源编码的目标是使信源减少冗余,更加有效、经济地传输。最原始、最常见的信源编码有莫尔斯电码、ASCII 码和电报码。常用的线路码型有曼彻斯特编码、HDB3 编码等,其也属于信源编码。现代通信应用中常见的信源编码方式有霍夫曼编码、算术编码、L-Z 编码。

视频压缩的目标是在尽可能保证视觉效果的前提下减少视频数据率。视频压缩编码标准有 MPEG-4、H.263、H.263+、H.264 等,均属于信源编码。

图像编码的压缩方法通常有两种:一是减少图像信号的多余信息;二是除去或减少某些信息之间的相关性,即冗余度,另外,也可用人体的视觉特性压缩编码。对于会议电视的码率压缩标准,国际电联规定为 $P\times64$ kbit/s。其中,P 的取值有两种标准:一种是欧洲标准($P=6$ 或 30),即 384 kbit/s 或 1.92 Mbit/s;另一种是北美标准($P=24$),即 1.5 Mbit/s。

静止图像包括可视图文、图文电视、可视电话、传真等。静止图像的编码方法有方块编码、帧间编码、随机脉冲编码和差分编码等。静止图像编码后的速率除高速传真和可视电话外一般都低于 64 kbit/s。对于动态图像的可视电话,国际电联规定的通用格式是每秒传 30 帧,每帧像素排列为 352×288,一般码率压缩标准是 128 kbit/s 和 64 kbit/s。

下面介绍两种数据通信的信源编码。

1. 霍夫曼编码

霍夫曼编码(Huffman Coding)是一种无压缩编码方式,是可变字长编码(VLC)的一种。霍夫曼编码是霍夫曼于1952年提出的一种编码方法,该方法完全依据字符出现概率来构造异字头的平均长度最短的码字,因此也被称为最佳编码。霍夫曼编码的主要目的是根据使用频率来最大化节省编码的存储空间。霍夫曼编码是一种无前缀编码,解码时不会混淆。霍夫曼编码主要应用在数据压缩、加密解密等场合。如果考虑到进一步节省存储空间,就应该将出现概率大(占比多)的字符用尽量少的0、1进行编码,也就是更靠近根(节点少),这就是最优二叉树(霍夫曼树)的基本思想。

2. 曼彻斯特编码

曼彻斯特编码(Manchester Encoding),也称为相位编码(PE),是同步时钟编码技术,被物理层使用来编码一个同步位流的时钟和数据。曼彻斯特编码通过电平的高低转换来表示0或1,每位中间的电平转换既表示数据代码,也作为定时信号使用。曼彻斯特编码常常用在以太网中。

差分曼彻斯特编码,又称为条件双相码(CDP码),是改进型的曼彻斯特编码。其特点是在每一位周期的中间,波形都有变化,如果在两位周期交界处电平没有变化,则表示"1";有变化,则表示"0"(在信号位中间总是将信号反相;在信号位开始时不改变信号极性,表示逻辑"1";在信号位开始时改变信号极性,表示逻辑"0")。差分曼彻斯特编码比曼彻斯特编码的变化要少,因此更适合于传输高速信息,被广泛用于宽带高速网中。

4.2.2 信道编码

信号在传输过程中不可避免地会发生差错,即出现误码。造成误码的原因很多,但主要原因可以归纳为两方面:一是信道特性不理想造成的码间干扰;二是噪声对信号的干扰。对于前者,通常通过均衡方法改善以至消除;对于后者,通常采用差错控制消除信道中的噪声干扰。差错控制是对传输差错采取的技术措施,目的是提高传输的可靠性。

差错控制的基本思想是通过对信息序列做某种变换,使原来彼此独立的、没有相关性的信息码元序列经过某种变换后产生某种规律性(相关性),从而在接收端有可能根据这种规律性来检查,进而纠正传输序列中的差错。变换的方法不同,就构成不同的编码和不同的差错控制方式。差错控制的核心是抗干扰编码,即差错控制编码,简称纠错编码,也叫信道编码。

1. 信道编码的基本原理

差错控制的核心是差错控制编码,不同的编码方法有不同的检错或纠错能力。差错控制编码一般是在用户信息序列后插入一定数量的新码元,这些新插入的码元称为监督码元。它们不受用户的控制,最终也不发送给接收用户,只是系统在传输过程中为了减少传输差错而采用的一种处理过程。如果信道的传输速率一定,加入差错控制编码,就降低了用户输入的信息速率。新加入的码元越多,冗余度越大,检错纠错越强,但效率越低。由此可见,通过差错控制编码提高传输的可靠性是以牺牲传输效率为代价的。

差错控制编码通过增加冗余码来达到提高传输可靠性的目的。正如生活中运送货物时需要将货物妥善包装,如将易碎的物品放在箱子内,再放入减震装置一样,这样做是为了避免货物丢失或破碎,如图4-20所示。

差错控制编码是为确保数据通信正常进行而设计的。数据通信系统必须具备发现并纠正差错的能力，将差错率控制在所能允许的尽可能小的范围内。

图 4-20 差错控制编码生活实例——货物的可靠运送

2. 常见的数据通信信道编码

(1) CRC(循环冗余校验)码

CRC 码是利用除法及余数的原理来做错误侦测的。实际应用时，发送装置计算出 CRC 值并随数据一同发送给接收装置，接收装置对收到的数据重新计算 CRC 值，并与收到的 CRC 值相比较，若两个 CRC 值不同，则说明信号出现错误。CRC 码采用了由循环码的多项式除法生成监督位的方法。其特点是检错能力极强，开销小，易于用编码器及检测电路实现。从检错能力来看，CRC 不能发现错误的概率低于 0.004 7%。从性能和开销上考虑，其都远远优于奇偶校验及算术和校验等方式。

根据应用环境与习惯的不同，CRC 码又可分为 CRC-12 码、CRC-16 码、CRC-CCITT 码、CRC-32 码等。在数据存储和数据通信领域，CRC 无处不在：著名的通信协议 X.25 的 FCS(帧检错序列)采用的是 CRC-ITU，WinRAR、NERO、ARJ、LHA 等压缩工具软件采用的是 CRC-32，磁盘驱动器的读写采用了 CRC-16，通用的图像存储格式 GIF、TIFF 等也都用 CRC 作为检错手段。

(2) BCH 码

BCH 码是循环码的一个重要子类，是以三个发现者博斯(Bose)、查德胡里(Chaudhuri)和霍昆格姆(Hocquenghem)名字的首字母命名的。BCH 码有严密的代数理论，是目前研究最透彻的一类码型，具有纠正多个错误的能力。它的生成多项式与最小码距之间有密切的关系，人们可以根据所要求的纠错能力方便地构造出 BCH 码。它的译码电路也容易实现，是线性分组码中应用最普遍的一类编码。

PPT 数据传输

4.3 数据传输

4.3.1 数据传输类型及方式

1. 数据传输的类型

重点掌握

常见的数据传输分类形式有：

- 模拟传输和数字传输；
- 并行传输和串行传输；
- 基带传输和频带传输；
- 单工、半双工和全双工传输。

微课 数据传输

数据传输的类型很多，总结如下。

(1) 模拟传输和数字传输

模拟传输指数据在模拟信道中传输。数据信号在模拟信道中传输必须要用调制解调器，数据信号经过数模转换，调制在话音上，才能在模拟信道中传输。调制解调器分为基带调制解调器、频带调制解调器、宽带调制解调器三种。早期的拨号上网就是利用调制解调器通过电话线路上网，这是典型的模拟数据传输系统。

动画
数据传输

模拟传输的优点：① 模拟传输占用频带少，可提供大量的通信信道；② 能远距离传输信息，数据基带信号经高频调制后就可以在无线信道或光信道上进行远距离传输（属于宽带传输）。

模拟传输的缺点：① 需要进行调制和解调；② 远距离传输会受到一系列影响。

数字传输指数据在数字信道中传输，这是目前主流的数据传输形式。数据在数字信道中可直接传输而不必经过调制解调器，但要有信道与传输终端相连的接口设备，其功能是实现波形与码型变换、功能转换、线路特性均衡、收发时钟的形成和供给，以及控制信号的建立、保持或拆断等。

数字传输的优点：① 基带信号无须调制，直接由“0”和“1”组成二进制代码进行传输（属于基带传输）；② 传输失真小，误码率低，数据传输速率高。

数字传输的缺点：通信距离较短。

（2）并行传输和串行传输

并行传输指数据以成组的形式在多个并行信道上同时进行传输。并行传输不要求收发双方同步。

串行传输指数据以比特流的形式在一个信道上排队传输。串行传输要解决收发双方的同步问题，否则收方不可能从数据流中分出一个个字符。异步传输和同步传输是串行传输的两种方法。异步传输的发送方和接收方之间不需要有严格的定时关系，它适合于并不是经常有大量数据传送的设备。同步传输要求发送方和接收方之间有严格的定时关系，它是发送方和接收方之间互相制约、互相通信的过程。

（3）基带传输和频带传输

基带传输指信号不经过调制在基带信道中直接传输；频带传输也叫载波传输，指数据信号经频率变换后在一段频带中传输。

（4）单工、半双工和全双工传输

单工传输指两地间只能在一个方向进行数据传输；半双工传输指两地间能在两个方向进行数据传输，但两者不能同时进行；全双工传输指两地间能在两个方向同时进行数据传输。

2. 并行传输和串行传输

重点掌握

- 并行传输：数据在多条信道上同时传输。
- 串行传输：数据在一条信道上按位依次传输。

（1）并行传输

并行传输中有多个数据位，可以同时在两个设备之间传输，如图 4-21 所示。发送设备将这些数据位通过对应的数据线传送给接收设备，还可附加 1 位数据校验位。接收设备可同时接收到这些数据，无须做任何变换就可直接使用。并行传输主要用于近距离通信。计算机内的总线结构就是并行传输的例子。这种方法的优点是传输速度快，处理简单。

例如，计算机设备（PC、服务器等）连接外设（如打印机等）通常采用并行接口，一组内的数据同时发送，同时发送和接收的数据量取决于并行接口的针脚数，通过并行接口连接打印机打印文件的速度会比通过网络打印文件要快。

（2）串行传输

进行串行传输时，数据一位一位地在通信线上传输，先将由总线传输过来的并行数据通过并/串转换变成串行数据，再逐位经传输线到达接收端，并在接收端将数据从串行方式重新转换成并行方式，以供接收方使用，如图 4-22 所示。

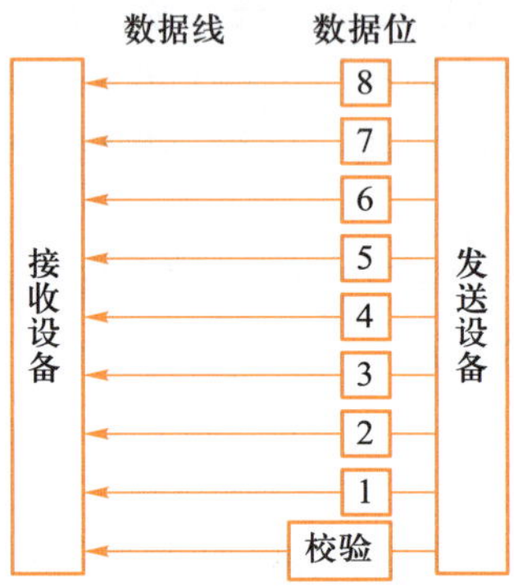

图 4-21 并行传输

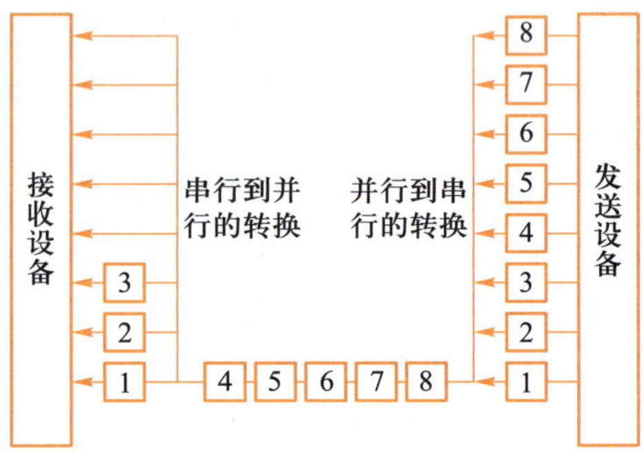

图 4-22 串行传输

例如，计算机设备（PC、服务器等）通过网络传输数据（如网络打印机）采用串行接口，逐位发送数据报文。

3. 异步传输和同步传输

探　讨

- 异步传输和同步传输与串行传输的关系。
- 异步传输和同步传输的区别。

为了保证数据正常接收，要求发送端与接收端以同一种速率在相同的起止时间内接收数据，否则可能造成收发之间的失衡，使传输的数据出错。这种统一发送端和接收端动作同步的技术称为同步技术。常用的同步技术有两种：异步传输和同步传输。

（1）异步传输

异步传输又称起止同步传输，是面向字符的传输，即每传送一个字符都要求在字符代码前面加一个起始位，以表示字符代码的开始，在字符代码和校验码后面加一个停止位，表示字符代码的结束，如图 4-23（a）所示。这种方式适用于低速终端设备。

异步传输是靠起始位和停止位来实现字符定界及字符内位同步的。在异步传输中，发送端可以在任意时刻发送字符，字符之间的间隔时间可以任意变化。该方法是将字符看作一个独立的传送单元，在每个字符的前后各加入若干信息位作为字符的开始和结束标志位，以便在每一个字符开始时接收端和发送端同步一次，从而在一串比特流中可以把每个字符识别出来。串行数据传送若采用异步传输模式，即会将连续的比特流封装成报文进行传送，如 IP 报文。异步传输需要实现起止同步，通信终端（包括客户端和服务器端）均采用此方式。

（2）同步传输

同步传输是以固定的时钟节拍来发送数据信号，因此在一个串行数据流中，各信号码元之间的相对位置是固定的(即同步)。接收方为了从接收到的数据流中正确地区分一个个信号码元,必须建立准确的时钟信号。

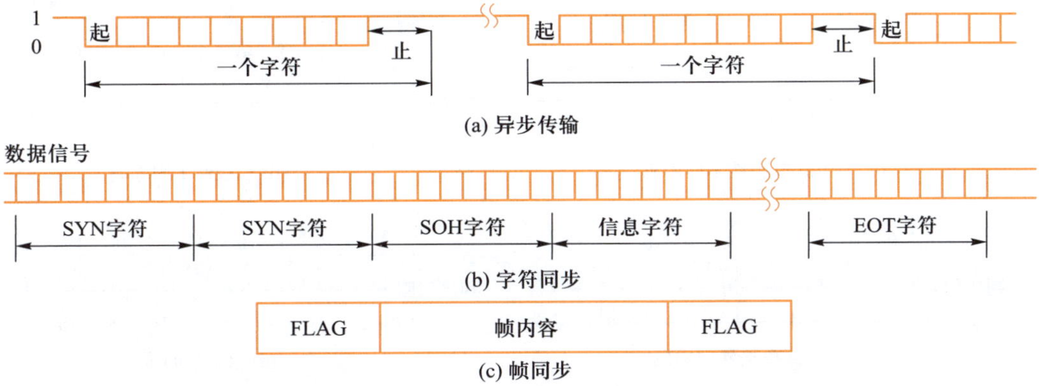

图 4-23 异步传输和同步传输示意图

在同步传输中,数据的发送一般以组(或帧)为单位,一组或一帧数据包含多个字符代码或多个位,在组或帧的开始和结束需加上预先规定的起始序列和结束序列作为标志。起始序列和结束序列的形式根据采用的传输控制规程而定,有两种同步方式,即字符同步和帧同步,分别如图 4-23(b)和图 4-23(c)所示。

字符同步在 ASCII 中用 SYN(码型为“0110100”)作为同步字符,以通知接收设备表示一帧的开始;用 EOT(码型为“0010000”)作为传输结束字符,以表示一帧的结束。

帧同步中用标志字节 FLAG(码型为“01111110”)表示一帧的开始或结束。由于帧的发送长度是可变的,而且不能预先决定何时开始帧的发送,故用标志序列来表示一帧的开始和结束。

同步传输方式与异步传输方式相比,由于它发送每一个字符时不需要对每个字符单独加起始位和终止位,只是在一串字符的前后加上标志序列,故具有较高的传输效率,但实现起来比较复杂,通常用于速率为 2 400 bit/s 及以上的数据传输。数据传送采用同步传输模式时,通常用于网络设备同时转发多路用户之间的数据,如 PCM30/32 路、SDH 系统。同步传输通常采用时分复用的方式,需要时钟同步。

4. 基带传输和频带传输

探 讨

数据传输以信号传输为基础,在理想情况下,接收信号的幅度和波形应与发送信号完全一样。然而,信号在实际传输过程中会发生衰减、变形,使接收信号与发送信号不一致,甚至使接收端不能正确识别信号所携带的信息。那么,如何保证数据传输的质量呢?

(1) 基带传输

基带,是指电信号所固有的基本频带。未经调制的电脉冲信号呈现方波形式,所占据的频带通常从直流和低频开始,因而称为基带信号。基带传输多用于短距离数据传输,如图 4-24 所示。

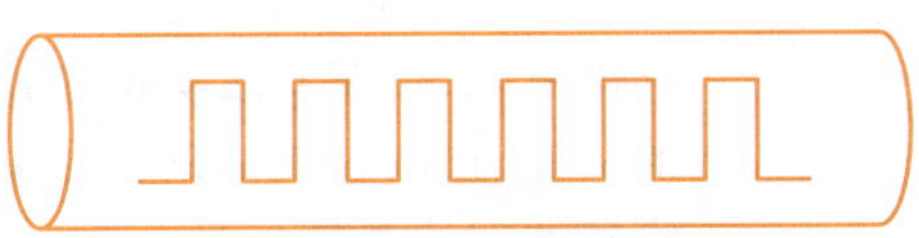

图 4-24 基带传输示意图

在基带传输中，需要对数字信号进行码型变换，即用不同电压极性或电平值代表数字信号的“0”和“1”。常见码型有以下几种，如图 4-25 所示。

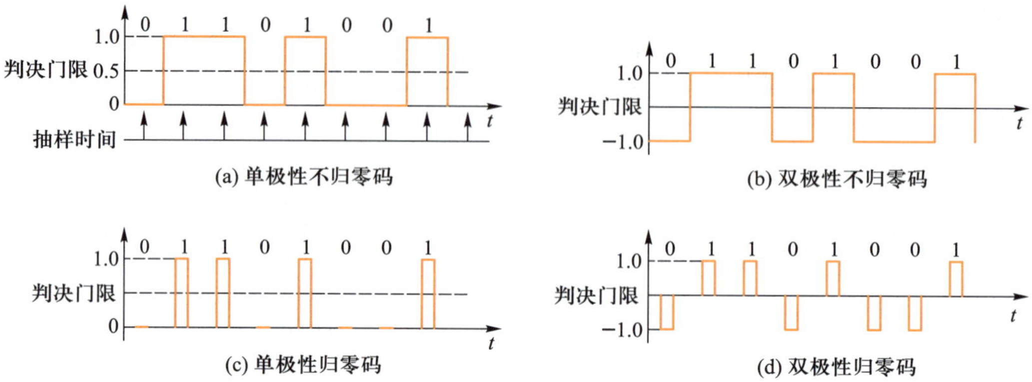

图 4-25 常见码型

① 单极性不归零码：无电压表示“0”，恒定正电压表示“1”，每个码元时间的中间点是抽样时间，判决门限为半幅电平。

② 双极性不归零码：“1”码和“0”码都有电流，“1”为正电流，“0”为负电流，正和负的幅度相等，判决门限为零电平。

③ 单极性归零码：发“1”码时，发出正电流，但持续时间短于一个码元的时间宽度，即发出一个窄脉冲；发“0”码时，不发送电流。

④ 双极性归零码：“1”码发正的窄脉冲，“0”码发负的窄脉冲，两个码元的时间间隔大于每一个窄脉冲的宽度，抽样时间对准脉冲中心。

归纳思考

- 不归零码在传输中难以确定一位的结束和另一位的开始，需要用某种方法在发送器和接收器之间进行定时或同步。
- 归零码的脉冲较窄，根据脉冲宽度与传输频带宽度成反比的关系，归零码在信道上占用的频带较宽。

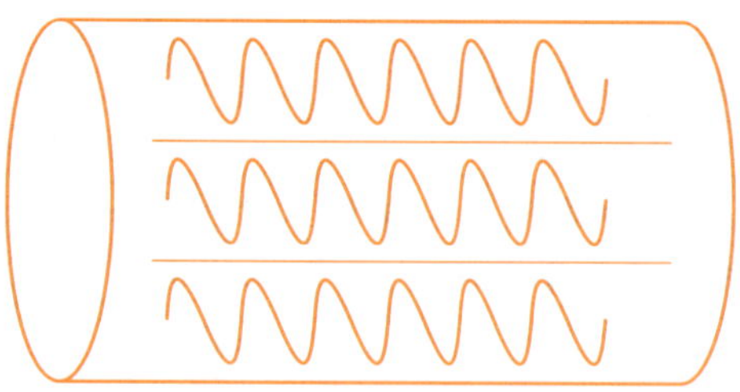

图 4-26 频带传输示意图

(2) 频带传输

频带传输是指对二进制信号（数字信号）进行调制，用某一频率的正（余）弦模拟信号作为载波，用它运载所要传输的数字信号，通过传输信道送至另一端；在接收端再将数字信号从载波上取出来，恢复为原来的信号波形。频带传输在发送端和接收端都要设置调制解调器，将基带信号变换为频带信号再传输，如图 4-26 所示。

为了使信息适合在信道中长距离传输，必须通过调制解调技术对信息进行变换处理。具体来说，要在发送端将来自信息终端的基带信号（原始信号）变换成适合于在信道上传输的频带信号（调制后的信号），再在接收端将来自信号处理的频带信号反变换成适合于信息终端处理的基带信号。这一过程是通过调制解调器来实现的，在发送端的为调制器，在接收端的为解调器。

调制是用一种波的某些特性或参数反映要传输信号波形的瞬时变化过程。前一种波是用来传送信号的载体,称为载波,后一种波代表信息,称为调制信号,调制后的波称为已调波。解调是调制的逆过程,用于从携带信息的已调波中恢复原来的调制信号。

数字正弦调制有三种基本形式,即幅移键控(ASK)、频移键控(FSK)和相移键控(PSK),如图 4-27 所示。其调制信号都是数字信号,载波都是正弦波,区别只是调制信号控制的分别是正弦波的幅度、频率和相位。

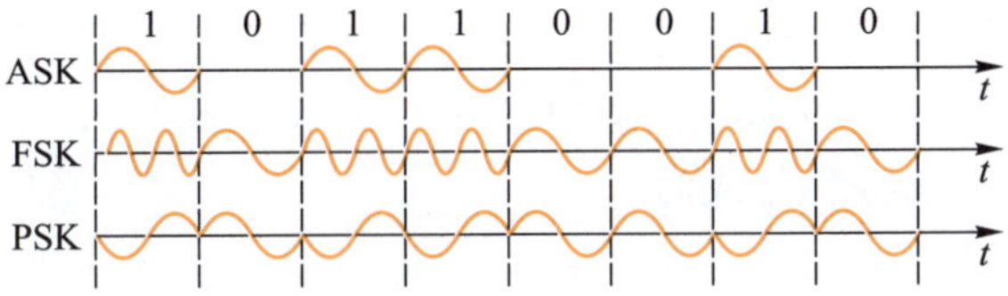

图 4-27 数字正弦调制的三种基本形式

在 ASK 方式下,用载波的两种不同幅度来表示二进制的两种状态。ASK 方式容易受增益变化的影响,是一种低效的调制技术。在电话线路上,通常只能达到 1 200 bit/s 的速率。

在 FSK 方式下,用载波频率附近的两种不同频率来表示二进制的两种状态。在电话线路上,使用 FSK 可以实现全双工操作,通常可达到 1 200 bit/s 的速率。

在 PSK 方式下,用载波信号相位变化来表示数据。PSK 可以使用二相或多相的相位来表示不同的信号,利用这种技术可提高传输速率。

除了传统的数字调制技术外,还有一些数字调制新技术,如正交频分复用(OFDM)、正交振幅调制(QAM)、高斯最小频移键控(GMSK)等,这些技术在微波通信、高速数据传输和移动通信中都有广泛的应用。

5. 单工、半双工和全双工传输

按照信号传送方向与时间的关系,可将信道分为单工、半双工和全双工三种。如图 4-28 所示。

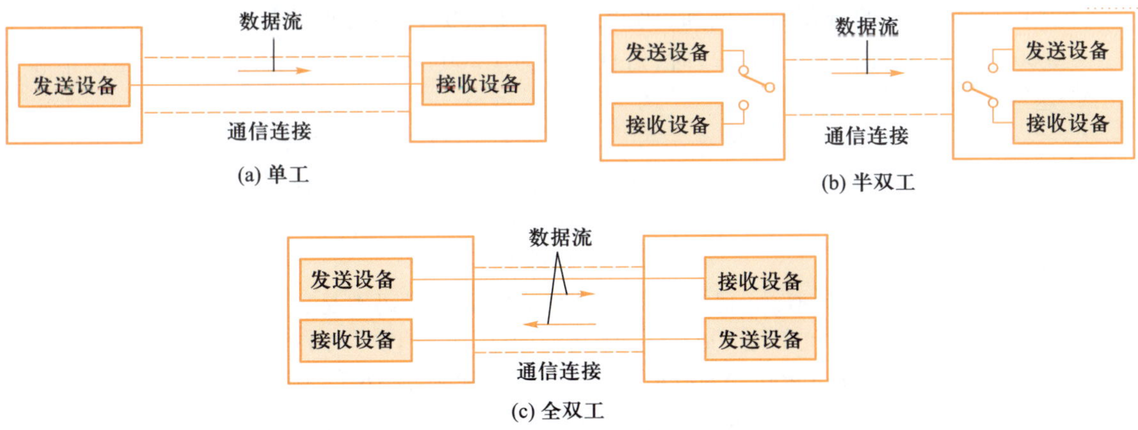

图 4-28 单工、半双工、全双工示意图

单工传输只支持数据在一个方向上传输(如无线广播和电视广播);半双工传输允许数据在两个方向上传输,但在某一时刻,只允许数据在一个方向上传输,它实际上是一种切换方向的单工传输(如对讲机);全双工传输允许数据同时在两个方向上传输(如电话通信),因此全双工传输是两个单工传输的结合,它要求发送设备和接收设备都有独立的接收和发

送能力。

PPT 数据通信系统的主要质量指标

微课 数据通信系统的主要质量指标

动画 数据通信系统的主要质量指标

4.3.2 数据通信系统的主要质量指标

数据通信系统的质量指标是围绕传输的有效性和可靠性来制定的，主要包括传输速率、误码率、信道容量、带宽。

1. 传输速率

(1) 信息传输速率 R_b

信息传输速率 R_b 简称信息速率，又称比特率，表示单位时间内传递的平均信息量或比特数，单位为比特/秒(bit/s)。在数字信道中，当传输速率较高时，常用 kbit/s、Mbit/s、Gbit/s、Tbit/s 等来表示比特率。比特率公式为

$$R_b = \frac{1}{T}\log_2 N$$

式中：T 为码元长度；N 为一个码元信号代表的有效状态数，为 2 的整数倍；$\log_2 N$ 为单位码元能表示的比特数。

(2) 码元传输速率 R_B

码元传输速率 R_B 简称码元速率或符号速率，又称波特率，表示单位时间内传输码元的数目，单位为波特(Baud)，记为 B。波特率公式为

$$R_B = \frac{1}{T}$$

对于数字信号的传输过程，波特率指线路上每秒钟传送的码元波形个数。例如，若 1 s 内传送 2 400 个码元，则波特率为 2 400 B。数字信号有多进制和二进制之分，但码元速率与进制数无关，只与传输的码元长度 T 有关。

每个码元或符号通常都含有一定比特数的信息量，因此码元速率和信息速率有确定的关系，即

$$R_b = R_B \log_2 N$$

式中：N 为码元的进制数。例如，码元速率为 1 200 B，采用八进制($N=8$)时，信息速率为 3 600 bit/s；采用二进制($N=2$)时，信息速率为 1 200 bit/s。可见，二进制的码元速率和信息速率在数量上相等。

2. 误码率(码元差错率)

误码率指接收码元中错误码元数占传输总码元数的比例，即

$$P_e = \frac{\text{接收码元中错误码元数}}{\text{传输总码元数}}$$

误码率是个统计概念，目前电话线路系统的平均误码率是：

- 信息速率为 300~2 400 bit/s 时，平均误码率为 10^{-2}~10^{-6}；
- 信息速率为 4 800~9 600 bit/s 时，平均误码率为 10^{-2}~10^{-4}。

数据通信的平均误码率要求低于 10^{-9}。

例 4-1 已知二进制数字信号在 2 min 内共传送了 72 000 个码元。

(1) 其码元速率和信息速率各为多少？

(2) 如果码元宽度不变(即码元速率不变)，但改为八进制数字信号，则其码元速率为多少？信息速率又为多少？

解：(1) 由于信号在 2×60 s 内传送了 72 000 个码元，因此有

$$R_B=\frac{72\ 000}{2\times 60}\ \text{B}=600\ \text{B}$$

$$R_b=R_B=600\ \text{bit/s}$$

(2) 若改为八进制，则有

$$R_B=\frac{72\ 000}{2\times 60}\ \text{B}=600\ \text{B}$$

$$R_b=R_B\log_2 8=1\ 800\ \text{bit/s}$$

例 4-2 已知某八进制数字通信系统的信息速率为 12 000 bit/s，在接收端半小时内共测得出现了 216 个错误码元，试求系统的传输速率和误码率。

解：

$$R_b=12\ 000\ \text{bit/s}$$

$$R_B=R_b/\log_2 8=4\ 000\ \text{B}$$

$$P_e=\frac{216}{4\ 000\times 30\times 60}=3\times 10^{-5}$$

3. 信道容量

信道容量用于表征一个信道传输数据的最大能力，单位为 bit/s。信道容量的计算方法如下。

对于数字通信系统，信道容量为

$$C=2B\log_2 N$$

式中：B 为信道带宽，单位为 Hz；N 为一个码元信号代表的有效状态数。

对于模拟通信系统，信道容量为

$$C=B\log_2\left(1+\frac{S}{N}\right)$$

式中：B 为信道带宽，单位为 Hz；S 为信号的功率；N 为噪声功率。

4. 带宽

带宽用于衡量通信系统的传输能力，它有两种含义。

带宽的本意是指某个信号具有的频带宽度，或网络系统能够传输信号的最大频率 f_H 和最小频率 f_L 的差值，即 $B=f_H-f_L$。带宽的单位是赫[兹](Hz)、千赫(kHz)、兆赫(MHz)等。

在数字信道中，带宽是指在信道上(或一段链路上)能够传送的数字信号的最大速率，即比特率。

最后，让我们将在道路上开车与数据通信系统的主要质量指标做一类比。

① 道路上的汽车就好比数据信息单位——码元。

② 路口每秒通过的车辆数量为码元传输速率。

③ 汽车上的人数为信息比特数(如系统为二进制，则汽车上有 1 个人；如系统为四进制，则汽车上有 2 个人；如系统为八进制，则汽车上有 3 个人；以此类推)。

④ 路口每秒通过的人数为信息传输速率。

⑤ 发生车祸的概率为误码率。

⑥ 车的最高速度为信道容量。

⑦ 道路的宽度为带宽。

4.4 数据交换

重点掌握

- 通信网的有效性、可靠性和经济性直接受网中所采用的交换方式的影响。
- 数据交换走过了电路交换、分组交换等阶段，目前常用的数据交换形式如 ATM 交换、IP 交换、MPLS 交换等均属于分组交换。

PPT 电路交换

微课 电路交换

动画 电路交换

4.4.1 电路交换

电路交换（circuit switching）是最早出现的一种交换方式。电路交换要求输入线与输出线建立一条物理通道，其原理是直接利用可切换的物理通信线路连接通信双方，如图 4-29 所示。

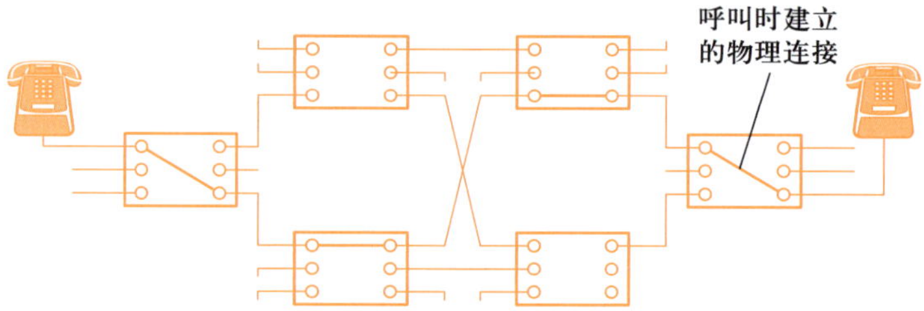

图 4-29 电路交换示例

1. 电路交换的工作原理

电路交换的基本过程包括电路建立、数据传输、电路拆除三个阶段。

① 电路建立：传输数据之前，先要经过呼叫过程建立一条端到端的电路。如图 4-30 所示，若 H_1 要与 H_3 连接，典型的做法是，H_1 先向与其相连的 A 节点提出请求，然后 A 节点在通向 C 节点的路径中找到下一个支路。例如，A 节点选择经 B 节点的电路，在此电路上分配一个未用的通道，并告诉 B 节点它还要连接 C 节点；B 节点再呼叫 C 节点，建立电路 BC，最后，C 节点完成到 H_3 的连接。这样，A 节点与 C 节点之间就有一条专用电路 ABC，用于 H_1 与 H_3 之间的数据传输。

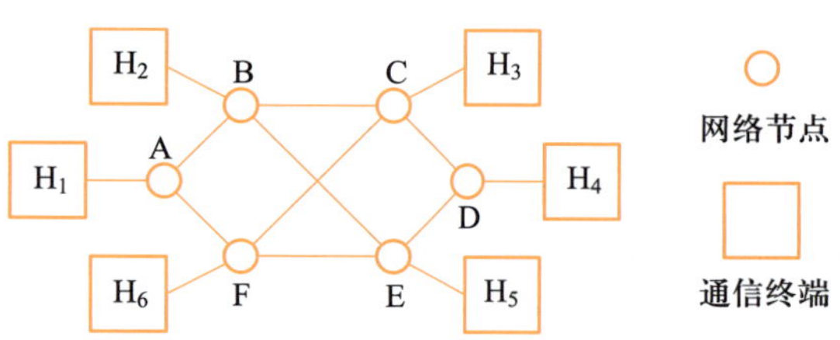

图 4-30 电路交换示意图

② 数据传输：电路 ABC 建立以后，数据就可以从 A 节点发送到 B 节点，再由 B 节点交换到 C 节点；C 节点也可以经 B 节点向 A 节点发送数据。在整个数据传输过程中，所建立的电路必须始终保持连接状态。

③ 电路拆除：数据传输结束后，由某一方（A 节点或 C 节点）发出拆除请求，然后逐节拆除到对方节点。

2. 电路交换技术的特点

在数据传送开始之前，必须先设置一条专用通路；在线路释放之前，该通路由一对用户完全占用。

① 优点：在信息传送之前即通过信令交互建立固定的传送通道，在信息的转发过程中无须再重新选路，信息中也无须包含报头，因此通信时延短，传送效率高。

② 缺点:在某些情况下,电路空闲时的信道容易被浪费;在短时间数据传输时,电路建立和拆除所用的时间得不偿失。因此,它适用于系统间要求高质量的大量数据传输的情况。

常见的电路交换网络有电话网(telephone network)。

4.4.2 分组交换

PPT 分组交换

1. 分组交换的原理

微课 分组交换

当节点间交换的数据具有随机性和突发性时,采用电路交换会造成信道容量和有效时间的浪费,因此出现了报文交换。分组交换是报文交换的一种改进。它将报文分成若干分组,每个分组的长度有一个上限,有限长度的分组使得每个节点所需的存储能力降低了,分组可以存储到内存中,提高了交换速度。它适用于交互式通信,如终端与主机通信。分组交换是计算机网络中使用最广泛的一种交换技术。分组交换又称包交换。在分组交换系统中,每个分组前都加有分组头,分组头中含有地址、分组号和控制信息等。这些分组可以在网络内沿不同的路径并行传输。

动画 分组交换

分组交换的原理是:信息以分组为单位进行存储转发。源节点把报文分为若干分组,在中间节点存储转发,目的节点再按发端顺序把分组合成报文。分组交换技术是在模拟线路环境下建立和发展起来的,它构建了一套功能强大的检错、纠错和流量控制、拥塞控制机制,可防止网络拥塞,但会使网络时延变大。

图 4-31 所示为分组交换原理示意图。假设始点 H_S 站有一段报文 P 要传送到终点 H_D 站,在始点首先将其分为 P_1、P_2、P_3 三个分组,一连串地发给 N_1 节点,N_1 节点必须为每个分组选择路由。收到 P_1 分组后,N_1 节点发现到 N_2 节点的分组队列短于到 N_3 和 N_4 节点的分组队列,于是它将 P_1 分组发送到 N_2 节点,即排入 N_2 节点的队列。但是对于 P_2 分组,N_1 节点发现此时到 N_4 节点的队列最短,因此将 P_2 分组发送到 N_4 节点,即排入 N_4 节点的队列。同理,P_3 分组发送到 N_3 节点。在以后通往 H_D 站路径的各节点上,都做类似的处理。这样,每个分组虽然有同样的目的地址,但并不一定走同一条路径。另外,P_3 分组有可能先于 P_1、P_2 分组到达 H_D 站。因此,这些分组有可能以一种不同于它们发送时的顺序到达 H_D 站,需要对它们重新排序。

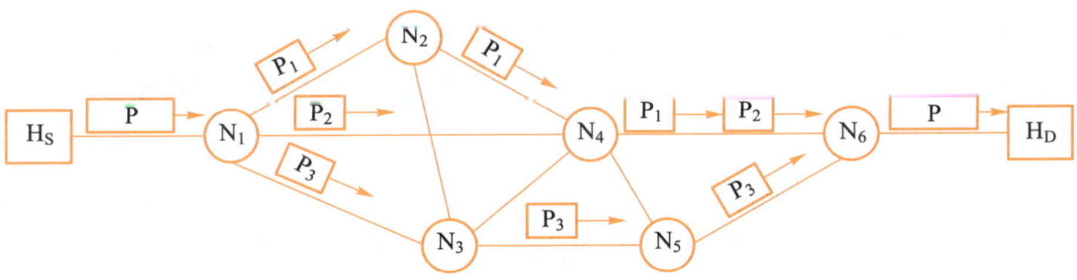

图 4-31 分组交换原理示意图

在分组交换技术中,每个终端没有固定时隙分配,根据用户实际需要动态分配线路资源。只有当用户有数据要传输时才给它分配线路资源,当用户暂停发送数据时不给它分配线路资源,线路的传输能力可以被其他用户使用,这种时分复用方式称为统计时分复用。

2. 分组交换采用的路由方式

分组交换采用的路由方式有数据报(datagram)方式和虚电路(virtual circuit)方式。

(1) 数据报

采用数据报方式,每个分组被独立地传输。也就是说,网络协议将每一个分组当作单独的一个报文，对它进行路由选择。这种方式允许路由策略考虑网络环境的实际变化。如果某条路径发生阻塞，可以变更路由。

图 4-31 所示即为数据报方式，即对每个分组进行单独处理，这种方式速度较慢。数据报分组头装有目的地址的完整信息，以便分组交换机进行路由选择。用户通信不需要经历呼叫建立和呼叫清除的阶段，适于短报文消息传输。

（2）虚电路

为提高分组交换效率，借鉴电路交换的优势，形成了虚电路方式。虚电路方式是在发送分组前，先建立一条逻辑连接（不独占线路），为用户提供一条虚拟的电路。虚电路方式的连接为逻辑连接。

如图 4-32 所示，假设 A 要将多个分组送到 B，它首先发送一个“呼叫请求”分组到 1 号节点，要求到 B 的连接。1 号节点决定将该分组发送到 2 号节点，2 号节点又决定将其发送到 4 号节点，最终将“呼叫请求”分组发送到 B。

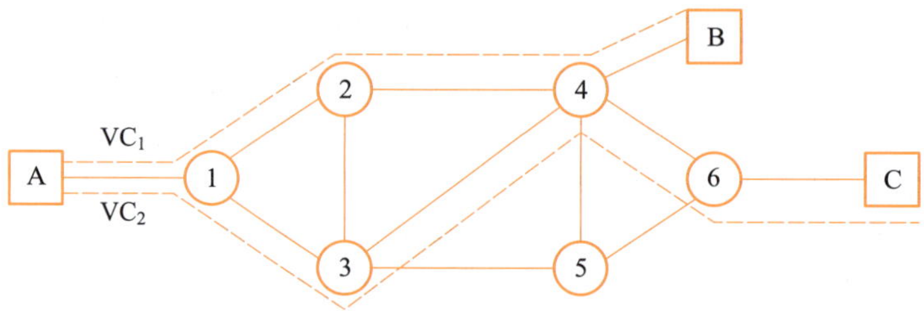

图 4-32 虚电路原理示意图

在图 4-32 中，如果 B 准备接收这个连接，则它发送一个“呼叫接收”分组，通过 4 号、2 号、1 号节点到达 A，此时 A 和 B 之间可以经由这条已建立的逻辑连接即虚电路（图 4-32 中的 VC_1）来传输分组，交换数据。此后的每个分组都包括一个虚电路标识符，预先建立的这条路由上的每个节点依据虚电路标识符就可知道将分组发往何处。在分组交换机中，设置相应的路由对照表，指明分组传输的路径，而无须像电路交换那样确定具体电路。

虚电路方式的一次通信具有呼叫建立、数据传输和呼叫释放三个阶段。数据分组按建立的路径顺序通过网络，目的节点收到的分组次序与发送方是一致的，目的节点不需要对分组重新排序，因此重装分组就简单了，这种方式对数据量较大的通信传输效率较高。

PPT ATM 技术

4.4.3 ATM 交换

在 ATM 技术产生之前，网络普遍存在以下缺陷：各类传统通信只能用于专一服务，如公用电话网不能用来传送 TV 信号，X.25 不能用来传送高带宽的图像和对实时性要求较高的语音信号，一种网络的资源很难被其他网络共享。

探　讨

能否将带宽、实时性、传输质量要求各不相同的网络服务，由一个统一的多媒体网络来实现，做到真正的一线通？

随着通信业务的发展，用户对传送高质量图像和高速数据的要求越来越高，异步转移模式（Asynchronous Transfer Mode，ATM）由此产生。ATM 技术是一种快速分组交换技术。

它以信元为信息传输、复接和交换的基本单位。

微课 ATM 技术

ATM 可以被看作一种特殊的分组传输方式，建立在异步时分复用基础上，使用不连续的数据块进行数据传输，并允许在单个物理接口上复用多条逻辑连接。

1. ATM 信元

根据统计，电话业务、数据业务、移动业务等对信令单元的最佳长度要求是不同的。ATM 所面临的挑战是建立一种物理网络，包容所有先前的网络功能和服务，还要能适应未来服务需求的改变而免遭淘汰。就像建造房屋那样，ATM 要发明可以建造任何需要的或想要的网上砖瓦，这种砖瓦就是 ATM 的信元。

动画 ATM 技术

ATM 技术将数字化话音、数据及图像等所有的数字信息分割成固定长度的数据块，在每个数据块前加上一个包含地址等控制信息的信元头，从而构成一个信元（cell），实际上是固定长度的分组。每个信元包含 5 字节的信息头与 48 字节的信息段。ATM 以 53 字节的等长信元为传输单位。

来自不同信息源（不同业务和不同发源地）的信元汇集到一起，在一个缓冲器内排队，队列中的信元逐个输出到传输线路，在传输线路上形成首尾相接的信元流。信元的信头中写有信息的标志（如图 4-33 中的 A 和 B），说明该信元去往的地址，网络根据信头中的标志来转移信元。

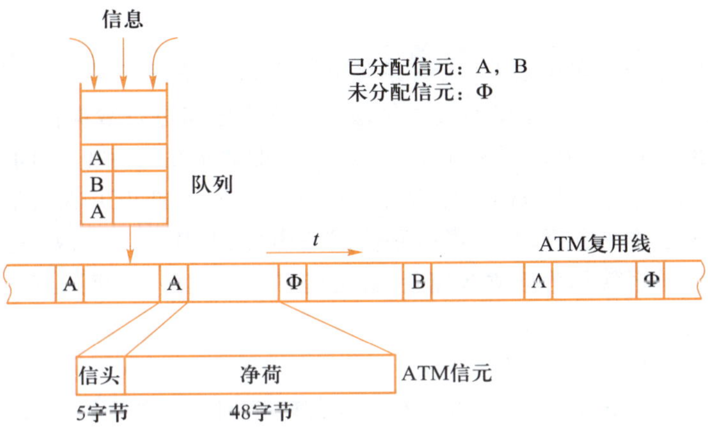

图 4-33 ATM 信元的异步转移方式

如果在某个时刻图中的队列排空了，这时线路上就会出现未分配的信元（信头中含有标志Φ的信元）；如果在某个时刻传输线路上找不到可以传送信元的机会（信元都已排满），而队列已经充满缓冲区，这时后面来的信元就会丢失，信元丢失会导致业务质量的降低。

由于信息源产生信息是随机的，信元到达队列也是随机的，因此速率高的业务信元来得十分频繁、十分集中，速率低的业务信元来得则很稀疏。这些信元都按先来后到的顺序在队列中排队。队列中的信元按输出次序复用到传输线路上，具有同样标志的信元在传输线路上并不对应着某个固定的时间（时隙），也不是按周期出现的。也就是说，信息和它在时域中的位置没有任何关系，信息只是按信头中的标志来区分的。这种复用方式是异步时分复用（asynchronous time division multiplexing），又叫统计复用（statistic multiplexing）。

ATM 技术采用的是 ATM 交换方式，它既能像电路交换方式那样适用于电话业务，又能像分组交换方式那样适用于数据业务，并且还能适用于其他业务。

ATM 的目标是要提供一种高速、低延迟的多路复用和交换网络，以支持用户所需进行的多种类型的业务传输，如声音、图像、视频、数据等。

2. ATM 的虚电路

ATM 方式的优点是可以灵活地在逻辑上将用户线路分割成速率不同的各个子信道，以适应不同的通信要求。这些子信道就是虚通道和虚路径。

虚通道(Virtual Channel，VC)是在两个或多个端点之间运送 ATM 信元的通信通路，由信头中的虚通道标识符(VCI)来区分不同的虚通道，可用于用户到用户、用户到网络以及网络到网络的信息转移。虚通道是一条单向 ATM 信元传输信道，有唯一的标识符 VCI。

虚路径(Virtual Path，VP)是一种链路端点之间虚通道的逻辑联系。在传输过程中将虚通道组合在一起，即构成虚路径。物理传输介质和 VC、VP 的关系如图 4-34 所示。虚路径就是在给定的参考点上具有同一虚路径标识符(VPI)的一组虚通道，VPI 也在信头中传送。虚路径是一条单向 ATM 信元传输路径，含多条虚通道，有相同的 VPI。

图 4-34 物理传输介质和 VC、VP 的关系

在物理链路中可开辟多条虚路径，每条虚路径分成多条虚通道，可根据需要调整通道数，满足用户需求。ATM 面向连接的技术是通过建立虚电路进行数据传输。

在不同的时刻，用户的通信要求不同，虚路径和虚通道的使用也不同。当需要某一个虚电路时，ATM 交换机就可为该虚电路选择一个空闲的 VPI 和 VCI，在通信过程中，该 VPI/VCI 就始终表示该通信在进行，当该虚电路使用完毕，该 VPI/VCI 释放，就可以为其他通信所用了。这种通信过程就称为建立虚路径、虚通道和拆除虚路径、虚通道。

3. ATM 交换原理

ATM 交换分为 VP 交换和 VC 交换。

① VP 交换是将一条 VP 上所有的 VC 链全部转送到另一条 VP 上去，而这些 VC 链的 VCI 值都不改变，如图 4-35(a)所示。VP 交换的实现比较简单，往往只是传输通道中某个等级数字复用线的交叉连接。

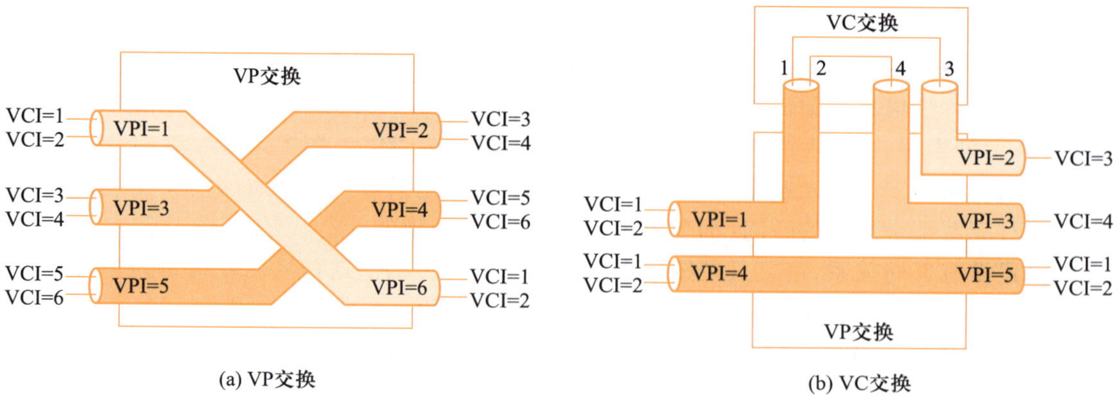

图 4-35 VP 交换和 VC 交换示意图

② VC 交换要和 VP 交换同时进行。当一条 VCC(VC 连接)终止时,VPC(VP 连接)也就终止了。这个 VPC 上的 VC 链可以各奔东西,加入不同方向的新的 VPC 中去,如图 4-35(b)所示。VC 交换和 VP 交换合在一起才是真正的 ATM 交换。

ATM 是一种面向连接的网络技术,其特点是:携带用户信息的全部信元的传输、复用、交换过程均在虚通道上进行。

归纳思考

ATM 和分组交换方式的主要不同之处如下:

- ATM 中使用了固定长度的分组——ATM 信元,并使用了空闲信元来填充信道;
- ATM 可以由用户在申请信道时提出业务质量要求;
- ATM 不使用反馈重发方法,必要时可在用户之间进行端到端的差错纠正措施。

4.4.4 IP 交换

PPT IP 交换

随着网络规模及多媒体业务需求的增长,要求互联网具有实时性、可扩展性和保证服务质量的能力。基于 IP 的网络已不堪重负,路由器日趋复杂,仍无法满足通信优先级的要求,IP 也无法应付呈指数增长的用户以及多媒体通信对带宽的需求。

微课 IP 交换

为了满足互联网规模快速增长和对实时多媒体业务的需求,需要将网络交换机(L2 层)的速度和路由器(L3 层)的灵活性结合起来,这就是 IP 交换,也称为第三层交换。IP 交换加上分类服务的保证,就可以在 IP 网这种无连接的网络上提供端到端的连接,并能保证业务所需的 QoS,从而将数据包的转发速度提高到第二层交换机的速度,即“路由一次,交换多次”。

动画 IP 交换

IP 交换技术是一种基于 Internet 协议(IP)的数据交换技术。它通过将数据以数据包的形式在网络中进行路由和交换,使得数据能够高效地传输到目标地址。在当前互联网基础设施中,IP 交换技术广泛应用于各种网络设备和应用场景中,为人们的日常生活和工作提供了便利。

归纳思考

IP 交换的特点是“路由一次,交换多次”。

IP 交换就像旅行社组团旅游去往各个景点,验票时只查验一个人(导游)手中的票,随后同一个团中的所有人都予以放行,从而节省了通行时间,提高了效率;或者像大型车队到了收费站,只要第一辆车交纳车队全部费用,后续车辆便可直接通行,不让收费站成为瓶颈。

1. IP over SDH

在数据业务占重要地位的网络中,人们对带宽的需求与日俱增。伴随着这种需求的猛增,也带来对提高带宽利用率、简化网络体系结构和降低网络扩建费用的要求。在市场需求的推动下,一些数据运营公司在网络厂家技术的支持下,开发 IP 在 SONET/SDH(同步光网络/同步数字系列)上的传送业务。

IP over SDH,即以 IP over SDH 网络作为 IP 数据网络的物理传输网络,并使用链路适配及点对点协议(PPP)对 IP 数据包进行封装,然后按字节同步的方式把封装后的 IP 数据包映射到 SDH 的同步净荷封装中，按其各次群相应的线速率进行连续传输。IP over SDH 技术的实现需要高速路由器和 PPP，采用的仍然是传统路由器的逐包转发方式。其基本思路是将路由计算与包的转发分开，采用缓冲技术、硬件芯片快速处理技术，将路由器包的逐包转发速度控制到与第二层交换的速度相当。

IP over SDH 能使 IP 数据包通过 PPP 直接映射到 SDH 帧结构上，省去中间的 ATM 层，简化了 IP 网络体系结构，提高了数据传输效率。将 IP 网络技术建立在 SDH 传输平台上，可以很容易地跨越地区和国界，兼容各种不同的技术和标准，易于实现网络互联。

2. IP over OTN

随着以 IP 交换为基础的分组业务大量涌现，SDH 和 DWDM（密集型波分复用）技术的光纤传输网已不能满足业务发展的需求，基于 IP over OTN（光传输网）的组网是目前组网的主要形式。OTN 技术包括了光层和电层的完整体系结构，可提供强大的操作维护管理（OAM）功能，并可实现多达 6 级的串联连接监测功能，提供完善的性能和故障监测功能。OTN 设备基于光通路数据单元的交叉功能使得电路交换粒度由 SDH 的 155 Mbit/s 提高到 2.5 Gbit/s、10 Gbit/s、40 Gbit/s，从而实现大颗粒业务的灵活调度和保护。OTN 设备还可以引入基于自动交换光网络（ASON）的智能控制平面，提高网络配置的灵活性和生存性。

IP over OTN 交换技术的出现，减少了承载网的中间层次，降低了网络的复杂度，使承载网更加简洁、高效；大大降低了网络的运维复杂度，降低了维护成本；同时，网络升级扩容更方便，可大幅降低网络的升级扩容成本。

4.4.5 MPLS 交换

探 讨

传统的 IP 数据转发是基于逐跳式的，每个转发数据的路由器都要根据 IP 包头的目的地址查找路由表来获得下一跳的出口，这种方式烦琐而低效。那么，如何提高 IP 数据交换的效率呢？

PPT MPLS 技术

微课 MPLS 技术

动画 MPLS 技术

多协议标签交换（Multi-Protocol Label Switching，MPLS）技术是 IP 交换的一种。IETF 结合了一些 IP 交换技术的特点，主要以标记包交换为基础成立了 MPLS 工作组，提出了网络层路由标记交换算法技术的标准。MPLS 可以充分利用目前 ATM 网络的各种资源，实现 IP 分组的快速转发交换，已成为 IP 网络运营商提供增值业务的主要手段。

1. MPLS 网络结构

MPLS 技术是网络时代发展非常迅速的技术，并且已经成为宽带骨干网中一个根本性的技术。MPLS 网络结构如图 4-36 所示。

图 4-36 MPLS 网络结构

MPLS 网络的基本构成单元是标签交换路由器(Label Switching Router,LSR),主要运行 MPLS 控制协议和三层路由协议,并负责与其他 LSR 交换路由信息来建立路由表,实现转发等价类(Forwarding Equivalence Class,FEC)和 IP 分组头的映射、建立 FEC 和标签之间的绑定、分发标签绑定信息、建立和维护标签转发表等工作。

由 LSR 构成的网络称为 MPLS 域,位于区域边缘的 LSR 称为标签边缘路由器(Label Edge Router,LER),主要完成连接 MPLS 域和非 MPLS 域以及不同 MPLS 域的功能,并实现对业务的分类、分发标签[作为入口 LER(Ingress LER)]、剥去标签[作为出口 LER(Egress LER)]等。

位于区域内部的 LSR 则称为核心 LSR(Core LSR),它提供标签交换、标签分发等功能。带标签的分组沿着由一系列 LSR 构成的标签交换路径(Label Switched Path,LSP)传送。

MPLS 并不是一种业务或者应用,它实际上是一种隧道技术,也是一种集标签交换转发和网络层路由技术于一身的路由与交换技术平台。这个平台不仅支持多种高层协议与业务,而且在一定程度上可以保证信息传输的安全性。

在利用 MPLS 技术进行分组转发之前,先要运行一个标签分配协议(LDP)确定 FEC 和 MPLS 标签的映射关系,进行标签的分配,建立标签交换路径。

当数据包进入 LER 时,LER 先进行数据包头的分析,根据一定的规则和协议决定相应的传送级别和传送路径。根据 QoS 要求,给数据包加上一个本地标签交换路径标识符后,将数据包沿标签所标识的路径传送给相应的 LSR。后续的 LSR 节点只需沿着由标签所确定的标签交换路径转发数据包即可,无须再做其他工作,从而显著提高了网络性能。

2. MPLS 网络中的标签交换过程

图 4-37 演示的是一个从 A 发往 B 的 IP 分组在 MPLS 网络中是如何被转发的。

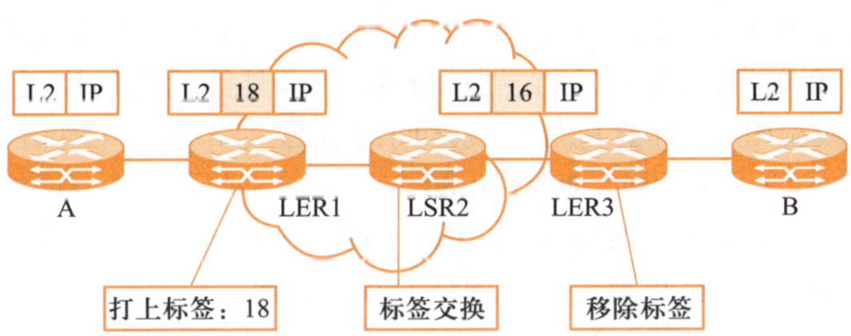

图 4-37 MPLS 标签交换过程

首先收到该 IP 分组的是 LER1,它对该 IP 分组的目的 IP 地址和前缀进行分类分析,将它匹配到某一 FEC。根据标签分配协议协商的结果,属于该 FEC 的分组应该被打上标签 18,并且通过 LER1 和 LSR2 相连的接口被转发出去,于是该分组进行相应 MPLS 封装后被转发给了 LSR2。LSR2 收到的分组直接是一个 MPLS 分组,于是查标签分配协议所建立的 MPLS 转发表,发现入标签 18 的 MPLS 分组对应的出标签是 16,并应该通过 LSR2 和 LER3 相连的接口被转发。因此 LSR2 并不会将该分组交给自己的 IP 实体,它进行标签交换后将该分组转发给了 LER3。LER3 收到分组后通过查找自己的 MPLS 转发表,发现入标签为 16 的分组应该递交给自己,于是它将该分组的 MPLS 分组头剥掉,再将剩下的 IP 分组交给 IP 实体处理。

PPT 数据通信网

微课 数据通信网

动画 数据通信网

4.5 数据通信网

数据通信网是计算机和通信相结合的产物。随着计算机技术的广泛普及与计算机远程信息处理的应用和发展，数据通信应运而生。

4.5.1 数据通信网的发展

由于不同业务需求的变化及通信技术的发展，数据通信经过了不同的发展历程，如图 4-38 所示。

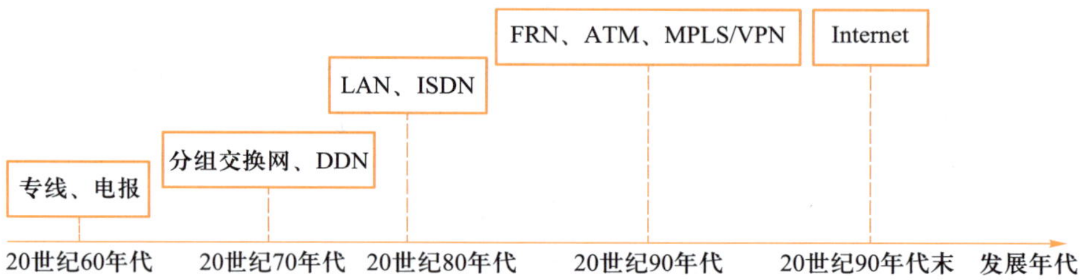

图 4-38 数据通信网的发展历程

20 世纪 60 年代初，数据通信在模拟网络环境下进行，那时人们采用专线或用户电报 Telex 进行异步低速数据通信。20 世纪 70 年代初，计算机网络技术和分布处理技术的进步及用户需求量的增加推动了数据通信网络与技术的发展，采用分组交换技术组建的数据通信网的应用渐趋普及，提高了网络效率及线路利用率，成为当时计算机通信广泛采用的网络技术。

20 世纪 70 年代末，随着光纤技术的普及应用，一种利用数字通道提供半永久性连接电路的数字数据网络（DDN）出现，它适宜相对固定而且信息量大的数据通信服务。

进入 20 世纪 80 年代，微型计算机、智能终端、个人计算机等的广泛采用，实现了局部范围内（办公大楼或校园等）计算机等终端之间的资源共享和相互通信，因而导致局域网（LAN）及其相应技术的迅速发展。20 世纪 80 年代末，一种采用单一网络结构满足各种类型业务需求的概念，即综合业务数字网（ISDN）出现。它可将数据、语音、图像、传真等综合业务集中在同一网络中实现，以解决多种网络并存的局面。

20 世纪 90 年代，全球范围内 LAN 数量猛增，局域网在广域网环境中互联，在高质量光纤传输及智能化终端条件下使网络技术得以简化，出现了帧中继（FR）这一快速分组交换技术。后来又出现了异步转移模式（ATM）技术，使数据通信网适合于多媒体通信，进一步提高了数据传输能力。随着网络规模及多媒体业务需求的增长，又出现了 MPLS 技术。

20 世纪 90 年代末，Internet 进入崭新发展时期，使数据通信网进入 IP 化的新阶段。随着 Internet 的商业化，其在通信、信息检索、客户服务等方面的巨大潜力被挖掘出来，Internet 有了质的飞跃，并最终走向全球。

4.5.2 数据通信网的网络结构

数据通信网的网络结构一般分为接入网、城域网和骨干网，如图 4-39 所示。

1. 骨干网网络结构

骨干网分为国家骨干网和省级骨干网。骨干网是整个网络的核心，作为城域网的上一级网络，承担着城域网访问外网的出口及城域网之间互通的枢纽作用。IP 网络承载的业务类型越来越丰富，网络流量随之越来越高，网络的重要性也日益提高，各运营商在提供传统Internet上网业务的同时，都在积极开展增值业务。

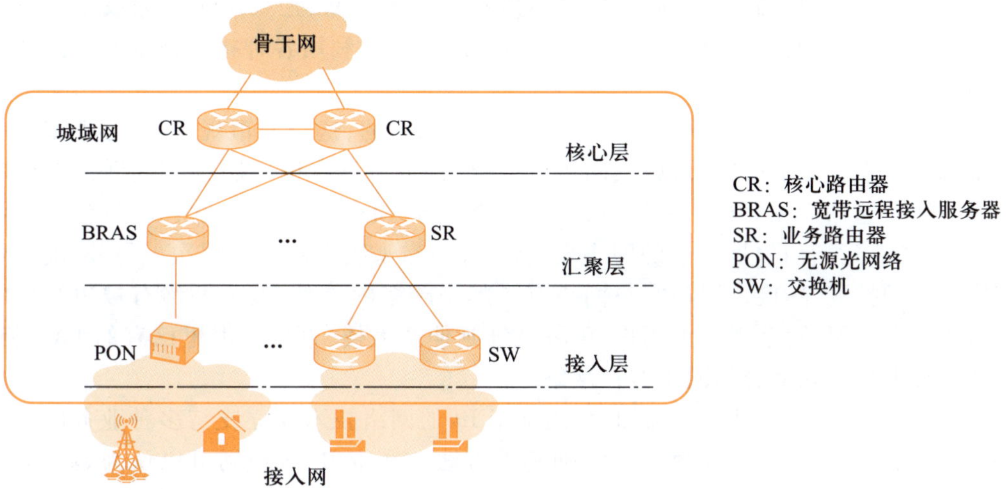

图 4-39 数据通信网的网络结构

(1) 国家骨干网结构

国家骨干网通常采用部分网状拓扑结构，如图 4-40 所示。上接国际出口，下连各省级骨干网，并通过 NAP(Network Access Point，网络接入点)与其他运营商网络相连。核心路由器设备容量大，具有强大路由和高速转发能力。

(2) 省级骨干网结构

省级骨干网结构如图 4-41 所示。省级骨干网的核心层由路由器组建，地市节点路由器汇聚城域网、专线汇聚、窄带接入、IDC(互联网数据中心)的流量。

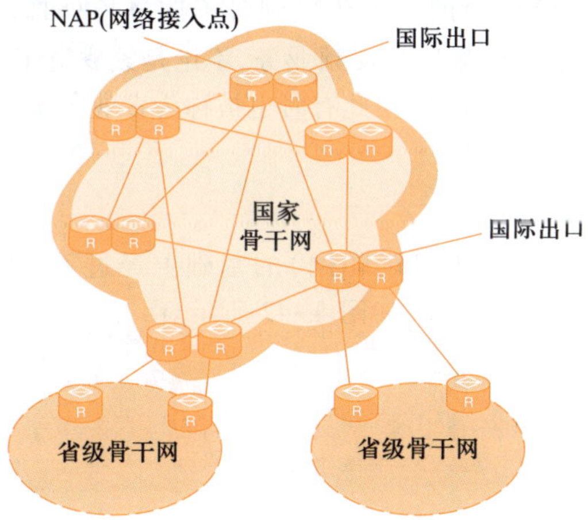

图 4-40 国家骨干网结构

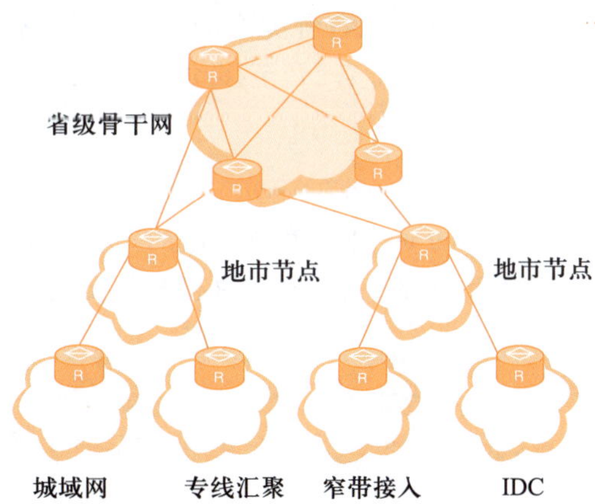

图 4-41 省级骨干网结构

2. 城域网网络结构

城域网最初是一个计算机网络概念，指的是覆盖范围为一个城市大小的计算机网络。在 IEEE 802 系列标准中，IEEE 802.6 是关于城域网的标准，但是 IEEE 802.6 工作组已处于休眠状态，现在的城域网使用 Internet 的工作标准进行创建和管理。城域网通常是指城域以太网/IP城域网，提供面向公众的多种宽带数据业务，属于数据网的范畴。

通常把城域网分为3层结构：核心层、汇聚层和接入层。核心层主要为各业务汇聚节点提供高速的承载和传输通道，同时实现与既有网络的互联；汇聚层主要完成本地业务的区域汇接，进行业务汇聚、管理与分发处理；接入层则主要利用各种接入技术和线路资源实现对用户的覆盖。

值得强调的是，城域网的层次分为3层并不是固定的，这与城市规模、业务类型等一系列因素都有关系。在中小城市，城域网可以简化为两层，只有核心层、汇聚层（汇聚层和接入层综合在一起）；而在另外一些城市，可能汇聚层与核心层集成在一起，只有核心层（汇聚层）与接入层。运营商根据自己的网络规模、业务分布来决定网络的层次。另外，随着城域网网络规模的扩大，其接入层与客户网络有了越来越多的重叠，接入网络有被边缘化的趋势。对于商业大厦、写字楼等大用户，可将光纤延伸至大楼，直接与那里已有的LAN相连，从而使城域网的接入部分等同于客户网络。

随着基于IP的业务种类的增加，采用基于IP的网络技术建立支持多种业务的统一网络平台已经成为一种经济、高效的城域网建设方法。宽带IP城域网可以认为是各运营商宽带IP骨干网在各城市范围内的延伸，可以支持高速上网、带宽租用、虚拟专用网（VPN）、窄带拨号接入、视频、话音各种多媒体业务，是以电信网络的可管理性、可扩充性为基础，来满足政府部门、企业、个人用户对各种带宽的基于IP的多媒体业务的需求。其典型技术特征是在城域范围内实现了传输的宽带化和节点的宽带化，使得城域网从接入到核心各个部分都实现了宽带化。

IP城域网的建设主要以IP技术为基础，并在一个城市范围内提供语音、数据、视频等一系列综合业务的接入，使之能满足城市范围内所有政府机构、企事业单位、个人家庭等多应用场景下的网络需求。

IP城域网处于骨干网与接入网之间，需要扛起“承上启下”的责任：向下将接入网连接的所有用户数据进行汇聚（集中起来），向上将汇聚的数据传送到骨干网进行处理。IP城域网能够承载各种类型的业务数据，不论是语音业务还是视频业务，不论是家庭宽带业务还是政企专线业务，乃至移动用户业务，都能进行统一承载，因此有时也被称为多业务城域网。

PPT Internet

4.5.3 Internet

微课 Internet

1. Internet 的起源

Internet是在美国早期的军用计算机网ARPANET（阿帕网）的基础上经过不断发展变化而形成的。Internet的起源主要可分为以下三个阶段，如图4-42所示。

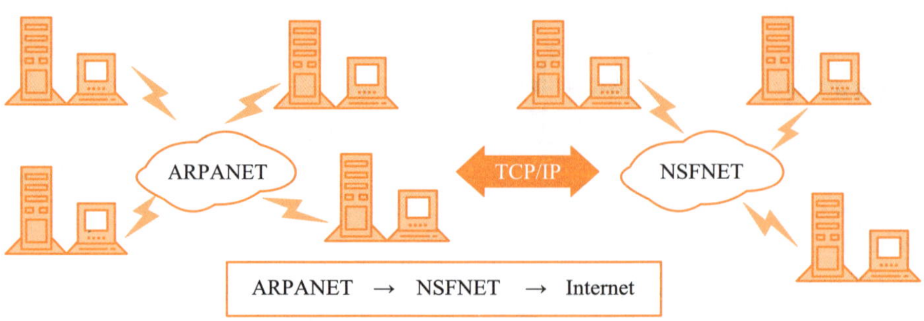

图4-42 Internet起源示意图

（1）Internet 的雏形阶段

1969 年，美国国防部高级研究计划局（Advance Research Projects Agency，ARPA）开始建立一个名为 ARPANET 的网络，即阿帕网。当时建立这个网络的目的是出于军事需要，计划建立一个计算机网络，当网络中的一部分被破坏时，其余网络部分会很快建立起新的联系。阿帕网于 1969 年正式启用，当时仅连接了 4 台计算机，供科学家们进行计算机联网实验，人们普遍认为这就是 Internet 的雏形。

（2）Internet 的发展阶段

美国国家科学基金会（National Science Foundation，NSF）在 1985 年开始建立计算机网络 NSFNET。NSF 规划建立了 15 个超级计算机中心及国家教育科研网，用于支持科研和教育的全国性规模的 NSFNET，并以此为基础，实现同其他网络的连接。NSFNET 成为 Internet 上主要用于科研和教育的主干部分，代替了 ARPANET 的骨干地位。1989 年，MILNET（由 ARPANET 分离出来）实现和 NSFNET 的连接后，就开始采用 Internet 这个名称。自此以后，其他部门的计算机网络相继并入 Internet，ARPANET 就宣告解散了。

（3）Internet 的商业化阶段

20 世纪 90 年代初，商业机构开始进入 Internet，使 Internet 开始了商业化的新进程，成为 Internet 大发展的强大推动力。1995 年，NSFNET 停止运作，Internet 彻底商业化。

Internet 也称为网际网，是由多个网络（可能异构）互相连接所形成的网络，是由本地、区域和国际区域内的计算机网络组成的集合，如图 4-43 所示。它将众多网络连在一起，实现数据交换，并进行分布数据处理。

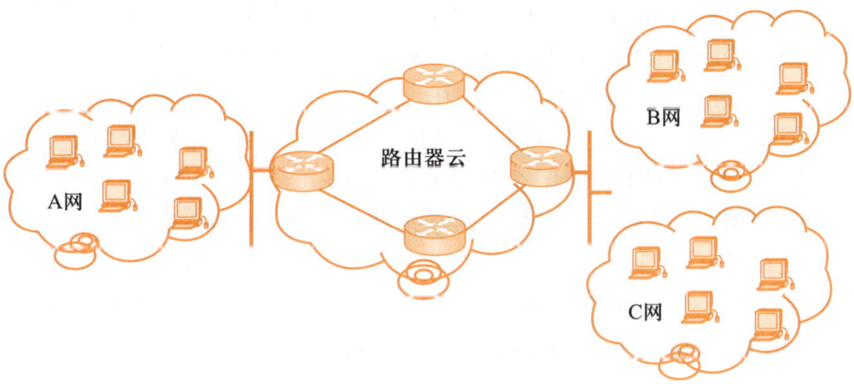

图 4-43 Internet 示意图

警 示

Internet 其实不是一种具体的物理网络技术，它是将不同的物理网络技术按某种协议统一起来的一种高层技术。Internet 是万网之网。

2. Internet 的应用

Internet 发展迅速，得到了广泛的应用，正在逐渐改变着人们的生活、工作和休闲娱乐方式。

① 收发电子邮件。这是最早也是最广泛的网络应用。由于低廉的费用和快捷方便的特点，其缩短了人与人之间的空间距离，不论身在异国他乡与朋友进行信息交流还是联络工作都如同与隔壁的邻居聊天一样容易，地球村的说法不无道理。

② 上网浏览或冲浪。这是网络提供的最基本的服务项目。人们可以访问网上的任何网站，根据自己的兴趣在网上畅游，能够足不出户尽知天下事。

③ 查询信息。利用网络这个全世界最大的资料库，人们可以通过用于查询信息的搜索引擎从浩如烟海的信息库中找到需要的信息。

④ 电子商务。这是消费者借助网络进入购物站点进行消费的应用。网络上的购物站点建立在虚拟的数字化空间里，借助网页来展示商品，并利用多媒体特性来加强商品的可视性、选择性。

⑤ 构建数字化生活与工作模式。网络的广泛应用创造了一种全新的生活与工作模式，即 SOHO（小型家庭办公室）。家庭不再仅仅是人类社会生活的一个孤立单位，而是信息社会中充满活力的细胞。

⑥ 丰富闲暇生活。闲暇活动即非职业劳动的活动，它包括：消遣娱乐型活动，如欣赏音乐、看电影、看电视、跳舞、参加体育活动等；发展型活动，包括学习文化知识、参加社会活动、从事艺术创造和科学发明活动等。与网络有直接关系的闲暇生活一般包括闲暇教育、闲暇娱乐和闲暇交往。

3. 中国的 Internet 骨干网

经过几十年的发展，Internet 已经成为连通世界上几乎所有国家的网络。Internet 的主干网主要由 NSFNET、Sprint 电信公司的 Sprint Link 等主干网络以及分布在欧洲、亚太地区的其他主干网构成。主干网在其他地区的延伸形成骨干网。

早在 1987 年，中国科学院高能物理研究所就开始通过国际网络线路使用 Internet，后来又建立了与 Internet 的专线连接。我国于 1994 年 4 月正式接入 Internet，此后中国的网络建设进入了大规模发展阶段。20 世纪 90 年代，我国在公用电话网普及的基础上，相继建立了 CHINAPAC（中国公用分组交换数据网）、CHINADDN（中国公用数字数据网）和 CHINAFBN（中国公用帧中继网）等。我国互联网创建初期有四大骨干网，分别是 CHINANET（中国公用计算机互联网）、CHINAGBN（中国金桥信息网）、CERNET（中国教育和科研计算机网）、CSTNET（中国科技网）。以这些公用物理通信链路为基础，中国联通、中国电信、中国移动、中国广电等均建设了互联网骨干网，其他互联网骨干网还有 CIETNET（中国国际经济贸易互联网）和 CGWNET（中国长城互联网）。中国互联网骨干网目前主要采用 400G 全光省际骨干网技术，中国联通、中国电信、中国移动正在积极开展 400G OTN 建设。

PPT 数据业务

4.6 互联网数据中心（IDC）

微课 数据业务

4.6.1 IDC 的概念

动画 数据业务

随着电子商务的兴起，企业用户会把越来越多的业务通过 Internet 或者 Intranet 进行处理，这使得企业可以更好地节约成本、提高效率。但是，如果企业自己构建这样一个平台，就需要自己建机房，建系统，聘请很多的开发及维护人员，不仅需要大量的资金投入，而且也很难达到专业级的服务品质。互联网数据中心（Internet Data Center，IDC）就可以为企业提供这一系列的支持，免去企业的后顾之忧。IDC 是一种拥有完善设备（包括高速互联网接入带宽、高性能局域网络、安全可靠的机房环境等）、专业化管理、完善应用的服务平台。在这个平台基础上，IDC 服务商为客户提供互联网基础平台服务（服务器托管、虚拟主机、邮件缓存、虚拟邮件等）以及各种增值服务（场地租用服务、域名系统服务、负载均衡系统、数据库系统、数据备份服务等)。

IDC 不仅是一个网络概念,还是一个服务概念,它构成了网络基础资源的一部分,提供了一种高端的数据传输服务和高速接入服务。IDC 提供给用户综合全面的解决方案,为政府上网、企业上网、企业 IT 管理提供专业服务,使得企业和个人能够迅速借助网络开展业务,把精力集中在其核心业务策划和网站建设上,而减少 IT 方面的后顾之忧。IDC 改变了以往互联网的运作和经营模式,使得参加互联网的每一方都能专注其特长。

IDC 的主机存放环境必须满足大规模的场地及机房设施、高速可靠的内外部网络环境、系统化的监控支持手段等一系列条件。基于这一环境,IDC 对外提供依托于 Internet 的一系列由主机托管到应用外包等不同层次的服务。IDC 不仅要提供快速安全的网络,还提供服务器监管、流量监控等网络管理方面的服务,而且要有高度可靠、安全的机房网络环境。IDC 机房环境如图 4-44 所示。

图 4-44 IDC 机房环境

4.6.2 IDC 的发展

IDC 起源于美国。20 世纪 60 年代,大型机时期出现的重要数据的灾难备份中心可以说是 IDC 的雏形。20 世纪 90 年代,美国 Exodus 公司提出了 IDC 的概念。IDC 起初主要为企业用户提供机房设施和带宽服务,后来随着互联网行业的逐步发展而兴起。经过行业多年的发展,目前美国 IDC 市场以改建和扩建为主,IDC 巨头通过并购整合实现强强联合,竞争力较弱的小厂商逐步退出,参与主体逐渐转变为第三方 IDC 公司,主要客户也从最初的运营商拓展至云计算公司。

在我国,20 世纪 90 年代前中期,IDC 以运营商主导,代理商为辅。1996 年,中国电信在业内率先开始为用户提供托管业务和信息港服务,其业务定位是通过托管、外包或集中等方式向企业提供大型主机的管理维护,以达到专业化管理和降低运行成本的目的。20 世纪 90 年代后期,互联网在国内市场快速发展,催生了大量的企业上网需求,IDC 的概念随互联网传入我国并迅速普及,掀起了第一次 IDC 建设热潮。2002—2013 年,随着互联网的进一步普及和我国信息化建设的发展,无论是国民经济还是百姓生活对信息技术的应用和依赖都日益广泛和深入,服务于短信、网游、语音和视频宽带等应用的 IDC 业务迈向第二轮高速增长期。2014 年至今,随着 4G 技术的全面商用和 5G 网络商用的持续推进,新网络、新技术、新应用加速了传统行业数字化转型,行业客户差异化需求展现,IDC 产业分工进一步明确。同时,把握垂直行业信息化发展机遇也成为 IDC 企业成就自我的重要前提。

IDC 的发展历程如图 4-45 所示,可以分为以下几个阶段。

① 初期阶段:IDC 在 20 世纪 90 年代初期开始出现,当时主要用于提供网络接入和服务器托管服务。IDC 主要依靠大型服务器、存储设备、网络设备等基础设施构建,主要应用为 Web 服务器、邮件服务器等。

② 标准化阶段:2000 年左右,IDC 标准化开始受到重视。IDC 的硬件设备和软件系统开始朝着标准化方向发展,如机柜标准化、机架标准化、网络标准化等。此阶段的主要应用为虚拟主机、云计算等。

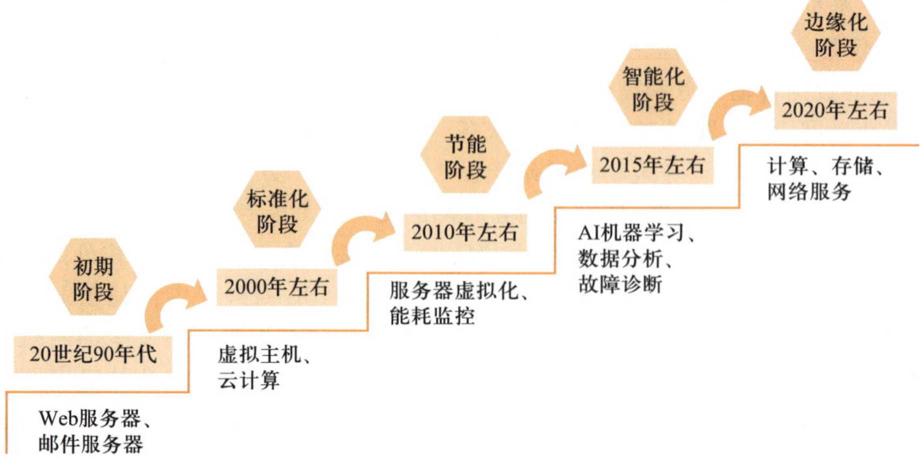

图 4-45 IDC 的发展历程

③ 节能阶段:2010 年左右,能源和环保问题开始引起 IDC 运营商的关注,IDC 的节能和绿色设计成为关键词。在节能方面,IDC 采用了多种技术和措施,如服务器虚拟化、能耗监控、低功耗处理器等。

④ 智能化阶段:2015 年左右,IDC 开始迎来智能化的阶段。随着 AI、大数据等新技术的发展,IDC 开始引入智能化管理技术和智能化设备。例如,IDC 开始采用 AI 技术进行机器学习、数据分析,实现自动化的故障诊断和预测性维护。

⑤ 边缘化阶段:2020 年左右,随着物联网、5G 等新技术的发展,IDC 开始朝着边缘化方向发展。IDC 开始向边缘设备靠近,向用户提供更加接近终端的计算、存储、网络等服务,提升用户体验和应用性能。

随着云计算、物联网、AI 等新技术的快速发展和应用,IDC 将会面临新的发展机遇和挑战。

① 大规模云数据中心:随着云计算服务的普及,未来的 IDC 将越来越大,更加高效、智能化。云数据中心将成为云计算、大数据分析、AI 等应用的重要基础设施。

② 边缘计算:边缘计算将成为未来 IDC 的一个重要发展方向。边缘计算可以在接近终端用户的设备上执行计算任务,减少网络延迟和数据传输带来的负担。

③ 绿色能源:未来的 IDC 将越来越注重可持续发展和节能减排。其会利用太阳能、风能等可再生能源来供电,采用先进的制冷技术、循环水冷却系统等来提高能效,以实现绿色可持续的发展。

④ 安全保障:随着互联网的普及和数据安全问题的日益突出,IDC 的安全保障成为人们关注的重点之一。IDC 将加强数据加密、身份验证、漏洞管理、安全培训等方面的措施,提高数据安全保障水平。

⑤ 多云架构:未来的 IDC 将更加注重多云架构的设计和实现,将不同的云服务集成在一起,形成一个更加灵活、高效的互联网架构。多云架构将成为未来互联网应用的基础架构之一。

4.6.3 IDC 的架构

IDC 的传统架构通常是三层结构,如图 4-46 所示。

① 接入层:接入交换机通常位于机架顶部,它们物理连接服务器。

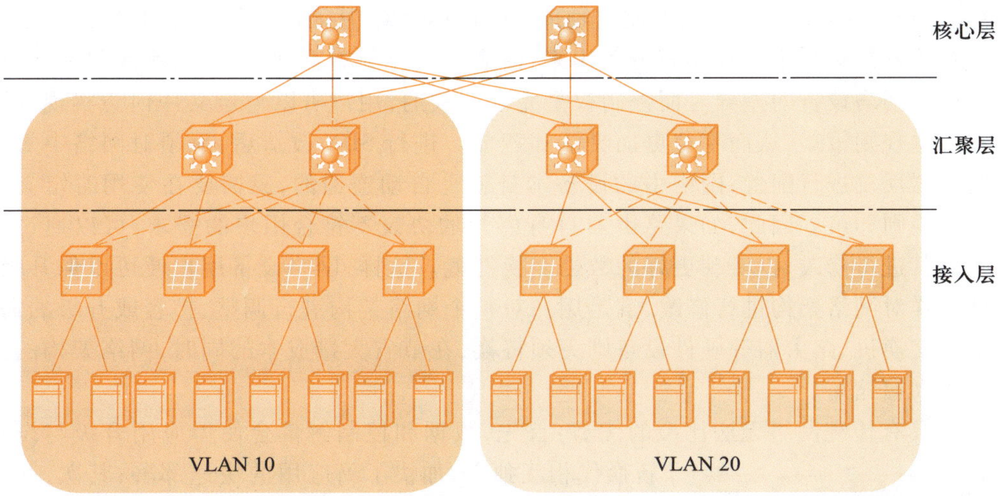

图 4-46 IDC 的传统架构

② 汇聚层：汇聚交换机连接接入交换机，同时提供其他服务，如防火墙、入侵检测、网络分析等。

③ 核心层：核心交换机为进出 IDC 的包提供高速转发，为多个汇聚层提供连接，为整个网络提供一个弹性的三层路由网络。

随着云计算的发展，计算资源被池化，为了使计算资源可以任意分配，需要一个大二层的网络架构。即整个 IDC 网络都是一个二层广播域，这样服务器可以在任意地点创建、迁移，而无须对 IP 地址或默认网关进行修改。

4.7 软件定义网络(SDN)

4.7.1 基本概念

随着网络通信技术和计算机技术的发展，互联网+、网络融合、云计算服务等新兴产业对互联网在可扩展性、安全性、可控可管等方面提出了越来越高的要求。SDN(Software Defined Network，软件定义网络)作为一种新型的网络架构与构建技术，其倡导的控制与数据分离、软件化、虚拟化思想，为突破现有网络的困境带来了希望。

SDN 是 2006 年由美国斯坦福大学 Clean-Slate 课题研究组提出的一种新型网络创新架构，是网络虚拟化的一种实现方式。SDN 通过将网络设备的控制面与数据面分离开来，从而实现了网络流量的灵活控制，使网络变得更加智能，为核心网络及应用的创新提供了良好的平台。

传统网络的层次结构是互联网取得巨大成功的关键。但是随着网络规模的不断扩大，封闭的网络设备内置了过多的复杂协议，增加了运营商定制优化网络的难度，科研人员无法在真实环境中规模部署新协议。同时，互联网流量的快速增长、用户对流量需求的不断扩大、各种新型服务的不断出现，均增加了网络运维成本。传统 IT 架构中的网络在根据业务需求部署上线以后，由于传统网络设备的固件是由设备制造商锁定和控制的，如果业务需求发生变动，重新修改相应网络设备上的配置是一件非常烦琐的事情。在互联网瞬息万变的业务环境下，网络的高稳定与高性能还不足以满足业务需求，灵活性和敏捷性反而更为关键。因此,SDN 希望将网络控制与物理网络拓扑分离,从而摆脱硬件对网络架构的限制。

SDN 将网络设备上的控制权分离出来,由集中的控制器管理,无须依赖底层网络设备,屏蔽了底层网络设备的差异。而控制权是完全开放的,用户可以自定义任何想实现的网络路由和传输规则策略,从而变得更加灵活和智能。进行 SDN 改造后,无须对网络中每个节点的路由器反复进行配置,网络中的设备本身就是自动连通的,只需要在使用时定义好简单的网络规则即可。因此,如果路由器自身内置的协议不符合用户的需求,可以通过编程的方式对其进行修改,以实现更好的数据交换性能。这样,网络设备用户便可以像升级、安装软件一样对网络架构进行修改,满足用户对整个网络架构进行调整、扩容或升级的需求,而底层的交换机、路由器等硬件设备则无须替换,在节省大量成本的同时,网络架构的迭代周期也将大幅缩短。

SDN 具有传统网络无法比拟的优势:首先,数据和控制解耦合使得应用升级与设备更新换代相互独立,加快了新应用的快速部署;其次,网络抽象简化了网络模型,将运营商从繁杂的网络管理中解放出来,使其能够更加灵活地控制网络;最后,控制的逻辑中心化使用户和运营商等可以通过控制器获取全局网络信息,从而优化网络,提升网络性能。

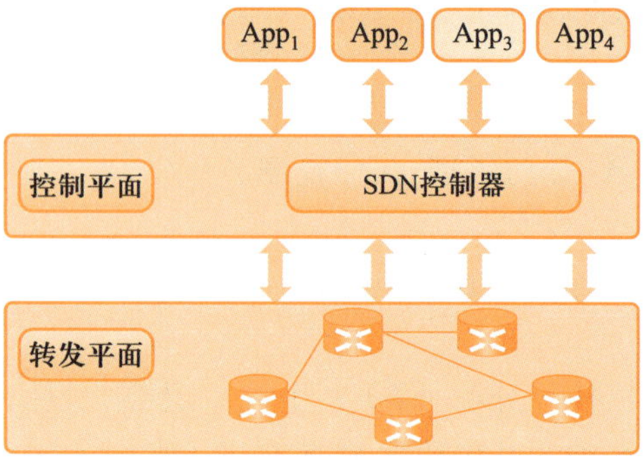

图 4-47 SDN 的转控分离

SDN 网络架构的三个主要特征是转控分离、集中控制和开放接口。转控分离是指将网络设备的控制平面和数据平面分离,使得网络设备只负责数据的转发,而控制功能由独立的控制器实现,如图 4-47 所示。这样可以使网络设备更加简单、可靠,同时便于集中管理和控制。集中控制是指将网络设备的控制功能集中到一个或少数几个控制器上,使得网络状态信息能够被集中管理,便于实现全局的网络优化。开放接口是指 SDN 控制器提供开放的网络管理接口,使得用户可以根据需求定制开发各种网络管理应用,实现更加灵活和智能的网络管理。

4.7.2 应用案例

1. SDN 在数据中心建设中的应用

某银行引入了基于 SDN 的新一代数据中心解决方案,所有非核心的业务系统均已经完成虚拟化并接入 SDN 网络,通过 SDN 的应用有效解决了银行虚拟化集群在接入不同的分区后,接入交换机的数量与日俱增、投入成本日益庞大的问题,有效控制了接入交换机的数量,降低了布线的复杂度,并进一步减小了维护的工作量。

2. SDN 在广域网中的应用(SD-WAN)

某石油分公司针对加油卡、电子钱包等业务多级接入总部,以及多业务混杂、业务带宽难保障、体验差、运维难度大等现状,决定采用 SD-WAN 解决方案重构网络,实现扁平化组网,加油站一跳到省,减少链路中故障点数量,远端加油站通过 SD-WAN 隧道编排减少多级互联,优化体验。通过方案实施,实现了以下价值。

① 优化访问路径:减少多级互联、多跳转发引入的时延,有效服务支付类等时延敏感型业务。

② 多种接入,降低成本:引入互联网、4G/5G 等多种接入线路,有效降低链路成本,减少投资。

③ 智能识别，保障关键应用：视频监控类业务和生产业务按照不同的链路优先级优选。

④ 敏捷交付，加油站设备实现即插即用：通过零配置开局实现加油站设备分钟级部署上线。

⑤ 网络可视可控，简化运维：网络流量可视、可管控。

3. SDN 在园区建设中的应用

鉴于基于 SDN 的高性能园区网络的技术优势[包括 VXLAN(虚拟可扩展局域网)、EVPN(以太网虚拟专用网络)、交换机配置自动下发、有线无线一体化的接入认证等]及丰富的落地案例，某医院完成了基于 SDN 技术建设的新一代医院园区网，实现了业务系统与传统网络的无感知化，并在服务器前端的防火墙设置预先策略，进行入网认证及内外网管理等。此外，总院通过对分院网络统一规划，实现了多院区网络统一管理，并保证了用户在跨院区移动时的入网体验一致。未来，医院将建立跨广域网分院区之间的总控制器，实现基于 SDN 的多院区、多业务的网络安全化管理。

4.7.3 应用前景

SDN 技术目前已经实现了基础网络配置、流控制、网络安全等功能。未来，SDN 技术还会面临更多的挑战和机遇。

① 5G 时代：5G 时代的到来加速了物联网应用的普及，SDN 作为架构灵活、可编程的网络方式，将会在 5G 网络中发挥重要作用，实现网络的自动化和智能化管理。

② 物联网(IoT)设备：物联网技术带来大量设备的连接，SDN 技术的价值在于实现物联网设备管理和监控的自动化。

③ AI：随着 AI 的发展，SDN 的业界应用已经开始大规模落地，这将加速智慧交通、智慧城市和自动驾驶等领域的发展。

④ 集成新技术：SDN 可以很容易地与其他技术相结合，如 NFV(网络功能虚拟化)和 AI，以提高网络的效率和适应性。

⑤ 云计算：SDN 技术的灵活性和可编程性使得其与云计算等新技术的结合变得更加自然。未来，SDN 技术将与云技术紧密结合，实现业务流程的自动化、快速应用部署和弹性云资源管理。

4.8 实做项目及教学情境

实做项目一：网络在线学习

目的和要求：登录“智慧职教”平台，学习相关知识点的 PPT、微课、动画等资源，完成网络学习任务。具体使用方法参见 1.5 节。

实做项目二：组建局域网

目的和要求：了解组建局域网需要的设备及方法步骤，掌握局域网的基本配置及测试方法。

局域网(LAN)是指在某一区域内由多台计算机互联组成的计算机组，范围一般在方圆几千米以内。局域网可以实现文件管理、应用软件共享、打印机共享、工作组内的日程安排、电子邮件和传真通信服务等功能。局域网是封闭型的，可以由办公室内的两台计算机组成，也可以由一个公司内的上千台计算机组成。

任务：现在家中的智能手机、电视、笔记本计算机等都有上网功能，怎么把这些设备通过网络连接在一起？

工具/设备：

① 两台及以上计算机（目前系统默认都安装了网卡）。

② 路由器（无线路由器）和交换机各一台。

③ Modem（调制解调器）一台。

方法/步骤：

① 准备好压线钳、水晶头（也叫 RJ45）、测试仪，根据设备的物理位置及其距离制作若干根网线。用网线连接设备前要先通过测试仪测试网线的连通性。

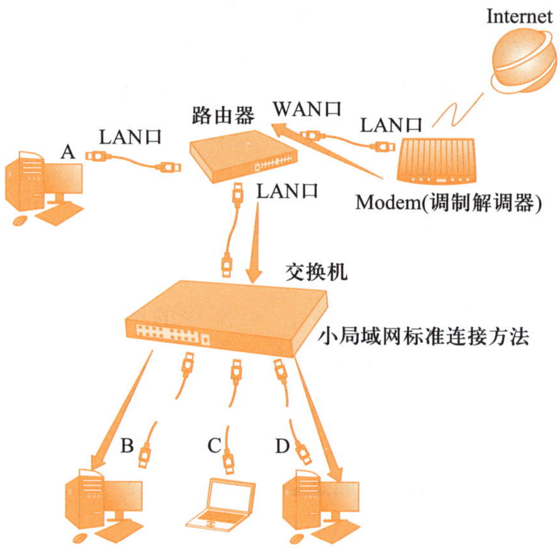

图 4-48 局域网各设备连接关系示意图

② 网线做好后，用网线将 Modem（调制解调器）的 LAN 口与路由器的 WAN 口相连接，将路由器的 LAN 口与交接机的 LAN 口相连接，将交换机与计算机网卡接口相连接，如图 4-48 所示。

注意：如果家中的客户端不超过 4 台，可以直接将路由器与计算机网卡接口相连接，无须使用交换机。因为交换机的网卡口较多，因此其主要作用是可以与多台计算机相连接。

③ 确保各台计算机的网卡驱动安装正常。测试方法：打开“运行”对话框，输入命令“ping 127.0.0.1 -t”。如果安装异常，须下载相应的最新驱动重新安装。

④ 设置各台计算机的 IP 地址。一般来说，对于局域网用户，推荐的 IP 地址范围是 192.168.1.1～192.168.1.254，对于每台计算机，都应该指定在该范围内且唯一的 IP 地址；子网掩码为 255.255.255.0；其他各项按默认处理。IP 地址的设置方法：右击“本地连接”，打开“本地连接 属性”对话框，双击“Internet 协议（TCP/IP）”选项，打开设置对话框，输入 IP 地址和子网掩码，如图 4-49 所示。

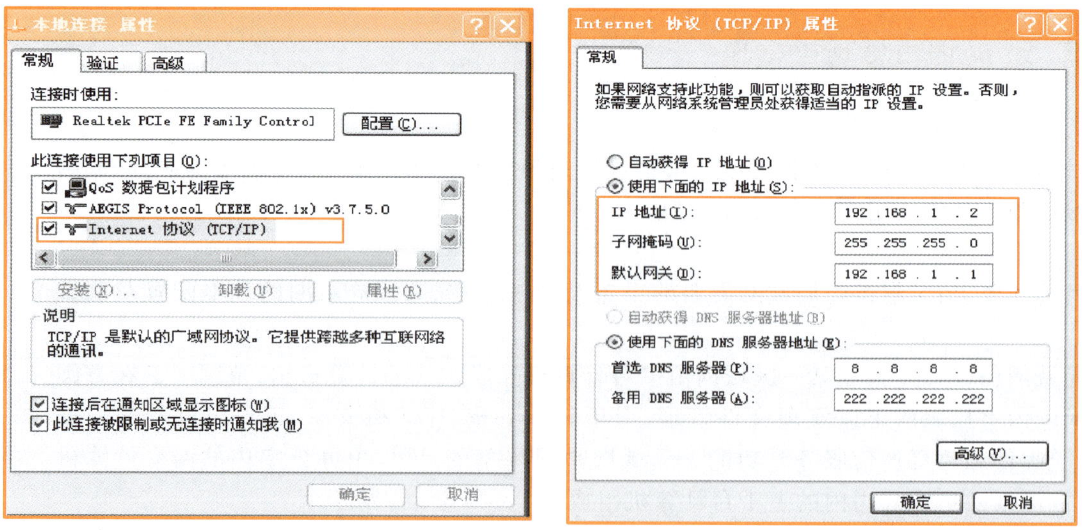

图 4-49 IP 地址设置

⑤ 设置完成各台计算机的 IP 地址后，通过 ping 命令进行各台计算机之间的互通性测试。

注意事项：

① 对于其他组网情况，应根据实际设备情况进行操作，但基本原理和过程大致相同。

② 如果想通过组建局域网来达到共享上网的目的，建议选择路由器作为联网设备，同时将 ADSL 或宽带的接口与路由器的 WAN 口相连，将路由器的其他 LAN 口与计算机相连。

③ 在组建局域网的过程中，应合理使用 ping 命令，以确保网络畅通。

小　结

1. 带宽就像道路的宽窄。

2. 数据就像跑在道路上的车。

3. 数据通信系统用来产生和接收数据，对数据进行编码、转换，以便满足数据传输系统的传送要求。

4. 数据通信网按网络的覆盖范围可分为局域网（LAN）、城域网（MAN）和广域网（WAN）。

5. 人与人交流有一定的规则，计算机之间的数据通信也需要遵循通信协议，通信协议是通信双方（实体）完成通信或服务所必须遵循的规则和约定。

6. OSI 参考模型包括物理层、链路层、网络层、传输层、会话层、表示层和应用层。

7. TCP/IP 是一种网际互联通信协议，其目的在于实现网际间各种异构网络和异种计算机的互联通信。IP 地址分为 IPv4 和 IPv6 两个版本。

8. 通常数字信号是经过编码进行传输的。数字编码分为信源编码与信道编码。信源编码的目的是提高信源的效率，去除冗余度。信道编码的目的是使信号适于信道传输，增加纠错能力。

9. 数据传输方式分为串行传输和并行传输。串行传输是指数字信号码元序列按时间顺序一个接一个地在信道中传输。并行传输是指将数字信号码元序列分割成两路或两路以上，同时在信道中传输。

10. 实现发送端和接收端动作同步的技术称为同步技术。常用的串行传输的同步技术有异步传输方式和同步传输方式两种。

11. 数据在信道中的传输可分为基带传输和频带传输。

12. 数据通信系统的质量指标是围绕传输的有效性和可靠性来制定的。

13. 数据交换方式可分为电路交换和分组交换。电路交换适用于实时信息传送。分组交换缩短了延迟,也能满足一般的实时信息传送。

14. 电路交换是在通信开始前由主叫通过拨号在主叫和被叫之间建立一条电路连接,而在整个通信期间这条电路连接必须始终保持,直到通信结束才能拆除的交换方式。

15. 分组交换是以分组(或称包)为单位在网络节点间进行存储转发的交换方式。

16. ATM 是一种使用信元交换的快速分组交换技术,又叫异步转移模式。它建立在异步时分复用基础上,是以信元为单位的传输模式。

17. IP 交换的基本思想是避免网络层转发的瓶颈,实现高速链路层交换。

18. 为了更好地将 IP 与 ATM 的高速交换技术结合起来,发挥两者的优势,产生了多协议标签交换(MPLS)技术。

19. 互联网数据中心(IDC)是一种拥有完善设备(包括高速互联网接入带宽、高性能局域网络、安全可靠的机房环境等)、专业化管理、完善应用的服务平台。

20. SDN(软件定义网络)是一种网络架构与构建技术,旨在将网络控制器与数据转发分离开来,以提高网络管理的灵活性和可编程性。

即测即评

(扫描二维码可进行自我测试)

第 5 章 移动通信

本章教学说明

- 主要介绍移动通信的特点、多址方式及服务区体制
- 重点介绍 GSM 移动电话系统的组成、网络结构
- 具体介绍 CDMA 系统的原理
- 简要介绍第三代、第四代移动通信系统
- 概要介绍第五代移动通信系统的发展
- 举例说明移动通信赋能行业应用的案例

本章内容

- 移动通信概述
- 第二代移动通信系统
- 第三代移动通信系统
- 第四代移动通信系统
- 第五代移动通信系统
- 未来移动通信系统
- 移动通信赋能行业应用

本章重点、难点

- 移动通信的特点、多址方式及服务区体制
- 2G、3G 的标准与移动通信系统组成
- 4G 系统的组成
- 5G 的技术发展
- 移动通信的行业应用

☑ 本章学习目的和要求

- 掌握移动通信的特点、工作方式、多址方式、蜂窝移动通信服务区体制
- 熟悉 GSM 移动通信系统的组成，了解码分多址的基本原理
- 了解 CDMA2000、WCDMA、TD-SCDMA、WiMAX 系统的基本概念及组成
- 理解 4G 移动通信系统的关键技术
- 理解 5G 的技术原理与发展

☑ 本章实做要求及教学情境

- 网络在线学习
- 参观移动机房的设备构成，观察移动通信系统的天馈系统
- 利用手机观察不同环境下的通信效果，并进行手机的各种操作

☑ 本章学习能力要素及基础要求

- 了解无线通信相关基本内容
- 了解手机的基本通信过程

☑ 本章学习方法建议

- 通过“智慧职教”平台进行网络学习
- 课前预习与课后复习相结合
- 观察移动机房设备构成与课堂学习相结合
- 观察各类移动通信系统天馈系统的位置、高度等信息
- 自学与探讨相结合
- 课后作业与章节个人总结相结合
- 教师答疑与学习反馈相结合

☑ 素养目标

- 激发创新精神和实践能力：通过对移动通信系统的组成、原理及其应用的深入学习与实践操作，培养创新思维与动手解决问题的能力
- 加强国家安全意识：通过学习移动通信的发展与应用，强化对信息安全的认识，了解保护通信安全对于国家及个人的重要性
- 强化社会责任感：通过移动通信赋能行业应用案例的学习，认识到科技发展在促进社会公平与可持续发展中的作用

☑ 本章建议学时数

10 学时

5.1 移动通信概述

5.1.1 移动通信的概念及特点

PPT 移动通信的概念及特点

移动通信技术使用户在移动状态下实现声音、数据和视频等信息的传输。这种技术依赖于电磁波的传播，能够跨越不同空间，适应用户的移动需求。移动通信始于 1G，最初目的是将固定电话业务扩展至移动电话业务。2G 阶段增加了短消息业务并支持低速数据传

输。从 2.5G 开始，移动通信支持移动互联网业务。随后，3G、4G 和 5G 进一步扩展了移动数据业务的带宽，提升了传输速度和用户体验。

微课
移动通信的概念及特点

1. 移动通信的概念与分类

(1) 移动通信的概念

移动通信是指至少有一方可以在移动中实现通信交流的方式。这种通过空间传送电磁波的通信手段，让人们即使在运动中也可以与世界保持连接。

(2) 移动通信系统的分类

移动通信系统大致可以按照以下几种方式进行分类。

① 按覆盖区域分类：包括陆地、海上和空中移动通信系统，如航空通信系统、航海通信系统和陆地移动通信系统等。

② 按信号处理技术分类：分为模拟移动通信系统和数字移动通信系统。数字移动通信技术从 2G 开始取代了模拟移动通信技术，成为主流技术。

③ 按多址方式分类：主要分为频分多址（FDMA）、时分多址（TDMA）和码分多址（CDMA）等系统。

④ 按标准制式分类：如 GSM（DCS）、CDMA、WCDMA、TD-SCDMA、CDMA2000、TD-LTE、FDD-LTE 等系统。

2. 无线通信模型

移动通信系统以无线通信模型为基础，涉及发射机[见图 5-1(a)]、接收机[见图 5-1(b)]和天线等部分。

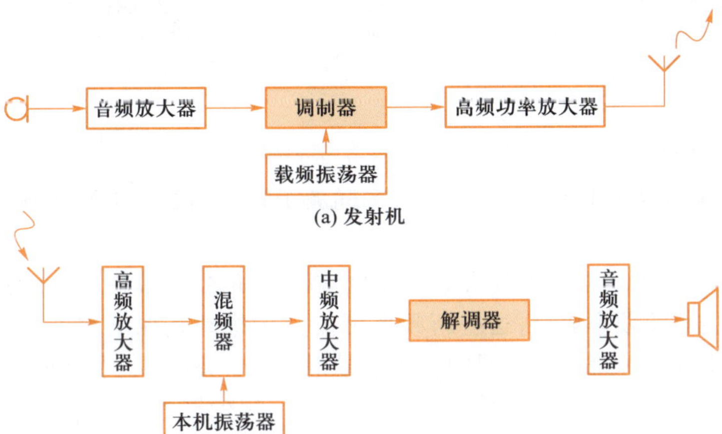

图 5-1 发射机和接收机原理方框图

发射机的任务是将要传输的信息信号调制到高频载波上，产生调制后的信号。这个已调制的信号通过上变频处理转变成适合传输的射频信号，随后经过功率放大器的加强，最终通过馈线传输到天线。

天线负责将发射机提供的射频载波信号转换成空间中传播的电磁波，同时也能够将接收到的电磁波转换成射频载波信号。为了确保信号质量，馈线的传输损耗要尽可能低，同时馈线的阻抗必须与发射机输出和天线输入的阻抗相匹配。

接收机的任务是将天线捕获的射频载波信号进行放大、下变频、中频再放大及解调，恢复成原始的信息信号。经过这一系列处理后，信号经过低频放大器放大，并输出到用户设备。

在移动通信系统中，发射机、接收机和基站都涉及对信号的处理，包括调制、解调、编码和解码等过程。与发射机、接收机不同，基站不仅接收和发射信号，还对信号进行中继和处理。基站连接终端设备和核心网络，负责协调和管理通信资源。基站的结构更为复杂，包含多个天线、射频处理单元、信号处理模块（包括调制、解调、编码、解码等）、网络接口和控制单元等。

现代的移动通信系统多采用双工通信方式，这意味着通信双方各自拥有配套的发射机和接收机，以及相应的天线系统，从而能够同时进行发送和接收信息的操作。

3. 移动通信的特点

移动通信的主要特点如下。

动画 多径效应

（1）多径效应

由于移动台可能处于多种不同的电磁环境中，导致接收信号是直射波和反射波的叠加（见图5-2），造成信号强度的不稳定，这也被称为衰落。

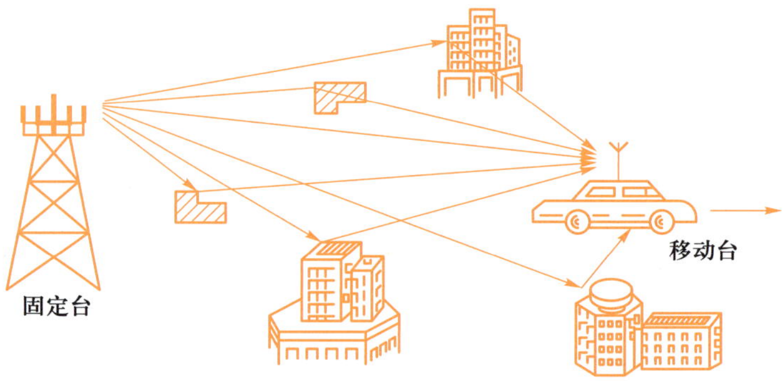

图5-2 电磁波传播路径示意图

（2）强干扰环境

移动通信经常面临互调干扰、邻道干扰和同频干扰等问题。近距离基站的强信号可能会干扰远处的弱信号。

互调干扰是一种无线信号干扰现象，当两个或多个信号在某些设备（例如放大器）中相互作用时，会产生新的频率成分，这些新频率可能会干扰到其他正常信号，影响通信质量。简单来说，互调干扰就像是两个不同的音乐信号混合在一起，产生了新的、可能令人不悦的声音，这种声音影响了你听其他音乐的清晰度。为了减少这种干扰，设计时会使用过滤器和其他技术来确保信号之间不会相互干扰。

邻道干扰是指相邻或邻近信道之间的干扰，邻近信道强的信号压倒邻近信道弱的信号。如图5-3所示，移动台A使用K信道，移动台B使用($K\pm1$)信道，原来两个信道之间不存在干扰问题，但由于移动台A距离基站很远，而移动台B距离基站很近，信道之间的频率间隔有限，因此在基站侧会出现($K\pm1$)信道接收的强信号干扰K信道接收的弱信号的现象，把这种现象称为邻道干扰。为了解决这个问题，在移动通信设备中使用了功率控制电路。当移动台靠近基站时，控制中心命令其降低发射功率，远离基

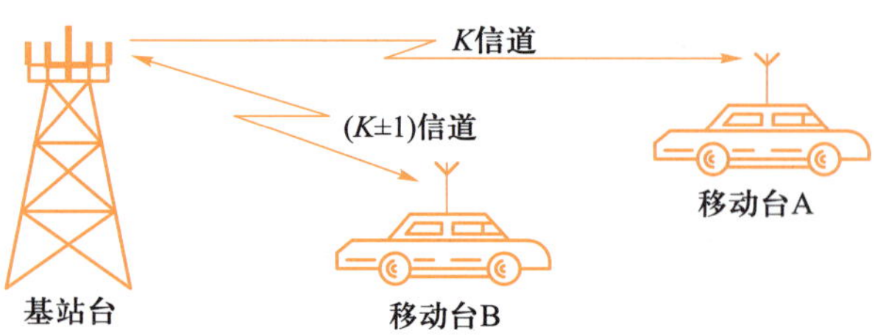

图5-3 邻道干扰示意图

站时，命令其升高发射功率，这样就可以减少邻道干扰。此外，由于移动台距基站的远近不同，离基站近的移动信号强，有时会阻断离基站远的移动通信，这种现象称为远近效应。

同频干扰是指相同载波频率移动台之间的干扰，它是蜂窝移动通信所特有的，因为蜂窝移动通信的各个小区可以使用相同的载频（见图 5-4）。移动通信在组网时，必须考虑这一问题。

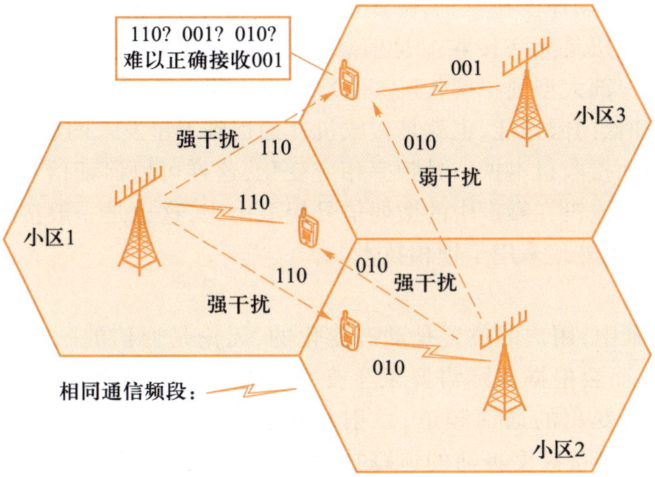

图 5-4 相邻小区同频干扰示意图

（3）多普勒效应

当移动台以一定速度移动时，接收到的载波频率会发生变化（见图 5-5），称为多普勒频移，这会导致接收信号的失真。

图 5-5 多普勒频移示意图

试想：把声波视为有规律间隔发射的脉冲，若你向着声源移动，则每走一步，在你之前的每一个脉冲都比你站立不动时更接近你自己，脉冲频率比原来变高；若你背向声源移动，则每走一步，脉冲都比原来不动时远了一步，脉冲频率比原来变低。

探　讨

- 为什么会发生多普勒频移？
- 如何克服多普勒频移的影响？

当移动台达到一定速度时,基站接收到的载波频率将随运动速度的不同产生不同的频移,通常把这种现象称为多普勒效应。由于多径效应和多普勒效应的存在,接收信号会产生衰落失真,即信号经过短时间或短距离传播后其幅度快速变化。因此在移动台高速移动时,多普勒效应会导致快衰落,速度越高,衰落变换频率越高,衰落深度越深。多普勒频移会使信号发生畸变。

例如卫星径向的运动速度在变化,位置也跟着变化,使到达接收机的电波载频也在变化,因此,使用一般的接收机是无法接收卫星信息的,必须使用有锁相技术的接收机才行。实际上,卫星地面站就是一部大型锁相接收机。它之所以能稳定地接收卫星信息,主要是由于锁相技术具有频率跟踪和低门限性能,也就是接收机在捕捉到卫星发来的载频信号以后,当载频信号随速度变化时,地面接收机本振信号频率相应变化,这样可以保证信号不丢失。另外,还可以利用其窄带性能,把淹没在噪声中的微弱信号提取出来,这也是一般接收机做不到的,所以移动通信设备都毫无例外地采用了锁相技术。

(4) 用户移动性

在移动通信场景中,用户的位置是动态变化的,无论是通信的一方或双方,他们的位置都不是静态固定的,而会根据实际需要发生变化。相比于传统的固定通信,移动通信没有为每个用户指派一个专用的通话频道;发射机仅在通话时激活,其他时间保持关闭状态。这要求移动通信系统具备高度灵活的追踪技术,如位置登记、跨区域切换和漫游支持,以确保通信的连续性和可靠性。

信号传播在移动通信中面临多样的挑战,如多普勒频移、快/慢衰落、远近效应以及各种噪声干扰,这些因素会导致信号强度不稳定和传输速率受限。

为了克服这些挑战,移动通信系统采纳了许多先进的技术,比如各种多址方式的结合、数字调制、信道编码、话音编码、功率控制及分集等。例如,为提升信道容量,系统结合了时分多址(TDMA)、频分多址(FDMA)和码分多址(CDMA)方法;数字调制技术有效提高了频谱利用率;信道编码技术的应用增强了信号的可靠性,减少了传输过程中的错误率;话音编码技术压缩了数据量,减少了传输所需的带宽;通过实施功率控制,系统可以根据用户与基站的距离相应调整发射功率,这不仅减少了干扰,还实现了能源效率的优化;采用多种分集技术可以有效抵御多径衰落的影响,保障通信稳定性。

5.1.2 蜂窝移动通信系统及其演进

蜂窝移动通信系统是现代通信技术的一个重要里程碑,它彻底改变了人们的通信方式。蜂窝网络又称移动网络,是一种移动通信硬件架构,分为模拟蜂窝网络和数字蜂窝网络。其由于构成网络覆盖的各通信基地台的信号覆盖呈六边形(见图5-6),从而使整个网络像一个蜂窝而得名。

图5-6 蜂窝网络示意图

移动通信网由移动台(MS)、无线接入网(RAN)和核心网(CN)组成。移动台指网络终端设备,如手机或PAD等;无线接入网包括基站、信道和用户设备及其通信协议等;核心网除了网络子系统外,还包括计费网关、服务网关和策略控制功能等,网络子系统负责联通各个基站并进行信息的传输与控制管理。

从早期的无线电通信实验到如今的先进移动通信系统,移动通信经历了多个重要阶段的演进。自20世纪后半叶以来,蜂窝移动通信系统逐渐从第一代(1G)发展到现在的第五代(5G),显示出移动通信技术具有代际演进的规律(见图 5-7)。移动通信技术从 20 世纪 80 年代开始,经历了五代,以平均 5~10 年为一代的速度发展,移动通信的功能也从语音、短信、社交应用,扩展到在线、互动、游戏,再到 5G 的虚拟现实、“零”时延感知,用户感受经历了从无到有,再到好、强、爽、能的体验。

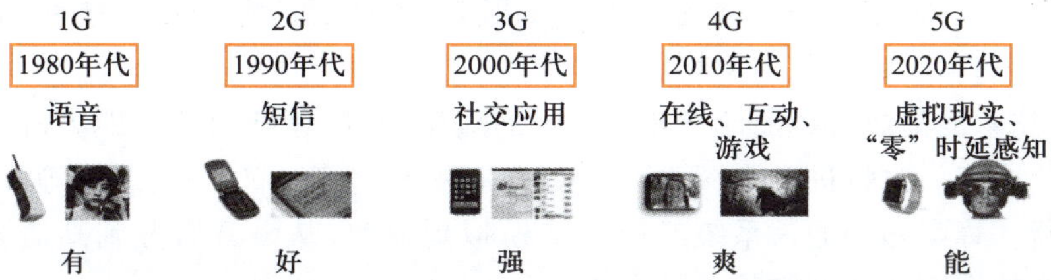

图 5-7 移动通信技术的代际演进

1. 第一代蜂窝移动通信系统(1G)

1G 是蜂窝移动通信技术的起点,它采用模拟信号传输语音通话,提供基本的语音服务。这种技术通过创建一个由许多六边形蜂窝网覆盖的区域,实现了移动电话的功能。1G 技术开启了移动通信的大门,但它的语音质量受干扰的影响较大,数据传输速率慢,安全性较低,用户跨省漫游不方便。

PPT 移动通信发展历程

微课 移动通信发展历程

动画 移动通信发展历程

2. 第二代蜂窝移动通信系统(2G)

2G 标志着从模拟信号到数字信号的转变。随着 GSM、CDMA 等标准的出现,2G 实现了对话音的数字化和加密,提高了通信的质量和安全性,支持低速数据透明传送业务(如 172 移动手机拨号上网业务)。2G 还引入了短消息服务(SMS),这是移动通信历史上的一个重要创新。在 2G 到 3G 过渡期间,2.5G 技术如 GPRS 和 EDGE 等充当桥梁,开始提供低速数据传输服务,为移动互联网的兴起做好准备。此外,全球自动漫游也从 2G 开始实现。

3. 第三代蜂窝移动通信系统(3G)

随着互联网的快速发展,3G 应运而生,它支持更高的数据传输速率,使得蜂窝网络不仅仅限于声音通信,也能处理图像、音频、视频等多媒体数据,标志性地支持多媒体服务。IMT-2000 是 ITU 提出的 3G 标准,它将室内、室外移动环境的通信统一起来,提供了崭新的多媒体通信体验,使得视频通话和移动互联网浏览成为可能。

4. 第四代蜂窝移动通信系统(4G LTE)

4G 引入了长期演进技术(LTE)和 LTE-Advanced,它们提供了更高数据传输速率、更低延迟和更加优化的用户体验,标志着移动宽带互联网时代的到来。4G 技术包括 TD-LTE 和 FDD-LTE 两种制式。4G 网络是全 IP 的,这意味着它能以更高效的方式传输数据,推动了移动宽带互联网的普及,使随时随地的高速互联网访问成为可能,进一步促进了移动通信设备、云计算和物联网的融合。

5. 第五代蜂窝移动通信系统(5G)

5G 技术在速率、延迟和连接性方面的突破性提升,为物联网、无人驾驶汽车、远程医疗等创新应用打开了大门。5G 技术的发展不仅仅是通信领域的“大跃进”,还是现代社会和工业结构的一大驱动力。5G 通过高频的毫米波频段、更高密度的蜂窝网络部署,以及新技术如大规模 MIMO(多输入多输出)和网络切片,提供了超高的速率、网络容量和灵活性。

从网络结构看,移动通信系统发生了很大的变化。例如:2G 核心网仅包含电路域,2.5G 和 3G 核心网包含电路域和分组域,4G 和 5G 核心网包含分组域和分组域所接入的

IMS 域。移动台通过无线接入网接入核心网,由核心网负责用户的移动性管理和鉴权,并为用户提供移动电话业务、短消息业务(2G 以后)、互联网接入和专网接入业务(2.5G 以后)。

6. 未来展望:6G 及其发展

即使 5G 还在全球范围内逐渐推广,科研人员和行业专家已经开始探讨第六代蜂窝移动通信系统(6G)。6G 将在 5G 基础上进一步提升,支持更高数据传输速率(TB/s 级)、更低延迟(μs 级)和高度智能化的网络服务。

随着 AI 技术的集成,6G 预计将开启全新的应用场景,包括超感知能力、高精度定位和广泛的自动化应用。这将进一步深化通信技术在医疗、教育、交通、制造业等社会方方面面的渗透和革新。蜂窝移动通信系统经历了从模拟到数字,从语音服务到高清多媒体通信,再到即将到来的全面智慧网络的长足发展。

5.1.3 电磁波与频谱

1. 频谱管理的重要性

PPT 移动通信系统的频率分配

微课 移动通信系统的频率分配

动画 移动通信系统的频率分配

无线电频率资源是国家重要的战略资源。各国需要通过科学的管理和规划,合理分配频谱资源,同时避免频率使用上的冲突。因此,各国都会结合技术发展和市场需求,适时调整频率规划。我国工业和信息化部公布的《中华人民共和国无线电频率划分规定》就是遵循这一原则制定的。

不同地区和国家的频谱配置差异加大了全球统一标准的难度,尤其是在不同国家的频谱管理和政策上。但是,随着 5G 及未来 6G 的发展,频谱上的国际合作和统一规划变得越发重要。ITU 作为国际层面的组织,发挥着重要的协调和规划作用。从 4G 到 5G,都可以看到对频谱资源的更高效及更广泛的使用。

2. 4G 的电磁波频谱

4G 通信技术主要依赖于 700~2 600 MHz 之间的频段。这些频段包括 FDD(频分双工)和 TDD(时分双工)两种方式。其中比较著名的频段如下。

① 700 MHz:拥有良好的建筑物穿透力和覆盖范围。

② 1 800 MHz:在许多国家这个频段被认为是 4G 通信的主要频段。

③ 2 600 MHz:有更高的数据传输速率,但传播距离较短,适合人口密集的城市地区。

3. 5G 的电磁波频谱

5G 技术的部署涉及多个不同的频段,覆盖从低频的 700 MHz 直到毫米波频段,即 24 GHz 以上。5G 频谱大致可以分为三个层级:低频段(Sub~1 GHz)主要用于覆盖广阔地区和深层穿透;中频段(1~6 GHz)是 5G 的主要频段,如 3.5 GHz(C-band),提供了平衡的覆盖范围和速率;高频段或毫米波频段(24 GHz 及以上)提供极高速率和低延迟,主要适用于人口密集的城市和工业应用,其传播距离短,覆盖相对局限。

我国在 5G 方面的电磁波频谱划分主要涵盖了几个关键频段,用于支持不同场景下的 5G 应用。根据工业和信息化部的公告,我国 5G 电磁波频谱的划分概况如下。

① 2 500~2 690 MHz:中国移动获得了该频段使用权,用于 5G 服务。该频段之前主要是 TD-LTE(4G 技术)的频段。

② 3 300~3 600 MHz:中国三大运营商(中国移动、中国电信和中国联通)都获得了该频段内的 5G 频谱。该频段在全球范围内是 5G 的主要中频带之一,提供了良好的速率和覆盖平衡。

③ 4 800~4 900 MHz:中国电信和中国联通获得了在该频段内提供5G服务的权利。该频段在多地被认为是中高频段,可为密集区域提供更高的数据传输速率。

④ 703~798 MHz:中国广电获得该频段,用于提供5G服务。该频段为低频段,能够提供广覆盖和较强的穿透能力,适合实现广泛的室外覆盖。中国广电与中国联通达成协议,共同利用这一频段建设5G网络。

我国还对毫米波频段进行了研究和测试,并计划在未来用于5G服务。毫米波频段(如26 GHz、28 GHz和37~43.5 GHz等频段)被认为是推动理论极限速率和实现超低延迟通信的关键。

随着5G技术的不断演进和新应用的出现,频谱的划分和分配可能会有新的调整和变化,适时的频率再规划也是必要的。需要注意的是,频谱分配的具体情况会随国家政策、国际协调和技术进步而发生变化。

5.1.4 天线技术

移动通信的天线技术是无线电波传输和接收的核心组成部分。随着移动通信系统从1G发展到5G,天线技术经历多次进化,以满足更高数据传输速率、更低延迟和更高网络容量的需求。

天线是无线通信系统的关键部件,它负责将电信号转换为无线电波,以及将接收到的无线电波转换回电信号。天线技术及其演进是无线通信领域技术进步的重要组成部分,反映了电磁波传播和接收能力的不断提升。

1. 单极子和偶极子天线

单极子天线是竖直的具有四分之一波长的天线(见图5-8),是最基本的天线类型,广泛用于早期的无线电和初期的移动电话。单极子天线通常具有全向性辐射图案,可以在各个方向接收和发送信号。偶极子天线也称为振子天线、对称振子,是有对称双臂的线天线,其辐射波瓣与基本电偶极子的辐射波瓣相似。

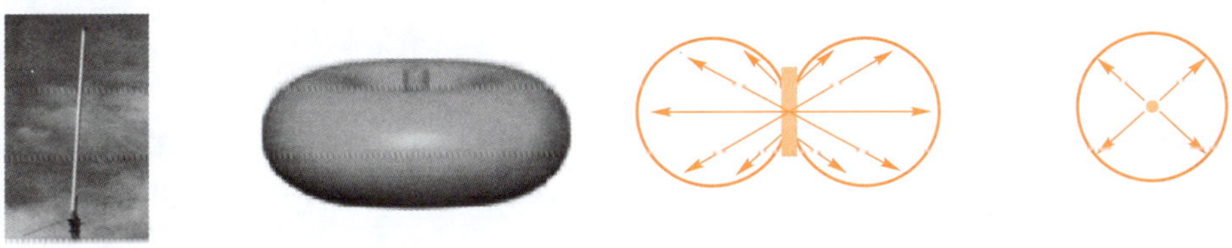

(a) 单极子天线实物　(b) 立体方向信号辐射图　(c) 垂直方向信号辐射图　(d) 水平方向信号辐射图

图5-8 单极子天线

2. 定向天线和波束成形

随着天线技术的发展,出现了定向天线,其能够将无线电波束集中在特定方向上以增强信号传输效率(见图5-9)。波束成形技术随后进一步优化了定向天线,通过智能控制多个天线阵列的相位和振幅,可实现更加精准的信号聚焦和指向性。

3. 多元素天线阵列

多元素天线阵列使用多个天线元件,通过精确控制各元件的相位,形成定向波束(见图5-10)。这使得波束可调,能够快速定向到特定用户或地方,提升了通信的灵活性和效率。

4. MIMO

MIMO(多输入多输出)技术通过使用多个传输和接收天线来增强通信系统的性能。

MIMO 天线可以显著地提高无线通信的数据传输速率和信号质量，并增加系统容量（见图 5-11）。

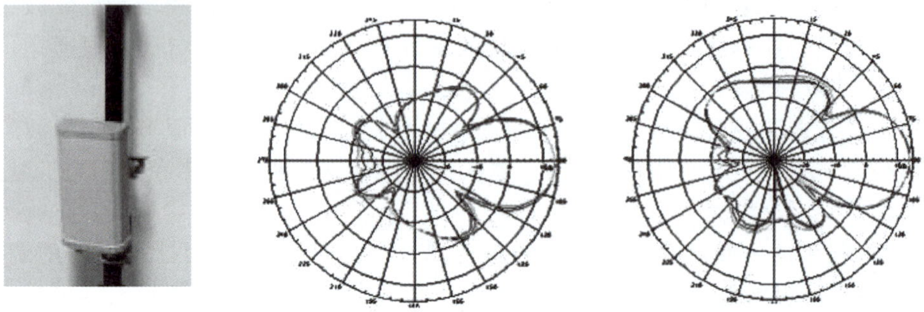

(a) 定向天线实物 (b) 水平方向信号辐射图 (c) 垂直方向信号辐射图

图 5-9 定向天线

(a) 多元素天线阵列可调波束示意图 (b) 天线内部的密集阵列

图 5-10 多元素天线阵列

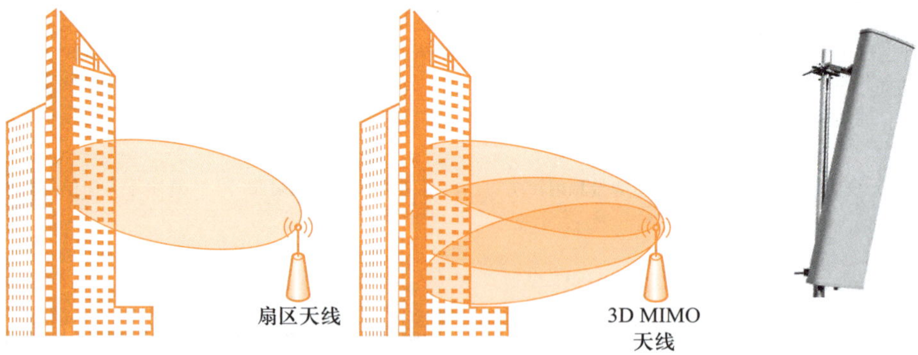

(a) 扇区天线和MIMO天线的对比 (b) MIMO天线实物

图 5-11 MIMO 天线

5. 毫米波技术

随着 5G 的推广，毫米波技术受到关注，因为它可利用高频段（30～300 GHz）实现极高的数据传输速率。这一技术需要使用更小的天线，但由于毫米波的传播距离受限，常配合使用大量的小型天线构成阵列，以支持波束成形和 MIMO 技术。

6. 主动/自适应天线系统

主动/自适应天线系统具备更加智能化的特性，可以根据接收信号的质量动态调整天线参数（如方向、频率和极化），从而优化无线通信性能，减少干扰，提升容量和覆盖范围。

天线技术的演进目标一直是增加传输速率，减少干扰，提高能效，扩大覆盖范围，并最终为用户提供更为流畅和可靠的服务。随着5G的推进，及将来6G的发展，天线技术仍然会持续进化，来应对更高的通信要求。

5.1.5 多址技术

PPT 移动通信的多址方式

微课 移动通信的多址方式

动画 移动通信的多址方式

在现代通信系统中，要使各移动设备能通过基站与其他用户进行通信，基站和移动设备之间必须使用一种称为多址接入技术的方法。每个移动设备通过一个类似于“地址”的唯一标识，保证基站可以从混合信号中识别出每个信号是由哪个特定设备发送的，或是发送给哪个设备的。同样的原则适用于移动设备，它也能够鉴别哪些信号是基站发送给它的。多址接入能够有效管理和区分多个设备的通信信号，提供稳定且高效的网络服务。

根据不同的信道特性，多址技术主要分为以下几种。

1. 频分多址（FDMA）

FDMA［见图5-12（a）］将通信系统的总频谱划分成多个等宽且不重叠的频带，分配给不同的用户。每个频带足够传输一条语音信息或数据流，且相邻频带间设有隔离以减少干扰。FDMA在早期的模拟移动通信系统中得到了应用，但频谱效率较低。

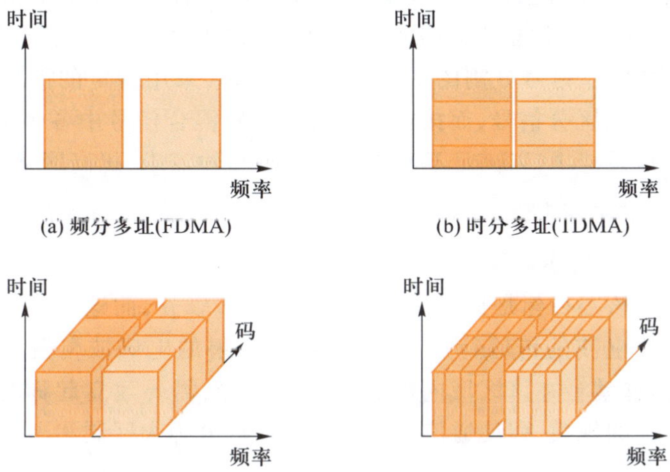

(a) 频分多址(FDMA)　(b) 时分多址(TDMA)

(c) 码分多址(CDMA)　(d) 正交频分多址(OFDMA)

图5-12　各种多址技术

2. 时分多址（TDMA）

在TDMA［见图5-12（b）］系统中，时间被分割成周期性的时帧，每个时帧进一步划分为多个时隙。每个时隙代表一个通信信道，用户在分配到的时隙内发送和接收信号，从而避免了相互间的信号干扰。TDMA提高了频谱利用效率，且在一定程度上增强了抗干扰能力。

3. 码分多址（CDMA）

CDMA［见图5-12（c）］的核心是采用不同的伪随机码序列对各用户的信号进行编码。所有用户使用同一频谱，且可以同步进行信息的发送和接收。CDMA系统中用户的信号在时间和频率上可以重叠，通过码同步和相关性检测技术将信号分离。

4. 正交频分多址(OFDMA)

OFDMA[见图 5-12(d)]技术将可用的频谱划分为多个子载波,并在不同的时间和频率上分配给不同的用户,从而提高频谱的利用率和系统的整体容量。用户可以选择信道条件较好的子通道进行数据传输,一组用户可以同时接入某一信道。OFDMA 使用大量的正交窄带子载波来承载数据,与 CDMA 用单一载波承载单一数据相比,OFDMA 更能对抗多径效应。

OFDMA 技术也可以被描述为一种结合频域和时域的多路访问,它通过在时频空间中进行资源分区来实现。OFDMA 技术适合于宽带无线网络,有能力利用通道的频率选择性。

图 5-13 空分多址(SDMA)

5. 空分多址(SDMA)

SDMA(见图 5-13)通过不同的空间波束,即定向的天线波束,区分不同的通信信道。这项技术在卫星通信中以多个窄波束的形式应用,并且已在 3G、4G、5G 等移动通信网络中广泛使用。

除了单一使用某一多址技术外,网络还常常将各种多址技术结合使用形成复合多址方式,如 TD-SCDMA 结合了时分多址技术和空分多址技术,这种组合能够进一步提升系统容量和效率。

在选择多址技术后,还需选择如何为用户分配信道资源。主要的信道分配策略包括固定分配(预分配)、按需分配(按申请分配)、动态分配(DYA)和随机分配。这些方法根据网络的需求和特点,决定着资源的分配效率和整体性能。

各多址技术均依赖于信号分割的基本原理。发送端采用特定的信号参数(如频率、时隙、编码序列或波形)以区分信号,而接收端则具备识别混合信号中各个组分的能力。这些技术集成在现代通信系统中,以满足不断增长的数据传输需求,提高网络效率。

5.1.6 无线接入网关键技术

PPT 移动通信服务区体制

微课 移动通信服务区体制

动画 移动通信服务区体制

1. 无线接入网无线覆盖制式

移动通信系统的核心目标是提供稳定、可靠的通信服务,而这主要依靠优化的网络体制来实现。基于无线电波的传输特点,一个基站所发射的电磁波覆盖的地理区域是有限的。因此,为了确保移动台在该区域内能够接收到信号,需要建立起称为无线覆盖区的区域。根据无线覆盖区的规模,移动通信网的体制大致可分为大区制和小区制两类。

(1) 大区制

大区制意味着在一个相对较大的地理范围内,只设置一个基站来覆盖整个区域。无论工作模式是单工还是双工,是单信道还是多信道,都将这种组网方式称为大区制,如图 5-14 所示。大区制的特点是只有一个基站来覆盖整个服务区域,这意味着基站的发射功率需足够大。由于这种体制下信道数量有限,因此能支持的用户数量相对少,通常在数百到数千个用户之间。大区制的频率利用率和容量由于服务区内所有信道频率不能重复使用而受限。

大区制的优点是结构简单,投资较少,能够快速实现网络部署。随着移动业务的快速发展,为满足日益增长的用户需求并提高频谱的使用效率,小区制方案逐渐成为发展趋势。

(2) 小区制

与大区制相对应的小区制,旨在克服大区制在容量和频率使用效率上的不足。在小区制体系中,整个服务区域被划分为多个小区,如图 5-15 所示。每个小区的半径根据用户分布密度调整，通常在一千米至数十千米范围内。每个小区内设置一个基站来服务本小区的用户。使用频率复用技术，相隔较远的小区可以重复使用相同频率，通过这种方法可以构建出覆盖范围广且容量大的移动通信网络。

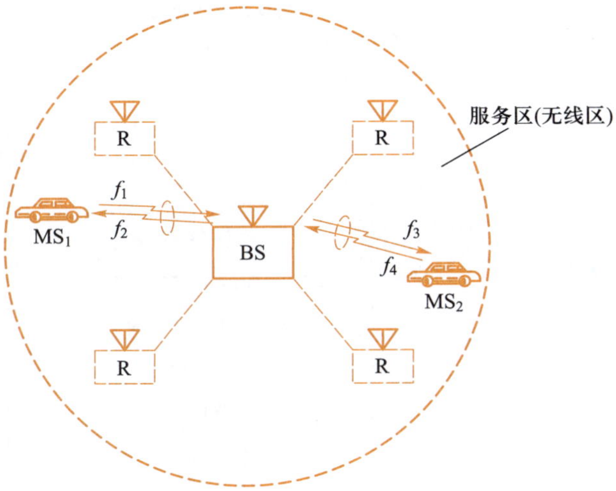

图 5-14 大区制

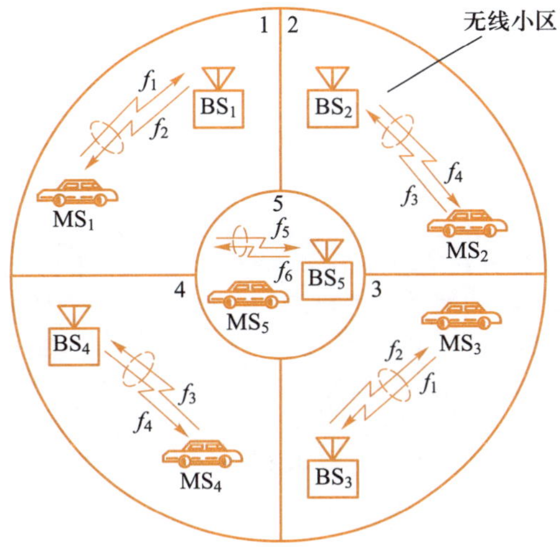

图 5-15 小区制

(3) 小区制的形态

根据服务区域的几何形状，小区制服务区又可进一步划分为面状服务区和带状服务区。

面状服务区通常采用正三角形、正方形和正六边形等形状来组织网络，如图 5-16 所示。使用正六边形无线小区是一种高效的方式，因为它可以最大化地使用频谱资源并减小干扰，现代移动通信网络中常用的蜂窝式网络结构即采用此种模式。

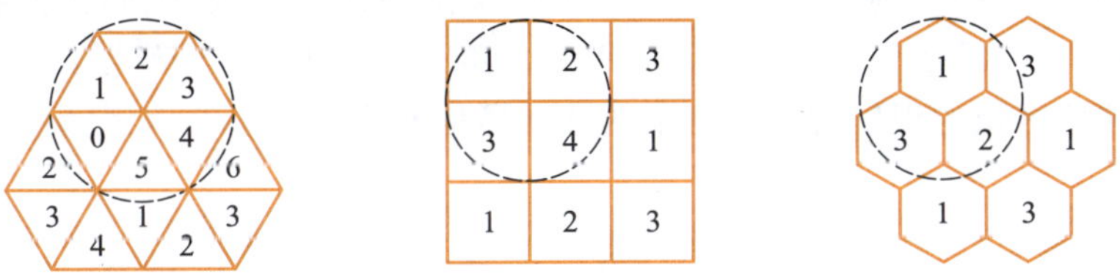

(a) 正三角形　(b) 正方形　(c) 正六边形

图 5-16 面状服务区形状

带状服务区则针对特定应用场景（如沿铁路线路或水道）的无线覆盖区布局而设，小区纵向排列覆盖整个服务区，如图 5-17 所示。

(4) 无线覆盖区的组织结构

小区制公用移动电话通信网包括多个层级的区域划分：小区、基站区、位置区、移动业务交换区、服务区及系统区，如图 5-18 所示。

① 小区：基站中的一组天线覆盖的区域。

② 基站区：一个基站覆盖的区域，可能包含多个小区。

③ 位置区：由多个基站区构成，移动台在该区域内移动无须更新位置信息。

④ 移动业务交换区：由移动业务交换中心覆盖的网络区域构成，包含多个位置区，是本地公用移动电话通信网的一部分。

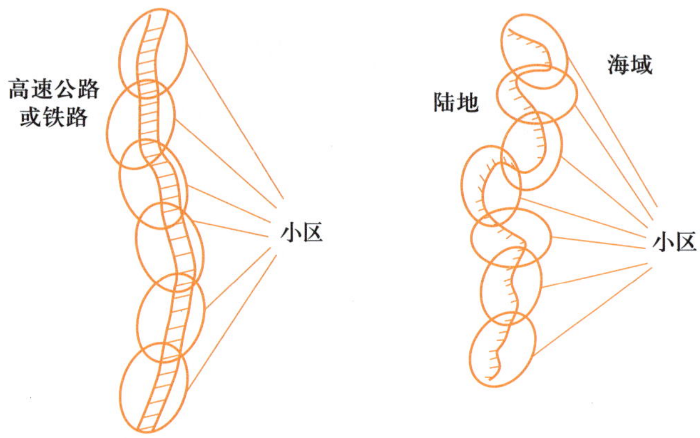

图 5-17 带状服务区形状

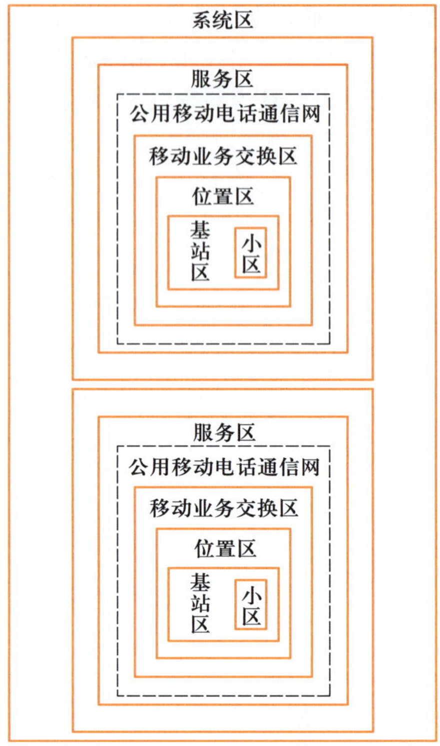

图 5-18 小区制公用移动电话通信网区域划分

⑤ 服务区:由多个移动业务交换区构成,用户可以自动漫游整个区域。

⑥ 系统区:由所有使用同一系统(如 TDD-LTE)的服务区构成。

蜂窝移动通信网络结构(见图 5-19)由不同层次的区域组成,以确保连接和通信的连续性和一致性。从天线覆盖的小区,到构成基站区的多个小区,再到由多个基站区构成的位置区,所有这些区域的组织构成了复杂的移动通信网络结构。

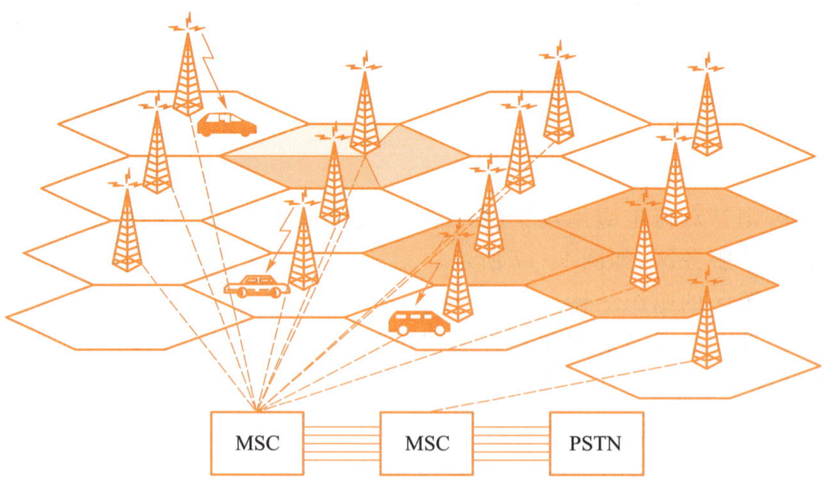

图 5-19 蜂窝移动通信网络结构

PPT 移动性管理

2. 移动性管理

移动通信的移动性管理功能确保了用户在移动过程中通信的连续性和一致性。

位置更新：移动台向基站上报当前位置以便进行跟踪管理。

越区切换技术：当用户移动跨过不同基站覆盖区时，系统会进行信道切换，维持通信连接。切换流程分为硬切换（断开后重连）和软切换（平滑过渡）两种方式。

微课 移动性管理

3. 同频复用

同频复用技术是解决移动频率资源稀缺性及覆盖范围有限性的关键。利用该技术，相隔较远的小区可以使用相同频率进行通信，而不会产生干扰，如图 5-20 所示。

动画 移动性管理

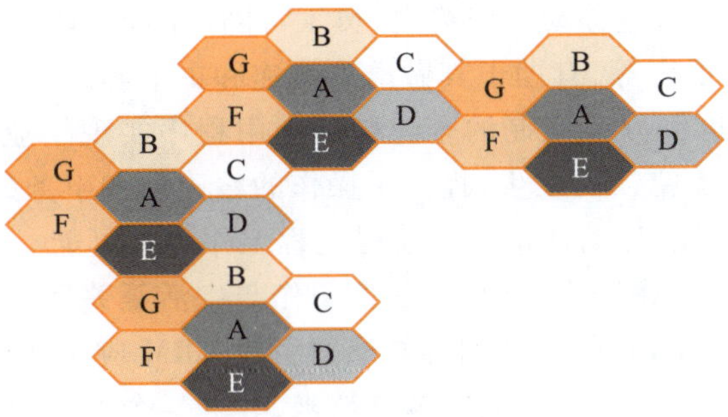

不同颜色代表不同频率载频小区

图 5-20 移动通信的同频复用示意图

PPT 移动通信的工作方式

4. 信道分配技术

由于无线频谱资源的有限性，高效的信道分配对优化网络性能、提升用户体验、减少干扰及增加通信系统容量具有重要意义。

微课 移动通信的工作方式

信道指的是无线通信中用于承载数据传输的频段。在移动通信网络中，每个通信连接（无论是语音还是数据传输）都需要一个信道。移动通信系统中常用的信道分配技术如下。

① 预分配（Fixed Assignment，FA）。预分配是一种静态信道分配方式。频道被固定分配给特定的用户或服务区域，不管这些频道是否被实际使用，它们都不能被其他用户或区域使用。随着用户的增多，预分配信道的利用率可能很低，因为不是所有分配的信道都会被持续使用。

动画 移动通信的工作方式

② 按需分配（Demand Assignment，DA）。按需分配是一种更为动态的分配方法。所有信道对所有用户开放，当用户需要进行通信时，系统会分配一个空闲信道。用户完成通信后，信道再次释放并回归到可用资源池。这种方法可以根据实时需求来分配信道，从而提高频谱利用率。

③ 动态分配（DYnamic Assignment，DYA）。动态分配是一种更加灵活和高效的信道分配策略。与按需分配相似，动态分配信道根据当前的需求实时进行调整。不过，对信道的分配和回收是基于复杂算法实时进行的，这些算法考虑到了当前的网络负载、通信优先级、信道质量等因素。

④ 随机分配（Random Assignment，RA）。随机分配没有固定的信道分配给用户，用户尝试使用随机选定的信道进行通信。如果发生冲突（即同时有多个用户尝试使用同一信道），系统将指导用户选择其他信道。这种方法通常适用于数据通信中传输数据包的间歇性和随机性较强的情况，如卫星通信中的信道选择。

实际上这些技术可以结合使用，在不同场景下达到最优的信道利用率和通信质量。

5.1.7 移动通信终端与业务

PPT 移动通信业务

在当今高速发展的商业世界中，移动通信终端已经从单纯的通信工具转变为企业运营的核心组成部分，以各种方式加速了业务流程，提高了工作效率。企业可以利用移动通信终端的潜力来优化流程，提升员工满意度以及提高整体的业务绩效，常见应用如下。

微课 移动通信业务

① 即时通信与合作：员工可以通过移动通信终端实时交流工作信息，使用即时消息、电子邮件、视频会议等方式，即使在异地也能保持流畅的团队协作和决策。

② 数据访问与管理：通过移动通信终端，员工可随时随地访问企业数据和资源，包括客户信息、库存状态、财务报告等，有助于其做出更快速和更准确的业务决定。

③ 移动应用与自动化：众多定制的企业移动应用程序实现了业务流程的自动化，减少了纸质文件的使用和人工错误的发生，提高了操作的精确性和事务处理速度。

动画 移动通信业务

④ 远程工作与灵活性：移动通信终端使得远程工作成为可能。员工可以在家或在外工作，并与办公室同步保持紧密联系，这对于平衡工作与生活至关重要。

⑤ 客户关系管理（CRM）：移动通信终端通过各类 CRM 应用使得销售和客户服务人员可以实时更新和查询客户信息，快速响应客户需求，并提供个性化服务。

⑥ 项目管理：使用移动通信终端上的项目管理软件，项目团队能够实时更新任务进展，共享文档和资料，安排会议，确保项目顺利进行。

⑦ 安全性与合规性：随着业务流程的移动化，对数据的安全性要求也越来越高。企业需要采用安全措施，如 VPN、数据加密、多因素认证等，保证移动通信终端的安全。

⑧ 移动支付与金融服务：移动通信终端通过集成支付系统，为用户提供了便利性，促进了移动电商应用的普及，企业可以利用这些设备随时处理订单和财务事务，增加了销售渠道。

⑨ 物联网与移动通信：随着物联网技术的融入，移动通信终端可作为控制端，实时监控和管理连接到互联网的设备。这在制造业、物流管理以及智能家居等领域有着广泛应用。

⑩ 应急响应机制：移动通信终端是快速响应突发事件的重要工具。通过移动通信终端，可以迅速将信息通知到关键决策者，并进行即时响应，确保业务的连续性，并减少潜在损失。

PPT GSM 移动通信系统

5.2 第二代移动通信系统

5.2.1 GSM

微课 GSM 移动通信系统

1. GSM 系统结构

GSM（Global System for Mobile communications，全球移动通信系统）是一种数字蜂窝移动电话系统技术标准。该系统于 20 世纪 80 年代中期在欧洲首次推出，经历了多年的发展和完善，为数字公用陆地移动网（PLMN）提供了一个有效的全球性框架。1991 年，全球第一个 GSM 网络在芬兰投入运营，它利用了数字传输技术和无线小区间的手动或自动切换，与传统的模拟蜂窝移动电话系统相比，在频率利用率、链接质量、用户隐私保护等方面表现出明显优势。

动画 GSM 移动通信系统

GSM 网络由多个互相协同的子系统构成（见图 5-21），包括基站子系统（BSS）、移动台（MS）、网络交换子系统（NSS）、操作与维护子系统（OSS）。这些部件通过标准化的接口相互通信，确保系统内部的协调运作和对外部网络的接入。

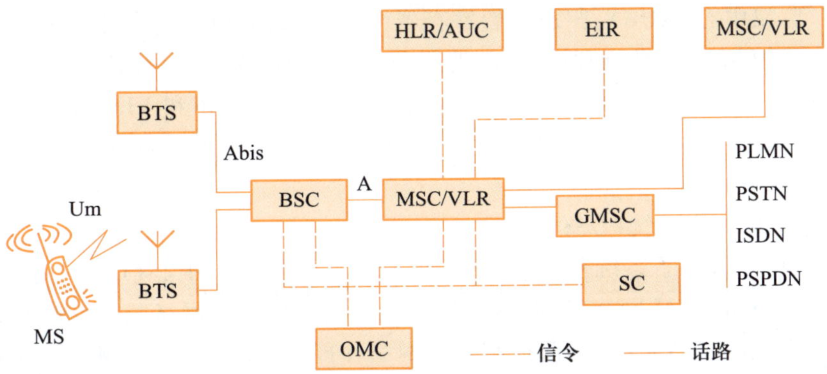

图 5-21 GSM 系统结构

图 5-21 中：

BSC	Base Station Controller	基站控制器
BTS	Base Transceiver Station	基站收发信机
MSC	Mobile services Switching Center	移动业务交换中心
GMSC	Gateway Mobile services Switching Center	网关移动业务交换中心
OMC	Operation and Maintenance Center	操作维护中心
AUC	AUthentication Centre	鉴权中心
EIR	Equipment Identification Register	设备识别寄存器
HLR	Home Location Register	归属位置寄存器
VLR	Visitor Location Register	访问位置寄存器
MS	Mobile Station	移动台
ISDN	Integrated Service Digital Network	综合业务数字网
PSTN	Public Switching Telephone Network	公用电话交换网
PSPDN	Packet Switched Public Data Network	分组交换公用数据网
PLMN	Public Land Mobile Network	公用陆地移动网
SC	Short message Center	短消息中心

下面对各个子系统的功能进行详细说明。

(1) 基站子系统(BSS)

基站子系统包括基站控制器(BSC)和基站收发信机(BTS),负责维护无线连接和执行无线电资源管理。BSC 作为 BTS 的控制中心,执行动态资源分配、信号处理、无线电频道管理等功能。BTS 则负责维护实际的无线电链接,为无线设备提供覆盖并处理无线信号的发送和接收。它们合在一起覆盖特定的地理区域,确保移动用户在该区域内能获取稳定的通信信号。

(2) 移动台(MS)

移动台是用户直接接触到的设备,可以是手持式、车载式或便携式设备。在 GSM 网络中,移动台通过 SIM 卡区分用户身份。SIM 卡是用户识别模块,内含网络认证和加密信息,用户的所有相关信息均储存在其中。SIM 卡的使用确保了用户身份的移植性,使得用户可以在不同的移动设备间切换而保持同一账户。

(3) 网络交换子系统(NSS)

网络交换子系统是 GSM 网络的核心,由多个数据库和功能实体组成,如移动业务交换中心(MSC)、鉴权中心(AUC)、归属位置寄存器(HLR)、访问位置寄存器(VLR)和设备识别寄存器(EIR)。MSC 负责进行呼叫建立、路由选择、呼叫转移、漫游和信道切换。AUC 提供相应的认证和加密机制以保障网络和用户通信的安全性。HLR 和 VLR 分别存储用户的永久和临时信息,以便快速定位和路由到达正确的用户。EIR 用于黑名单检查,防止非法或失窃的设备使用网络。

(4) 操作与维护子系统(OSS)

GSM 的操作与维护子系统包括网络管理(NMS)、操作维护中心(OMC)等,旨在确保网络稳定运行。OSS 是 GSM 网络管理的枢纽,它允许运营商监视网络状态、维护网络设备、收集和处理计费数据等。NMS 负责监控和管理网络性能、故障和配置,OMC 负责处理日常运营和维护任务。通过 OSS,可以确保网络的稳定性、及时性和服务质量。GSM 系统支持包括短消息服务(SMS)在内的多种附加服务,用户可以在通话的同时接收和发送短信。系统的无线接口采用时分多址(TDMA)技术,分时复用技术提升了频谱的使用效率。

随着 GSM 技术的不断发展和优化,扩展出了 GPRS 和 EDGE 等技术,使得数据服务的速度得到显著提升,最初的 GSM 网络逐渐演进成为一个全面的移动通信网络框架。

2. GSM 网络结构

GSM 网络结构是按照不同的行政和地理分区进行划分和组织的,以确保有效地服务于不同区域的移动用户。

(1) 移动业务本地网

移动业务本地网是 GSM 网络按照地理和行政区域划分的基础单元,每个区域通常对应一个或多个长途编号区,如图 5-22 所示。这些本地网分别建立 MSC,每个 MSC 负责处理进出其覆盖区域的所有移动通信业务。

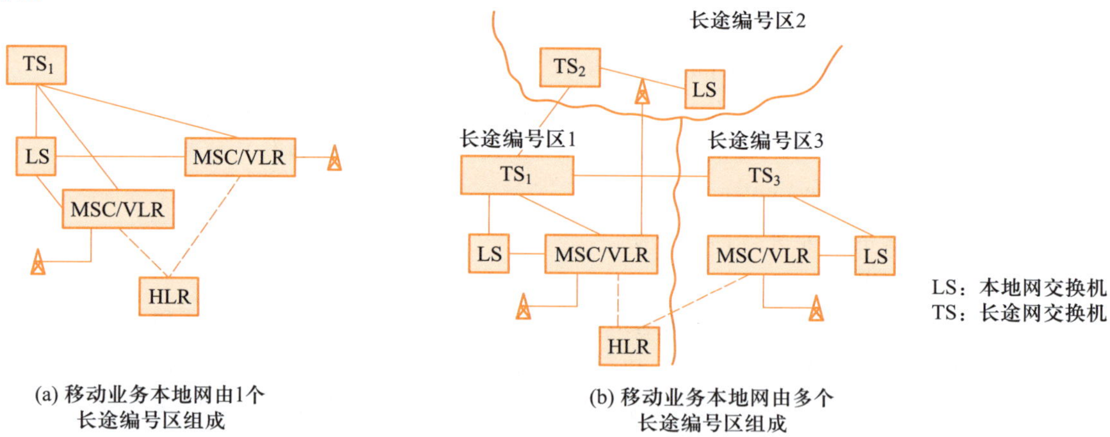

图 5-22 移动业务本地网的网络结构

HLR 的设置:每个移动业务本地网可以设置一个或多个 HLR,用于存储并管理归属于该本地网内的所有移动用户的资料和状态信息。

MSC 的连接和功能:MSC 与当地的长途局和汇接局直接连接。如果区域内有多个长途局,MSC 应连接至高一级长途局。在缺少汇接局或当地业务量巨大时,MSC 也可以直接与本地端局相通。MSC 作为 GSM 蜂窝移动通信网络的接入点,负责处理来自固定网络的呼叫转接,以及移动呼叫的建立和路由。

(2) 省内网

省内的 GSM 网络由若干个移动业务本地网构成,且设置有多个二级汇接中心(省级汇接中心),这些汇接中心可以独立存在或与 MSC 集成。

在建网初期,为节约投资可先设一个二级汇接中心,每个 MSC 以单星形结构与汇接中心相连,逐渐过渡到网状结构。图 5-23 所示为省内网中有一个二级汇接中心(TMSC)的结构。

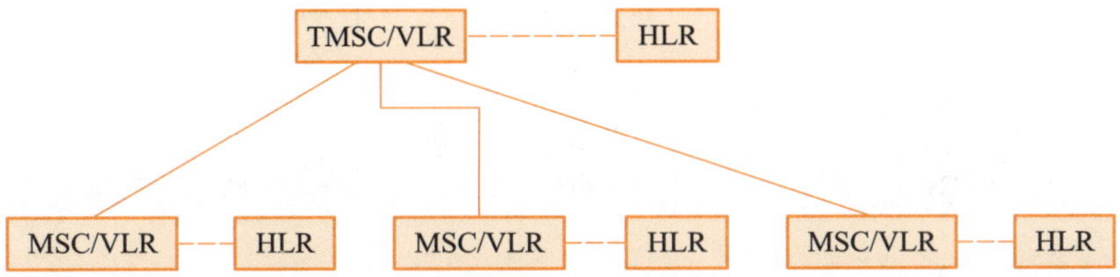

图 5-23 省内网中有一个二级汇接中心的结构

随着移动通信网络的建设,省内数字蜂窝移动通信网络中可以结合实际设置多个二级汇接中心,每一个移动端局至少应与省内两个二级汇接中心相连,如图 5-24 所示。

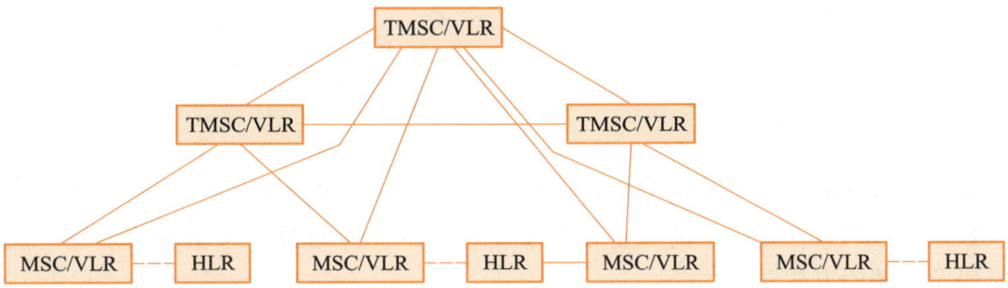

图 5-24 省内网中有多个二级汇接中心的结构

二级汇接中心的作用:二级汇接中心间形成网状结构,用于省内网络通信的汇聚和转发。

MSC 的互联:省内的每一个 MSC 至少应与两个二级汇接中心相连。当 MSC 间有大量通信时,可以搭建专线。

(3) 全国网

全国网在大区范围内设立一级汇接中心,作用类似于二级汇接中心,但在更高的层次上提供服务。

汇接中心的连接:每个省的二级汇接中心应连接到相应的一级汇接中心。一级汇接中心之间也是网状结构,以便跨省或跨地区通信的有效处理。

(4) 移动电话网与固定电话网的连接

汇接中心及 MSC 的设置:GSM 网络中的每个汇接中心和 MSC 均需与本地固定网络的长途局连接,并可能直接或间接地与汇接局或本地端局连接,以确保移动网络用户可以与固定电话网络用户进行无缝通信。图 5-25 所示为移动网与固定网连接的概念模型,阐明了汇接中心、MSC 之间不同层次的交互关系,以及它们与固定网的连接方式。一级汇接中心可以直接连接国际局。这种布局设计确保了网络资源的优化使用,同时也保障了通信质量和网络的可扩展性。

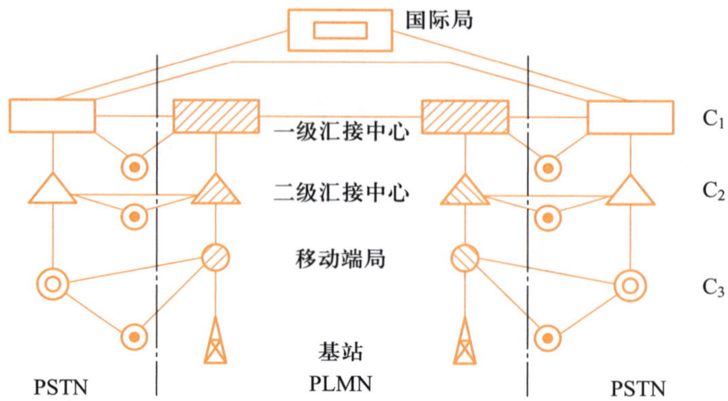

图 5-25 移动网与固定网的连接

3. 移动电话的编号方式

重点掌握

- 用户码号资源的结构。
- 移动用户号码。
- IMSI。
- IMEI。

PPT 移动电话的编号方式

数字移动电话系统由于采用了先进的数字运算技术来建立通信链路,所以在系统内部有许多数据和号码以保证通信的保密性和安全性。下面介绍数字移动电话系统内几种主要的号码及其编码方式。

微课 移动电话的编号方式

(1) 移动用户号码(MSISDN)

移动用户号码是用户在申请移动电话服务时由电信运营商分配的唯一号码,具体结构可参照表 5-1。

动画 移动电话的编号方式

表 5-1 移动用户号码

码号种类	码号结构	相关名词含义
移动用户号码(MSISDN)	国家(地区)码+网号+$H_0H_1H_2H_3$+ABCD	MSISDN 是用于识别移动用户的号码,功能等同于 PSTN 号码。不同国家(地区)的国家(地区)码不同,网号标识不同的网络运营商,$H_0H_1H_2H_3$ 是 HLR 标识码,ABCD 是局内用户号码

例如,86 139 0123 4567 代表如下含义:

① 国家(地区)码(如中国为 86)用于国际呼叫;

② 网号(如 139)表示不同的移动运营商;

③ $H_0H_1H_2H_3$(如 0123)用于区分不同的 HLR;

④ ABCD(如 4567)是特定 HLR 内部的局内用户号码。

(2) 国际移动用户识别码(IMSI)

IMSI 是每个 SIM 卡里的唯一标识码,用于网络标识和用户识别,具体结构见表 5-2。

表 5-2 IMSI

码号种类	码号结构	相关名词含义
国际移动用户识别码(IMSI)	国家(地区)码(3 位)+移动网络识别码+移动台识别码	IMSI 是用于识别不同移动用户的号码,储存在 SIM 卡中。可通过 IMSI 辨识用户归属的国家、运营商及服务区

例如,460 00 0912345678 代表如下含义:

① 国家(地区)码(如中国为 460)用于标识用户所在的国家(地区);

② 移动网络识别码(如中国移动为 00,中国联通为 01)用于区分不同的移动运营商;

③ 移动台识别码(如 0912345678)为运营商分配给用户的唯一号码。

(3) 国际移动设备识别码(IMEI)

IMEI 是分配给移动设备的唯一识别号,用于设备认证和安全检查。用户可通过拨打"*#06#"查询自己设备的 IMEI。

IMEI 通常由 15 位数字组成,其分配全球唯一,由设备制造商在制造过程中写入,并且通常无法更改。IMEI 注明在每个移动台的商标上,只与移动台设备本身有关,对应国际设备识别寄存器(EIR),提供对设备的鉴别和跟踪功能。

GSM 系统中的 EIR 是一个数据库,存储着 IMEI。这些 IMEI 被分成三类:第一类是经过认证的 IMEI,第二类是怀疑有故障或有问题的 IMEI,第三类是被盗、丢失或走私等禁止使用的 IMEI。全世界有一个最大的移动台识别系统,同时各国电信经营部门又建有各自的移动台识别系统,并分别与世界的移动台识别系统相连。如果某个用户的手机被盗或丢失了,该用户可立即向有关电信部门报告,电信部门通知移动台识别系统,这时,该 IMEI 就作为第三类(即禁止使用类)IMEI 存储在数据库中。同时,移动台识别系统还将此信息及 IMEI 传输到世界移动台识别系统,该系统会通知全球各个国家的移动台识别系统。这样,这台丢失的移动台在世界任何一个地方都无法使用。但是有些国家没有引入 EIR,如我国的 GSM 系统就没有配备 EIR,因此手机丢失后无法通过运营商挂失。

(4) 移动台漫游号(MSRN)

当移动用户漫游到非原籍网络时,MSRN 是由访问网络临时分配给用户的唯一号码,主要用于路由呼入到漫游移动用户的呼叫。

MSRN 的作用是让网络知道移动用户当前所在的位置,并为之分配一个临时号码,以便在公共电话网络中完成呼叫的路由选择。当用户离开访问区域后,该漫游号就被释放,可以再分配给其他用户。

通过以上各种编号方式的结合使用,数字移动电话系统能够精确地鉴别用户身份、设备以及用户当前所处的位置,从而保障通信的安全性、可靠性和高效性。

4. 移动台的构成

PPT 数字移动台的构成

移动台的构成是多方面的,涵盖了硬件组件、用户数据和安全机制等多个层次。

移动台主要由移动设备(Mobile Equipment,ME)和用户识别(Subscriber Identity Module,SIM)卡两部分组成。移动台的构成框图如图 5-26 所示。

(1) ME

ME 包含如下几个关键组件。

微课
数字移动台的构成

动画
数字移动台的构成

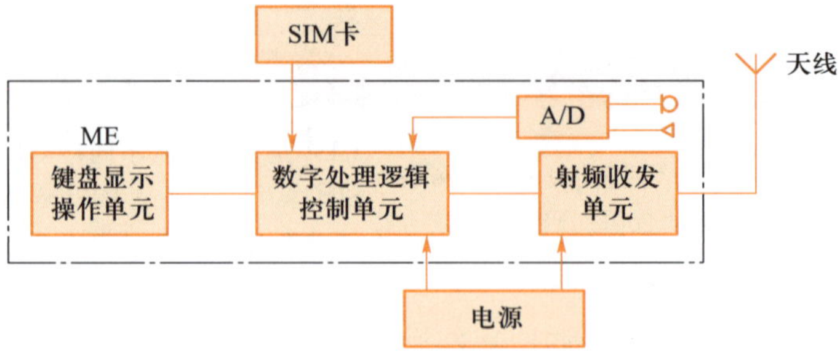

图 5-26 移动台构成框图

① 射频收发单元(RF unit):负责无线信号的发送和接收,包括信道的选择和频率的转换。

② 数字处理逻辑控制单元(baseband processor):执行数字信号编解码、错误检测和修正,以及其他信号处理功能。

③ 键盘显示操作单元(user interface):包括屏幕、键盘和其他操作接口,让用户可以进行通话、发送消息、浏览信息等操作。

④ 电源(power supply):为手机提供必要的电能,常见形式为电池。

(2) SIM 卡

SIM 卡(见图 5-27)是移动通信系统中存储用户特定信息的智能卡,可分为两种尺寸。

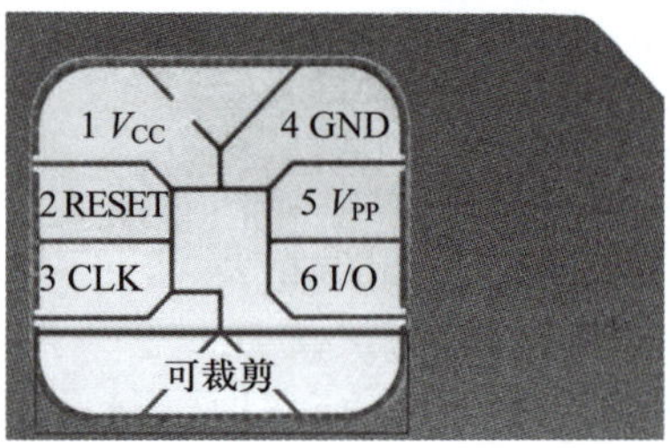

图 5-27 SIM 卡

① 标准尺寸(大卡):与信用卡等尺寸相同,在较早期的手机中使用。

② 小型尺寸(小卡):可以从大卡上拆下来,随着手机设备的小型化而被广泛采用。

国际移动用户识别码(IMSI)是识别用户的唯一号码,存储在 SIM 卡中,并与用户手机号在网络的 HLR 中进行一一对应。

SIM 卡基于 GSM 技术标准,主要用于 2G 网络。其功能较为基本,主要用于用户识别和认证。随着技术的发展,SIM 卡从标准尺寸演变为更小的尺寸(Micro SIM、Nano SIM),并逐步升级为 USIM 卡(通用 SIM 卡),主要用于 3G、4G 和 5G 网络。USIM 卡具有更高的处理能力和安全性,支持更复杂的加密算法和更大的存储容量,在现代智能手机中得到了广泛应用。

(3) 移动台的安全机制

用户的密钥和保密算法:每个用户的 SIM 卡上都存有一个独特的认证密钥(K_i),用于网络鉴权。网络中的鉴权中心(AUC)也存储着对应的密钥,并使用该密钥进行保密算法的运算,确保用户身份的鉴别。

用户使用的存储空间:SIM 卡提供一定的存储空间,用户可以存储个人信息,如电话簿、固定短消息等。部分信息是可读可写的,用户可通过手机键盘或将 SIM 卡与个人计算机相连,利用相关软件来管理这些信息。

网络交互中的安全功能:SIM 卡与网络的交互过程中,确保了用户数据和通信的安全性。在鉴权过程中,移动台接收来自网络的随机数,并使用 SIM 卡中的密钥及算法计算出一个响应,然后将其发送回网络。由于密钥是保密的,即使其他无线电设备监听到鉴权过程的信号,也无法破解密钥,从而确保了通信过程的安全。

整个数字移动电话系统的运作离不开这些基础构成部分的协同工作，从移动台的硬件到用户身份和安全性保护的软件，再到基站系统用于通信联络的收发设备，这些组成部分共同确保了用户无论身处何地，都能享受到安全、可靠的移动通信服务。

5. GSM 的信道和帧结构

GSM 通信系统中信令和语音/数据信息的传输都是通过特定的帧结构进行的。

(1) 帧结构

PPT GSM 无线接口

GSM 通信系统中的帧结构设计是层次化的，以超高帧为最高层次，下面依次是超帧和复帧，最后是 TDMA 帧。

微课 GSM 无线接口

① TDMA 帧：TDMA 帧是 GSM 中的最基本单位，持续时间约为 4.615 ms。一个 TDMA 帧包含 8 个时隙，每个用户或通道被分配到特定的时隙中进行通信。

② 复帧：TDMA 帧被组织成两种类型的复帧，即交通信道(TCH)用的由 26 个 TDMA 帧组成的复帧，以及控制信道(CCH)用的由 51 个 TDMA 帧组成的复帧。

26 帧复帧用于话音和数据服务，其周期约为 120 ms；51 帧复帧用于信号控制，其周期约为 235.4 ms。

动画 GSM 无线接口

③ 超帧：一个超帧包含一个 26 帧复帧和两个 51 帧复帧。超帧的周期是 6.12 s，它是 GSM 帧结构中提供同步的较长时间比例尺。

④ 超高帧：2 048 个超帧组合形成超高帧。超高帧是 GSM 中最大的时间结构单位，周期约为 3 h 28 min 53 s 760 ms，用来同步长周期性网络操作和加密算法中的计数器。

每个复帧是构建在 TDMA 帧上的更大的帧结构单元，而超帧则是复帧的集合，超高帧又覆盖了多个超帧。它们之间的关系是逐级包含的：TDMA 帧构成复帧，复帧组成超帧，超帧又汇总形成超高帧。

(2) 信道类型

物理信道：基于时分多址和频分双工(TDMA/FDD)，将上下行通信分配在不同的频率，并在每个频率上设置 8 个时隙，实现物理通信信道的构建。

逻辑信道：GSM 将物理信道(时隙)进一步细分为不同的逻辑信道，包括控制信道和业务信道，用于传输不同类型的信息。

5.2.2 CDMA

PPT CDMA 系统的主要优势

1. CDMA 简介

CDMA(Code Division Multiple Access，码分多址)是一种数字无线通信技术，它使用扩频技术，使得多个用户可以同时使用相同的频段进行通信，而不会互相干扰。CDMA 与其他多址技术(如 FDMA 和 TDMA)不同，它允许用户共享相同的频率资源。

微课 CDMA 系统的主要优势

第二代移动通信系统主要包括 GSM 和 CDMA 两大标准，它们在多个方面有所不同，见表 5-3。

表 5-3 GSM 和 CDMA 的比较

比较项目	GSM	CDMA
多址接入技术	基于 TDMA(时分多址)技术，将频率划分为不同的时隙，并将这些时隙分配给不同的用户，实现多用户共享同一频率带宽	采用 CDMA(码分多址)技术，允许所有用户共享相同的频率带宽，每个用户通过一个独特的编码序列来区分自己的通信

动画 CDMA 系统的主要优势

续表

比较项目	GSM	CDMA
频率利用	对频率利用更为严格，需要将频谱划分为不同的时隙和频率载波	更加灵活，所有用户能够在同一时间使用同一频率，频率利用效率更高
相互干扰处理	由于不同用户在时间上分离，因此相互干扰较少，但在面对频率选择和同频干扰时则需要有效管理	具有更好的干扰管理能力，其采用的扩频技术可以减少信号受到的干扰，并具有更好的多径衰落处理能力
安全性	通过加密算法如 A5/1 和 A5/3 来提供通话加密，加密性较弱	每个信号都有各自独特的扰码，这种技术天然提供了更高的安全性和隐私性
硬件要求	手机的硬件相对简单，主要是因为它不需要处理同一频率下其他用户的信号	手机需要更复杂的硬件来进行解码和处理其他用户的信号，因此制造成本更高
语音质量和覆盖	当网络负载较高时，GSM 可能导致通话掉线、延迟增加和音质下降等问题，影响语音质量	一般可以提供更高质量的语音，并且在相同输出功率下拥有更大的覆盖范围
演进路线	通过 GPRS 和 EDGE 等技术过渡到更高速率的数据服务	具有自己的演进路线，通过 CDMA 2000 1x 和 1xEV-DO 等技术向第三代技术过渡

2. CDMA 系统优势

CDMA 基于先进的码分多址技术和扩频通信原理，与 GSM 系统有相似的组成和网络结构。然而，CDMA 系统的独特技术带来了多项明显优势。

① 高系统容量：CDMA 技术结合了精细的功率控制和话音活化检测技术，提升系统容量。CDMA 可以允许更多用户共享同一频段，相较于 TDMA，系统容量提高了约 4 倍。

② 高效软切换：CDMA 系统中所有小区使用相同频率，通过不同的编码区分。移动用户在小区之间移动时，系统仅需要调整码序列，而无须进行频率切换，可以降低切换失败率。

③ 强大安全性：CDMA 系统采用扰码技术，在防止串话和盗听方面表现出色，保密性好。

④ 低辐射水平：CDMA 手机的平均发射功率远低于 GSM 手机，号称“绿色手机”。

⑤ 宽覆盖范围：CDMA 技术在低负载时可以支持较大的覆盖半径（达 60 km），减少了基站数量，同时降低了发射功率需求，延长了手机电池寿命。

⑥ 优良话音质量：与 GSM 相比，CDMA 系统能够提供更接近固定电话的通话质量。

⑦ 第三代移动通信系统的顺滑过渡：基于 IS-95 标准的 CDMA 技术具备良好的向后兼容性，能够平滑过渡到第三代移动通信系统（如 CDMA2000），无须大规模改造。

3. CDMA 系统结构

以 IS-95 标准为例，CDMA 系统构建了一个由多个子系统或功能实体组成的复杂结构，如图 5-28 所示。

图 5-28 中：

BSC	Base Station Controller	基站控制器，管理无线资源和参数
BTS	Base Transceiver Station	基站收发信机，服务于特定区域

MSC	Mobile services Switching Center	移动业务交换中心,管理交换功能和用户数据
AC	Authentication Centre	鉴权中心,管理安全性,如用户鉴权和加密
EIR	Equipment Identification Register	设备识别寄存器,记录设备识别信息
HLR	Home Location Register	归属位置寄存器,存储用户静态数据
VLR	Visitor Location Register	访问位置寄存器,动态存储用户的位置信息
BSS	Base Station Subsystem	基站子系统,负责基站管理
NSS	Network SubSystem	网络子系统,包括 MSC/VLR、HLR、OMC、EIR
NMC	Network Management Center	网络管理中心,负责整体网络管理
OSS	Operating System Subsystem	操作子系统,负责网管、安全、计费、卡管理
OMC	Operations and Maintenance Center	操作维护中心,负责网络运营和维护
DPPS	Data Post Processing Subsystem	数据后处理系统,负责集中计费管理
SEMC	SEcurity Management Center	安全性管理中心,监管网络安全
PCS	Personal Card System	用户识别卡管理系统,负责个人卡信息管理
MS	Mobile Station	移动台,用户使用的手机或移动设备
PDN	Packet Data Network	公用数据网,提供数据网络服务
ISDN	Integrated Service Digital Network	综合业务数字网
PSTN	Public Switching Telephone Network	公用电话交换网

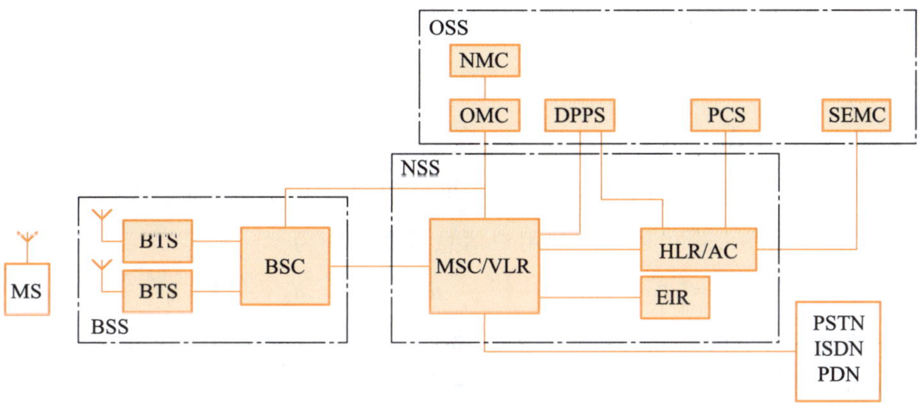

图 5-28 CDMA 系统结构

CDMA 系统结构可归纳为若干主要组成部分,包括移动台(MS)、基站子系统(BSS)、网络子系统(NSS)和操作子系统(OSS),各部分功能如下。

① 移动台(MS):用户使用的设备,为 CDMA 移动通信网中唯一直接与用户接触的部件。

② 基站子系统(BSS):直接与无线蜂窝相关,包括基站控制器(BSC)和基站收发信机(BTS),提供无线连接和管理资源。

③ 网络子系统(NSS):包含交换、数据库等功能实体,如移动业务交换中心(MSC)、归属位置寄存器(HLR)、鉴权中心(AC)和访问位置寄存器(VLR)等,负责管理通信和用户数据。

④ 操作子系统(OSS):通过操作维护中心(OMC),网络管理中心(NMC)、数据后处理

系统(DPPS)、安全性管理中心(SEMC)、用户识别卡管理系统(PCS)等提供用户和设备管理以及网络运营和维护功能。

这些实体和组件共同协作,使得 CDMA 系统能够支持大量用户,同时保持通信的可靠性和安全性。随着通信技术的发展,这些概念和组件也在不断地迭代和优化。

PPT
CDMA 系统工作原理

微课
CDMA 系统工作原理

动画
CDMA 系统工作原理

4. CDMA 系统原理

码分多址(CDMA)技术的核心在于使用大量正交码序列作为地址码,这些码序列具备强大的自相关性质和低的互相关性,即每个码序列与自身匹配时产生高的自相关值(通常为 1),而与其他不同码序列匹配时互相关值接近于 0。在 CDMA 通信过程中,发送端将用户数据与相应的地址码进行组合(通常是乘法或模 2 加)并调制后发射。在接收端,接收机会生成相同的地址码并将其与接收到的信号相乘,利用相关性的差异来提取出所需的信号,这个过程称为相干检测。

图 5-29 所示为一个包含 N 个用户的 CDMA 收发系统结构。

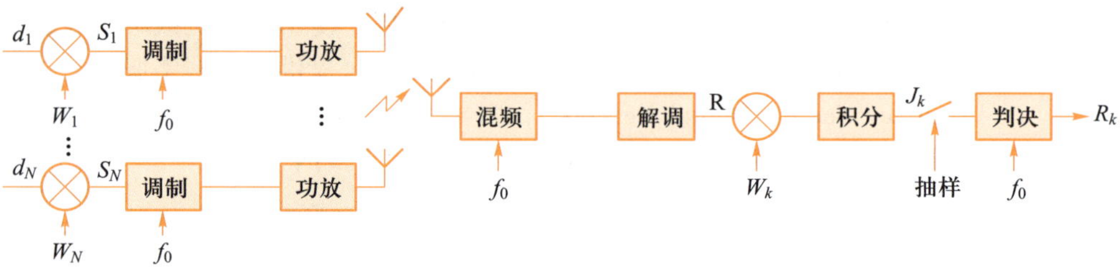

图 5-29 CDMA 收发系统结构

为了简化说明,考虑一个 4 个用户的系统,地址码[波形如图 5-30(a)所示]分别为

$$W_1=[1,1,1,1];\quad W_2=[1,-1,1,-1],\quad W_3=[1,1,-1,-1];\quad W_4=[1,-1,-1,1]$$

如图 5-30(b)所示,若在某一时刻用户信息数据分别为

$$d_1=[1];\quad d_2=[-1];\quad d_3=[1];\quad d_4=[-1]$$

则用户信息数据与对应的地址码相乘产生的信号 $S_1\sim S_4$ 的波形如图 5-30(c)所示,它们会在发送过程中随时间叠加在一起传播。接收端同步之后并忽略噪声,会得到一个包含所有用户信息的复合波形。接收端针对特定用户(如用户 2)的接收过程,则涉及选用与该用户相同的地址码(如 W_2)作为参考,并将其与复合波形相乘,然后通过积分和抽样、判决电路获取用户信息。

以用户 2 为例,接收端使用地址码 W_2,通过处理后,会得到如图 5-30(d)所示的波形 $J_1\sim J_4$,分别为

$$J_1=\{0\};\quad J_2=\{-1\};\quad J_3=\{0\};\quad J_4=\{0\}$$

即在抽样、判决电路前的信号是:0+(-1)+0+0。此时,虽然解调输出 R 端的波形是 $S_1\sim S_4$ 的叠加,但是,因为要接收的是用户 2 的信息数据,本地产生的地址码与用户 2 的地址码相同,经过相关检测后,用户 1、3、4 所发射的信号加到抽样、判决电路前的信号是 0,对信号的抽样、判决没有影响。最终,抽样、判决电路将输出 $R_2=\{-1\}$,代表用户 2 所发送的数据。

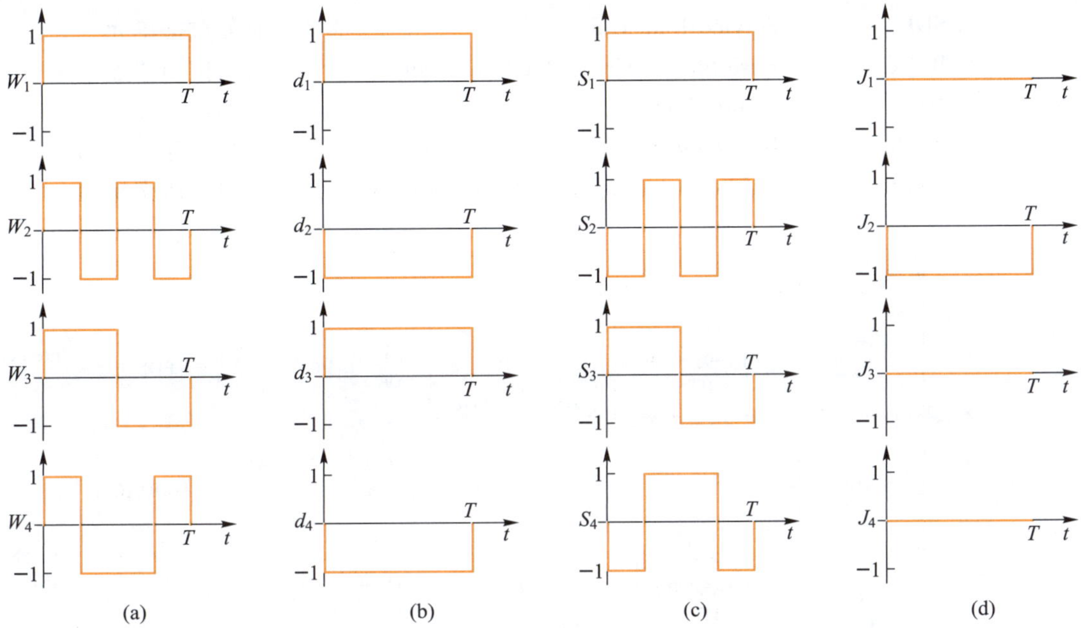

图 5-30 码分多址原理波形示意图

5.3 第三代移动通信系统

PPT 第三代移动通信系统

5.3.1 CDMA2000

1. CDMA2000 系统结构

微课 第三代移动通信系统

CDMA2000 是一种基于 CDMA 的无线通信标准,它在原有技术的基础上进行了一系列的改进和增强,为用户和运营商都带来了新的机遇和挑战。在中国,CDMA2000 网络由中国电信运营,其服务品牌名为“天翼”。

CDMA2000 系统由多个子系统构成,能够与现有的 PSTN、ISDN 和 Internet 等通信网络进行互联和互通。这种互通是通过定义清晰的标准化接口规范来实现的,确保不同厂商提供的 CDMA 系统或子系统之间可顺畅互联。

动画 第三代移动通信系统

在 CDMA2000 1x 网络中,主要节点包括基站收发信机(BTS)、基站控制器(BSC)、移动业务交换中心(MSC)、分组控制功能(PCF)和分组数据支持节点(PDSN)。其基于 ANSI-41 核心网的系统结构如图 5-31 所示。

图 5-31 中:

BSC	Base Station Controller	基站控制器
BTS	Base Transceiver Station	基站收发信机
MSC	Mobile services Switching Center	移动业务交换中心
AC	Authentication Centre	鉴权中心
HLR	Home Location Register	归属位置寄存器
VLR	Visitor Location Register	访问位置寄存器
PCF	Packet Control Function	分组控制功能
PDSN	Packet Data Support Node	分组数据支持节点

SDU	Service Data Unit	业务数据单元
BSCC	Base Station Controller Connector	基站控制器连接器
MS	Mobile Station	移动台
ISDN	Integrated Service Digital Network	综合业务数字网
PSTN	Public Switching Telephone Network	公用电话交换网

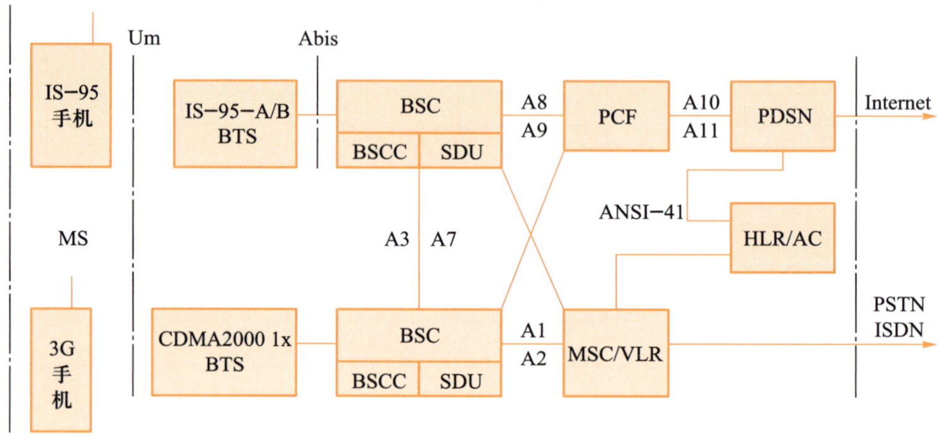

图 5-31 CDMA2000 1x 系统结构

图 5-31 中，移动台可以是 IS-95 或 CDMA2000 1x 手机，BTS 在小区建立无线覆盖区用于移动台通信，BSC 可对多个 BTS 进行控制。新增 PCF 节点用来转发无线子系统和 PDSN 之间的消息。PDSN 为 CDMA2000 1x 接入 Internet 的接口模块。CDMA2000 1x 各接口功能如表 5-4 所示。

表 5-4 CDMA2000 1x 各接口功能

接口名称	功能	备注
Abis 接口	用于 BTS 与 BSC 之间的连接	接口与 IS-95 系统需求相同
A1 接口	用于传输 MSC 与 BSC 之间的信令信息	
A2 接口	用于传输 MSC 与 BSC 之间的话音信息	
A3 接口	用于传输 BSC 与 SDU 之间的用户话务（包括话音和数据）和信令	
A7 接口	用于传输 BSC 之间的信令，支持 BSC 之间的软切换	
A8 接口	用于传输 BSC 与 PCF 之间的用户业务	CDMA2000 1x 新增接口；A10/A11 接口是无线接入网与分组核心网之间的开放接口
A9 接口	用于传输 BSC 与 PCF 之间的信令信息	
A10 接口	用于传输 PCF 与 PDSN 之间的用户业务	
A11 接口	用于传输 PCF 与 PDSN 之间的信令信息	

在 CDMA2000 1x 网络的核心中，PCF 和 PDSN 是新增模块，用于支持 IP 下的移动性和分组数据传输。MSC/VLR 核心网络则支持语音服务和增强型电路交换数据服务，其与

HLR/AC 之间的接口类似于 IS-95 系统，基于 ANSI-41 协议。

2. CDMA2000 关键技术

CDMA2000 系列中采纳了一系列关键技术，以优化通信质量和提高系统容量。

① 前向快速功率控制：允许基站根据移动设备的反馈快速调整发射功率，从而优化功率效率和系统容量。

② 前向快速寻呼信道：可以减少激活移动设备的时间，减少功耗。

③ 发射分集技术：通过采用多个天线的正交发射信号，减少发射功率，抵抗瑞利衰落的影响。

④ 反向相干解调：利用 Rake 接收机进行相干解调，提高链路质量和系统容量。

⑤ 连续导频：在反向链路中使用，提高信号的稳定性和功率控制的精确性。

⑥ 灵活的帧长：CDMA2000 1x 支持多种帧长，可根据不同服务需求调整帧长以优化性能。

3. CDMA2000 发展演进

CDMA2000 是 3G 标准之一，从 CDMAOne（IS-95）逐渐演进而来，分为 CDMAOne、CDMA2000 1x（3x）、CDMA2000 1xEV-DO 等阶段。这些演进均属于第三代技术，其中 CDMA2000 1x 是最早的 3G 标准。相比 IS-95 系统，CDMA2000 1x 在声音和数据服务容量方面有显著提升。

CDMA2000 1x 无法完全满足日益增长的高速数据需求，因此 3GPP2 制定了 CDMA2000 1x 的增强标准，包括 1xEV-DO 和 1xEV-DV 两个分支。1xEV-DV 支持在同一个载波上同时传输数据和语音，而 1xEV-DO 使用独立的载波来传输高速数据。

1xEV-DO 技术在无线传输性能上的提升尤为显著。基于对前向和反向链路的显著优化和创新，1xEV-DO 拥有独特的技术特点和干扰模型。CDMA2000 1xEV-DO 的设计集中于高速数据传输，强化了对前向链路的优化，能支持每秒数百千比特（kbit）甚至上兆比特（Mbit）的传输速率。为在同一网络上同时支持数据和语音，1xEV-DV 技术被提出，但并未广泛商用。

随着 4G LTE 的崛起，CDMA2000 被逐渐淘汰。但 CDMA2000 引入的一些关键技术和概念，如软件无线电、多址接入和功率控制等，将继续对未来的通信技术产生深远影响。

5.3.2 WCDMA

1. WCDMA 系统结构

WCDMA（Wideband Code Division Multiple Access，宽带码分多址）作为由欧洲电信标准协会（ETSI）提出的第三代移动通信标准之一，被纳入通用移动通信系统（UMTS）体系中。此标准在 20 世纪 90 年代初期开始制定，并由 UMTS 论坛进一步推广。在中国，WCDMA 网络由中国联通运营，其服务品牌名为“沃”。

WCDMA 系统主要由核心网（Core Network，CN）、UMTS 陆地无线接入网（UMTS Terrestrial Radio Access Network，UTRAN）以及用户设备（User Equipment，UE）三部分组成。WCDMA 的无线接入网 UTRAN 在 UMTS 中有特别的设计和角色。WCDMA 的不同标准版本包括 R99、R4、R5、R6、R7 等，其中 R99、R4 和 R5 较为成熟。全 IP 化的 R5 和 R6 主要在核心网侧有所区别。3GPP R99 标准的功能制定于 2000 年 3 月，提供了一个稳定的标准框架，后续版本均与 R99 向后兼容。WCDMA 系统结构如图 5-32 所示。

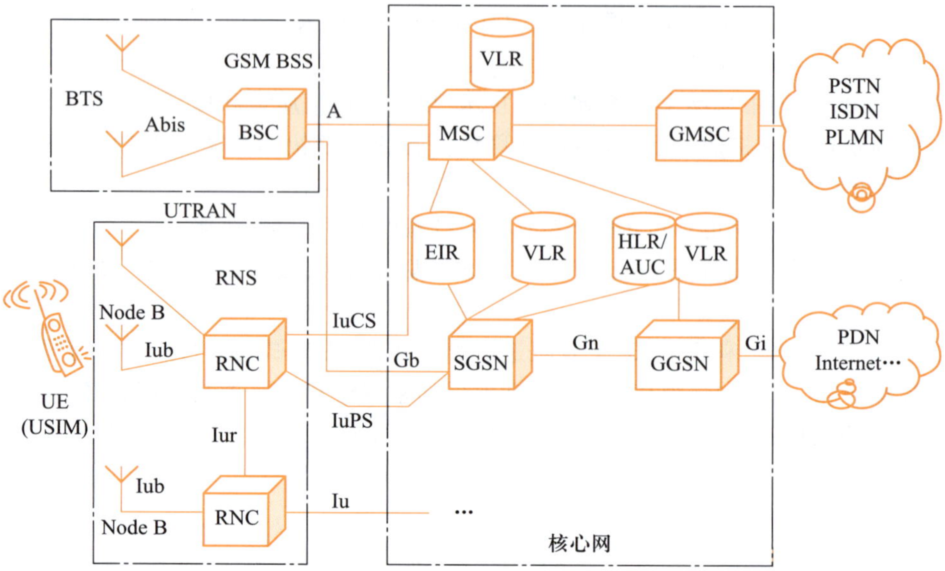

图 5-32 WCDMA 系统结构

图 5-32 中：

UTRAN	UMTS Terrestrial Radio Access Network	UMTS 陆地无线接入网
BSC	2G Base Station Controller	2G 基站控制器
BTS	2G Base Transceiver Station	2G 基站收发信机
Node B	2G Node of Base transceiver station	WCDMA 基站收发信机
RNC	Radio Network Controller	WCDMA 无线网络控制器
RNS	Radio Network Sub-system	WCDMA 无线网络子系统
MSC	Mobile services Switching Center	移动业务交换中心
HLR	Home Location Register	归属位置寄存器
AUC	AUthentication Centre	鉴权中心
VLR	Visitor Location Register	访问位置寄存器
EIR	Equipment Identification Register	设备识别寄存器
GMSC	Gateway Mobile Switching Center	网关移动业务交换中心
GGSN	Gateway GPRS Support Node	网关 GPRS 支持节点
SGSN	Serving GPRS Support Node	服务 GPRS 支持节点
UE	User Equipment	用户设备，即移动台
ISDN	Integrated Service Digital Network	综合业务数字网
PSTN	Public Switching Telephone Network	公用电话交换网
PDN	Public Data Network	公用数据网
PLMN	Public Land Mobile Network	公用陆地移动网

在 WCDMA 系统中，无线接入网 UTRAN 包括许多通过 Iu 接口连接到核心网的无线网络子系统（RNS）。UTRAN 由多个 RNS 构成。一个 RNS 又由一个无线网络控制器（RNC，相当于 2G 的 BSC）和一个或多个基站收发信机（Node B，类似于 2G 的 BTS）组成。一个 RNS 包括一个 RNC 和一个或多个 Node B。Node B 包括一个或多个小区，并通过 Iub 接口与 RNC 连接。Node B 负责多个小区的信号传输。WCDMA 的主要接口如表 5-5 所示。

表 5-5 WCDMA 的主要接口

接口名称	功能	备注
Iu 接口	CN 与 RNC 之间的接口	Iu 接口包括 Iu-CS、Iu-PS 接口
Iur 接口	RNC 与 RNC 之间的接口	
Iub 接口	RNC 与 Node B 之间的接口	

WCDMA 采用的无线接口扩频方式具有可变扩频比(4~256),采用直接扩频技术。

2. WCDMA 关键技术

WCDMA 与 CDMA2000 同为 3G 技术,都采用频分双工(FDD)模式,因而需要成对的频率规划。WCDMA 具有 3.84 Mchip/s 的扩频码速率和 5 MHz 的载波带宽,而 CDMA2000 则有 1.228 8 Mchip/s 的扩频码速率和 1.25 MHz 的载波带宽。另外,WCDMA 不要求基站间同步,可以选择是否使用,而 CDMA2000 则必须要求基站间同步,这通常需要全球定位系统(GPS)。这些是 WCDMA 与 CDMA2000 的主要区别和 WCDMA 的特点。其他关键技术,如功率控制、软切换、扩频码以及分集技术,在 WCDMA 与 CDMA2000 中基本相同,仅有细微差别。

3. WCDMA 发展演进

UMTS 标准的演进不仅限于空中接口,还涉及一系列技术规范和接口协议,包括 CDMA 接入网络和分组化的核心网络。UMTS 版本的演进呈现出技术进步与业务需求提升的趋势。3GPP 组织负责其标准化工作,主要版本包括 R99、R4、R5、R6 和 R7。每个版本都在提升网络性能,以提供更好的数据服务和服务质量(QoS)保证。

WCDMA 作为 3G 移动通信技术经历了显著的发展和演进,其主要演进路径概述如下。

① 早期发展(R99):WCDMA 最初的标准是 3GPP R99,它在网络结构上继承了 2G GSM/GPRS 网络的框架。R99 的设计考虑了与 GSM 的兼容性,以便网络运营商平滑过渡到 3G 技术。它支持高速的数据传输和可管理的服务质量,并且在电路交换域提供了面向电路的服务,同时在分组交换域提供了到 IP 网络的数据传输。

② 核心网的演进(R4 及以上):随着 R4 和后续版本的推出,核心网开始从基于 TDM 的电路交换逐渐演进至更多基于 IP 的分组交换技术。R4 引入了媒体网关(Media Gateway, MGW)和软交换概念,降低了语音业务的成本,并提高了数据业务的效率。

③ 全 IP 网络转变(R5、R6):自 R5 版本起,UMTS 的演进目标是构建完全基于 IP 技术的通信网络。IMS 的引入让 UMTS 不仅能够处理传统的语音通话,还能够处理基于 IP 的多媒体业务。IMS 的引入,尤其是在 R5 及后续版本中,为 UMTS 带来了传统语音和新型移动多媒体业务的 IP 支持。IMS 定义了结构、安全性、基于策略的 QoS 机制,并提供了多种移动增值业务,对整个移动网络发展具有关键影响。

④ 服务与应用的分离(R6 及以上):随着 IMS 的不断成熟,核心网络的功能开始与应用和服务分离,这使得服务提供变得更加灵活和快捷,同时也为各类新增值服务打下了基础。

⑤ 高级数据传输能力(R7 及以上):R7 和之后的版本中,3GPP 继续推动了无线接入技术的发展,引入了更高效的调制和编码技术,提高了传输率,改善了网络性能。

⑥ 长期演进(LTE):虽然 LTE 被认为是 4G 技术,它的诞生也是 WCDMA 演进的一个里程碑。LTE 提供了更高的带宽、接入速度和低延迟,是 UMTS/WCDMA 技术演进的自然扩展。

3GPP 作为一个动态的组织,持续在全球范围内推动和制定新的标准,这些标准不断提升通信网络在速度、效率、可靠性和服务质量上的要求，以满足不断变化的市场和用户需求。

WCDMA 的演进过程体现出 UMTS 标准在保持向后兼容的同时，实现了从原来的高速数据传输到后来的全 IP 多媒体服务的转变。UMTS 网络趋向全 IP 化，从传统的 TDM 模式过渡到 IP 网络。UMTS 的长期体系结构发展旨在支持多媒体业务，并在业界逐渐淘汰电路交换域，完全基于分组交换系统。

5.3.3 TD-SCDMA

1. TD-SCDMA 系统结构

TD-SCDMA（Time Division Synchronous Code Division Multiple Access）是一种采用时分双工（TDD）模式和同步码分多址（CDMA）技术的 3G 移动通信技术标准，由中国电信科学技术研究院提出并得到 ITU 的认可。由于 TD-SCDMA 基于 TDD，因此它继承了 TDD 技术的多项优缺点，如表 5-6 所示。TD-SCDMA 的诞生是中国进入 3G 通信领域，实现从技术跟随到部分技术领先转变的重要标志。这个标准的成功开发体现了中国在全球通信标准制定中日益增强的影响力。在中国，TD-SCDMA 网络由中国移动负责部署，以“G3”品牌对外提供服务。

表 5-6 TD-SCDMA 技术的优缺点

方面	表现	说明
优点	高频谱利用率	无须配对频率，极大节省了宝贵的频谱资源
	适合数据业务	针对 IP 业务的不对称性质，TDD 模式非常适合不同传输速率的上下行数据传输需求
	技术创新	采用智能天线与其他创新技术，如上行同步和软件无线电，能显著提高频谱利用率
缺点	有限的移动性和覆盖	TDD 系统在移动速度和覆盖范围上存在局限，多时隙传输在快衰落和多普勒效应下表现较差

TD-SCDMA 将 FDMA、TDMA、CDMA 以及 SDMA 多项技术融为一体，结构与 3GPP 定义的 UMTS 网络结构相同，包括核心网（CN）、UMTS 陆地无线接入网（UTRAN）和用户设备（UE）。TD-SCDMA 系统结构如图 5-33 所示，UTRAN 是无线接入网的物理实体，负责管理无线资源并提供用户接入，而 CN 负责话音、数据通信的呼叫管理和交换处理。

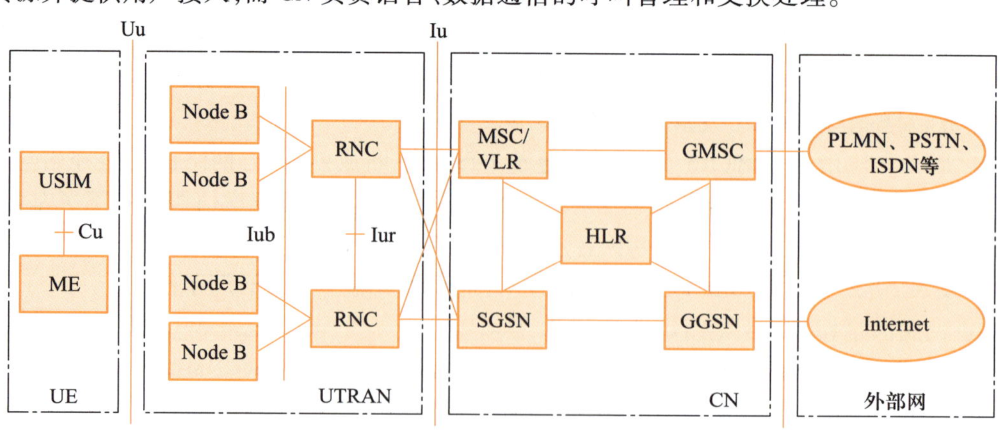

图 5-33 TD-SCDMA 系统结构

图 5-33 中：

UTRAN	UMTS Terrestrial Radio Access Network	UMTS 陆地无线接入网
RNC	Radio Network Controller	无线网络控制器
Node B	Base Transceiver Station	基站收发信机
MSC	Mobile services Switching Center	移动业务交换中心
HLR	Home Location Register	归属位置寄存器
VLR	Visitor Location Register	访问位置寄存器
GMSC	Gateway Mobile Switching Center	网关移动业务交换中心
GGSN	Gateway GPRS Support Node	网关 GPRS 支持节点
SGSN	Serving GPRS Support Node	服务 GPRS 支持节点
UE	User Equipment	用户设备
ISDN	Integrated Service Digital Network	综合业务数字网
PSTN	Public Switching Telephone Network	公用电话交换网
PLMN	PublicL and Mobile Network	公用陆地移动网

核心网包括支持网络特征和通信服务的物理实体，提供用户位置信息管理、网络特征、服务控制、信令和用户信息的交换传输机制等功能。从逻辑上，核心网可划分为 CS(电路交换)域和 PS(分组交换)域。

探　讨

- 移动通信过程中的手机是如何与基站联络的？
- 移动漫游通信过程中，各网元是如何发挥作用的？
- TD-SCDMA 网络由 UE、UTRAN、CN 组成，各部分是如何分工的？

2. TD-SCDMA 关键技术

TD-SCDMA 采用多种关键技术，包括上行同步、智能天线、联合检测和接力切换等，这些技术显著提高了系统的性能和容量。上行同步确保了各用户信号的正交性，智能天线通过定向传输减少干扰，联合检测能大幅减少或消除多址干扰，接力切换则保证了高效的移动管理。

(1) 上行同步技术

上行同步是指通过同步调整，使得小区内同一时隙的各个用户发出的上行信号在同一时刻到达基站，如图 5-34 所示。

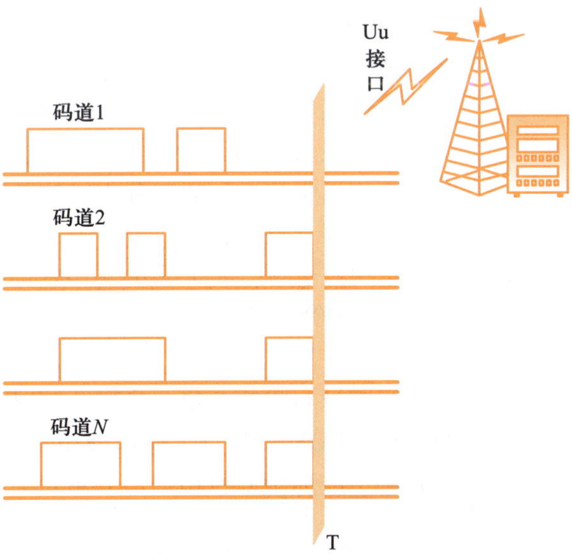

图 5-34　上行同步

上行同步技术涉及将不同用户在同一个时隙中发射的上行信号时间调整到精确同步，确保这些信号同时到达基站，从而避免了多用户间的多址干扰，大幅度提升了 CDMA 系统的运作效率和频道使用率，并通过减少内部干扰使得硬件设计可以更为简洁，成本得以降低。

具体来看,TD-SCDMA系统中的上行同步建立包括以下步骤。

拓展阅读
中国通信标准首次试航——TD-SCDMA

① 获取下行同步:UE开机后需要先与小区建立下行同步,这是通过接收基站发出的下行同步码(SYNC-DL)完成的。

② 发送上行同步码:在指定的时隙,UE发射上行同步码(SYNC-UL)。基站检测此码序列,基于此判断UE的发送功率和时间,随后向UE反馈调整指令。

③ 完成上行同步:UE根据基站反馈进行调整以达到同步,首次上行信号传输仅在上行预同步时隙(UpPTS)进行,以最小化对普通时隙的干扰。

(2) 智能天线技术

智能天线(见图5-35)由众多单元天线构成,形成一个阵列,它能够动态地定位多个区域的信号传播角度。利用这些信息,智能天线能产生定向波束并将其对准指定的移动端,实现精确发送和接收信号,从而极大地减少小区内外的无线干扰,提升通信质量。

图5-35 智能天线

智能天线系统利用多个发送和接收天线(MIMO技术,即多输入多输出)来提高数据传输速率和效率。智能天线可以实现波束成形,利用波的干涉效应,通过软件控制调整天线阵列的排列和激励方式,主波瓣能自动调整方向,对准移动用户的位置。通过天线阵列产生的有方向性信号波束聚焦于特定的用户或区域,可提高信号质量,减少干扰。

TD-SCDMA网络中,用户信号的上行和下行传输发生在同一频率上,这种对称的传输条件使得智能天线能够将小区间的干扰降到最低,实现系统性能的最大化。它能显著提高移动通信系统的频谱效率,从而减少高密度地区所需的基站总量。此外,在人口密度较低的乡村区域,智能天线的方向性功能可以将无线信号覆盖范围扩大两倍,将所需的基站数量减少到通常情况下的四分之一。

(3) 联合检测技术

单用户检测(Single-User Detection,SUD)技术将每个用户的信号单独分离处理。与之相反,多用户检测(Multi-User Detection,MUD)技术将所有用户的信号分离视为一个统一过程。

作为多用户检测的一种形式,联合检测在CDMA系统中尤其关键。在该系统中,用户信号在时域和频域上相互叠加,联合检测允许在接收时对多个用户的信号同时进行分离。TD-SCDMA系统将每个载波的用户分布到不同的、不会产生相互干扰的时隙中。于是,由于在一个时隙中并行用户的数量很少,因此运用联合检测技术并行检测每个用户的计算量相对较小。

联合检测可显著降低甚至完全消除多址接入干扰(Multiple Access Interference,MAI)。

它有效利用了 MAI 中的全部用户信息，使得在相同误码率的前提下，所需的接收信号的信噪比大幅降低，从而提高了接收机的性能和系统的总体容量。联合检测能消除 MAI 干扰，使得产生的噪声量与干扰信号的接收功率无关，因此该技术显著减少了远近效应对信号接收的影响，从而降低了功率控制模块的要求，简化了电气控制系统的设计。

(4) 接力切换技术

接力切换的设计思想是利用智能天线和上行同步技术，在对 UE 的距离和方位进行定位的基础上，以 UE 的位置作为辅助信息，以判断 UE 是否移动到了邻近基站的切换区域。一旦 UE 进入该区域，RNC 便指示相邻基站准备切换。在切换过程中，终端将从源小区接收下行数据，同时向目标小区发送上行数据，即完成了通信链路从旧小区到新小区的逐步转移，如图 5-36 所示。这个过程类似于接力赛跑中接力棒的传递，因此被称为接力切换。

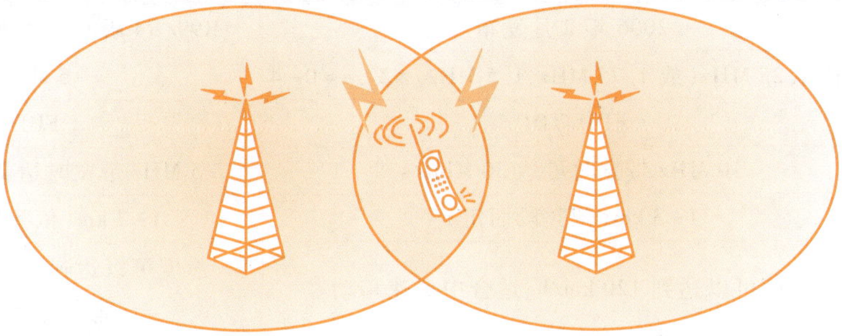

图 5-36 接力切换

接力切换仅由 RNC 判断并执行，无须基站发送切换指示，解决了软切换中频道资源可能浪费的问题。通常情况下，与软切换相比，接力切换可将系统容量提升一倍以上。接力切换大幅度缩短了切换周期，显著提高了切换成功率，降低了切换中断造成通话失败的可能性。

3. TD-SCDMA 的发展

TD-SCDMA 系统支持 HSDPA(高速下行分组接入)和 HSUPA(高速上行分组接入)技术，提升了数据传输速率并优化了频谱使用。尽管 TD-SCDMA 没有像其他 3G 标准那样广泛地在世界范围内被采用，但它在推动 4G TD-LTE 技术全球化和 5G 发展中的关键作用不容忽视。随着 5G 技术的到来，许多早期采用 TD-SCDMA 标准的运营商开始转向 5G 网络。在 5G 网络中，时间分隔的思想继续被应用，并且得到了进一步的开发和完善，这证明了 TD-SCDMA 在历史上的长远意义和它在未来通信技术中的持续影响。

归纳思考

- 3G 的三大主流标准是 WCDMA、CDMA2000 和 TD-SCDMA。
- CDMA 是 3G 标准的核心技术。

5.3.4 WiMAX

1. WiMAX 技术概述

WiMAX，即全球微波接入互操作性(Worldwide interoperability for Microwave Access)，最初被提出作为无线宽带接入的标准。该标准由电气电子工程师协会(IEEE)制定，旨在提供互联网导向的高速数据连接服务。WiMAX 特别适用于城域网(MAN)环境,支持一点对多点的接入和实现不同厂商设备之间的有效互操作。

IEEE 将无线网络标准分为 IEEE 802.15[个人区域网络(PAN)]、IEEE 802.11[无线局域网(WLAN)]、IEEE 802.16(WiMAX,无线城域网)、IEEE 802.20[无线广域网(WAN)]。

WiMAX 基于 IEEE 802.16 标准,主要分为两个发展分支:固定宽带无线接入技术(IEEE 802.16d)和移动宽带无线接入技术(IEEE 802.16e)。后者通常称为移动 WiMAX,其与 WCDMA 的比较如表 5-7 所示。

表 5-7 IEEE 802.16e 与 WCDMA 的比较

比较项目	IEEE 802.16e	WCDMA
标准化进展	2006 年 2 月发布	R99/R4 版本于 2000 年 3 月发布
信道带宽	支持 1.25 MHz(或 1.75 MHz、1.5 MHz)×2^n,$n=0\sim4$	5 MHz
双工方式	FDD/TDD	FDD
用户速率	10 MHz 带宽时可达 30 Mbit/s	5 MHz 带宽时达 2~10 Mbit/s
覆盖范围	1~3 km(依频段而定)	1~3 km(依频段而定)
移动性	速度可以达到 120 km/h,适合中低速移动	速度可以达到 200~400 km/h,适合高速移动
承载技术	OFDM/OFDMA	CDMA
业务定位	数据和语音(以数据为主)	语音和数据(以语音为主)
切换支持	支持	支持

WiMAX 采用正交频分复用(OFDM)技术,这一技术具有较好的抗多径衰落和抗干扰能力,同时还具有频谱效率高、带宽扩展性和兼容性好等特点。由于这些特点,WiMAX 最终被 ITU 确认为 3G 的一个标准。

2. WiMAX 系统结构

WiMAX 系统的参考架构把整个网络分为接入服务网络(Access Service Network,ASN)和连通性服务网络(Connectivity Service Network,CSN)两部分。这两部分的架构根据是否支持漫游有细微差异。WiMAX 系统结构如图 5-37 所示。

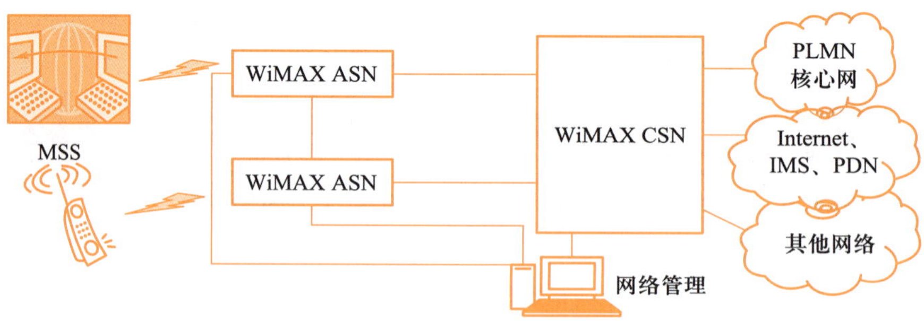

图 5-37 WiMAX 系统结构

图 5-37 中:

WiMAX ASN　　WiMAX Access Service Network　　WiMAX 接入服务网络

WiMAX CSN　WiMAX Connectivity Service Network　WiMAX 连通性服务网络
IMS　IP Multimedia Subsystem　IP 多媒体子系统
MSS　Mobile Subscriber Station　移动用户站
PDN　Public Data Network　公用数据网
PLMN　Public Land Mobile Network　公用陆地移动网

① WiMAX ASN：WiMAX 系统的接入网，负责提供无线接入服务，包括基站和接入网关等。

② WiMAX CSN：WiMAX 系统的核心网，负责为用户提供 IP 连接服务，包括路由器、AAA（认证、授权及记账）代理/服务器、用户数据库以及互联网关等功能实体。

当 WiMAX 独立部署时，其作为一个独立的网络构建，在与其他 3G 网络结合使用时，可与 3G 核心网共享某些功能实体。

5.4　第四代移动通信系统

PPT 第四代移动通信系统

5.4.1　第四代移动通信技术演进

微课 第四代移动通信系统

尽管第三代移动通信系统（3G）的传输速率已大幅超越了第二代移动通信系统（2G），但它依然不能完全满足不断增长的多媒体通信需求。因此，第四代移动通信系统（4G）应运而生，旨在满足对更大带宽和更高数据传输速率的需求。

如图 5-38 所示，在移动通信系统从 2G 向 4G 的过渡过程中经历了多个重要的技术阶段，包括 GSM、HSCSD、GPRS、EDCE、UMTS、4G。这些发展标志了移动通信能力的不断增强，从仅提供语音服务到可以支持高速移动数据及多媒体传输。

动画 第四代移动通信系统

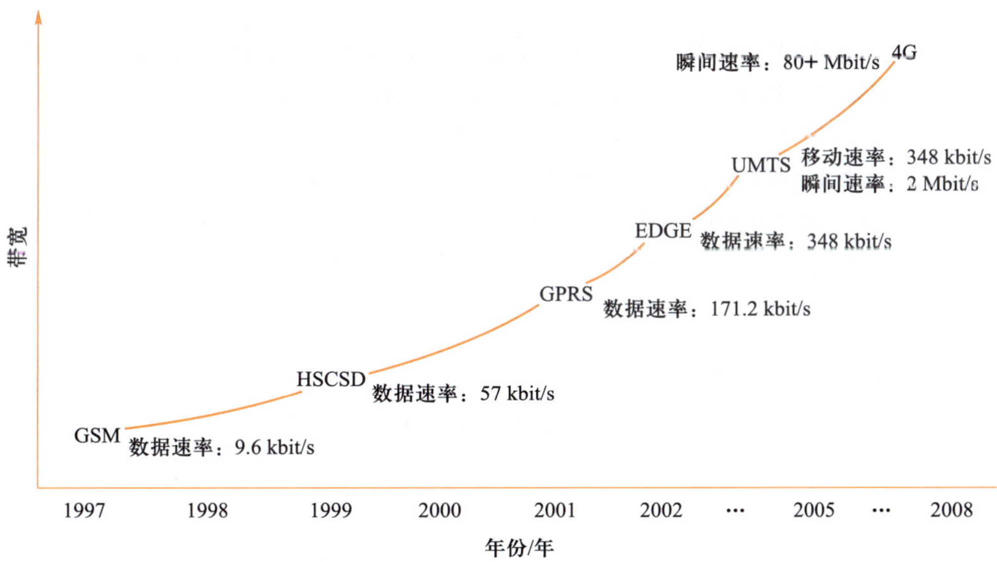

图 5-38　2G 到 4G 移动通信系统的演进历程

在 HSCSD（High Speed Circuit Switched Data，高速电路交换数据）出现之前，数据传输主要通过 GSM 网中的电路交换实现，速度有限。HSCSD 大幅提升了移动数据传输速率，达到固定电话网络中计算机调制解调器的传输速率。GPRS（General Packet Radio Service，通用分组无线业务)进一步将技术从电路交换向分组交换转变,提供了更加高效的网络数据处理方式,标志着 2.5G 时代的到来。EDGE(Enhanced Data rate for GSM Evolution,增强型数据速率 GSM 演进)则作为从 GSM 到 3G 的过渡技术,增强了数据业务速率,并被称为 2.75G。UMTS(Universal Mobile Telecommunications System,通用移动通信系统)标志着 3G 技术的真正实现,引入了 WCDMA 和 TD-SCDMA 等标准。

随着 2013 年 12 月 4 日中国工业和信息化部发放 4G 牌照,中国通信行业正式进入 4G 时代,中国移动、中国联通和中国电信分别获得了 TD-LTE 牌照,之后中国联通和中国电信还获得了 FDD-LTE 牌照。4G 技术以其高速率、广频带和优质的多媒体通信质量体验,满足了多媒体时代的用户需求。

随着技术的发展,每 10 年左右便会出现一次重大的技术更新。但随着通信科技的快速进展,这个周期可能会缩短。目前的 4G 技术基于 LTE 标准,其网络传输速率超过 80 Mbit/s,代表了真正意义上的高速移动宽带服务。然而,4G 的特点并不只是速率提升,还包括高频谱利用率、低通信成本等多方面的改进。4G 的关键技术包括 OFDM 和 MIMO,这些技术有助于提高系统的频谱利用率和抗噪声能力。

5.4.2 4G 技术概述

4G 技术,即第四代移动通信系统技术,是一种用于无线通信的高速技术,提供了相当于高速公路的数据传输渠道。其具备的核心优势是高传输速率,能够实现高达 80 Mbit/s 及更高速率的数据传输,充分满足现代用户的网络需求。4G 如同业界对未来移动通信网络的一个通称,包括但不限于 B3G、Beyond IMT-2000、IMT-Advanced 等术语。总结来说,4G 代表宽带无线接入技术的进步,是基于全球统一标准——长期演进技术(LTE)的升级。

5.4.3 4G 关键技术

4G 关键技术包括正交频分复用(Orthogonal Frequency Division Multiplexing,OFDM)和多输入多输出(MIMO)。相较于 3G 主要采纳 CDMA 技术,4G 选用 OFDM 技术为核心技术,区别在于 OFDM 通过分割宽频信道为许多正交子信道来提升频谱效率,实现高速数据传输。

OFDM 是多载波调制技术的一种,其原理是将一个宽频信道分成若干个正交子信道,然后将高速数据流转换成并行的低速子数据流,调制到每个子信道上进行传输。OFDM 技术的各个子载波之间彼此重叠(见图 5-39),极大提高了频谱利用率。

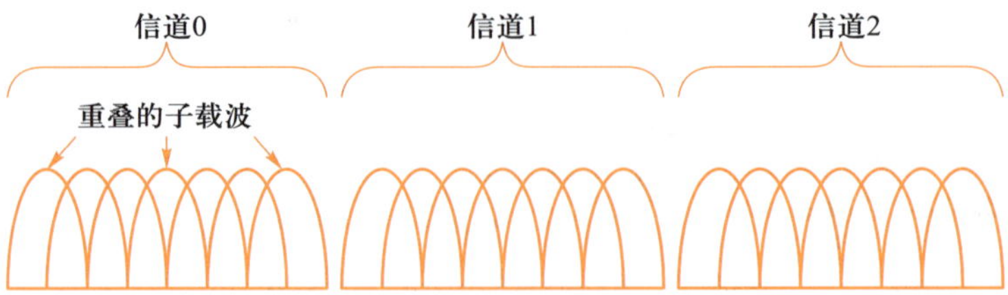

图 5-39 OFDM 技术

4G 支持多种带宽分配,如 1.4 MHz、3 MHz、5 MHz、10 MHz、15 MHz 和 20 MHz 等,且支持全球主流 2G/3G 频段和一些新增频段,因而频谱分配更加灵活,系统容量和覆盖也显著提升。

5.4.4 4G 系统架构

ITU 在 2005 年 10 月的一次会议上将 4G 正式命名为 IMT-Advanced。基于 ITU 的定义,WCDMA、HSDPA 等 3G 技术被纳入 IMT-2000 技术群,而 4G 则依赖于 IMT-Advanced 空中接口技术。IMT-Advanced 标准延伸并依靠多项 3G 新定标准,如 IP 核心网、开放业务架构和 IPv6,同时支持从 3G 系统向 4G 演进的整体架构需求。

4G 网络的融合趋势很清晰,体现在整个通信网络的架构转变为一个基于 IP 的全面集成系统,如图 5-40 所示。这样的架构不仅简化了数据传输路径,还促进了多种通信技术和服务的高效整合。关于全 IP 核心网,它主要由以下关键组件构成。

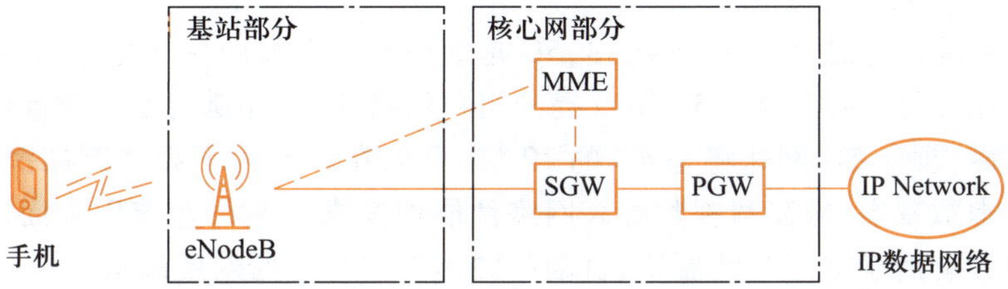

图 5-40 4G 网络架构

① MME(Mobility Management Entity,移动性管理实体):作为控制平面的核心,MME 负责建立和维护用户设备与网络的连接。MME 主要处理信令和控制功能,如用户的登录、跟踪区更新、寻呼、切换过程以及与业务和承载管理相关的信令。

② SGW(Serving Gateway,服务网关):作为数据传输路径中的一个节点,SGW 主要负责在用户设备移动时处理数据包的路由和转发,并充当用户设备和外部网络之间的接口。

③ PGW(PDN Gateway,接入网关):作为用户设备访问外部数据网络(如 Internet 或企业网络)时的最后一个点,PGW 连接 4G 网络和外部网络。它负责为用户设备分配 IP 地址,执行数据过滤,实施策略执行和速率限制功能,确保数据流的质量和服务管理。

全 IP 核心网的架构允许运营商通过灵活、高效的配置来支持各种服务,无论是语音、视频还是高速数据服务均能得到支持。该架构简化了运营商的网络维护和升级工作,提高了效率。

4G 网络可以分为接入层、承载层和业务控制层三个功能层次。接入层支持多种终端和接入方式融入网络,实现标志性演进;承载层提供服务质量(QoS)保障和安全管理,并通过开放的 IP 与接入层对接;业务控制层负责业务管理和优化,通过开放接口与承载层连接,便于集成第三方业务应用。

5.5 第五代移动通信系统

5.5.1 5G 发展背景

第五代移动通信系统(5G)在传输速率、资源管理、无线覆盖和用户体验方面相较于 4G 将有显著进步。5G 并非一个孤立的新技术,它建立在现有的无线接入技术(包含 2G、3G、4G 和 Wi-Fi)之上,通过技术的演进及新兴技术的融合提供一个综合性的解决方案。5G 是一个高度融合的网络世界,以统一的标准实现人、物和服务之间的快速、安全、无缝连接。

从更具深度的技术角度看,5G 不仅将应对超高速数据传输的需求,还将提供超宽频带、超大容量、高密度接入、极高可靠性和全时全地可接入性等特点。因此,通信行业普遍认为 5G 将是一个更宽带化、普及化、智能化、融合化、环保节能的网络。

5G 技术的发展背景源自物联网、自动驾驶汽车等产业的蓬勃发展，这些领域对网络速度的要求推动了 5G 技术的快速进步。ITU 为 5G 设定了明确的性能目标：峰值速率高达 20 Gbit/s，用户体验速率超过 100 Mbit/s，延时低至 1 ms，连接密度达到每平方千米百万级，流量密度达到每平方米 10 Mbit/s。

2015 年，欧盟发布了 5G 合作计划，强调了通信技术的整合发展，包括光纤、无线甚至卫星通信的互联互通，加上软件定义网络(SDN)、网络功能虚拟化(NFV)、移动边缘计算(MEC)和云计算等技术的使用。

中国工业和信息化部在 2016 年指出，5G 是通信技术发展的主要方向，是未来信息基础设施的关键组成部分。相比 4G，5G 不仅提升用户网络体验，还满足了万物互联的未来应用需求。用户层面，预计 5G 网速将是 4G 的 10 倍，可以在几秒内下载一部高清电影，得以满足消费者对于虚拟现实、超高清视频等高网络性能的需求。在行业应用方面，5G 的高可靠性和低延迟特性有助于支撑智能制造、自动驾驶等特定行业的发展需求。

至于 5G 的频谱分配，2017 年 11 月，工业和信息化部发布通知，为 5G 系统划定 3 300~3 600 MHz 和 4 800~5 000 MHz 频段，确保系统能满足大容量和广覆盖的基本需求。

5G 无线通信技术被称为 New Radio(NR)或 5G-NR，其规范于 2017 年 12 月在 3GPP 的第 78 次全体会议上正式得到批准，标志着全球首个可商用的 5G 标准的诞生。

5.5.2 5G 网络架构

5G 网络架构如图 5-41 所示。图中，NG-RAN 表示无线接入网，5GC 表示 5G 核心网。无线接入网 NG-RAN 节点包含 gNB(5G 基站)、ng-eNB(下一代的 4G 基站)两种类型。gNB 提供 NR 用户平面和控制平面协议和功能，ng-eNB 提供 E-UTRAN 用户平面和控制平面协议和功能。AMF(Access and Mobility Management Function)负责接入和移动性管理，UPF(User Plane Function)完成用户平面功能。

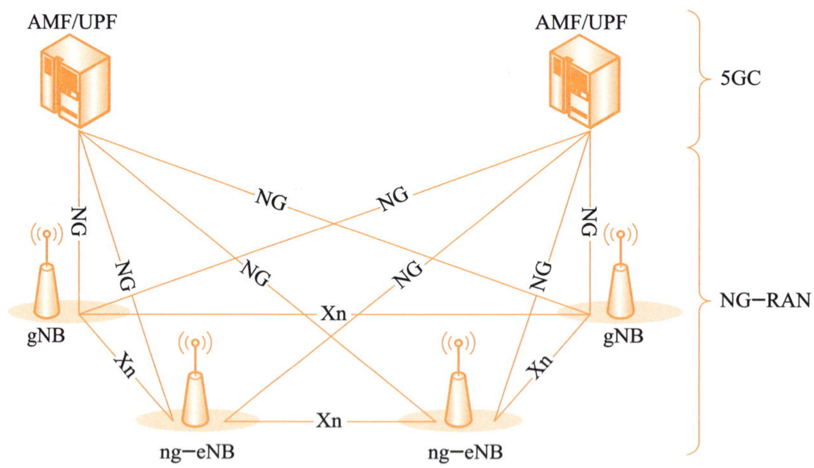

图 5-41 5G 网络架构

5G 网络将不仅承载人与人的通信，还将支持人与物、物与物之间的广泛连接，适应个性化、定制化应用的常态化。5G 网络架构包括但不限于如下要素。

① NGC(5G 核心网)：实现核心网络功能，支持高效数据处理和转发。

② New RAN(接入网侧)：负责不同无线节点间的组网和通信。

③ 基站 gNB:NR 与用户终端之间的无线通信关键接口。

④ eLTE:扩展长期演进技术(E-UTRAN)与用户终端之间的无线通信接口。

⑤ 接口 Xn:连接不同类型基站(gNB/eLTE eNB),确保网络协同。

⑥ 接口 NG:连接 5G 核心网络与基站(gNB/eLTE eNB),确保综合业务流畅。

从 4G 到 5G 的演进,网络功能虚拟化,应用创新更方便。随着万物互联时代的到来,5G 网络是基于服务化架构(SBA)的,网元都是虚拟平台虚拟出来的。在架构方面,5G 相比 4G 的一个大变化就是接入网和核心网的分离变模糊了。在接入网侧,面向 5G,采用基于集中/分布单元(Centralized Unit/Distributed Unit,CU/DU)的两级架构。核心网的部分应用功能以 MEC 边缘云的方式,下发到靠近用户的基站侧缩短时延。

5.5.3 5G 关键技术

与以往的移动通信技术相比,5G 提供了极高的数据传输速率、更低的延迟以及更高的连接密度。5G 的关键技术具体如下。

1. 网络切片(network slicing)

考虑到不同业务在带宽、时延、连接等要求上存在巨大差异,5G 网络引入了虚拟化切片技术,以便实现合理的网络控制和资源利用,让每个网络切片能够适配相应的业务需求,如图 5-42 所示。通过虚拟化技术,5G 可以在同一物理网络上创建多个虚拟网络,每个网络切片都可以针对特定的业务需求进行定制。

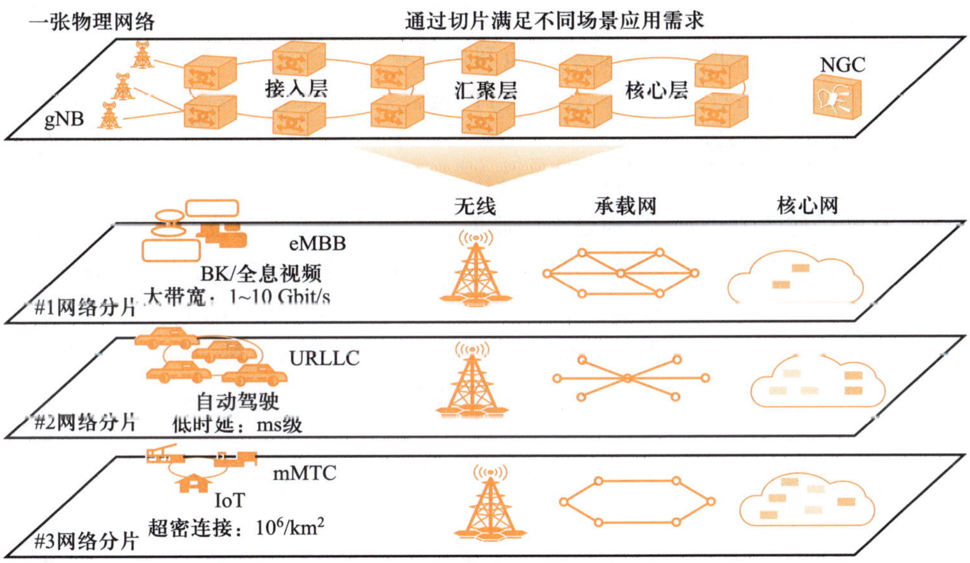

图 5-42 网络切片技术

① 增强移动宽带(eMBB):支持极高数据速率的传输,适用于高清视频流、虚拟现实(VR)和增强现实(AR)体验等应用。

② 超可靠低延迟通信(URLLC):为自动驾驶汽车、远程手术等需要即时响应的应用提供关键的技术支持。

③ 海量机器类通信(mMTC):允许大量物联网(IoT)设备在网络上互相通信,是智慧城市和工业 4.0 的基础。

这三大场景对性能要求不同,分别对应高速率、低延迟以及大规模设备连接的需求。

5G 系统广泛地采用了网络功能虚拟化(Network Function Virtualization,NFV)技术,将EPC 的软件与硬件解耦。通过 NFV 技术,实现了硬件资源化,让网络资源配置随需求而提供;实现了网络功能虚拟化,让网络功能随需求而创建;完成了网络虚拟化,让网络随需求而改变。

2. 非独立组网(NSA)和独立组网(SA)

5G 初期会在现有的 4G LTE 网络架构上部署(NSA),而后期则会转向独立的 5G 网络架构(SA),提供完整的 5G 功能。NSA 与 SA 架构的比较如图 5-43 所示。

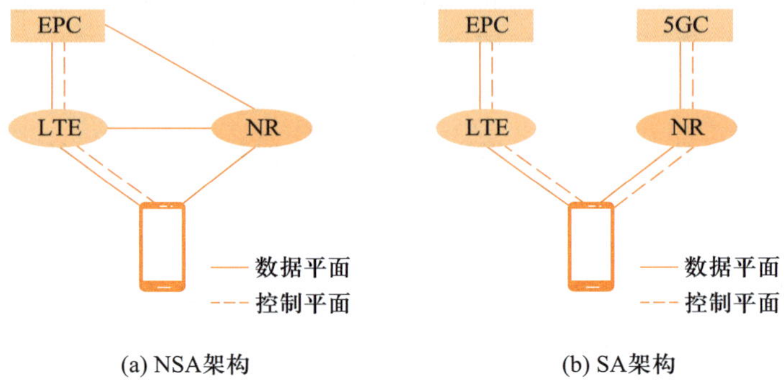

图 5-43 NSA 与 SA 架构的比较

3. 全频谱接入技术

全频谱接入技术关注的是如何最有效地利用现有的频谱资源。5G 网络的设计旨在能够操作在低频(sub-6 GHz)、中频(如 C 频段)以及高频(毫米波)范围内的频率,以实现广泛的覆盖和高速的数据传输。

4. 新型多址技术

随着设备数量的急剧增加,特别是在物联网领域,5G 需要能够支持比传统手机网络更多数量的设备连接。为此,需要新的多址技术来管理这些连接,如非正交多址技术。

非正交多址(Non-Orthogonal Multiple Access,NOMA)技术是 5G 采用的一种关键多址技术。它允许多个用户共享相同的时间和频率资源,通过在功率域、码域或者码字级实现用户间的多址分离,增加系统的用户容量与频谱效率。

5. 超密集异构网络

在 5G 网络中,基站和其他无线节点将非常密集地部署,这样可以大幅提高网络容量,让网络支持更多的设备连接。

① 更密集的网络:意味着 5G 网络中的基站数量将远多于传统的 4G 网络,每平方千米内可能有成千上万个基站,以支撑较大的数据流量。

② 异构网络:不同种类的基站(大的、小的、微型的)和其他无线设备一起工作,提供更广泛和更高质量的覆盖。

③ 更小的小区:通过缩小基站服务的区域,来提升数据传输速率和减少干扰。

④ 增加的复杂性:更复杂的网络管理,包括如何处理用户设备在小区之间移动时的切换以及如何最优配置基站设置。

6. 自组织网络

这是一种智能化的网络管理方法,可以减少人工操作,提高网络部署和维护的效率。

① 自动配置:新加入的网络节点可以自动配置,实现即插即用,降低部署成本。

② 自我优化:网络可以根据用户的使用情况和环境变化自动调整设置,以提供更好的性能。

③ 自我修复:网络故障发生时,系统可以自动诊断问题并采取措施修复,减少维修成本。

这些自动化功能有助于处理复杂的5G网络,并支持更高的数据流量和更多设备的连接。自组织网络也有助于降低运营商管理网络的难度和成本。

随着技术的发展和落地应用的增多,5G的技术生态会不断进化。5G网络设计的灵活性和应对多样业务的能力意味着其架构和运维都能适应高度动态和个性化的服务需求。通过集成SDN、NFV、MEC和云计算等技术,5G可提供更为灵活、智能、高效和开放的网络服务。

5.6 未来移动通信系统

未来的移动通信系统(如6G、量子通信等)预计将包含以下特征和创新。

① 更高的数据传输速率:预计未来的移动通信系统能提供比5G更高的数据传输速率,每秒达到几十甚至上百吉比特。

② 宽范围匹配和覆盖:整合空天地海通信,允许在不同场景下的宽频带访问和无缝连接。

③ 更低的延迟:进一步减少通信延迟(低于1 ms),为实时通信或遥控提供更好的支持。

④ 更广泛的频谱利用:利用更高的频段,如太赫兹波段,提供更高的速率和更大的带宽。

⑤ 增强的连接密度:每平方千米内允许的设备数量更多,为物联网的大规模部署提供可能。

⑥ 智能化和自适应:利用人工智能和机器学习算法优化网络性能,包括流量管理和预测、资源分配和网络安全。利用人工智能辅助决策,进行资源分配、故障诊断和网络优化。

⑦ 无处不在的覆盖:通过卫星通信、高空平台和传统地面基站的组合,实现全球范围内的无缝网络覆盖。多网络融合可使得不同类型的网络(如蜂窝网络、卫星网络)更好地协同工作。

⑧ 网络切片:根据不同需求创建独立的虚拟网络,实现定制化的服务,并更好地利用资源。

⑨ 能量效率和可持续性:更重视能效,采用新技术为设备提供能量,减少对能源的依赖。

⑩ 集成垂直行业应用:更紧密集成如医疗、教育、工业、交通等垂直行业的应用。

⑪ 更高级的安全措施:采用端到端的加密技术和智能安全监测机制保护用户数据和隐私。

⑫ 全息通信:支持全息视频通话等高带宽、低延迟的通信需求。

当然,要实现这些愿景,需要突破目前技术的许多限制,推动包括新的频谱分配、无线传输技术的研发、设备耗能的优化、安全隐私的保护等方面的创新。随着技术的不断进步,未来的移动通信系统将变得越来越智能,不仅改变人们的生活方式,还将催生新的行业和商业模式。

5.7 移动通信赋能行业应用

5.7.1 教育数字化解决方案实例

教育数字化解决方案应根据具体情况进行设计,下面给出一所学校两个校区的应用实例。

1. 整体应用规划

① 智慧治理：建立集中的教育信息管理系统，形成校园智能脑中枢，整合分散的信息资源，深度挖掘数据潜力，全面实现智慧校园治理。

② 智慧学习：利用 5G 结合 VR 和 AI 技术以及智能化教学装备，为多样化的教育场景提供技术增强，扩充教育内容，提高教育质量，从而提升学校的整体教学水平。

③ 智慧研究：借助 5G 网络和云计算的强大算力，构建虚拟实训平台，结合校园特色需求定制教学和研究实验室，加强产学研的深度融合，有效提高人才培养的质量和效率。

④ 智慧安全：利用校园集中的智能系统联动管理各类智能化设备，依托先进的计算能力，构建强大的校园安全防线。使用等级保护、密级处理，确保系统的高安全性和可靠性。

2. 整体框架

构建“1+4+N”的智慧教育未来范式架构，依托 1 张 5G 校园专网，整合 4 大应用模块，实现 N 种多维数据接入，如图 5-44 所示。这里，N 种多维数据接入包括移动设备接入、物联网设备接入、视频监控接入、学习终端接入、穿戴设备接入等。

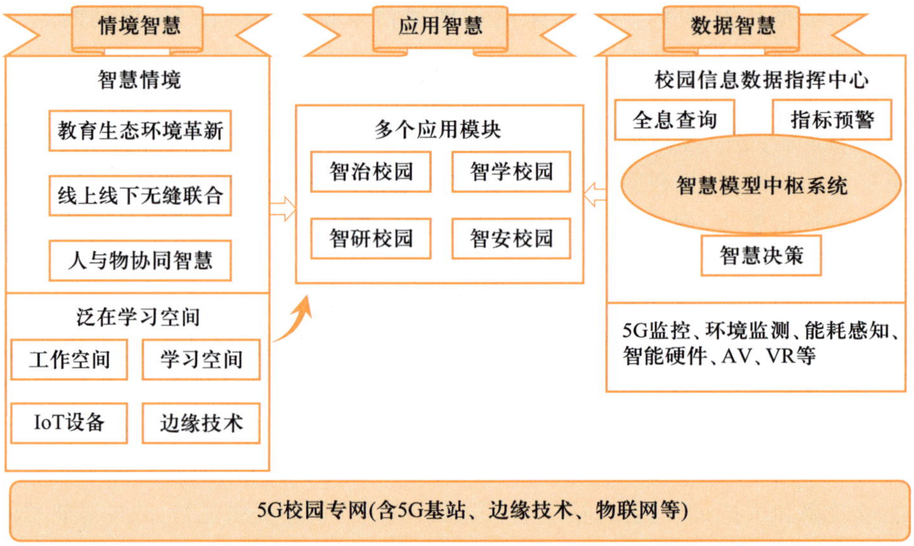

图 5-44 整体框架

3. 网络架构

该网络采用一种融合的网络架构，通过结合 5G 双域专网、全光网络和物联网打造统一的网络体系，如图 5-45 所示。

具体特点如下。

① 5G 校园专网：支持多校区联动和全国业务漫游，实现不同校区间的无缝连接。

② 数据安全隔离：提供智能的签约和非签约用户隔离，确保数据传输的完全安全。

③ 取代传统 VPN：通过无感知的方式访问内网资源，彻底替代传统的 VPN 系统，提升用户体验。

④ 极简架构管理运营：采用全光组网方式，使得网络架构易于扩展，简化网络层级，从传统的三层网络结构优化为两层结构，提升管理和运营的效率。

整体而言，该融合网络架构通过统一身份认证和网络出口，确保了安全、连接性和管理的高效性。

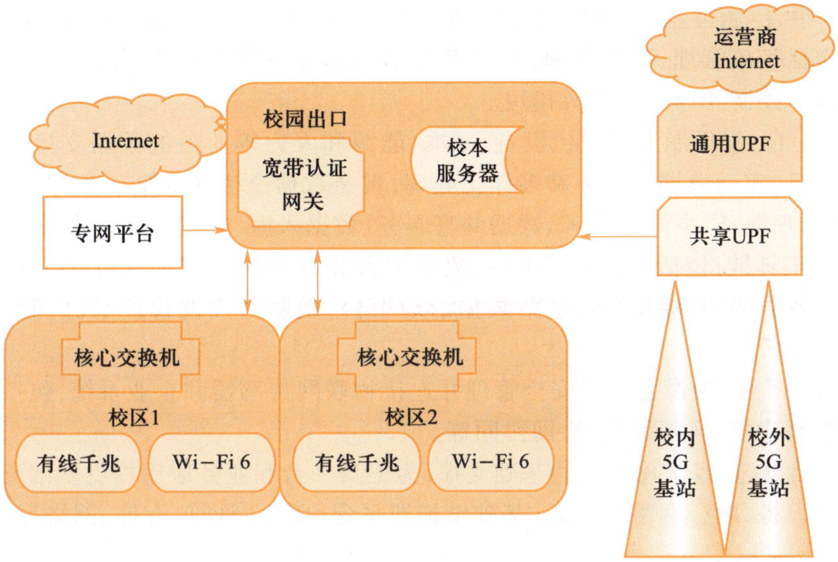

图 5-45 网络架构

5.7.2 智能制造行业数字化解决方案实例

下面给出某大型汽车企业新能源汽车生产基地的数字化解决方案实例。

1. 总体方案设计

基于该新能源汽车生产基地项目的建设目标,总体方案设计涉及工厂业务应用、业务中台、数据中台、PaaS(平台即服务)工具链、物联网平台、云基础设施以及工厂设备等模块,如图 5-46 所示。

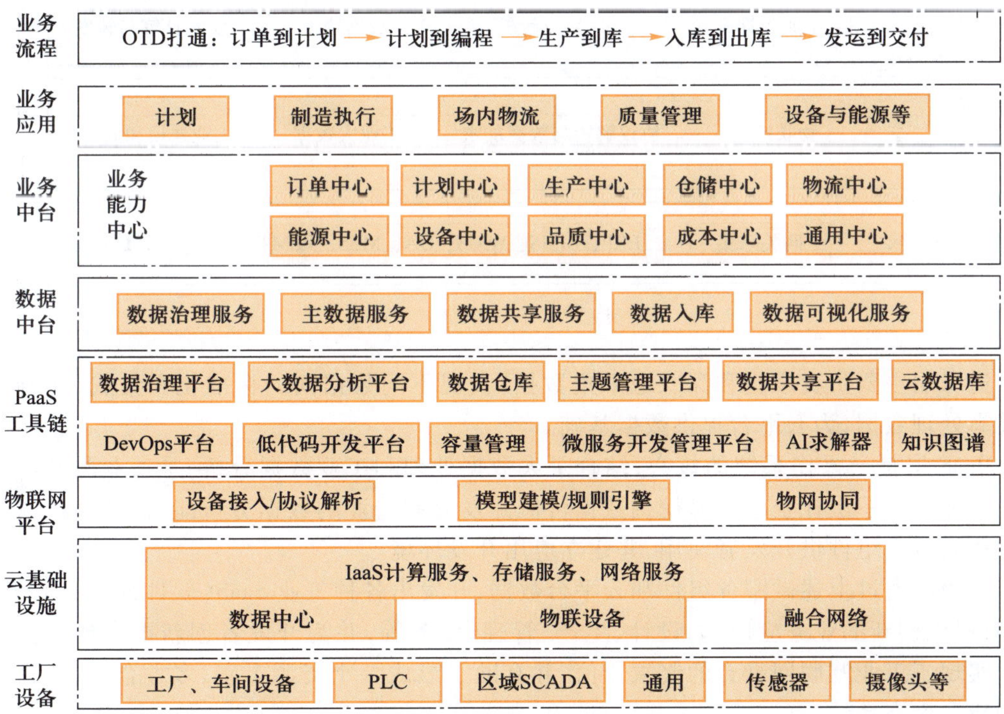

图 5-46 总体方案设计

① 业务中台：涵盖业务域服务及共享能力中心，分为生产、计划、供应和物流四大业务领域，主要包括订单管理、计划管理、生产管理、仓储管理、物流管理、能源管理、设备管理、品质管理、成本控制和通用中心等模块。

拓展阅读
万物互联与云网络时代的中国 5G 智造

② 数据中台：提供制造、质量、设备、成本、能源和人力等业务的数据支持，包括数据存储、管理和分析，实现数据的统一和多样化处理，贯穿数据全生命周期。数据中台提供的服务包括数据治理服务、主数据服务、数据共享服务、数据入库、数据可视化服务等。

③ PaaS 工具链：包括支持业务中台、数据中台和数字化应用的标准化工具集合，提供综合管理、高效服务和持续发布，包括数据治理平台、微服务开发管理平台、低代码开发平台、DevOps 平台等。

④ 物联网平台：为设备提供安全管理并连接物联网传感器和企业系统，包括设备接入、协议解析、模型建模、规则引擎、物网协同等。

⑤ 云基础设施：数字化工厂的基础支撑，为工具平台和业务应用提供基础资源，包括数据中心、物联设备、融合网络和 IaaS（基础设施即平台）服务（计算、存储、网络等）。

2. 工业互联网平台解决方案

工业互联网平台是结合具体项目开发的数字化、智能化转型服务的云平台，如图 5-47 所示。它利用物联网、大数据和人工智能技术，进行高效的数据采集与处理，以支持制造资源的广泛连接和灵活配置。平台由边缘层、PaaS 层和应用层三部分构成。

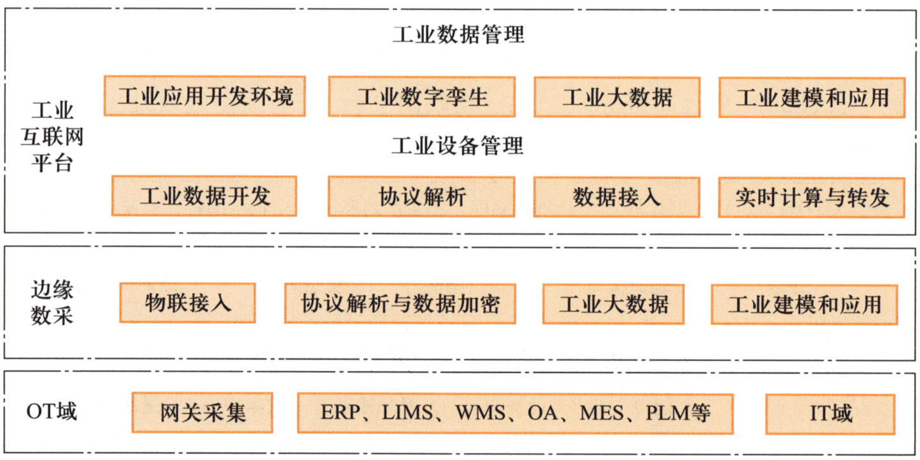

图 5-47 工业互联网平台

边缘层主要负责广泛和深入地采集数据，实现不同数据间的标准化和集成，并通过边缘计算处理数据，为云平台提供数据基础。

PaaS 层是云操作系统的核心，结合了大数据处理和工业数据分析，是工业服务的微服务组件库。这一层让企业能够挖掘数据价值并发展制造业的数据分析能力。同时，该层提供工业微服务组件供开发者使用，并建立应用开发环境。

应用层通过上述微服务组件和云平台数据，开发出各种工业 SaaS（软件即服务）和 App 应用，提供创新的业务应用，如设计、生产、管理、服务等，并为开发者创新提供环境。这些应用实现了工业互联网平台的终端价值，并有助于形成一个资源丰富、多方合作、共赢协作的制造业生态系统。

5.8 实做项目及教学情境

实做项目一:网络在线学习

目的和要求:登录"智慧职教"平台,学习相关知识点的 PPT、微课、动画等资源,完成网络学习任务。具体使用方法参见 1.5 节。

实做项目二:参观移动机房

目的和要求:参观移动机房,了解移动业务交换中心及基站机房的设备构成,观察移动设备的组网情况,认识移动系统的配套设备。

实做项目三:参观天馈线系统

目的和要求:观察移动通信系统的天馈线系统,记录各类移动通信系统的天馈线系统的位置、高度、天线规格、下倾角等信息,写出天馈线系统的考察报告。

实做项目四:手机信号观察

目的和要求:利用手机观察不同环境下的通信效果,分析所在地的移动通信环境。

实做项目五:手机操作

目的和要求:进行手机的各种操作,完成新业务开通及注销操作。

小　结

1. 移动通信的特点是:电波传播路径比较复杂,在较强干扰环境下工作,具有多普勒效应,用户移动性大。

2. 无线通信有单工、半双工和全双工三种方式。移动通信中为了减少移动台的电池消耗,采用准双工的通信方式:移动台的收信机总在工作,而发信机仅在发话时才工作。

3. 移动通信系统中的多址方式主要有三种:FDMA(频分多址)、TDMA(时分多址)、CDMA(码分多址)。

4. 移动通信网络服务区域覆盖方式有大区制和小区制(含蜂窝式小区制)两种。在蜂窝式小区制的公用移动电话通信网中,服务区域结构分为小区、基站区、位置区、移动业务交换区、服务区和系统区。

5. GSM 系统由网络交换子系统(NSS)、基站子系统(BSS)、操作与维护子系统(OSS)和移动台(MS)四大部分组成。其中,NSS 由移动业务交换中心(MSC)、归属位置寄存器(HLR)、设备识别寄存器(ELR)、访问位置寄存器(VLR)和鉴权中心(AUC)五部分构成。BSS 由基站控制器(BSC)和基站收发信机(BTS)组成。

6. 移动通信系统的网络结构可分为本地网、省内网和全国网。在大区设立一级汇接中心,各省设立若干个二级汇接中心。

7. 为确保通信的保密性和安全性,数字移动电话系统采用的编号主要有移动用户号码(MSISDN)、国际移动用户识别码(IMSI)、国际移动设备识别码(IMEI)。其中,IMEI 由 15 位数字组成,是全球统一编制的唯一的号码。移动台漫游号(MSRN)是系统赋给来访漫游用户的一个临时号码,供移动交换机选择路由时使用。

8. 数字移动台(MS)包括两部分:移动设备(ME,即手机)和 SIM 卡。ME 由射频收发单元、A/D 转换、数字处理逻辑控制单元和键盘显示操作单元等组成。

9. CDMA 系统的主要优点是高系统容量、高效软切换、强大安全性、低辐射水平、宽覆盖范围、优良话音质量、可顺滑过渡到第三代移动通信系统等。

10. CDMA 系统由若干个子系统或功能实体组成。其中，基站子系统（BSS）在移动台（MS）和网络子系统（NSS）之间提供和管理传输通路。

11. CDMA2000 也称为 CDMA Multi-Carrier，是美国向 ITU 提出的第三代移动通信空中接口的标准建议，是 IS-95 向 3G 演进的技术体制方案。

12. WCDMA 是由欧洲提出的、以 GSM 系统为基础的第三代移动通信标准。WCDMA 的无线接入网 UTRAN 是基于通用移动通信系统（UMTS）体系的。

13. TD-SCDMA 系统的网络结构与标准化组织 3GPP 制定的 UMTS 网络结构相同，主要由核心网（CN）、UMTS 陆地无线接入网（UTRAN）和用户设备（UE）三部分组成。

14. 在 3G 技术中，WCDMA 和 CDMA2000 采用频分双工（FDD）方式，TD-SCDMA 采用时分双工（TDD）方式。

15. WiMAX 标准的发展经历了 IEEE 802.16d（固定宽带无线接入）和 IEEE 802.16e（移动宽带无线接入）两个阶段。

16. 与 2G 相比，3G 通信最大的优势是它能提供至少 384 kbit/s 的高速数据接入，可支持分组域的多媒体业务——具有实时的基于分组的业务。

17. 回顾移动通信系统的发展历程，每一代移动通信系统都可以通过标志性能力指标和关键核心技术来定义，其中：

- 1G：采用频分多址（FDMA），只能提供模拟语音业务。
- 2G：主要采用时分多址（TDMA），可提供数字语音和低速数据业务。
- 3G：以码分多址（CDMA）为技术特征，用户峰值速率达到 2 Mbit/s 至数十 Mbit/s，可以支持多媒体数据业务。
- 4G：以正交频分多址（OFDMA）技术为核心，用户峰值速率可达 100 Mbit/s～1 Gbit/s，能够支持各种移动宽带数据业务。
- 5G：关键能力比以前几代移动通信系统更加丰富，用户体验速率、连接数密度、端到端延迟、峰值速率和移动性等都成为 5G 的关键性能指标。通过虚拟化技术，5G 可以在同一物理网络上创建多个虚拟网络，每个网络切片都可以针对特定的业务需求进行定制。

18. 未来移动通信系统预计将带来更快数据传输速率、更低延迟、全球覆盖、更广频谱使用、更高设备连接密度、结合 AI 的智能化网络管理、网络切片、能效提升、安全性加强以及多维度的全面连通性。

19. 移动通信的行业应用可以为教育数字化提供智慧治理、学习、研究、安全等整体解决方案，为智能制造行业构建包含业务和数据中台、PaaS 工具链、物联网平台及云基础设施的数字化平台。

即测即评

（扫描二维码可进行自我测试）

第6章 光纤通信

本章教学说明

- 重点介绍光纤通信的特点，光纤的结构、种类
- 简要介绍光纤通信系统的组成
- 概括介绍各种光纤通信传输技术
- 简单介绍全光网

本章内容

- 光纤通信概述
- 光纤
- 光缆线路
- 数字光纤通信系统
- 光纤通信传输技术
- 光纤通信的未来发展

本章重点、难点

- 光纤的结构、分类
- 光纤的传输原理
- 光纤通信系统组成
- 光纤通信传输技术基本原理

本章学习目的和要求

- 掌握光纤通信的特点
- 掌握光纤的结构及分类
- 理解光纤通信系统的分类、组成及传输码型
- 领会光纤通信传输技术的应用
- 了解光纤通信的未来发展

☑ 本章实做要求及教学情境

- 网络在线学习
- 通过实物认识光纤结构
- 考察通信线路，认识线路应用
- 认识激光器，测量光功率
- 参观运营商机房，认识光纤传输设备

☑ 本章学习能力要素及基础要求

- 掌握光纤通信的相关基本内容
- 认识光纤通信器件
- 理解各种光纤通信传输技术
- 了解光纤通信的未来发展

☑ 本章学习方法建议

- 通过“智慧职教”平台进行网络学习
- 课前预习与课后复习相结合
- 观察通信线路与课堂学习相结合
- 通过实物认识光纤结构和光纤传输设备
- 自学与探讨相结合
- 课后作业与章节个人总结相结合
- 教师答疑与学习反馈相结合

☑ 素养目标

- 培养标准意识：通过对光纤结构和标准的学习及理解，认识到通信标准等的重要性，培养标准意识。
- 树立工匠精神：通过对我国光纤通信技术发展过程以及光缆线路工程重大事件的了解，树立工匠精神。
- 培养创新思维：通过对全光网、新型光纤等技术的学习，了解光纤通信的未来发展，培养创新思维。

☑ 本章建议学时数

8 学时

6.1 光纤通信概述

探　讨

- 光信号可以用于传输信息吗？
- 光通信具有什么样的特点？

PPT 光纤通信的概念及特点

6.1.1 光纤通信的概念

伴随着社会的进步与发展以及人们日益增长的物质和文化需求，通信向大容量、长距离的发展已经是必然趋势。由于光波具有极高的频率（大约 3×10^9 MHz），也就是具有很宽的带宽，可以容纳巨大的通信信息，所以用光波作为载体进行通信也随着发展起来。光波沿着光导纤维传输就是光纤通信，即光纤通信是以光纤为传输介质、以光信号为信息载体的通信方式。

微课
光纤通信的概念及特点

光纤通信传输的信号是光波信号，光波是人们熟悉的电磁波的一种，其波长在微米级，频率为 $10^{14} \sim 10^{15}$ Hz 数量级。根据电磁波谱可知，紫外线、可见光、红外线均属于光波的范畴，红外线分为远红外、中红外和近红外三个区域。目前光纤通信使用的波长范围是在近红外区，波长为 0.8~1.8 μm，如图 6-1 所示。光纤通信使用的光波有三个工作波长，也叫工作窗口，分别是 0.85 μm、1.31 μm 和 1.55 μm。

动画
光纤通信的概念及特点

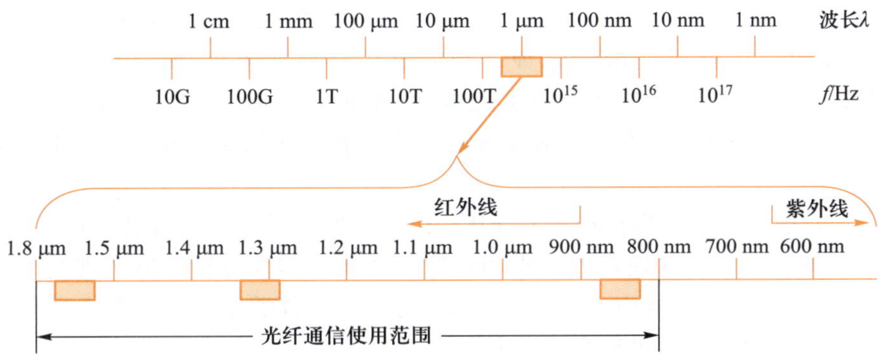

图 6-1　光纤通信中使用的电磁波谱范围

6.1.2　光纤通信的特点

目前光纤通信已经成为通信中最主要的传输技术，与其他通信传输系统相比具有以下优点。

1. 传输频带宽，通信容量大

由信息论可知，载波频率越高，通信容量越大。目前光纤通信使用的光载波频率在 $10^{14} \sim 10^{15}$ Hz 数量级，比常用的微波频率高 $10^4 \sim 10^5$ 倍，因而，通信容量原则上比微波通信高 $10^4 \sim 10^5$ 倍。

2. 传输损耗小，中继距离长

普通电缆传输线的传输损耗主要是由铜线的电阻以及导线间电容的漏电引起的，要想降低损耗，就得增大传输线的尺寸。而光纤的传输损耗不同于普通电缆传输线，其损耗几乎与光纤尺寸无关，且在使用的光波段内，光纤对每一频率的损耗几乎是相同的，提高纯度可以降低损耗。

传统电缆的中继距离为 1.5 km，微波的中继距离为 50 km，光纤的中继距离可以达到几百千米，因此，光纤通信适用于长途干线传输，可以实现全球无中继的光纤通信。

3. 抗电磁干扰，传输质量好

制造光纤的材料——石英是绝缘介质，它不受输电线、电气化铁路的馈电线和高压设备等电器干扰的影响，不会在光纤中产生感应电磁干扰，也可避免雷电等自然因素产生的损害和危险。

4. 体积小，质量轻，便于施工

与电缆相比，光纤无论在尺寸还是质量上都有优势，由于光缆线径细、质量轻，因此可以节省地下管道建设投资，而且便于敷设、运输和施工。

5. 原材料丰富，节约有色金属，有利于环保

制造光纤的原材料是石英，材料丰富，并且可以代替电缆的铜线或铝线，节约有色金属。

但是，光纤本身也有缺点，如光纤质地脆，机械强度低；光纤的切断和接续需要一定的工具设备和技术；光缆的弯曲半径不能过小等。

PPT 光纤通信的发展

微课 光纤通信的发展

动画 光纤通信的发展

拓展阅读 光纤之父——高锟

6.1.3 光纤通信的发展

光纤通信起始于人类对光传输的认识，人们在研究光的全反射原理时就发现光可以沿着水流弯曲，于是引起对光传输的研究。后来人们造出一种透明度很高、粗细像蜘蛛丝一样的玻璃丝——玻璃纤维，当光线以合适的角度射入玻璃纤维时，光就沿着弯弯曲曲的玻璃纤维前进。由于这种纤维能够用来传输光线，所以称其为光导纤维。早在 1880 年，美国科学家贝尔就发明了光电话，标志着光通信发展的起源，但当时没有合适的光源。直到 1960 年，美国人梅曼发明了第一台红宝石激光器，为光通信奠定了光源基础。

1966 年，英籍华裔学者高锟博士在 PIEE 杂志上发表了一篇十分著名的文章《用于光频的光纤表面波导》，论文从理论上分析和证明了用光纤作为传输媒体实现光通信的可能性，并设计了通信用光纤的结构。更重要的是，高锟博士科学地预言了制造通信用的超低损耗光纤的可能性，被誉为“世界光纤之父”。

1970 年，美国康宁公司首先研制出衰减为 20 dB/km 的单模光纤，取得重大突破；同年，美国贝尔公司研制出能够在室温下连续运转的半导体激光器，为光纤通信找到了合适的光源。此后，世界各国纷纷开展光纤通信研究，出现了玻璃光纤、塑料光纤、液芯光纤等多种光纤类型，其中利用介质全反射原理导光的石英光纤被广泛采用。

从光纤的损耗看，1970 年为 20 dB/km，1972 年为 4 dB/km，1974 年为 1.1 dB/km，1976 年为 0.5 dB/km，1979 年为 0.2 dB/km，1990 年为 0.14 dB/km，已经接近石英光纤的理论损耗极限值 0.1 dB/km。

从 1976 年开始，半导体激光器的寿命达到 10^6 h，各种光纤通信系统出现。

① 1976 年，美国在亚特兰大进行了世界上第一个实用光纤通信系统的现场试验，信息速率为 45 Mbit/s，中继距离为 10 km。

② 1980 年，140 Mbit/s 光纤通信系统投入商业应用。

③ 1983 年，敷设了纵贯日本南北的光缆长途干线。

④ 1988 年，由美、日、英、法发起的第一条横跨大西洋的海底光缆通信系统建成。

⑤ 1989 年，第一条横跨太平洋的海底光缆通信系统建成。

⑥ 1990 年，565 Mbit/s 的光纤通信系统进入商用化阶段，并开始进行波分复用（WDM）的现场实验，陆续制定同步数字系列（SDH）的技术标准。

⑦ 1993 年，速率为 622 Mbit/s 以下的 SDH 产品开始商用化。

⑧ 1995 年，速率为 2.5 Gbit/s 的 SDH 产品开始商用化。

⑨ 1996 年，10 Gbit/s 的 SDH 产品开始商用化。

⑩ 1997 年，用于波分复用技术的 20 Gbit/s 和 40 Gbit/s 的 SDH 产品试验取得重大突破。

微课 光纤通信概述

⑪ 近年来，密集波分复用（DWDM）技术取得了较大的进展，美国 AT&T 实验室等机构已成功地研究了速率为 Tbit/s 数量级的传输系统。

⑫ 随着数据业务发展和 IP 技术的应用，光传输逐渐从干线传输普及到城域网、接入网中，并得到广泛应用，如城域网中的 IPRAN、PTN，接入网中的 FTTX 应用。

6.2 光纤

重点掌握

- 光纤的结构、分类。
- 光纤的传输特性。

6.2.1 认识光纤

1. 光纤的结构

PPT 光纤的结构

光纤由纤芯、包层、涂敷层和套层组成,如图 6-2 所示。

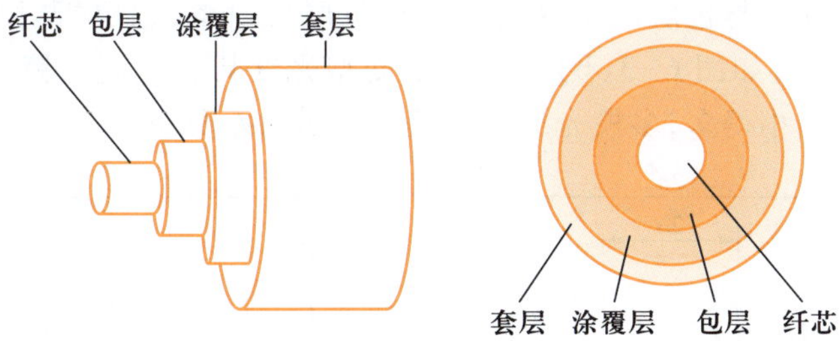

图 6-2 光纤结构示意图

微课 光纤的结构

动画 光纤的结构

光纤的中间两层是纤芯与包层,纤芯位于光纤中心,作用是传输光波。包层位于纤芯外层,作用是将光波限制在纤芯中。纤芯和包层都是硅材料,但是折射率不同。设纤芯和包层的折射率分别为 n_1 和 n_2,包层折射率 n_2 比纤芯折射率 n_1 小。

只有纤芯和包层的光纤称为裸光纤,经过涂敷后的裸光纤称为光纤芯线。由于石英玻璃质地脆、易断裂,为保护光纤不受损害,提高抗拉度,一般需要在裸光纤外面经过两次涂覆。一次涂敷层是为了保护裸纤而在其表面涂上的聚氨基甲酸乙酯或硅酮树脂层,二次涂覆或被覆层多采用聚乙烯塑料或聚丙烯塑料、尼龙等材料。最外边的套层一般为塑料或有机材料的包覆层。

2. 光纤的分类

PPT 光纤的分类

光纤的种类很多,根据不同的分类方法和标准,同一根光纤会有不同的名称。常用的光纤分类方法如下。

微课 光纤的分类

(1) 按照光纤的制造材料分类

按照制造光纤所用的材料,光纤可分为石英系列光纤、塑料光纤和液体(如氟化物)光纤。

石英系列光纤一般是由石英纤芯和包层构成的光纤,具有很好的传输特性,目前通信用光纤绝大部分为这种光纤。

塑料光纤是用高度透明的聚苯乙烯或聚甲基丙烯酸甲酯(有机玻璃)制成的,具有纤芯粗、制造成本低、与光源耦合效率高等优点,但同时具有传输损耗大、接续困难等缺点,这种光纤只适用于短距离低速率通信。

动画 光纤的分类

液体光纤是一种特殊的光纤形式。

(2) 按照光纤的传输模式分类

按照光纤传输模式的数量,光纤可分为多模光纤(Multi Mode Fiber, MMF)和单模光纤

(Single Mode Fiber,SMF)。

多模光纤的纤芯较粗(芯径一般为 50 μm 或 62.5 μm),可传输多种模式的光,其模间色散较大,限制了传输数字信号的速率,并且传输距离比较近。

单模光纤的纤芯很细(芯径一般为 9 μm 或 10 μm),只能传输一种模式的光,其色散很小,适用于大容量、长距离通信。

(3) 按照光纤的折射率分布分类

按照光纤折射率分布的不同,光纤可分为阶跃型光纤(SIF)和渐变型光纤(GIF)。

阶跃型光纤的纤芯和包层的折射率呈均匀分布,包层的折射率稍低一些,纤芯到包层的折射率是突变的,有一个台阶,所以称为阶跃型折射率光纤,简称阶跃型光纤,也称突变型光纤,如图 6-3(a)所示。

渐变型光纤的纤芯折射率呈非均匀分布,在纤芯轴心处最大,而在光纤横截面内沿半径方向逐渐减小,在纤芯与包层的交界面上降至包层折射率,包层折射率的分布与阶跃型光纤一样,为均匀分布,如图 6-3(b)所示。渐变型光纤具有如同透镜那样的“自聚焦”作用,对光脉冲的展宽要小得多,多模光纤常采用这种折射率分布。

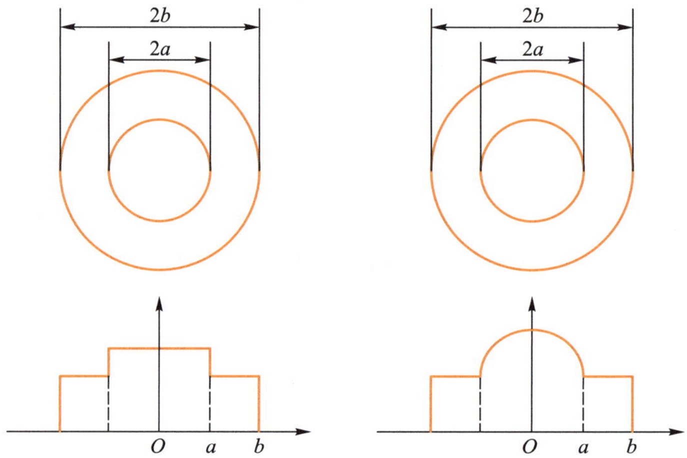

(a) 阶跃型光纤 (b) 渐变型光纤

图 6-3 光纤的折射率剖面分布图

(4) 按照光纤的工作波长分类

按照光纤的工作波长,光纤可分为短波长光纤、长波长光纤和超长波长光纤。短波长光纤是指波长为 0.8~0.9 μm 的光纤,长波长光纤是指波长为 1.0~1.7 μm 的光纤,而超长波长光纤则是指波长在 2 μm 以上的光纤。

PPT 光纤的传输原理

微课 光纤的传输原理

6.2.2 光纤的传输原理

1. 阶跃型光纤的传输原理

阶跃型光纤的折射率沿径向呈阶跃分布,在轴向呈均匀分布,设 n_2 为包层折射率,n_1 为纤芯折射率。若光线以某一角度(ϕ)从空气入射到光纤端面,光线进入纤芯时会发生折射。光线到达纤芯与包层的交界面时会发生全反射或折射。若要使光线在光纤中实现长距离传输,必须使光线在纤芯与包层的交界面上发生全反射,即入射角大于临界角。

阶跃型光纤就是利用光波的全反射原理,将光波限制在纤芯中以“之”字形向前传播,如图 6-4 所示。

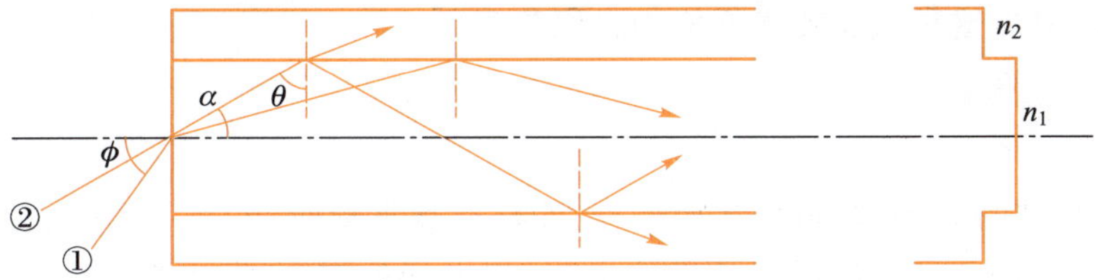

图 6-4 阶跃型光纤导光原理

动画
光纤的传输原理

设空气的折射率为 n_0，因为光线要在纤芯和包层的交界面上发生全反射，所以需要入射角 $\theta>\theta_c$（θ_c 为临界角），那么光线从空气到光纤端面的入射角 ϕ 就有一个最大值 ϕ_{max}，根据反射和折射以及全反射的临界状态条件，有

$$n_0\sin\phi_{max}=n_1\sin\alpha=n_1\cos\theta_c,\ \ n_1\sin\theta_c=n_2\sin 90°$$

式中：ϕ_{max} 记为光纤的端面临界角。图 6-4 中的光线①由空气进入纤芯时的角度大于 ϕ_{max}，进入光纤后在纤芯和包层的交界面上不满足全反射条件，光线会折射进包层中，传不多远，光线就消失了。图 6-4 中的光线②由空气入射到光纤端面的角度小于 ϕ_{max}，光线进入纤芯后，在纤芯和包层的交界面上发生全反射，能在纤芯中远距离传输，因此，光纤的受光区域是一个圆锥形区域，即图 6-5 所示的接收锥。

2. 渐变型光纤的传输原理

为了分析渐变型光纤中光的传播，可将纤芯划分成若干同轴的薄层，假设各层内折射率均匀分布，而每层折射率从里到外逐渐减小，即有 $n_{11}>n_{12}>n_{13}>n_{14}>\cdots$。渐变型光纤的导光原理如图 6-6 所示，若光以一定的入射角从轴心处第一层射向与第二层的交界面时，由于是从光密介质射向光疏介质，折射角大于入射角，光线将折射进第二层（这时也会有极少部分光反射回第一层，这部分光能损失掉了），射向与第三层的交界面，再次发生折射进入第三层，以此递推。由于光线都是从光密介质射向光疏介质，入射角将随折射次数增大。当在某一交界面处（图 6-6 中是在第三层和第四层的交界面上）入射角大于临界角时，将出现全反射，传输方向不再朝向包层而是朝向轴心。之后光线是从光疏介质射向光密介质，入射角逐渐减小，直至穿过轴心后，光线又出现从光密介质射向光疏介质，重复上述折射过程。因此，当纤芯分层数无限多，其厚度趋于零时，渐变型光纤纤芯折射率呈连续变化，光线在其中的传播轨迹不再是折线，而是一条近似于正弦型的曲线。

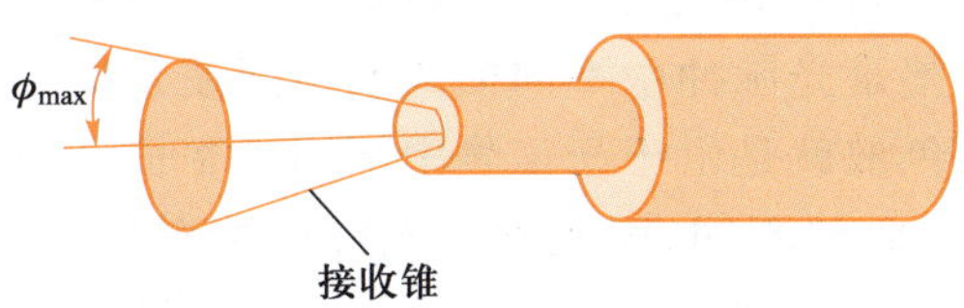

图 6-5 光纤端面受光区域示意图

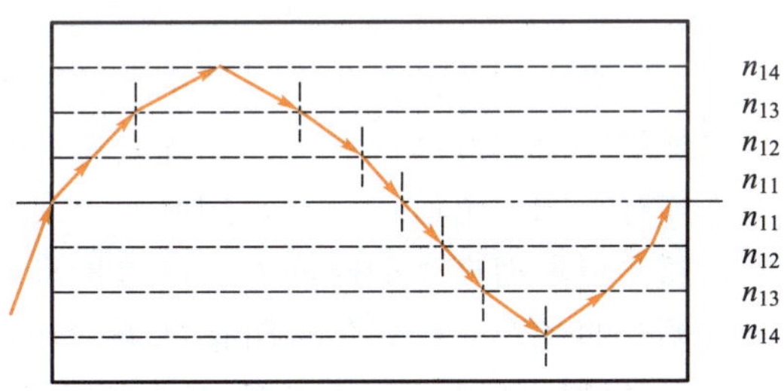

图 6-6 渐变型光纤的导光原理

渐变型光纤的折射率分布是非均匀的，光纤靠折射原理将通过光纤轴线的光限制在纤芯中向前传播。在渐变型光纤中，如果选用合适的折射指数 $n(r)$ 分布，就有可能使纤芯中的不同射线以同样的轴向速度前进，从而可以减小光纤中光脉冲的展宽，此时的折射指数分布称为最佳折射指数分布。在渐变型光纤中，不同光线具有相同轴向速度的这种现象称

为自聚焦现象，具有这种现象的光纤称为自聚焦光纤。

PPT 光纤的传输特性

微课 光纤的传输特性

动画 光纤的传输特性

6.2.3 光纤的传输特性

1. 光纤的损耗特性

光信号在光纤内传播，随着距离的增大，能量会越来越弱，其中一部分能量在光纤内部被吸收，一部分可能突破光纤纤芯的束缚，辐射到光纤外部，这称为光纤的传输损耗（或传输衰减）。

光纤传输总损耗（或总衰减）定义为

$$A(\lambda)=10\lg\frac{P_1(\lambda)}{P_2(\lambda)}(\text{dB})$$

式中：$P_1(\lambda)$ 和 $P_2(\lambda)$ 分别为入射光功率和出射光功率，单位为 mW 或 W。

光纤的损耗（衰减）系数是指单位距离的光纤损耗值，即

$$\alpha(\lambda)=\frac{A(\lambda)}{L}=\frac{10}{L}\lg\frac{P_1(\lambda)}{P_2(\lambda)}(\text{dB/km})$$

式中：L 为传输距离，单位为 km。

损耗系数是光纤的一个很重要的传输参量，是光纤传输系统中限制光信号中继传输距离的重要因素之一。光纤本身损耗的原因，大致可以分为吸收损耗、散射损耗和其他损耗。

归纳思考

- 光纤的传输损耗影响光信号的中继距离。
- 光纤损耗可以分为吸收损耗、散射损耗和其他损耗。
- 为什么光纤的工作窗口选择 0.85 μm、1.31 μm、1.55 μm？

光纤损耗的大小与波长有密切的关系，损耗与波长的关系曲线称为光纤的损耗谱，在谱线上，损耗值比较高的地方称为光纤的吸收峰，较低的损耗所对应的波长称为光纤的工作波长（或工作窗口）。石英光纤的损耗谱如图 6-7 所示，根据该图可知，光纤通信常用的工作窗口主要有三个，即 $\lambda_1=0.85$ μm（850 nm），$\lambda_2=1.31$ μm（1 310 nm），$\lambda_3=1.55$ μm（1 550 nm）。

2. 光纤的色散特性

光纤的色散是指在光纤中传输的光信号，随传输距离增加，由于不同成分的光传输时延不同引起的脉冲展宽的物理效应。色散主要影响光纤通信系统的传输容量，也对中继距离有影响。色散的大小常用时延差表示，时延差是光脉冲中不同模式或不同波长成分传输同样距离而产生的时间差。简单地说，光纤的色散就是由于光信号中不同频率成分或不同模式的光在光纤中传输时速度不同而导致传播时间不同，因此到达光纤终端有先有后，形成光脉冲在时间上的展宽，从而产生波形畸变的一种现象。色散的大小通常用色散系数表示，即每千米光纤由于单位谱宽所引起的脉冲展宽值，单位为 ps/(nm · km)。从光纤色散产生的机理来看，它主要包括模式色散、材料色散、波导色散和偏振模色散。

（1）模式色散

模式色散是指即使同一波长的光，若其模式不同，则传播速率也不同，从而引起色散，又称为模间色散，只存在于多模光纤中。

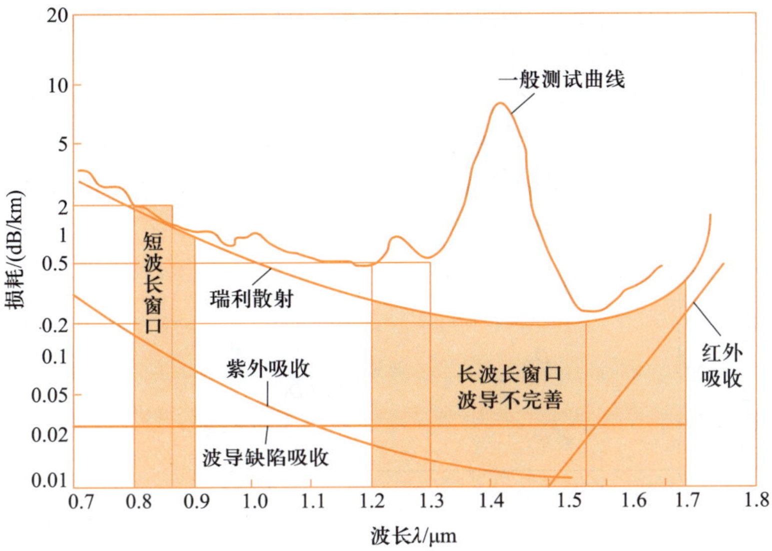

图 6-7 石英光纤的损耗谱

图 6-8 所示的阶跃型光纤中，每条光线代表一种模式，不同入射角的光线代表不同的模式，不同入射角的光线在光纤中的传播路径不同，因此不同路径的光线到达输出端的时延不同，从而产生脉冲展宽，形成模式色散。只有多模光纤才存在模式色散，它主要取决于光纤的折射率分布。

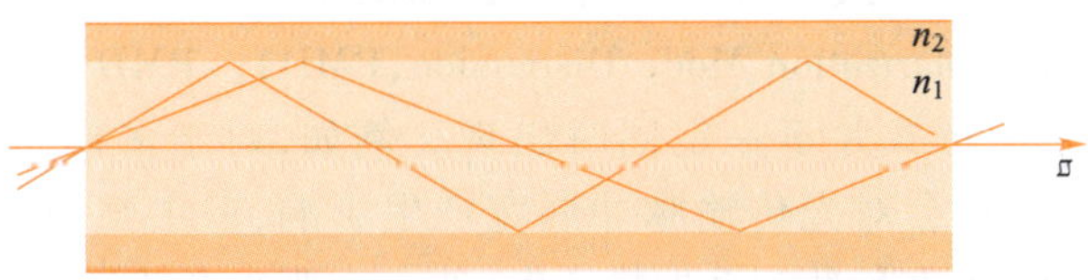

图 6-8 模式色散

（2）材料色散

材料色散是由于光纤的折射率随波长变化而使模式内不同波长的光时延不同而产生的色散。材料色散是由光纤材料自身特性造成的色散。严格地说，石英玻璃的折射率并不是固定的，对不同的传输波长有不同的折射率。而光纤通信实际应用的光源并不是只有理想的单一波长，而是有一定波谱宽度的光波。当光在折射率为 n 的介质中传播时，其速度 v 与真空中的光速 c 之间的关系为 $v=c/n$。由于光的波长不同，光纤的折射率 n 就不同，因此光传输的速度也不同。当把具有一定光谱宽度的光源发出的光脉冲射入光纤内传输时，光的传输速度将随光波长的不同而改变，到达终端时将产生时延差，从而引起脉冲波形展宽。材料色散取决于制造光纤的二氧化硅母料和掺杂剂的分散性。

（3）波导色散

由于光纤中的光波导结构参数与波长有关而引起的色散称为波导色散。因为光纤的纤芯与包层的折射率相差很小，因此在交界面产生全反射时就可能有一部分光进入包层之内。这部分光在包层内传输一定距离后，又可能回到纤芯中继续传输。进入包层内的这部分光强的大小与光波长有关，这就相当于光传输路径长度随光波波长的不同而不同。由有一定波谱宽度的光源发出的光脉冲射入光纤后，由于不同波长的光传输路径不完全相同，所以到达终点的时间也不相同，从而出现脉冲展宽。具体来说，入射光的波长越长，进入包层中的光强比例就越大，这部分光走过的距离就越长。

材料色散与波导色散都与波长有关，所以又统称为波长色散或色度色散。波导色散比材料色散小很多，通常可以忽略。对于单模光纤来说，在某一波长附近，材料色散和波导色散相互抵消，没有脉冲展宽，通常称这个波长为零色散波长。色散与波长的关系特性曲线如图 6-9 所示，石英单模光纤的零色散波长在 1.31 μm 附近。

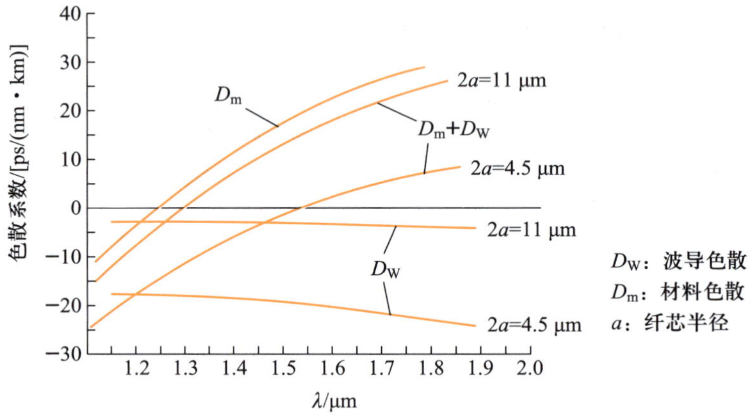

图 6-9 色散与波长的关系特性曲线

(4) 偏振模色散

由于光纤本身形状不对称或光纤受到外界磁场的干扰等因素造成双折射现象而引起的色散称为偏振模色散(Polarization Mode Dispersion，PMD)。PMD 是一种随机色散。

以上介绍的多种色散形式并不一定同时出现。例如，对于多模光纤，其色散有模式色散和色度色散，这些色散都会对光传输脉冲展宽产生影响，但主要是模式色散；对于单模光纤，不存在模式色散，只有色度色散和偏振模色散，造成主要影响的是色度色散中的材料色散。

归 纳 思 考

- 色散主要包括模式色散、色度色散和偏振模色散三种。
- 对于多模光纤，主要是模式色散。
- 对于单模光纤，不存在模式色散，主要是材料色散。
- 损耗和色散对于光脉冲传输中的影响有什么不同？

PPT 光纤的标准

6.2.4 光纤的标准

微课 光纤的标准

通信用光纤的研制先后经历了以下几个重要发展阶段。

1. G.651 光纤

G.651 光纤为渐变型多模光纤(GIF)，工作波长为 1.31 μm 和 1.55 μm，在 1.31 μm 处光纤有最小色散，而在 1.55 μm 处光纤有最小损耗。G.651 光纤适用于中小容量和中短距离的传输，主要用于计算机局域网或接入网。

2. G.652 光纤

G.652 光纤为常规单模光纤，也称为非色散位移光纤，它是第一代 SMF。G.652 光纤的零色散波长为 1.31 μm，在 1.55 μm 处有最小损耗，传输距离受损耗限制，适用于大容量传输，是目前应用最广的光纤。

3. G.653 光纤

为了使光纤较好地工作在 1.55 μm 处，人们设计出一种新的光纤，称为色散位移光纤(DSF)。这种光纤可以对色散进行补偿，使光纤的零色散点从 1.31 μm 处移到 1.55 μm 附近。这种光纤是第二代常规单模光纤，在 1.55 μm 处实现最低损耗与零色散波长一致，但由于在 1.55 μm 处存在四波混频(即当几个不同波长的光波混合后会产生新波长的光波)等非线性效应，因此阻碍了其应用。

动画
光纤的标准

4. G.654 光纤

G.654 光纤为性能最佳的单模光纤，在 1.55 μm 处具有极低损耗(约为 0.18 dB/km)，1.31 μm 处色散为零，弯曲性能好，最佳工作波长范围为 1 500~1 600 nm。G.654 光纤主要用于远距离无须插入有源器件的无中继海底光纤通信系统，其缺点是制造困难、价格昂贵。

5. G.655 光纤

G.655 光纤为非零色散位移单模光纤，是新一代的单模光纤，在 1.55~1.65 μm 处色散值为 0.1~6.0 ps/(nm · km)。G.655 光纤将光纤的零色散点由 1.31 μm 移到 1.55 μm 工作区以外的 1.60 μm 以后或在 1.53 μm 以前，但在 1.55 μm 波长区内仍保持很低的色散。G.655 光纤适用于波分复用系统，能提供更大的传输容量。

G.652 和 G.655 光纤是国内常用的单模光纤，G.653 和 G.654 光纤在国内很少使用。

6. G.656 光纤

G.656 光纤是宽带光传输用非零色散光纤，即在宽阔的工作波长 1 460~1 625 nm 内色散非零。G.656 光纤实质上是一种宽带非零色散平坦光纤，是一种适用于 DWDM 系统的新型光纤，在波分复用波段内色散非零。

7. G.657 光纤

G.657 光纤又称 B6 光纤，是一种用于接入网的弯曲不灵敏性单模光纤。其最主要的特性是具有优异的耐弯曲性，主要用于制造皮线光缆，在光纤到户工程中使用。

6.3 光缆线路

6.3.1 认识光缆

光缆是一定数量的光纤按照一定方式组成缆芯，外包有护套，有的还包覆外护层，用以实现光信号传输的一种通信线路。也就是说，光缆是由光纤(光传输载体)经过一定的工艺而形成的线缆。

光缆一般由缆芯、加强件、填充物和护套等部分组成，另外根据需要还有防潮层、缓冲层、铠装层、绝缘金属导线等构件。光缆的结构如图 6-10 所示。

缆芯是光缆的核心组成部分，也是最关键的部分之一，通常指的是纤芯和松套管。通信中用的光纤通常由二氧化硅材料制成，光信号通过纤芯传输，其内部的全反射现象使得光信号能够在光纤中长距离传输而不会损失信号强度。光缆中的光纤通常是松套光纤，为了保护光纤，纤芯和松套管间填充纤膏。

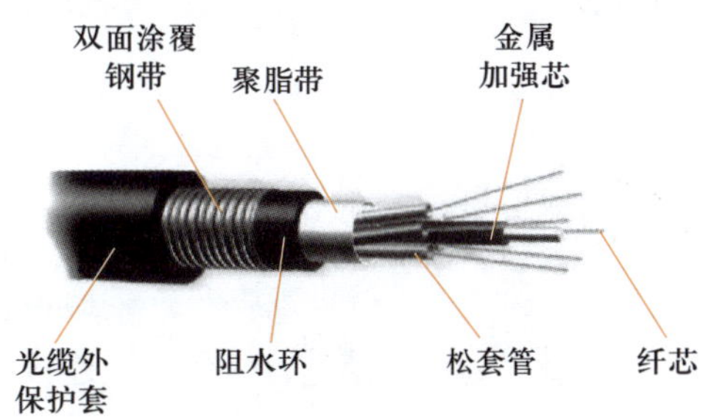

图 6-10 光缆的结构

加强件是用于增强光缆抗拉性能的部分。其可以位于光纤周围和光纤中心，可以是金属丝、玻璃纤维或者特殊的聚合物材料，用于承受拖曳光缆时的外力。加强件可以防止光缆在安装和使用过程中发生断裂或损坏。

填充物主要用于填充光缆的空隙，保持光缆的圆形结构和稳定性，如在光纤套管内和光缆空隙内填充油膏。

护套是光缆最外层的保护层，也是直接接触外界环境的部分，一般为黑色。护套通常由聚合物材料制成，具有良好的耐磨、防腐、防火等性能，能够保护光缆内部结构免受外部环境的影响。

防潮层又称为阻水环，主要作用是防止水分进入光缆内部。这一层通常由特殊材料制成，一般是铝箔材料，具有较强的防水性能，以保护光纤免受潮湿环境的影响。

缓冲层的作用是减少压力对光纤的影响，如在紧套光纤中光纤和套管之间会填充硅树脂材料。

铠装层是用于提供额外保护和防护的部分，通常由金属丝、钢带或者特殊合金制成，特别会用在需要在恶劣环境下使用的光缆中，如埋地光缆或海底光缆。如图 6-10 中的双面涂敷钢带能够有效地防止挤压或者损坏对光缆的影响。海底光缆由于要承受较大的海水压力，要求铠装层比较厚，通常由多圈钢丝组成，钢丝粗细和圈数可根据需要选择，如图 6-11 所示。

图 6-11 海底光缆

绝缘金属导线用于提供电源。有的光缆除了传输光信号外，还需要同时承载输电供能的任务，光缆结构中会添加金属导线。

6.3.2 认识光缆线路

根据 GB 51158—2015《通信线路工程设计规范》，通信线路网包括长途线路、本地线路和接入线路。通信线路经历了从架空明线到电缆线路再到光缆线路的发展过程，目前，运营商的通信线路基本全部替换成了光缆线路。

工业和信息化部发布的《2024 年通信业统计公报》中称，全国光缆线路总长度已达 7 288 万千米。这一长度可绕地球赤道约 1 822 圈，相当于地球到月球距离的约 194 倍，即便以光速通过这么长的光纤也需要约 243 s，合 4. 05 min。光缆线路建设关系着网络铺设的广度和质量，而如今我国的互联网发展水平正是靠这超过 7 200 万千米的光纤线路支撑着，其中长途光缆线路长度约为 112. 7 万千米，本地网中继光缆线路长度约为 2 769 万千米，接入网光缆线路长度则约为 4 406 万千米。

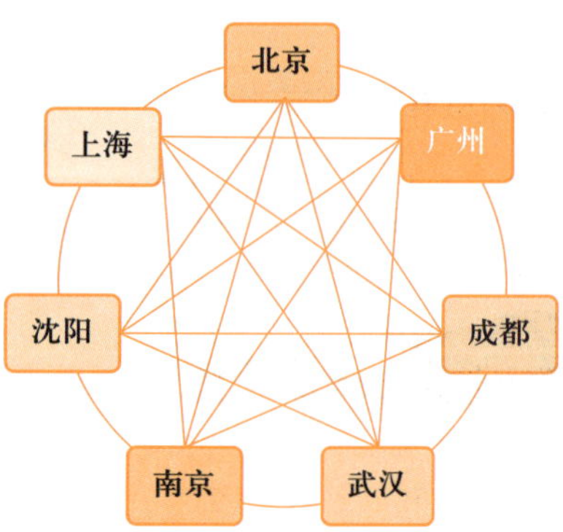

图 6-12 一干光缆线路

1. 长途光缆线路

长途光缆线路分为省际干线光缆线路和省内干线光缆线路。

省际干线光缆线路也称一干光缆线路，是省会长途节点、一线城市长途节点、国家算力枢纽、大型省级数据中心等枢纽节点间的连接光缆。一干光缆线路为网状组网结构，如图 6-12 所示。通常，每个枢纽节点与相邻的枢纽节点间均有路由直达光缆。

省内干线光缆线路也称二干光缆线路，是省会长途节点、地市核心机楼、省级数据中心、地市边缘数据中心之间的连接光缆。二干光缆线路一般为环形和网状相结合的组网结构。

2. 本地光缆线路

根据 GB 51158—2015，本地光缆线路介于长途光缆线路与接入光缆线路之间，称为城域骨干传送网光缆线路，或称为本地中继传输光缆线路，分为核心层和汇聚层，如图 6-13 所示。

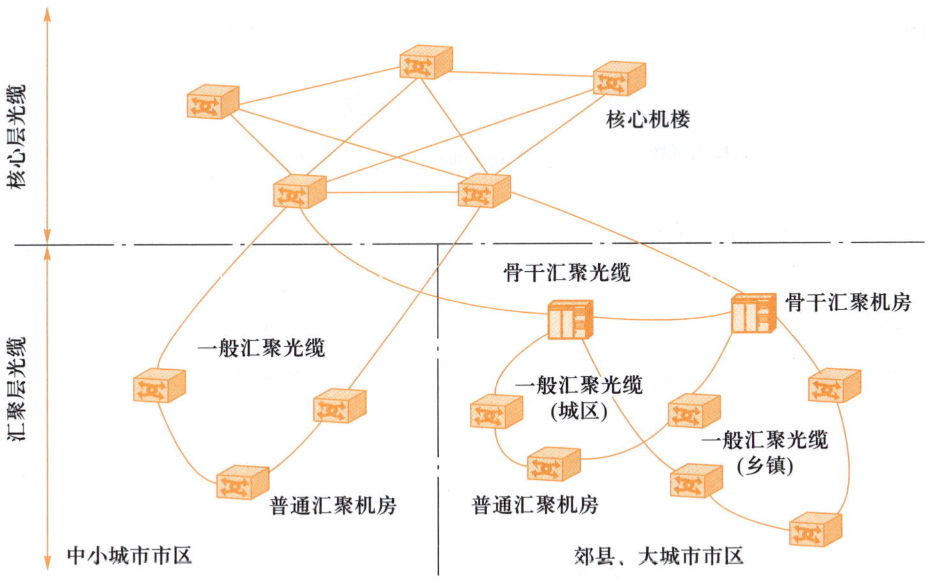

图 6-13 本地光缆线路

（1）核心层光缆线路

核心层光缆是指核心机楼间的光缆。核心机楼包括设置有长途出口设备、软交换设备、数据承载网核心路由器、4G/5G 核心网设备，或其他全省集中的业务网及系统的机楼，一般每个地市设置 2~4 个，省会和一线城市设置 4~7 个。核心层光缆为网状组网结构，通常任一核心机楼与其他核心机楼间均设置直达光缆，主要的核心机楼间可有不同路由的多条光缆。

（2）汇聚层光缆线路

汇聚层光缆分为骨干汇聚光缆和一般汇聚光缆。

骨干汇聚光缆指核心机楼至骨干汇聚机房，以及骨干汇聚机房之间的光缆。骨干汇聚机房通常汇聚一个区县的业务，设置有数据业务汇聚设备，一般每个县城设置两个；市区人口超 100 万的地市，市区可能会按行政区在每个区设置两个；市区人口较少的地市，市区可不设。骨干汇聚光缆为环形组网结构。

一般汇聚光缆指骨干汇聚机房或核心机楼至普通汇聚机房，以及普通汇聚机房之间的光缆。普通汇聚机房一般设置有光线路终端（OLT）设备和城域传送网的汇聚设备。市区的普通汇聚机房汇聚一个综合业务接入区的业务，通常每个综合业务接入区设置一个普通汇聚机房。乡镇的普通汇聚机房汇聚一个乡镇的业务，通常每个乡镇平均设置一个左右。一般汇聚光缆也为环形组网结构。

3. 接入光缆线路

接入光缆线路是指从普通汇聚机房往下直至网络终端的光缆线路。普通汇聚机房往下还有接入机房,接入机房通常覆盖一个大型住宅小区、一个园区、一群商务楼宇或乡镇的部分区域。完整的接入光缆线路组网结构如图6-14所示。

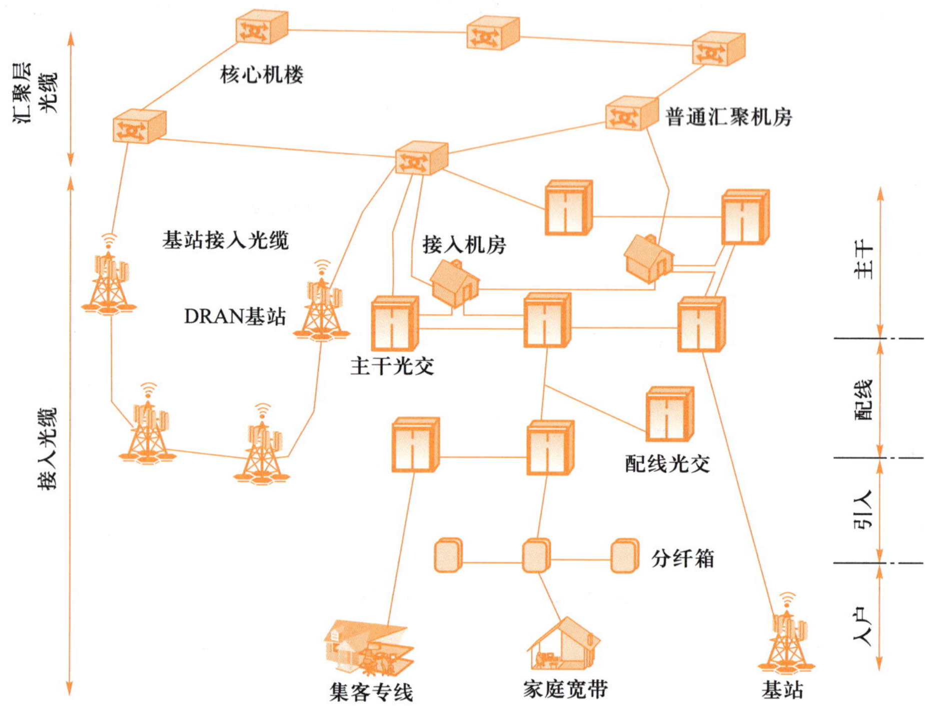

图6-14 接入光缆线路组网结构

光缆线路中使用的光缆根据应用场合有各式各样的,图6-15所示为各类光缆实物。其中,带状光缆是芯数较多的光缆;中心束管光缆、层绞光缆、直埋光缆通常用于长途光缆线路或本地光缆线路;防水尾缆通常用于仪表或者设备;室内光缆一般用于机房内;皮线光缆一般用于接入到用户;ADSS光缆和OPGW光缆通常用于电力光纤通信。

图6-15 各类光缆实物

4. 光缆线路应用案例

某小区接入光缆线路结构如图 6-16 所示。光交实现光缆芯数的分配，分纤箱将光缆中的每一芯分离出来，改成皮线光缆连接至用户处。光缆接头处有接头盒对光缆加以保护，如图 6-17 所示。

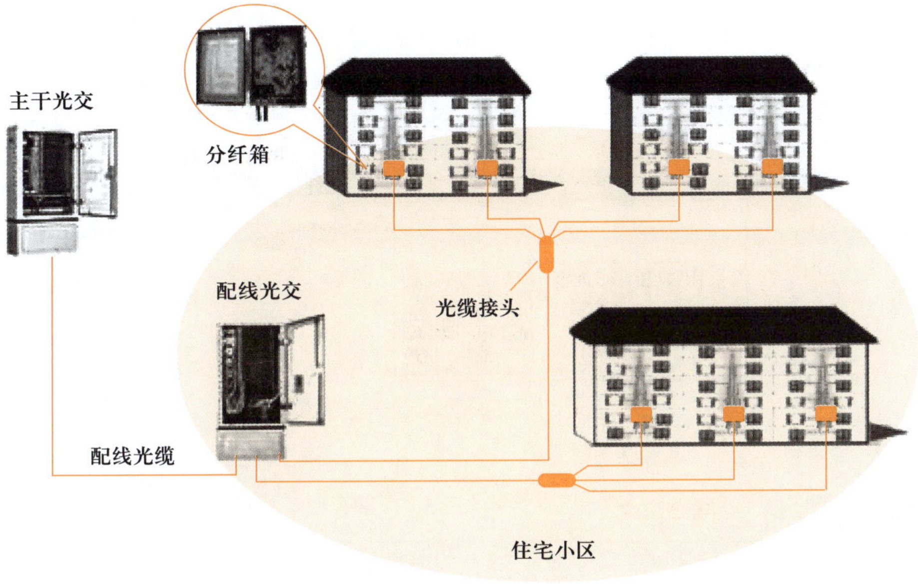

图 6-16　某小区接入光缆线路结构

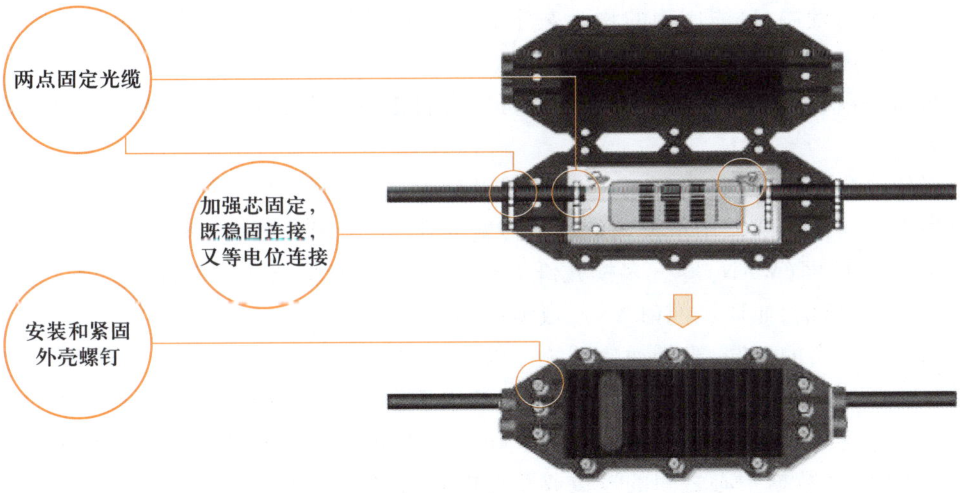

图 6-17　光缆接头盒

随着 5G、云计算、数据中心、物联网等通信新技术的发展，光纤网络进一步用于 5G 基站、智慧医疗等领域。如一个城市的智慧交通系统，通过光纤网络连接的传感器、摄像头等设备可以实时收集交通数据，如车流量、道路状况等。这些数据通过光缆网络传输至数据中心进行处理和分析，然后将分析结果通过 5G 网络传输回交通管理部门或者智能车辆，实现交通管理的智能化和优化。再如远程医疗服务场景，通过光缆网络连接的医疗设备可以实时传输患者的医疗数据至医疗中心。医生可以通过 5G 网络远程访问这些数据，进行诊断和治疗建议，甚至进行远程手术操作。

光缆线路用于 5G 基站如图 6-18 所示，海量的用户终端（传感器）通过通信模组将数据传到 5G 天线，通过光纤传到基站，再进入数据中心进行分析处理，将结果通过光缆网络传输至 5G 基站，然后通过 5G 无线信号传输到用户设备，实现系统的自动控制或智能管理。

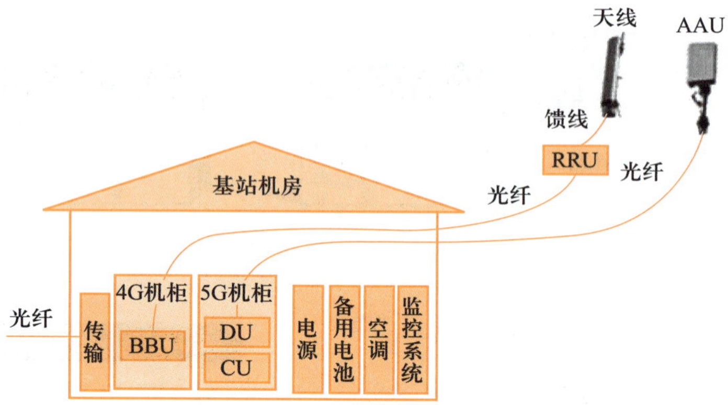

图 6-18 光缆线路用于 5G 基站

PPT 数字光纤通信系统

6.4 数字光纤通信系统

6.4.1 光纤通信系统的分类

微课 数字光纤通信系统

动画 数字光纤通信系统

光纤通信系统根据传输信号的不同，可以分为模拟光纤通信系统和数字光纤通信系统。由于技术的发展，目前应用的均为数字光纤通信系统，以下对于光纤通信系统的阐述均指数字光纤通信系统。

光纤通信系统根据不同的标准和功能可以进行多种分类，以下是一些常见的光纤通信系统分类方式。

根据传输介质的不同，光纤通信系统可以分为单模光纤通信系统和多模光纤通信系统。单模光纤通信系统采用单模光纤作为传输介质，适用于长距离、高速率的通信，如城域网（MAN）和广域网（WAN）等。多模光纤通信系统采用多模光纤作为传输介质，适用于短距离、低速率的通信，如局域网（LAN）、数据中心互联等。

根据传输距离的不同，光纤通信系统可以分为超短距传输系统、短距传输系统、中距传输系统和长距传输系统。超短距传输系统通常用于数据中心内部光互联，如数据中心内部服务器之间的连接，其传输距离一般小于 2 km。短距传输系统通常用于接入网或数据中心之间的光互联，如数据中心之间的连接或数据中心与接入网之间的连接，其传输距离为 2～20 km。中距传输系统适用于城域网应用，如城市内不同地区之间的通信连接，其典型传输距离为 80～300 km。长距传输系统主要用于骨干网场景，如跨越国家或地区的长距离通信连接，其传输距离一般在 1 000 km 以上。

根据光纤制备材料的不同，光纤通信系统可以分为硅光子学系统和非硅光子学系统。硅光子学系统使用硅材料制备光纤，具有成本低廉、集成度高的优势，主要应用于短距离通信和数据中心连接。非硅光子学系统使用非硅材料（如玻璃、氮化镓等）制备光纤，适用于长距离通信和高速率通信等领域。

根据传输速率的不同，光纤通信系统可以分为高速光纤通信系统和低速光纤通信系统。高速光纤通信系统的传输速率达到或超过 10 Gbit/s，通常用于需要高速率传输的应用领域，如视频传输、数据中心互联等。低速光纤通信系统的传输速率低于 10 Gbit/s，适用于一般通信需求，如家庭网络、局域网等。

6.4.2 光纤通信系统的组成

重点掌握

- 光纤通信系统组成框架。
- 光通信线路码型。

典型的数字光纤通信系统如图 6-19 所示，从图中可以看出，光纤通信系统由光端机、光缆、中继器和电端机组成。

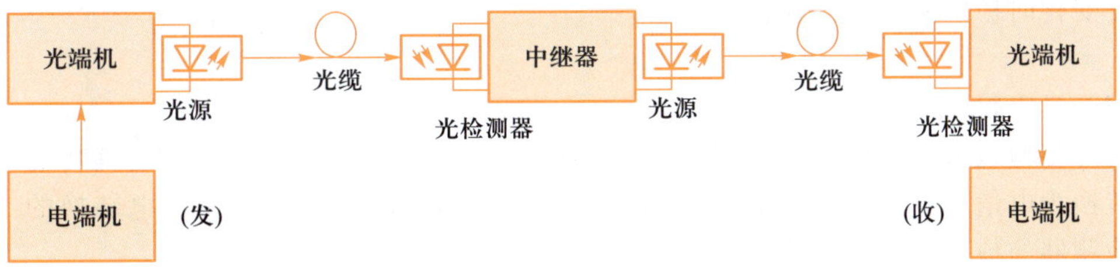

图 6-19 典型数字光纤通信系统

电端机的作用是将低速支路电信号复用成高速信号，然后送往光端机，完成电/光转换，进行传输。现有的通信设备已带有光口，可直接接入光端机。

光端机包括光发送机与光接收机两部分。光发送机的主要作用是将电端机送来的数字基带电信号转换为光信号，并耦合进光纤线路中进行传输。电/光转换是用承载信息的数字电信号对光源进行调制来实现的，光发送机中的光源是整个系统的核心器件。光接收机的主要作用是将光纤传输后的幅度被衰减、波形产生畸变的、微弱的光信号转换为电信号，并对电信号进行放大、整形、再生，得到与发送端相同的电信号，输入接收端的电端机，光接收机中的关键器件是半导体光电检测器。

中继器是可对微弱的光信号直接进行放大的器件，其主要功能是提供光信号的增益，以补偿光信号在传输过程中的衰减，增加传输系统无中继距离。

下面结合图 6-19 说明光纤通信的过程。发送端的电端机将信号(如话音信号)进行模数转换，转换后的数字信号经调制后由光源(激光器)发送，此时激光器(LD)发出的就是携带了信息的光波信号。当数字信号为“1”时，发送一个“传号”光脉冲；当数字信号为“0”时，发送一个“空号”(不发光)。光波经光纤传输后到达接收端，光接收机将数字信号从光波中检测出来，送给接收端的电端机，电端机再进行数模转换，恢复原始信息，完成一次光纤通信过程。

1. 光源与光发送机

(1) 光源

光源是光纤通信设备的核心，它的作用是将电信号转换为光信号，并将此光信号送入光纤线路中进行传输。光纤通信中用到的光源有半导体激光器(LD)和发光二极管(LED)两种,其中发光二极管用于短距离、低速光纤通信系统,光纤通信干线的光源均为半导体激光器。

(2) 光发送机

光发送机的作用是将电脉冲信号转换成光脉冲信号,然后经码型变换成适当的波形再经光缆进行传输。光发送机的原理框图如图6-20所示。

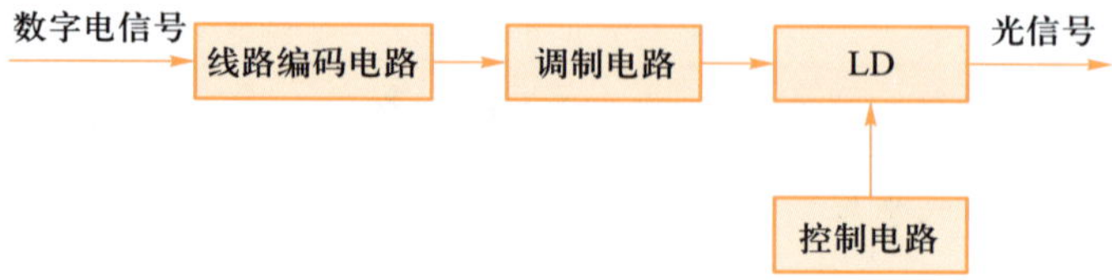

图6-20 光发送机的原理框图

线路编码电路将数字电信号编码转换为适合光信道传输的线路码型,调制电路将数字电信号通过光源调制转换为光信号,并送到光缆线路进行传输,控制电路可在器件老化或者温度变化时稳定激光器的输出功率。

2. 光电检测器与光接收机

(1) 光电检测器

光纤传输过来的光信号到达接收端遇到的第一个器件就是光电检测器,其功能是将光信号转换为电信号。光电检测器是利用半导体材料的光电效应来实现光电转换的。常用光电检测器的核心部件就是光电二极管。

(2) 光接收机

光接收机的原理框图如图6-21所示,其中各部分的功能如下。

① 光电检测:将光信号转换为电信号。

② 均衡放大:将检测出的较小电信号进行整形和放大。

③ 再生判决:按照门限值判决生成电脉冲。

④ 码型变换:将光信号码型反变换为电信号码型。

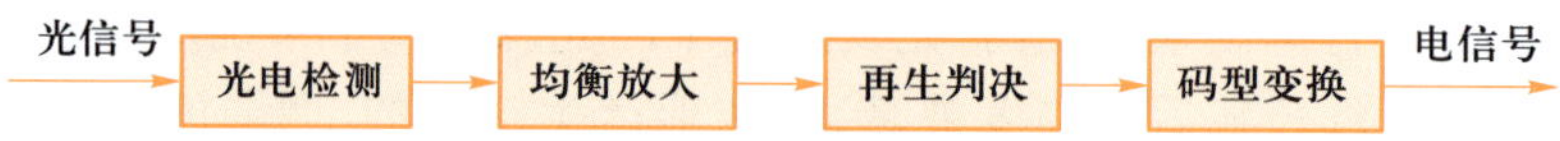

图6-21 光接收机的原理框图

3. 中继器

光脉冲信号从发送机输出经光纤传输若干距离后,由于光纤损耗和色散的影响,光脉冲信号的幅度受到衰减,波形出现失真,这样就限制了光脉冲信号在光纤中的长距离传输。为此要在光信号传输一定距离后加设一个中继器,以放大衰减信号,恢复失真的波形,使光脉冲得到再生。

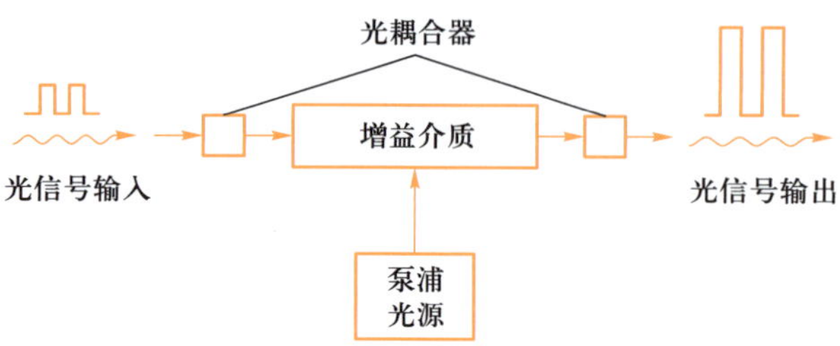

图6-22 通用的光中继器结构

中继器分为光-电-光中继器和光中继器两种。光-电-光中继器是早期使用的用于光信号再生和放大的设备,需要经过光/电转换、电信号放大和电/光转换三个过程,这种中继器已成为网络中信号传输处理的瓶颈,正被光中继器所取代。

通用的光中继器结构如图6-22所示。

目前使用的光中继器可分为半导体光中继器

和光纤光中继器两种，常用的光纤光中继器是掺铒光纤放大器（EDFA）和喇曼光纤放大器。

归纳思考

- 光信号通过光发送机送到光缆传输，中间经过光中继器进行信号波形修整、再生、放大后，继续传输，直至到达光接收机。
- 光端机中为什么需要进行码型变换？

6.4.3 光纤通信系统的码型

1. 光纤对所传信号码型的要求

光纤数字传输系统并不是直接传输由电端机传送过来的数字信号，而是要经过编码处理，将信号变换成码速略高一点的适合在光纤数字传输系统中传输的线路码型。电接口的接口码型一般为双极性伪三元码，都是以“+1”“-1”和“0”分别对应正、负和零电平。光源不可能发射负的光脉冲，因而其线路码型一般只考虑二电平码，即采用光脉冲的“有”和“无”来表示二进制码中的“1”和“0”。

2. 常用光纤线路码型

（1）分组码（mBnB 码）

把输入的二进制原始码流按 m bit 为一组进行分组，然后，把每个分组变换成一个 n bit 的二进制码，并在同样大小的时隙内输出。

（2）插入码（mB1X 码）

把输入的二进制原始码流按 m bit 为一组进行分组，然后，在每个分组末尾按一定规律插入一个码，组成（m+1）bit 为一组的线路码流。mB1X 码可分为 mB1P 码、mB1C 码、mB1H 码。mB1P 码中插入的“P”是奇偶校验位，mB1C 码中插入的“C”是补码，mB1H 码中插入的“H”是混合码。

6.5 光纤通信传输技术

重点掌握

- SDH 传输的基本原理。
- 波分复用的概念。
- MSTP、OTN、PTN、IP RAN 的基本网络应用。

6.5.1 SDH 传输技术

PPT 光纤通信传输技术

微课 光纤通信传输技术

同步数字系列（Synchronous Digital Hierarchy，SDH）的研究工作始于 1986 年，其目的是建立光纤通信的通用标准，通过一组网络单元提供一个经济、简单、灵活的网络应用。美国贝尔通信研究所最先提出光同步传输网的概念，并称之为同步光网络（SONET）。1988 年，美国国家标准协会（ANSI）通过了两个最早的 SONET 标准。CCITT 于 1988 年接受了 SONET 的概念，重新将其命名为同步数字系列（SDH），建立了世界性的统一标准。

1. SDH 的主要特点

① 把北美、日本和欧洲、中国两种数字传输体制融合在统一的标准之中，即在

动画
光纤通信传输技术

STM-1 等级上得到统一，第一次真正实现了数字传输体制上的世界性标准。

② 采用同步复用方式和灵活的复用映射结构，使低阶信号和高阶信号的复用/解复用一次到位，大大简化了设备的处理过程。

③ 能与现有的 PDH 网实现完全兼容，同时还可以容纳各种新的数字业务信号。

④ 具有全世界统一的网络节点接口，并对各网络单元的光接口提出严格的规范要求，从而使得任何网络单元在光路上得以互联互通，实现了横向兼容性。

⑤ 帧结构中安排了丰富的开销比特，使网络的运行、管理、维护与指配能力大大加强，促进了先进的网络管理系统和智能化设备的发展。

⑥ 采用先进的光纤传输设备，使组网能力和网络自愈能力极大增强，同时也降低了网络的维护管理费用。

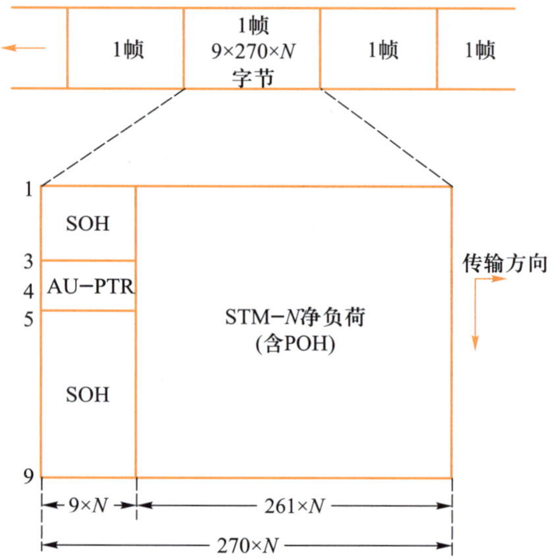

图 6-23 STM-N 帧结构示意图

2. SDH 帧格式

原 CCITT 建议(G.709)规定了 SDH 帧格式，其采用的信息结构等级称为同步传送模块 STM-N，其中 N=1、4、16、64、256 等。最基本的模块为 STM-1，4 个 STM-1 同步复用构成 STM-4，16 个 STM-1 或 4 个 STM-4 同步复用构成 STM-16。SDH 采用块状的帧结构来承载信息，每帧由横向 9 行和纵向 270×N 列字节组成，每个字节含 8 比特，帧结构如图 6-23 所示。

整个帧结构分成段开销(Section Over Head，SOH)、STM-N 净负荷和管理单元指针(Administration Unit Pointer，AU-PTR)三个区域，其中：

段开销区主要用于网络的运行、管理、维护及指配等，是在 STM-N 帧结构中保证信息净负荷正常灵活的传送所必需的附加字节。SOH 位于横向第 1~3 行、纵向第 1~9×N 列和横向第 5~9 行、纵向第 1~9×N 列，共 8×9×N=72×N 字节。SOH 又分为再生段开销(Regeneration Section Over Head，RSOH)和复用段开销(Multiple Section Over Head，MSOH)。

净负荷区用于存放真正用于信息业务的比特和少量的用于通道维护管理的通道开销字节。净负荷区位于横向第 1~9 行、纵向第(9×N+1)~第(270×N)列，共 9×261×N=2 349×N 字节。净负荷区中还存放着少量用于通道性能监视、管理和控制的通道开销(POH)字节。这些通道开销是作为净负荷区的一部分与信息码一起在网络中传送的。

管理单元指针用来指示净负荷区内的信息首字节在 STM-N 帧内的准确位置，以便接收时能正确分离净负荷。AU-PTR 位于横向第 4 行、纵向第 1~9×N 列，共 9×N 字节。

3. SDH 的传输速率

传输时，SDH 的帧按由左到右、由上到下的顺序排成串行码流依次传输，每帧传输时间为 125 μs，每秒传输 8 000 帧。对 STM-1 而言，每帧比特数为 8 bit/Byte×(9×270×1)Byte=19 440 bit，则 STM-1 的传输速率为 19 440×8 000 bit/s=155.520 Mbit/s。SDH 系统以 STM-1 为基本速率，并将其整数倍 STM-N(即 155 Mbit/s×N)作为传输速率，其中 N=1、4、16、64、256 等。SDH 信号标准模块速率如表 6-1 所示。

表 6-1 SDH 信号标准模块速率

SDH 模块等级	速率/(kbit/s)	SDH 模块等级	速率/(kbit/s)
STM-1	155 520	STM-64	9 953 280
STM-4	622 080	STM-256	39 813 120
STM-16	2 488 320		

SDH 传输技术利用了光纤的高速传输特性，采用 SDH 设备将低速数据复接成高速数据进行传输，以提高传输速率。光纤通信经过 40 多年的发展，单信道实用化系统的传输速率从 1976 年的 45 Mbit/s 发展到了 40 Gbit/s，线路的利用率得到了很大提高。图 6-24 所示为典型 SDH 网元设备的实物图。

SDH 复用技术的采用虽然使传输速率有了很大的提高，但与光纤巨大的带宽潜力相比，这点带宽还微不足道。为了适应通信网传输容量不断增长的要求，在 SDH 复用技术的基础上，又出现了光波分复用(WDM)技术，WDM 与 SDH 的结合使光纤传输速率提高到 Tbit/s 数量级。

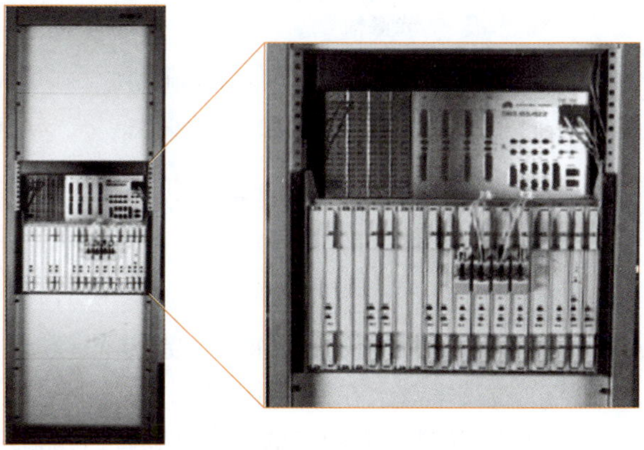

图 6-24 典型 SDH 网元设备的实物图

6.5.2 波分复用传输技术

探 讨

- 为什么会出现波分复用技术？
- 波分复用有什么特点？

1. 波分复用的基本概念

波分复用(Wavelength Division Multiplexing，WDM)是指在一根光纤中同时传输多波长光信号的技术。其基本原理是在发送端将不同波长的光信号组合起来，并耦合到光缆线路上的同一根光纤中进行传输，在接收端将组合波长的光信号分开，并作进一步处理，恢复出原信号后送入不同的终端。

人们通常把光信道间隔较大(甚至在光纤不同窗口上)的复用称为 WDM，把在同一窗口中信道间隔较小的光波分复用称为密集波分复用(Dense Wavelength Division Multiplexing，DWDM)，DWDM 可以实现波长间隔为零点几纳米级的复用。以往技术人员习惯采用 WDM 和 DWDM 来区分是 1 310/1 550 nm 简单复用还是在 1 550 nm 波长区段内密集复用，但目前在电信行业应用时都采用 DWDM 技术，所以经常用 WDM 这个更广义的名称来代替 DWDM。

目前波分复用光纤通信系统多是在 1 550 nm 波长区段内，同时用 8、16 或更多个波长在一对光纤上(也可采用单光纤)构成光通信系统，其中各个波长之间的间隔为 1.6 nm、0.8 nm 或更小，约对应于 200 GHz、100 GHz 或更窄的带宽。图 6-25 所示为波分复用系统的基本结构。

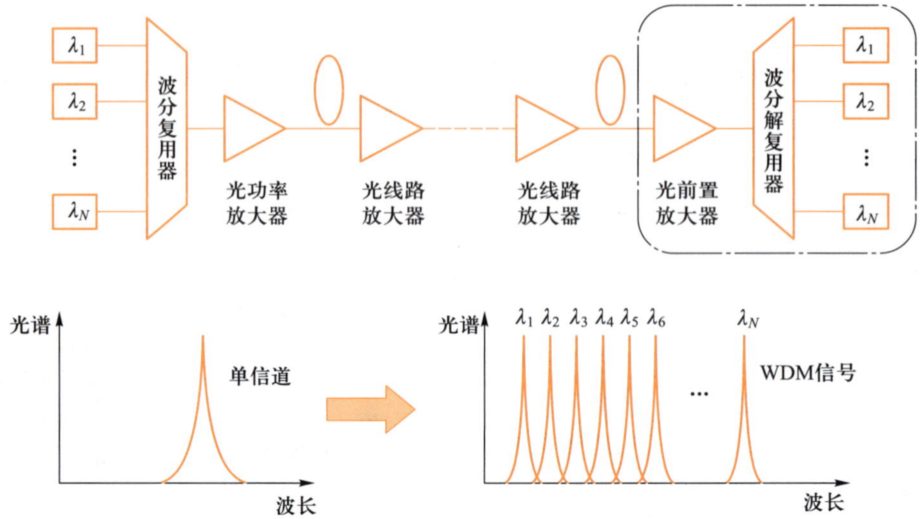

图 6-25　波分复用系统的基本结构

在图 6-25 中，波长分别为 λ_1、λ_2、…、λ_N 的光信号通过波分复用器复用到一根光纤中，经过功率放大在光纤中传输。传输一定距离后，进行线路放大，弥补光信号的衰减。到达接收端，先进行光功率的放大，然后进行解复用，分解出与发送端一致的 λ_1、λ_2、…、λ_N 的光信号。

2. 波分复用的特点

① 充分利用光纤的巨大带宽资源：光纤的低损耗波段具有巨大的带宽资源，WDM 技术使一根光纤的传输容量比单波长传输增加几倍、几十倍甚至几百倍，从而增加光纤的传输容量，降低成本，具有很大的应用价值和经济价值。

② 同时传输多种不同类型的信号：由于 WDM 技术使用的各波长的信道相互独立，因而可以通过传输特性和速率完全不同的信号，完成各种电信业务信号的综合传输，如 PDH 信号和 SDH 信号、数字信号和模拟信号、多种业务（音频、视频、数据等）的混合传输等。

③ 节省线路投资：采用 WDM 技术可使 N 个波长复用后在单根光纤中传输，也可实现单根光纤双向传输，在长途大容量传输时可以节约大量光纤。另外，对已建成的光纤通信系统扩容方便，只要原系统的功率余量较大，就可进一步增容而不必对原系统做大的改动。

④ 降低器件的超高速要求：随着传输速率的不断提高，许多光电器件的响应速度已明显不足，使用 WDM 技术可降低对一些器件在性能上的极高要求，同时又可实现大容量传输。

⑤ 高度的组网灵活性、经济性和可靠性：WDM 技术有很多应用形式，如长途干线网、广播分配网、多路多址局域网等。可以利用 WDM 技术选择路由，实现网络交换和故障恢复，从而实现未来的透明、灵活、经济且具有高度生存性的光网络。

6.5.3　MSTP

1. MSTP 的产生

SDH 协议最初是针对语音业务（即固定带宽业务）设计的，主要提供 TDM（各种可以间差复用到 SDH 中的业务，如 E1、E3 等）接入。由于 SDH 协议可提供极高的服务质量及可维护管理性，因此其受到了全球电信运营商的青睐，一度统治了传输网。

随着不断增长的 IP 数据、话音、图像等多种业务传送需求扩展，业务的传送环境发生了巨大变化。SDH 是骨干网传输技术，以承载话音（TDM）业务为主要目的，用户侧业务以

IP、以太网业务为主，出现了城域网传输技术在容量以及接口能力上都已经无法满足要求的问题。于是，多业务传输平台(Multi-Service Transport Platform，MSTP)技术应运而生。

MSTP 是一种基于 SDH 传输技术的，可以同时支持语音、数据、视频等多种业务的传输技术。MSTP 的主要特点和功能如下。

① 多业务支持：MSTP 可以同时传输多种业务，包括语音、数据、视频等，满足不同业务的传输需求。

② 同步数字分组技术：MSTP 采用 SDH 技术作为传输手段，具有高可靠性和稳定性，能够实现高速、高效的数据传输。

③ 灵活的配置和管理：MSTP 具有灵活的配置和管理功能，可以根据实际需求灵活调整和管理网络资源，提高网络利用率和运营效率。

④ 多层次保护：MSTP 支持多种保护机制，包括线路保护、光环保护、网环保护等，能够提供高可靠性的传输服务，保障业务的连续性和稳定性。

⑤ 多种接口支持：MSTP 提供丰富的接口类型，包括光口、电口、以太网口等，支持不同类型设备的接入和互联，适用于复杂的网络环境。

2. MSTP 的接口

MSTP 的内核还是 TDM，为以太网业务提供相应接口，运营商骨干部分依旧使用 SDH 时分复用，给用户的链路接口采用以太网接口，也就是 10 Mbit/s、100 Mbit/s、1 Gbit/s、10 Gbit/s 这样的标准以太网接口，而不是 155 Mbit/s、622 Mbit/s、2.5 Gbit/s 这类 POS/CPOS 接口。一般认为 MSTP = SDH+以太网(二层交换)+ATM(传信令)，也就是在 SDH 的用户侧增加了以太网接口或 ATM 接口，实现 IP 化接口(IP over SDH)，如图 6-26 所示。

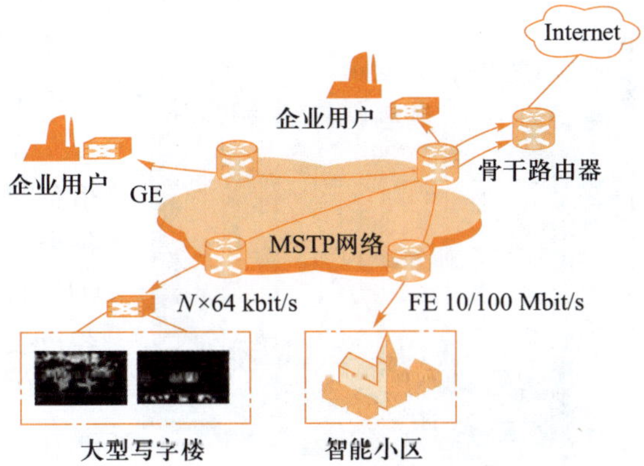

图 6-26 MSTP 网络接口示意图

后来又出现了 MSTP+技术，不过也逐渐被其他技术取代。

6.5.4 OTN

1. OTN 的基本概念

由于 SDH 和 WDM 无法满足传送数据业务的需求，人们在充分分析 SDH 和 DWDM 两种传送技术的基础上，提出了 OTN(Optical Transport Network，光传送网)技术体制。更为确切地讲，OTN 是将 SDH 的业务灵活配置、强大网络管理机制和 DWDM 的波长级透明传输优势有机结合而产生的一个传送大颗粒宽带业务的大容量传送网。

OTN 是基于波分复用技术，由一组通过光纤链路连接在一起的光网元组成的网络，能够提供基于光通道的用户信号的传送、复用、路由、管理、监控以及保护。具体来说，OTN 是利用光纤将光网络的各个网元互连起来，使来自不同用户的数据通过网元交换或路由到 OTN，从而实现数据传输的光网络。

2. OTN 网络

OTN 技术可支持基于单向点对点、双向点对点、单向点对多点的光层连接类型。采用 OTN 终端复用设备可以组成线形拓扑，引入 OTN 交叉连接设备后可以组成线形、环形和格形等多种拓扑结构的网络。

OTN 技术在长途网和本地/城域网中都可以应用，网络示意图如图 6-27 所示。

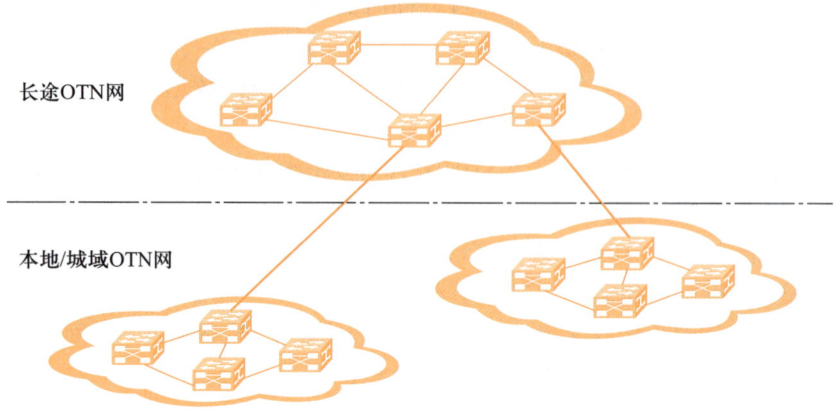

图 6-27 OTN 网络示意图

长途网中的 WDM 系统应逐步引入 OTN 交叉功能，优化 WDM 系统的组网方式，降低网络建设成本。与客户层设备（SDH 设备、路由器等）的互联接口可采用 SDH、以太网和 OTN 等接口。

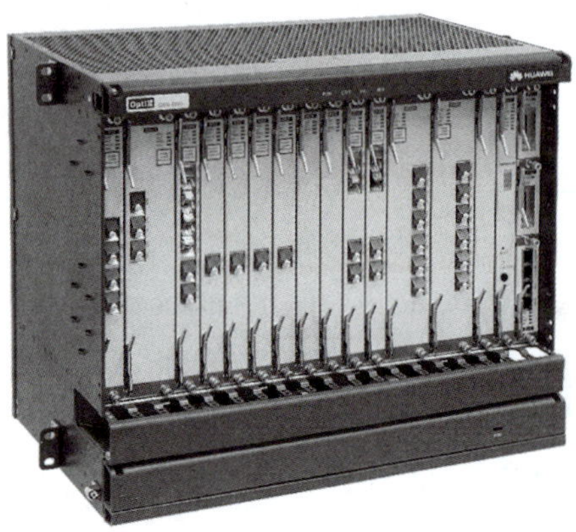

图 6-28 OTN 设备实物图

在本地网/城域网中，OTN 终端复用设备与城域波分设备结合应用。OTN 交叉连接设备应覆盖核心层和汇聚层，实现各类光数据单元交叉颗粒的调度。由于本地业务种类丰富，OTN 设备需要提供多种业务接口，包括 SDH、OTN 和以太网等客户接口。

OTN 设备实物图如图 6-28 所示。

6.5.5 PTN

1. PTN 的基本概念

随着各种新型数据业务的迅速发展，用户对带宽的需求不断增长。语音、视频和无线业务的 IP 化，企事业单位大客户的虚拟专用网业务应用，都对传送网的带宽灵活调度、业务传输质量和运维管理成本等提出了越来越高的要求。

传统的非连接特性的 IP 网络和产品难以保证重要业务的传输质量和性能要求，业务的 IP 化已经从电信网络的边缘逐渐向核心蔓延。在这种趋势下，必然要求传送网络 IP 化，即要求传送网络由电路交换核心向分组交换核心转换，利用分组交换核心实现分组业务的高效传送。

分组传送网（Packet Transport Network，PTN）是以分组传送为基础，以分组交换为核心，支持多业务承载，并具备完善的保护和操作维护管理（OAM）功能的面向连接端到端的传送技术。

PTN 是 IP/MPLS、以太网和传送网三种技术相结合的产物，适用于承载电信运营商的无线回传网络、以太网专线以及 IPTV 等高品质的多媒体数据业务。

2. 组网应用

PTN 以核心层、汇聚层、接入层三层结构进行组建。

核心层由传输核心节点组成，是传输网的核心，主要负责提供核心节点间的局间中继电路。核心层能提供大容量的业务调度能力和多业务传送能力，要求具有较高的安全性和可靠性。

汇聚层由汇聚节点与核心节点之间的网络组成,负责一定区域内业务的汇聚和疏导。汇聚层节点是业务区内所有接入层网络的汇聚中心,承担转接和汇聚区内所有业务接入节点电路的功能,能提供较大的业务交叉和汇聚能力,使网络具有良好的可扩展性。

接入层作为各地区传输网的末端,为无线 BTS/Node B 至 BSC/RNC(MSC)及各类数据终端提供传输通道。

大中型城市城域传送网的核心层采用 WDM+分组化城域传送网设备组网,汇聚层、接入层采用分组化城域传送网设备组网。现阶段,核心层、汇聚层宜采用 10GE(10 吉比特以太网)设备组网;接入层可以采用 GE(千兆以太网)或 10GE 设备组网,业务量较大时一般采用 10GE 设备组网,如图 6-29 所示。

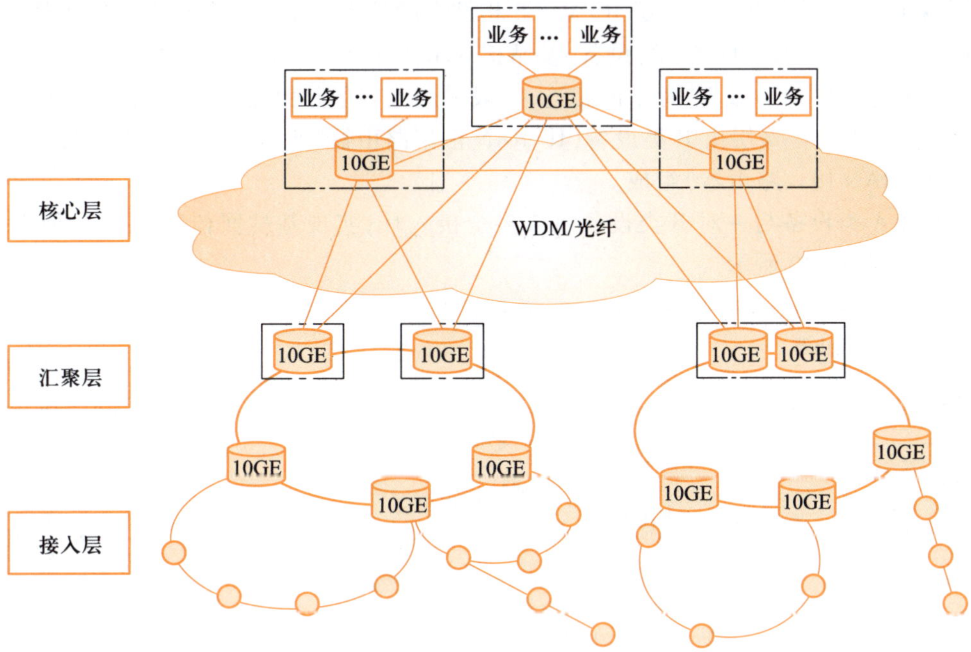

图 6-29 大中型城市城域传送网示意图

在 5G 时代,一张网络承载千行百业,多行业业务对网络的差异化要求严格,网络需要端到端的切片来保障业务的差异化承载,因此,基于以太网内核的新一代融合承载网络架构——SPN(Slicing Packet Network,切片分组网)被提出。SPN 基于以太网传输架构,继承了 PTN 传输方案的功能特性,并在此基础上进行了增强和创新。SPN 基于 ITU-T 网络模型对网络架构进行分层建模,现阶段 5G 网络中基本已由 PTN 发展为 SPN。

6.5.6 IP RAN

1. IP RAN 的基本概念

随着分组业务、视频业务的兴起,数据业务已成为承载主体,其对带宽的需求在迅猛增长,基于统计复用的包交换技术成为承载的核心技术。路由器广泛应用于宽带城域网,天然具备二三层专线、IPTV 组播等业务的承载能力,同时吸收基站承载的必要需求,满足综合承载的需要。路由器综合承载方案采用动态 IP 技术构建承载网络、承载 IP 业务,如图 6-30 所示。

IP RAN(Internet Protocol Radio Access Network,无线接入网 IP 化)是基于 IP/MPLS 分组交换的无线接入网技术,是针对 IP 化基站回传应用场景进行优化定制的路由器/交换机整体解决方案,可实现对基站回传、电路仿真、宽带接入、二三层 VPN/VPDN、组播等多种业务的综合接入和承载。IP RAN 技术相比 PTN 技术增加了三层全连接自动选路功能,适用于规模不大的城域网。

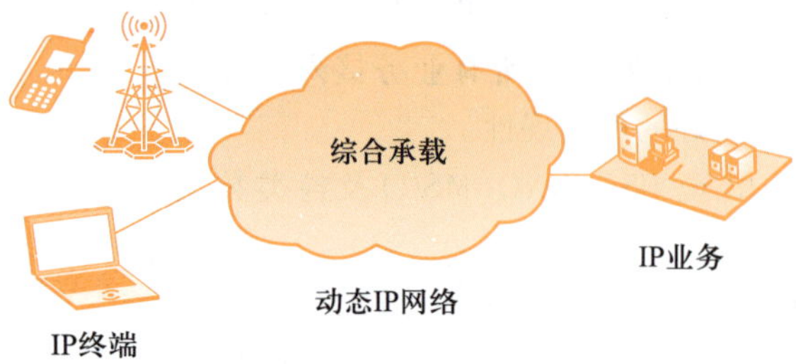

图 6-30 路由器综合承载方案

2. IP RAN 的组网方案

IP RAN 分为核心层、汇聚层与接入层三层,如图 6-31 所示。在城域汇聚层、核心层采用 IP/MPLS 技术,接入层主要采用二层增强以太技术,或采用二层增强以太与三层 IP/MPLS 相结合的技术方案。设备形态一般为核心汇聚节点采用支持 IP/MPLS 的路由器设备,基站接入节点采用路由器或交换机。

核心层直接与 BSC 或 IP 骨干网相连,一般采用大容量路由器构建,具备高密度端口和大流量汇聚能力。汇聚层由 B 类设备(IP RAN 汇聚路由器)组成。接入层由连接基站的 A 类设备(IP RAN 接入路由器)组成。

若干台 A 类设备与一对 B 类设备组成多个接入环,实现基站回传的双路由保护,同时节省光纤,如图 6-32 所示。

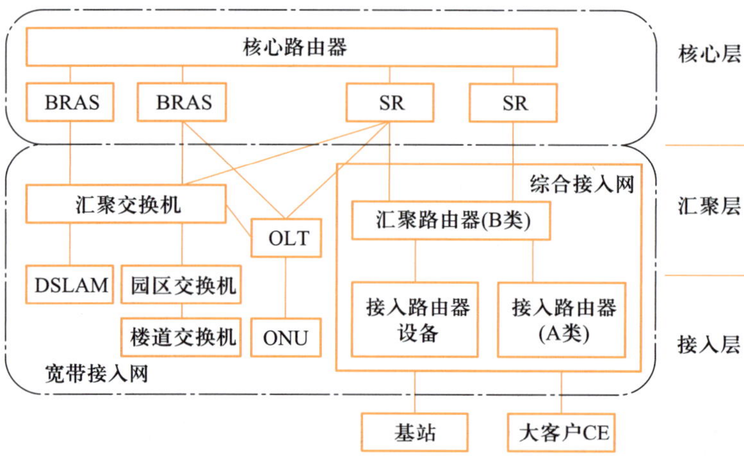

图 6-31 IP RAN 层次结构

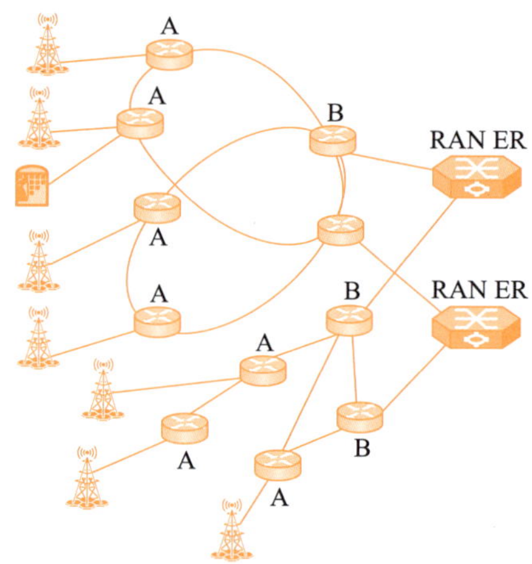

图 6-32 A 类-B 类设备组网图

基于 IP RAN 的网络层次和现有网络的发展,基站回传逻辑组网方案如图 6-33 所示。

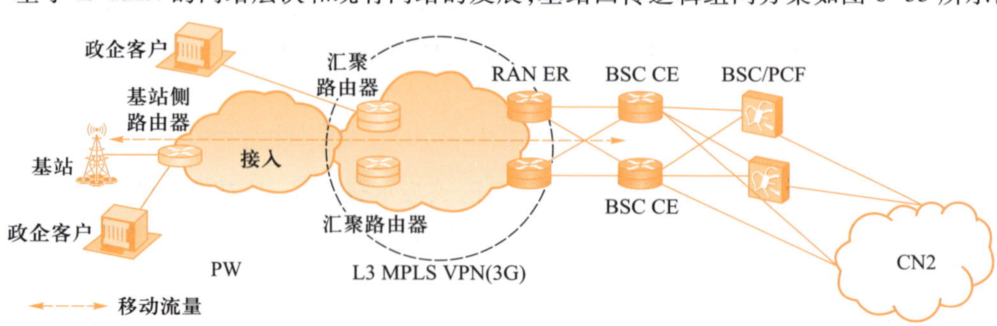

图 6-33 基站回传逻辑组网方案

6.5.7 各种传输技术的演进

为了满足业务发展需求，传输技术在不断发展演进，如图 6-34 所示。

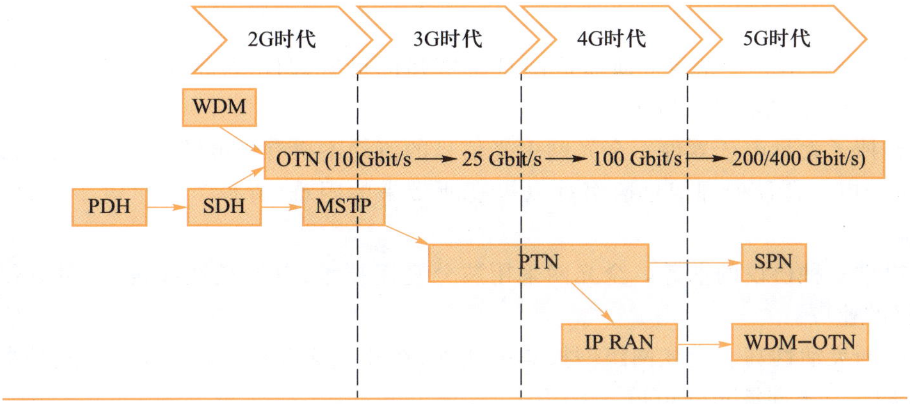

图 6-34 传输技术的演进

SDH 技术是以提供 TDM 语音业务为主的，由 PCM 的 PDH 技术发展而来。与此同时，为了提高光纤传输的潜力，提出 WDM 技术。为了实现对大颗粒业务的管理，SDH 和 WDM 融合发展为 OTN，单波长的传输速率从 2.5 Gbit/s、10 Gbit/s，一直发展到今天的 400 Gbit/s 及更高。另外，为了融合以太网业务发展了 MSTP。由于 MSTP 的局限性，针对以太网业务又提出了 PTN 和 IP RAN。到了 5G 时代，又分别发展到 SPN、WDM-OTN 等。

根据不同传输技术的特点和网络要求，骨干网传输一般使用 DWDM、OTN，城域网和接入网传输一般使用 PTN。

6.6 光纤通信的未来发展

6.6.1 全光网

PPT 全光网

1. 全光网的基本概念

在以光复用技术为基础的现有通信网中，仍要以电信号处理信息的速度进行交换，而其中的电子器件在适应高速、大容量的需求上，存在着带宽限制、时钟偏移、严重串话、高功耗等缺点，由此产生了通信网中的“电子瓶颈”现象。为了解决这个问题，人们提出了全光网（All Optical Net，AON）的概念。

微课 全光网

所谓全光网，是指信号只在进出网络时才进行电/光和光/电转换，而在网络中传输和交换时始终以光的形式存在。也就是说，数据从源节点到目的节点的传输过程都在光域内进行，而在各网络节点的交换则采用全光网络交换技术。

动画 全光网

全光网的演进过程分为三个阶段：第一阶段，骨干和传输光纤化；第二阶段，接入网光纤化；第三阶段，传输节点引入光交换。

第一阶段靠引入 WDM 和 OTN 已经实现。第二阶段就是使用 PON（无源光网络）系统，把家里的 ADSL 网线（电话线）上网全部换成光纤宽带接入。随着 FTTH（光纤到户）技术的应用，第二阶段也已经实现。完成前两个阶段的全光网称为全光网 1.0。针对第三阶段，就要引入光交换技术，即引入可重构光分插复用器（Reconfigurable Optical Add/Drop Multiplexers,ROADM)和光交叉连接(Optical Cross Connection,OXC),发展全光网 2.0。

目前全光传输和全光接入已经完成,需要进一步实现全光交换,从而形成“骨干+城域”两层扁平化架构的全光网 2.0。

2. 全光网的特点

基于波分复用的全光网可使通信网具备更强的可管理性、灵活性、透明性。与以往的通信系统相比,全光网具有以下优点。

① 省掉了大量电子器件。全光网中光信号的流动不再有光电转换的障碍,克服了传输过程中由于电子器件处理信号速率难以提高所带来的困难,省掉了大量电子器件,大大提高了传输速率。

② 提供多种协议的业务。全光网采用波分复用技术,以波长选择路由,可方便地提供多种协议的业务。

③ 组网灵活性高。全光网组网极具灵活性,在任何节点利用光波长分插复用器均可实现灵活地上、下不同波长的信道。

④ 可靠性高。由于沿途没有变换和存储,全光网中许多光器件都是无源的,因而可靠性高。

⑤ 自动智能的数字化智慧运营(全光智治)。自动化、智能化和提高运营效率是全光网 2.0 的内在禀赋。

3. ROADM

ROADM 首先使用分波器(DEMUX)将所有波长解复用(拆分开),之后再根据需要将某些波长直接穿通,同时将特定波长下路至本地(下车);要上路(上车)的特定波长和其他波长一起,再次经过合波器(MUX)复用,然后开车去下一节点。ROADM 的特点是可重构、可动态配置、可灵活调整,研究初期是用波长阻断器把指定的波长通道“打掉”,实现固定式光分插复用器。后来出现了波长选择开关(Wavelength Selective Switch,WSS),ROADM 进入了一个新的阶段。波长选择开关的端口结构为 $1\times K$(1 进 K 出),拥有 1 个输入端口和 K 个输出端口。其采用光开关阵列,可以将波长信号分插到任意通道进行传输,如图 6-35 所示。

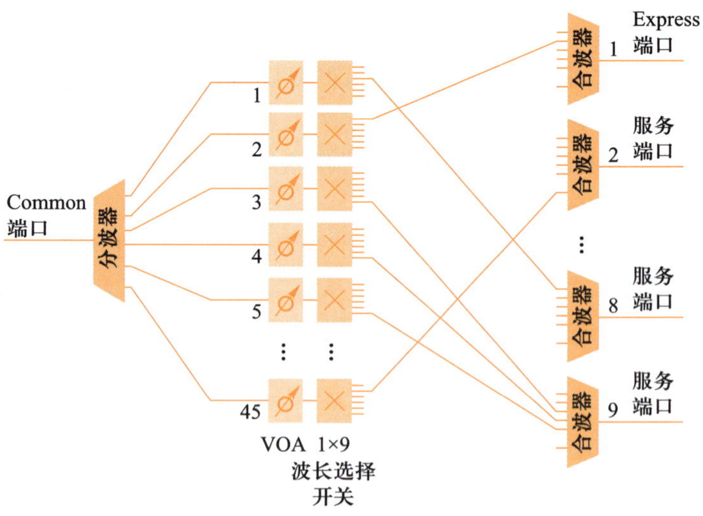

图 6-35 波长选择开关的工作原理

波长选择开关的出现使得 ROADM 有了更高的自由度。它可以从之前一进一出的两维,变成多进多出的多维。四维 ROADM 的工作原理如图 6-36 所示。更多维的 ROADM 仍在不断发展中。

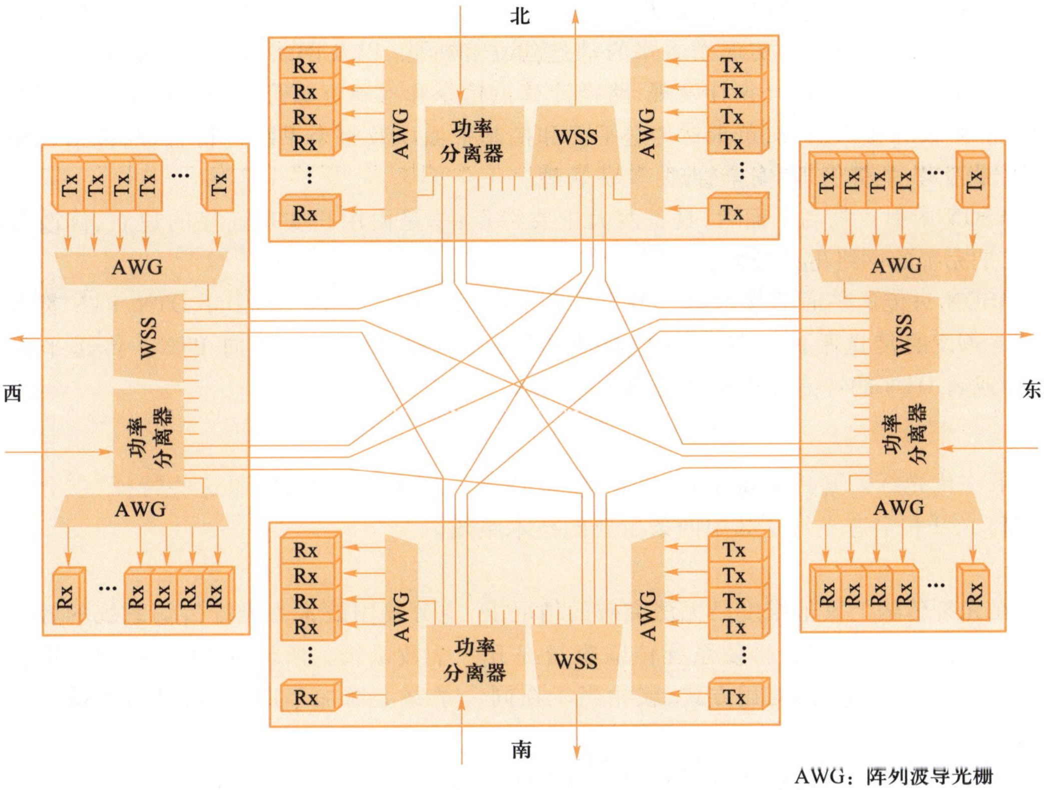

图 6-36 四维 ROADM 的工作原理

6.6.2 自动交换光网络

自动交换光网络(Automatically Switched Optical Network,ASON)是在传输中融合了交换技术的新型传输网络。其具体实现是在原传送网络的传送平面和管理平面之外,引入控制平面,形成传送平面、控制平面和管理平面间的交互,如图 6-37 所示。在 ASON 中,控制平面用于完成光传送网的配置和连接管理。

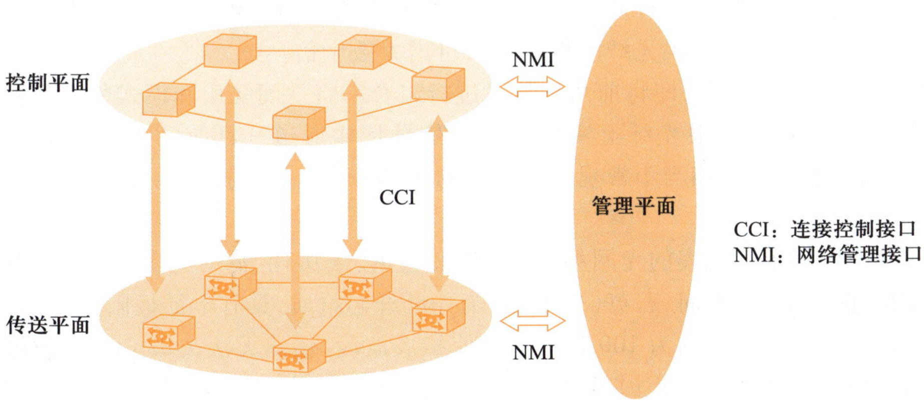

图 6-37 ASON 架构

传送平面由一系列的传送实体(传输数据的硬件和逻辑)组成,在两个地点之间提供端到端用户信息的传送,也可以提供控制和网络管理信息的传送。控制平面是 ASON 的核心部分,由网络的基础结构以及网络中用来控制建立连接和控制维护连接的分布式智能组成。控制平面通过使用接口、协议及信令系统,可以动态地交换光网络的拓扑信息、路由信息以及其他的控制信令,实现光通路的动态建立和拆除,以及网络资源的动态分配。控制平面具有邻居发现、路由(拓扑发现、路径计算)、信令和本地资源管理四大功能。管理平面由系统、协议和接口组成,负责对传送平面和控制平面以及整个系统进行管理,包括性能管理、故障管理、配置管理、安全管理、计费管理。

ASON 中引入控制平面后,具备两大主要特点:一是由用户实现连接的建立、修改和删除;二是完善的网络生存技术。

ASON 对传送平面的技术本身没有特别的要求,SDH、MSTP、DWDM、OTN、PTN 都可以作为 ASON 的传送平面。各厂商对城域的传送/承载技术已经转向 PTN。传送平面为 WDM 或者 OTN 的智能交换网络也称为 WSON。

6.6.3 新型光纤

下一代光纤需要具备高性能、大容量、低成本三个主要特征,依照这些特征,空分复用(SDM)光纤和空芯光纤是其中两条主要的技术路线。

1. 空分复用光纤

在光纤传输的其他维度已无法突破的情况下,空分复用技术为光纤传输系统的容量提升提供了新的发展方向,将使系统传输容量提升一个数量级。所谓的 SDM 是指在不同空间位置传输不同信号的复用方式,就相当于在同一条路上增加车道数量,以达到增加车流量的效果。

空分复用技术目前包括以下三种信道处理方式。

① 多芯光纤技术。在同一根光纤包层结构内设计多个纤芯,每个纤芯相当于一个独立的传输单元,实现在同一根光纤内多个信号沿着不同的纤芯独立传输。目前已经研制出 19 芯单模光纤,单根光纤实现了 1.06 Pbit/s 的系统传输速率,传输容量是常规单模光纤的 10 倍以上。

② 少模光纤技术。在同一根纤芯范围内增加光纤芯径,光信号在较大芯径的纤芯内传输时,能够实现不同的空间模式传输。少模光纤的主要思路是在纤芯结构中设计多环折射率结构,对激发的不同模式进行调整,使所激发的模式实现信号传输,每个模式相当于一个信号组。通过该种方式,单根光纤的传输容量可增大数十倍。

③ 多芯少模光纤技术,即将前两种技术进行组合。将空间复用和模式复用两种维度集中到一根光纤上,在同一根光纤上实现更多的信号传输通道。目前已开发出 7 芯 4 模光纤,单根光纤的通道数量相当于常规单模光纤的 28 倍,可以极大提高光纤通信容量。

2. 空芯光纤

以单模光纤系统为代表的光网络,凭借其大容量、低功耗、低时延等优势,一直是通信世界坚实的连接底座。然而,石英(玻璃)作为光纤纤芯材质,具有本征极限,包括容量瓶颈及性能极限。其容量上限约为 100 Tbit/s,即使扩展波段,仍然无法突破 Pbit/s 的级别。性能极限方面包括非线性、衰减、时延等均存在理论极限,从而限制了传输性能(如距离、时延)的进一步提升。

空芯光纤也称为空芯反谐振光纤，与普通光纤相比，其内部是中空的。众所周知，光在真空中的传播速度为 3×10^5 km/s，远高于在玻璃介质中的传输速度。空芯光纤利用光传输的这个特性，能够大大降低光信号在光纤中的传导损耗，实现更低时延和更高带宽。

未来空芯光纤系统在传输容量、距离及时延方面将会得到全面提升，成为超低时延场景如数据中心、算力网络等的最优选择。

6.7 实做项目及教学情境

实做项目一：网络在线学习

目的和要求：登录“智慧职教”平台，学习相关知识点的 PPT、微课、动画等资源，完成网络学习任务。具体使用方法参见 1.5 节。

实做项目二：认识光纤结构

目的和要求：通过光纤实物，进一步理解光纤结构。

实做项目三：考察光缆通信线路

目的和要求：通过考察通信线路，认识线路应用。

实做项目四：认识激光器，测量光功率

目的和要求：通过认识激光器，理解通信用光源，并使用光功率计测量其功率。

实做项目五：参观运营商传输机房或传输实训室

目的和要求：通过参观运营商的传输机房或传输实训室，认识光纤传输设备。

小　结

1. 光纤通信是以光纤为传输介质、以光信号为信息载体的通信方式。

2. 目前光纤通信的三个工作窗口是 0.85 μm、1.31 μm 和 1.55 μm。

3. 经过两次涂覆后的光纤芯线由纤芯、包层、一次涂覆层、二次涂覆层组成。

4. 光纤按折射率分布分为阶跃型光纤和渐变型光纤。

5. 阶跃型光纤利用光波的全反射原理，将光波限制在纤芯中向前传播。

6. 光波在光纤中传输，随着传输距离的增加光功率逐渐下降，这就是光纤的传输损耗。光纤损耗大致分为吸收损耗、散射损耗和其他损耗三类。

7. 光纤的色散就是由于光信号中不同频率成分或不同的模式的光在光纤中传输时速度不同而导致传播时间不同，因此到达光纤终端有先有后，从而产生波形畸变的一种现象。色散包括模式色散、材料色散、波导色散和偏振模色散。

8. 对于多模光纤，主要是模式色散。对于单模光纤，不存在模式色散，主要是材料色散。

9. 光缆一般由缆芯、加强件、填充物和护套等部分组成，另外根据需要还有防水层、缓冲层、铠装层、绝缘金属导线等构件。

10. 光缆通信线路分为长途光缆线路、本地光缆线路和接入光缆线路。

11. 光纤通信系统由光端机、光缆、中继器和电端机组成。

12. 光源是光纤通信设备的核心，它的作用是将电信号转换为光信号，并将光信号送入光纤线路中进行传输。

13. 光电检测器的功能是将光信号转换为电信号。

14. 目前使用的光中继器可分为半导体光中继器和光纤光中继器两种，常用的光纤光中继器是掺铒光纤放大器(EDFA)和喇曼光纤放大器。

15. SDH 的帧格式由 9 行、270×N 列构成，整个帧结构分成段开销、STM-N 净负荷和管理单元指针三个区域。

16. SDH 是同步复用的，STM-1 的速率是 155. 520 Mbit/s，其他速率以 4 为倍数递增。

17. WDM 是在一根光纤中同时传输多波长光信号的技术。其基本原理是在发送端将不同波长的光信号组合起来，并耦合到光缆线路上的同一根光纤中进行传输，在接收端将组合波长的光信号分开，并作进一步处理，恢复出原信号后送入不同的终端。

18. MSTP 是一种基于 SDH 传输技术的，可以同时支持语音、数据、视频等多种业务的传输技术。

19. OTN 是基于波分复用技术，由一组通过光纤链路连接在一起的光网元组成的网络，能够提供基于光通道的用户信号的传送、复用、路由、管理、监控以及保护。

20. PTN 是以分组传送为基础，以分组交换为核心，支持多业务承载，并具备完善的保护和操作维护管理(OAM)功能的面向连接端到端的传送技术。

21. IP RAN 是基于 IP/MPLS 分组交换的无线接入网技术。

22. 全光网是指信号只在进出网络时才进行电/光和光/电转换，而在网络中传输和交换时始终以光的形式存在。

23. 全光网的演进过程分为三个阶段：第一阶段，骨干和传输光纤化；第二阶段，接入网光纤化；第三阶段，传输节点引入光交换。针对第三阶段，就要引入光交换技术，即 ROADM 和 OXC。

24. ASON 是在传输中融合了交换技术的新型传输网络。其在传送平面和管理平面之外，引入控制平面，形成传送平面、控制平面和管理平面间的交互。

25. 下一代光纤需要具备高性能、大容量、低成本三个主要特征，依照这些特征，空分复用光纤和空芯光纤是其中两条主要的技术路线。

即测即评

（扫描二维码可进行自我测试）

第7章

微波通信和卫星通信

☑ 本章教学说明

- 简要介绍微波通信系统的概念及特点
- 概要介绍微波通信系统的组成及应用
- 重点介绍卫星通信系统的概念及特点
- 主要介绍卫星通信系统的组成、应用及卫星互联网

☑ 本章内容概述

- 微波通信
- 卫星通信
- 微波和卫星通信业务及应用
- 卫星互联网

☑ 本章重点、难点

- 微波通信的概念和特点
- 卫星通信的概念和特点
- 卫星通信的多址方式

☑ 本章学习目的和要求

- 掌握微波通信和卫星通信的概念和特点
- 了解微波通信系统和卫星通信系统的基本组成
- 了解微波通信和卫星通信的发展和应用
- 了解卫星互联网的发展

☑ 本章实做要求及教学情境

- 网络在线学习
- 卫星电视接收机的安装与调试

☑ 本章学习能力要素及基础要求

- 课前预习相关内容
- 了解微波通信和卫星通信的基础知识
- 了解卫星通信的应用

本章学习方法建议

- 通过“智慧职教”平台进行网络学习
- 课前预习与课后复习相结合
- 实践与课堂学习相结合
- 自学与探讨相结合
- 课后作业与章节个人总结相结合
- 教师答疑与学习反馈相结合

素养目标

- 激发爱国情怀：通过我国在卫星通信领域取得的成就，激发爱国情怀，努力学习，为通信发展做出贡献。
- 培养创新思维：通过对卫星互联网的学习，了解卫星通信的发展趋势，培养创新思维。

本章建议学时数

4 学时

7.1 微波通信

7.1.1 微波通信的概念和特点

重点掌握

- 微波频段的划分及波段表示。
- 微波通信的概念。
- 微波通信的特点。

PPT 微波通信的概念及特点

微波通信是 20 世纪 40 年代开始使用的无线电通信技术，可分为模拟微波通信和数字微波通信两类。模拟微波通信早已被数字微波通信所取代。数字微波通信曾经与卫星通信、光纤通信一起被视为通信的三大传输手段。

1. 微波的频段划分

微课 微波通信的概念及特点

整个电磁频谱包含从电波到宇宙射线的各种波、光和射线的集合。不同频率段分别命名为无线电波（3 kHz～3 000 GHz）、红外线、可见光、紫外线、X 射线、γ 射线和宇宙射线。微波是超高频率的无线电波，如图 7-1 所示。由于这种电磁波的频率非常高，故微波又称为超高频电磁波。

动画 微波通信的特点

图 7-1 微波在电磁波谱中所处的位置

电磁波的传播速度 v 与其频率 f、波长 λ 有下列固定关系：

$$f \cdot \lambda = v$$

若微波在真空中传播，则速度为 $v=c=3\times10^{8}$ m/s。微波频段的波长范围为 1 m～1 mm，频率范围为 300 MHz～300 GHz，可细分为特高频（UHF）频段/分米波频段、超高频（SHF）频段/厘米波频段、极高频（EHF）频段/毫米波频段，如表 7-1 所示。至高频（THF）频段/亚毫米波频段是微波与远红外光波的交叠频段，传统微波频段不包括至高频，但现在人们已将微波研究延伸到至高频的应用。

表 7-1 无线电波波段划分

波段名称		波长范围	频率范围	频段名称	主要传播方式和用途
长波(LW)		10^3~10^4 m	30~300 kHz	低频(LF)	地波；远距离通信
中波(MW)		10^2~10^3 m	300 kHz~3 MHz	中频(MF)	地波、天波；广播、通信、导航
短波(SW)		10~100 m	3~30 MHz	高频(HF)	天波、地波；广播、通信
超短波(VSW)		1~10 m	30~300 MHz	甚高频(VHF)	直线传播、对流层散射；通信、电视广播、调频广播、雷达
微波	分米波(USW)	10~100 cm	300 MHz~3 GHz	特高频(UHF)	直线传播、散射传播；通信、中继与卫星通信、雷达、电视广播
	厘米波(SSW)	1~10 cm	3~30 GHz	超高频(SHF)	直线传播；中继和卫星通信、雷达
	毫米波(ESW)	1~10 mm	30~300 GHz	极高频(EHF)	直线传播；微波通信、雷达

微波按波长不同可分为分米波、厘米波、毫米波及亚毫米波，分别对应于特高频(UHF，0.3~3 GHz)、超高频(SHF，3~30 GHz)、极高频(EHF，30~300 GHz)及至高频(THF，300 GHz~3 THz)。微波中部分频段常用代号来表示，如表 7-2 所示。

表 7-2 微波中部分频段的代号

代号	频率范围/GHz	波长/cm
L	1~2	30~15
S	2~4	15~7.5
C	4~8	7.5~3.75
X	8~13	3.75~2.31
Ku	13~18	2.31~1.67
K	18~28	1.67~1.07
Ka	28~40	1.07~0.75

L 频段以下适用于移动通信；S 至 Ku 频段适用于以地球表面为基地的通信，包括地面微波接力通信及地球站之间的卫星通信，其中 C 频段的应用最为普遍；毫米波适用于空间通信及近距离地面通信；为满足通信容量不断增长的需要，已开始采用 K 和 Ka 频段进行地球站与空间站之间的通信；60 GHz 的电波在大气中衰减较大，适宜于近距离地面保密通信；94 GHz 的电波在大气中衰减很少，适合于地球站与空间站之间的远距离通信。

2. 微波中继通信的概念

微波中继通信是利用微波作为载波并采用中继(接力)方式在地面上进行的无线电通信。图 7-2 所示为 A、B 两地间的远距离地面微波中继通信系统示意图。

对于地面上的远距离微波通信，采用中继方式的直接原因有两个。首先，由于微波波长短，接近于光波，是直线传播即具有视距传播特性，而地球表面是个曲面，因此，若在两地间直接通信，当通信距离超过一定数值时，电磁波传播将受到地面的阻挡。为了延长通信距离，需要在通信两地之间设立若干中继站，进行电磁波转接。其次，由于微波传播有损耗，随着通信距离的增加信号会衰减，因此有必要采用中继方式对信号逐段接收、放大后再发送给下一段，以延长通信距离。

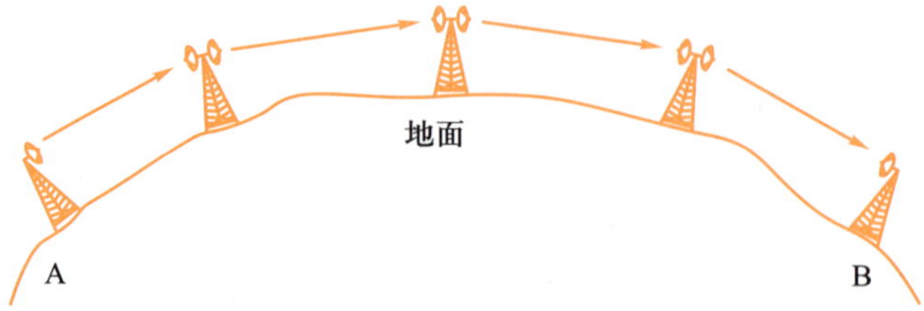

图 7-2 远距离地面微波中继通信系统示意图

微波中继通信可以用来传送长途电话信号、宽频带信号（如电视信号）、数据信号、移动通信系统基站与移动业务交换中心之间的信号等，还可用于山区、湖泊、岛屿等特殊地形的通信。

3. 微波通信的特点

① 通信频段的频带宽。微波频段占用的频带约 300 GHz，而全部长波、中波和短波频段占有的频带总和不足 30 MHz。一套微波中继通信设备可以容纳几千甚至上万条话路同时工作，或传输电视图像等宽频带信号。

② 抗干扰能力强。当通信频率高于 100 MHz 时，工业干扰、天电干扰及太阳黑子的活动产生的影响显著减小。由于微波频段频率高，因此这些干扰对微波通信的影响极小。

③ 接力传输。在进行地面上的远距离通信时，针对微波视距传播特性和传输损耗随距离增加的特性，必须采用接力的方式，发端信号经若干中间站多次转发，才能到达接收端。

④ 通信灵活性较大。微波中继通信采用中继方式，可以实现地面上的远距离通信，并且可以跨越沼泽、江河、高山等特殊地理环境。在遭遇地震、洪水、战争等灾难时，通信的建立及转移都较容易，这些方面比有线通信具有更大的灵活性。

⑤ 天线增益高，方向性强。当天线面积给定时，天线增益与工作波长的平方成反比。由于微波通信的工作波长短，天线尺寸可以做得很小，通常做成增益高、方向性强的面式天线。这样可以降低微波发信机的输出功率，利用微波天线极强的方向性使微波传播方向对准下一接收站，减少通信中的相互干扰。

⑥ 投资少，建设快。与其他有线通信相比，在通信容量和质量基本相同的条件下，按话路千米计算，微波中继通信线路的建设费用低，建设周期短。

7.1.2 数字微波通信系统

PPT 数字微波通信系统

数字微波通信系统的组成可以是一条主干线，中间有若干支线，其主干线可以长达几百千米甚至几千千米，除了在线路末端设置微波终端站外，还在线路中间每隔一定距离设置若干微波中继站和微波分路站。

动画 数字微波通信系统

1. 微波站分类

微波站分为终端站、分路站、枢纽站和中继站，如图 7-3 所示。处于主干线两端或支线路终点的微波站称为终端站，在此站可上、下全部支路信号。处于微波线路中间，除了可以在本站上、下某收发信波道的部分支路信号外，还可以沟通干线上两个方向之间通信的微波站称为分路站。配有交叉连接设备，除了可以在本站上、下某收发信波道的部分支路信号外，还可以沟通干线上数个方向之间通信的微波站称为枢纽站。处于微波线路中间，不需要上、下话路的微波站称为中继站。

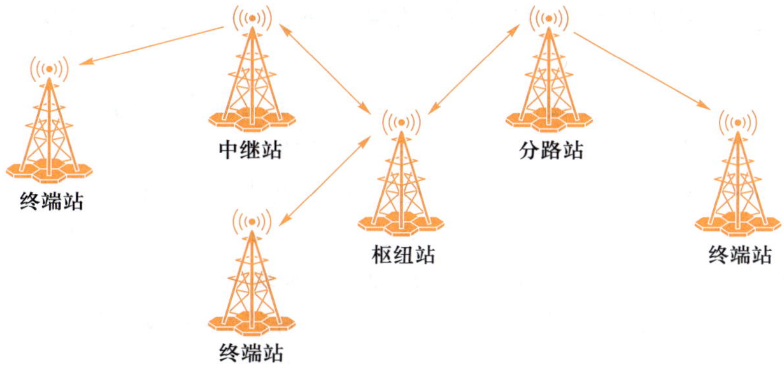

图 7-3 微波站的分类

2. 数字微波通信系统的组成

数字微波通信系统由发信机、收信机、天馈线系统、多路复用设备及用户终端设备等组成。用户终端设备把各种信号转换成电信号，多路复用设备则把多个用户的电信号构成共享一个传输信道的基带信号。微波通信天线一般为强方向性、高效率、高增益的反射面天线，常用的有抛物面天线、卡塞格伦天线等，馈线主要采用波导或同轴电缆。在地面接力和卫星通信系统中，还需以中继站或卫星转发器等作为中继转发装置。

7.2 卫星通信

7.2.1 卫星通信的概念和特点

重点掌握

- 卫星通信的概念。
- 卫星通信的特点。

1. 卫星通信的概念

PPT 卫星通信的概念及特点

微课 卫星通信的概念及特点

卫星通信实际上是微波中继传输技术与空间技术的结合。它把微波中继站设在卫星上（称为转发器），把线路两端的终端站设在地球上（称为地球站）。卫星通信利用人造地球卫星作为中继站来转发无线电波，从而实现两个或多个地球站之间的通信。因此，卫星通信系统由卫星和地球站两部分组成。地球站实际上是卫星系统与地面通信网的接口，地面用户通过地球站出入卫星系统，形成通信线路。卫星通信是地球上（包括陆地、水面和大气层）多个地球站利用空中人造通信卫星作为中继站而进行的微波通信。

2. 卫星通信的特点

动画 卫星通信的特点

① 通信覆盖面积大，便于多址连接。一颗同步卫星可覆盖地球表面积的 42% 左右，在这个覆盖范围内的地球站，不论是地面、海上或空间，都可同时共用这一颗通信卫星来转发信号，即实现双边和多边通信。这种同时实现多个方向、多个地球站之间直接通信的特性称为多址连接。

② 通信距离远，而通信成本与通信距离无关。利用静止卫星，单跳最大通信距离可达 1 800 km。建站费用和运行费用不随通信站之间的距离不同而改变，这在远距离通信上比

光缆等有明显优势。特别是对于边远城市、农村和交通或经济不发达地区，利用卫星通信是极为经济有效的。

③ 传输容量大。由于卫星使用微波频段，因而可使用频带宽，通信容量大，适于传送电话、数据、电视等多种业务。一颗卫星的通信容量可达成千上万路电话，仅次于光纤通信。

④ 通信线路稳定可靠，通信质量高。卫星通信的电波主要是在大气层以外的宇宙空间传输，而宇宙空间差不多处于理想的真空状态。电波传输比较稳定，受天气、季节或人为干扰的影响小，因此卫星通信稳定可靠，通信质量高，卫星线路的畅通率都在 99.8% 以上。

⑤ 通信灵活。卫星通信不受地形、地貌等自然条件的影响，如丘陵、沙漠、丛林、高空及海洋上都能实现卫星通信。

⑥ 传输延迟大。在同步卫星通信系统中，从地球站发射的信号经过卫星转发到另一地球站时，单程传播时间约为 0.27 s。进行双向通信时，往返传播延迟约为 0.54 s。所以，通过卫星打电话时，讲完话后要等半秒钟才能听到对方的回话，使人感到很不习惯。

⑦ 卫星使用寿命短，可靠性要求高。由于受太阳能电池寿命以及控制用燃料数量等因素的限制，通信卫星使用寿命一般仅为十几年。而卫星发射以后难以进行现场检修，所以要求在卫星的使用寿命期间，通信卫星必须具有高可靠性。

PPT 卫星通信系统

7.2.2 卫星通信系统

微课 卫星通信系统

1. 卫星通信系统的组成

卫星通信系统由空间分系统（通信卫星）、通信地球站分系统（地球站和通信业务控制中心）、跟踪遥测指令分系统和监控管理分系统组成，如图 7-4 所示。通信卫星由若干个转发器、数副天线和位置-姿态控制分系统、遥测指令分系统、电源分系统组成，其主要作用是转发各地球站信号。地球站由天线、发射、接收、终端分系统及电源、监控和地面设备组成，其主要作用是发射和接收用户信号。跟踪遥测指令分系统用来接收卫星发来的信标和各种数据，然后经过分析处理，再向卫星发出指令，去控制卫星的位置、姿态及各部分工作状态。监控管理分系统对在轨卫星的通信性能及参数进行业务开通前的监测和业务开通后的例行监测与控制，以保证通信卫星的正常运行和工作。

动画 卫星通信系统

2. 卫星通信的工作过程

卫星通信系统工作的基本原理如图 7-5 所示。从地球站 1 发出频率为 f_1 的无线电信号，传送到卫星后的微弱信号被卫星通信天线接收后，首先在转发器中进行放大、变频和功率放大，最后再由卫星的通信天线把放大后的频率为 f_2 的无线电信号发向地球站 2，从而实现两个地球站或多个地球站的远距离通信。图 7-5 中，f_3、f_4 是另一条卫星通信线路所用的频率。需要注意的是，$f_1 \neq f_3$ 且 $f_2 \neq f_4$。举一个简单的例子：北京市某用户要通过卫星与大洋彼岸的另一用户打电话，先要通过长途电话局，把用户电话线路与卫星通信系统中的北京地球站连通，北京地球站把电话信号发射到卫星，卫星接到这个信号后通过功率放大器，将信号放大再转发到大西洋彼岸的地球站，收端地球站把电话信号取出来，送到受话人所在的城市长途电话局转接给用户。

电视节目的转播与电话传输相似，但是由于各国的电视制式标准不一样，在接收设备中还要有相应的制式转换设备，将电视信号转换为本国标准。传真、广播、数据传输等业务也与电话传输过程相似，不同的是需要在地面站中采用相应的终端设备。

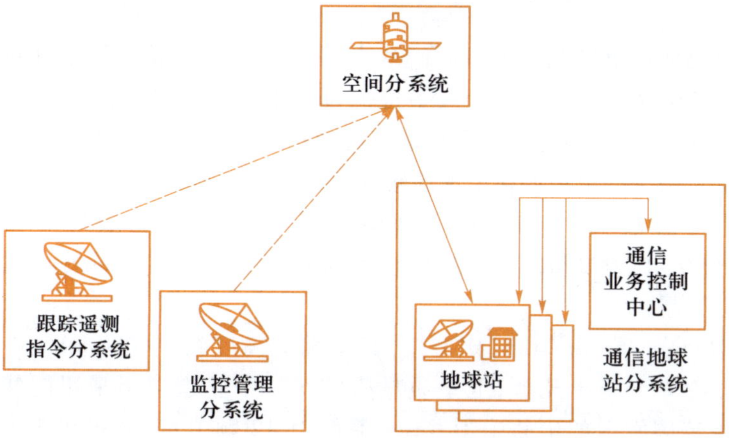

图 7-4　卫星通信系统的组成

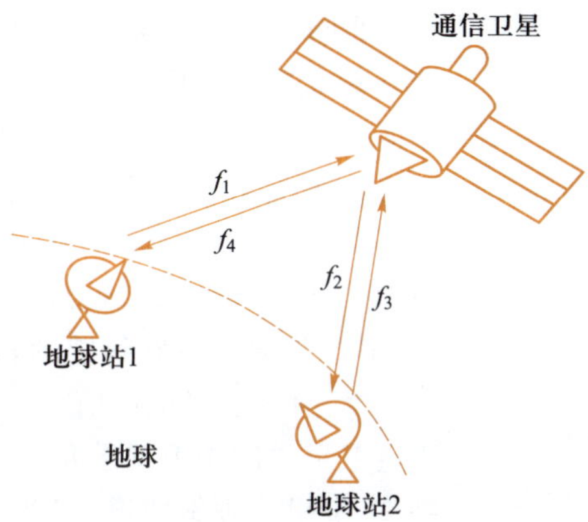

图 7-5　卫星通信系统工作基本原理

3. 卫星通信系统的分类

重点掌握

按卫星的运动方式分，卫星通信可分为：
- 同步卫星通信；
- 非同步卫星通信。

卫星通信系统按卫星的种类及卫星的运动方式可分为同步卫星通信系统与非同步卫星通信系统。两类系统均可实现固定通信业务及移动通信业务。

(1) 同步卫星通信系统

同步卫星通信系统(Geosynchronous Earth Orbit, GEO)的卫星绕地球的运行周期与地球自转同步，对地球相对静止，又称为静止轨道卫星系统。GEO 卫星距地球约 36 000 km，约三颗卫星即可以覆盖全球，如图 7-6 所示。

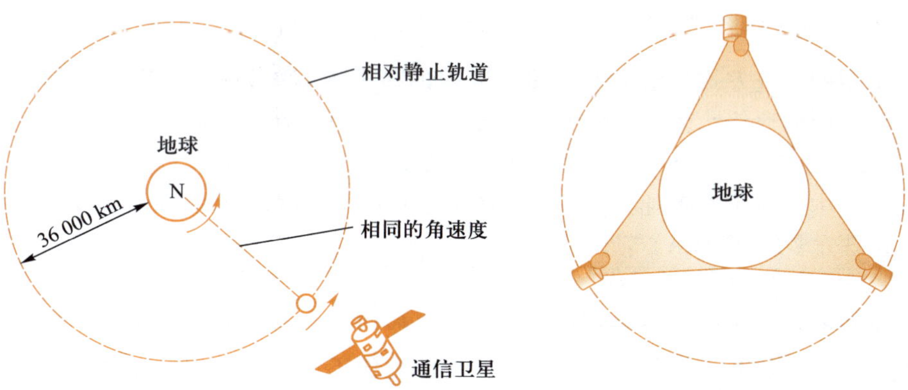

图 7-6　同步卫星

目前较普遍采用的甚小口径卫星终端站(Very Small Aperture Terminal, VSAT)属于这类同步卫星通信系统。VSAT 由主站、小站和卫星组成，主站使用大型天线，用于 Ku 频段的天线直径为 3.5~8 m，用于 C 频段的天线直径为 7~13 m；小站天线的直径为 0.3~2.4 m。

（2）非同步卫星通信系统

非同步卫星通信系统主要有高倾斜椭圆轨道卫星通信系统、中轨道卫星通信系统及低轨道卫星通信系统等。非同步卫星通信系统适用于以个人手持机为主的移动通信。中、低轨道卫星以每秒几千米的速度快速移动，相对于步行速度和车辆速度的移动终端，可以认为移动终端相对静止，而卫星在移动，也就是系统的卫星群在绕地球转动。

① 高倾斜椭圆轨道卫星通信系统（High Ellipse Orbit，HEO）。其离地最远点为39 500～50 600 km，最近点为1 000～21 000 km。例如，1956年苏联发射成功的Molniya（闪电）卫星就属于高倾斜椭圆轨道卫星。

② 中轨道卫星通信系统（Medium Earth Orbit，MEO）。其离地球高度约10 000 km。中轨道卫星星座中卫星数量较少，约为十至十几颗，卫星质量为吨级。中轨道卫星采用网状星座，卫星为倾斜轨道。1991年美国发射的中轨道Odyssey系统有12颗卫星，分布在3个轨道平面，每个轨道平面内有4颗卫星，卫星轨道高度为10 371 km。

③ 低轨道卫星通信系统（Low Earth Orbit，LEO）。其同样也适用于个人手持机，可提供话音及数据业务。低轨道卫星工作在L频段，卫星与地面距离为700～1 500 km。低轨道卫星星座中的卫星数量较多，约为几十颗，卫星质量小，小低轨道卫星的质量仅为几十千克，大低轨道卫星为几百千克。

LEO已推出的有："铱"系统，有66颗卫星，高度为785 km，采用极轨星状星座；全球星（Globalstar）系统，有48颗卫星，高度为1 400 km，采用网状星座。

4. 卫星通信系统频段的划分

目前卫星通信常用的工作频段有UHF频段、L频段、C频段、X频段、Ku频段、Ka频段。整个卫星通信工作频段中，1～10 GHz频段被称为卫星通信频率的窗口。窗口中最理想的频段是C频段，其典型应用实例是国际通信卫星组织发射的第六代国际通信卫星。

7.2.3 卫星通信的多址方式

探　　讨

多址方式与多路复用有何区别？试加以讨论。

PPT 卫星通信的多址方式

卫星通信的多址方式是指在卫星覆盖区内的多个地球站，通过一颗卫星的中继，建立双址和多址之间的通信。多路复用和多址方式都是利用一条信道同时传输多个信号，不同的是，多路复用是基带信道的复用，而多址方式是射频信道的复用。

微课 卫星通信的多址方式

卫星天线中已应用的多址方式主要有频分多址（FDMA）、时分多址（TDMA）、空分多址（SDMA）和码分多址（CDMA）等。

1. 频分多址（FDMA）

卫星通信系统使用的频分多址是将通信卫星使用的频带分割成若干互不重叠的部分，再将它们分别分配给各地球站。各地球站按所分配的不同射频载波频率发送信号，接收端的地球站根据不同射频载波频率识别发信站，并从接收到的信号中提取发送给本站的信号。

动画 卫星通信的多址方式

图7-7所示为频分多址示意图。该系统中共有4个地球站使用同一个卫星转发器，1、2、3、4四个站的载波频率不同，并且频谱无重叠，如站1要与其他三个站同时通信，则站1发出的信号包括2、3、4三个站的信号，2、3、4三个站的接收机滤出各自站频谱内信号。

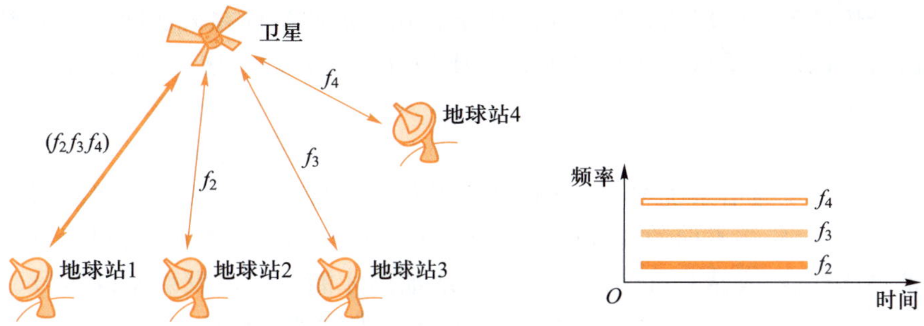

图 7-7 频分多址示意图

2. 时分多址(TDMA)

时分多址是把卫星转发器的工作时间分割成周期性的时隙,分配给各地球站使用。地球站可以使用相同的载波频率在所分配的时隙内发送信号,接收端地球站根据接收信号的时隙位置提取发给本站的信号。在这种方式中,由于分配给每个地球站的不再是一个特定的载波,而是一个指定的时隙,如 ΔT_1、ΔT_2、ΔT_3、…、ΔT_k 是各地球站在卫星转发器中所占时隙,这样能有效地利用卫星频带而又不使各站信号相互干扰。如图 7-8 中设有 4 个时隙 ΔT_1、ΔT_2、ΔT_3、ΔT_4。通常人们把所有地球站时隙在卫星内占有的整个时段称为卫星的一个帧周期,简称为帧,用 T_s 表示,而把各地球站的时隙 ΔT_k 称为分帧。为了实现各地球站的信号按指定的时隙通过卫星转发器转发,就要同步各地球站的发送时间,也就是必须要有一个时间基准,同步是时分多址方式的一个关键问题。

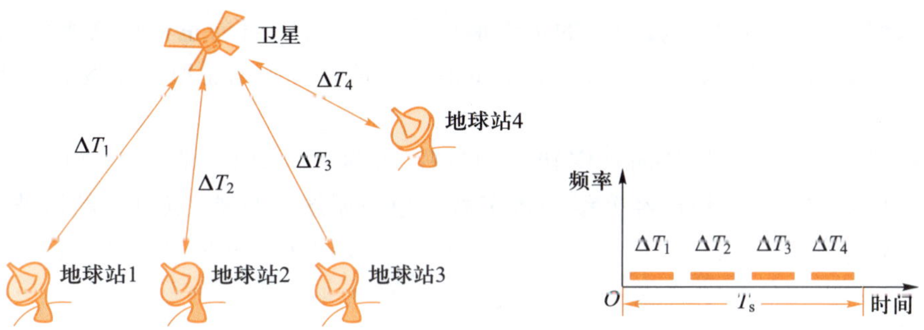

图 7-8 时分多址示意图

3. 空分多址(SDMA)

空分多址是指在卫星上安装多个天线,这些天线的波束属于点波束,每个天线波束覆盖区分别指向地球表面的不同区域。不同区域的地球站所发射的电波在空间不会互相重叠,利用天线的波束在空间指向的差异来区分不同地球站。空分多址示意图如图 7-9 所示。

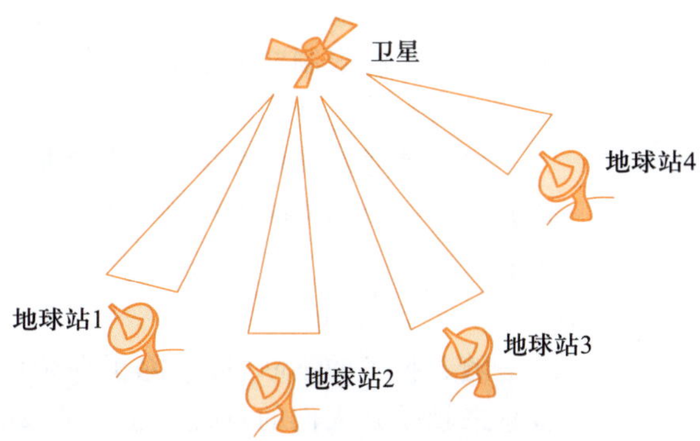

图 7-9 空分多址示意图

卫星上装有转换开关设备,某区域中某一站的上行信号经上行波束送到转发器,由卫星上的转换开关设备将其转换到另一通信区域的下行波束,从而把转发信号传送到此区域的某地球站。如果有几个地球站都在天线同一波束覆盖区,则它们之间的站址识别还要借助频分多址方式或码分多址方式。这种方式要求天线波束的指向应非常准确。

4. 码分多址(CDMA)

在码分多址卫星通信系统中,各个地球站所发射的载波信号的频率相同,并且各个地球站可同时发射信号,靠不同的地址码来区分不同的地球站。各站的载波信号由该站基带信号和地址码调制,接收站只有使用发射站的地址码才能解调出发射站的信号,其他接收站解调时由于采用的地址码不同,因而不能解调出该发射站的信号。

码分多址有多种方式,目前应用较多的是直接序列扩频码分多址(DS/CDMA)和跳频码分多址(FH/CDMA)两种。

对于上述各种多址方式,在实际应用中可以取长补短,配合使用。为了更有效地利用有限的通信资源,应根据具体情况考虑使用不同的信道分配方式,以便为更多的用户提供服务。

7.3 微波和卫星通信业务及应用

7.3.1 微波通信业务及应用

在光纤通信研究未取得实质性成果以前,世界各国均拟将微波通信作为通信网的主干传输手段,并大力发展微波通信。例如,我国在20世纪60年代组织了“6401微波通信攻关”项目,随后在全国建立了超过20 000 km的模拟微波通信。到20世纪80年代,由于光纤通信投入使用,拟选中的微波通信的主干地位受到了挑战,目前正让位给光纤通信,但仍然是现代通信的四大支柱之一。现在,数字微波在通信系统中的主要应用场合如下。

1. 光纤传输的备份及补充

当前通信网已完成了模拟向数字转化的过程,地区中心之间、省中心之间的干线传输领域中的模拟微波通信系统已经升级为数字微波通信系统。目前,点对点的微波传输主要用于光纤传输系统在遇到自然灾害时的紧急修复,以及由于种种原因不适合使用光纤的地段和场合。

2. 专用网的传输

在专用网的传输中,特别是由于地理环境复杂难以铺设光缆线路的地区,需要通过微波通信进行传输。此外,城市郊区、县城至农村村镇或沿海岛屿的用户、分散的居民点因经济发展水平的限制或通信容量要求不大,微波通信系统经济实用。

3. 市内的短距离连接

如移动通信基站之间、基站控制器与基站之间的互联,局域网之间的无线联网等。另外,在一些小城市郊区及乡村间,由于通信容量要求不大,亦可选择这种数字微波设备传输。

4. 宽带无线业务接入

随着技术的不断发展,除了在传统的传输领域外,数字微波技术在固定宽带接入领域也越来越受到人们的重视。工作在28 GHz频段的本地多点分配业务(LMDS)已在发达国家广泛应用。另外,微波宽带无线业务接入可为应急通信提供及时的通信信道,使得数字微波技术仍拥有一定的需求。

7.3.2 卫星通信业务及应用

PPT 卫星通信业务及应用

微课 卫星通信业务及应用

动画 卫星通信业务及应用

1. 卫星通信业务

目前,我国经营卫星通信业务的电信运营商主要是中国卫星通信集团公司,具体业务包括卫星移动通信业务、卫星国际专线业务和卫星转发器出租及出售业务。

近年来主要经营或正在试验的卫星移动通信业务包括海事卫星(Inmarsat)、铱星(Iridium)和全球星(Globalstar)等。

由于历史的原因,有的基础电信运营商也在根据电信业务开展的实际需要经营着卫星国际专线业务,如中国电信上海卫星通信公司和南方卫星通信公司等。

VSAT 通信业务是一种按照增值电信业务管理的基础电信业务。

2. 卫星通信的应用

(1) VSAT 卫星通信系统

甚小口径卫星终端站(Very Small Aperture Terminal,VSAT)意译应是“甚小天线地球站”,由于源于传统卫星通信系统,所以也称为卫星小数据站(小站)或个人地球站(Personal Earth Station,PES)。这里的“小”字指的是 VSAT 卫星通信系统中小站设备的天线口径小,通常为 0.3~2.4 m。VSAT 卫星通信系统具有灵活性强、可靠性高、使用方便及小站可直接装在用户端等特点。利用 VSAT,用户数据终端可直接和计算机联网,完成数据传递、文件交换、图像传输等通信任务,从而摆脱了远距离通信地面中继站的问题。使用 VSAT 作为专用远距离通信系统是一种很好的选择。目前,VSAT 广泛应用于银行、饭店、新闻、保险、运输、旅游等部门。

由众多 VSAT 组成的卫星通信网称为 VSAT 网。根据业务性质,VSAT 网可分为以数据通信为主的 VSAT 网、以话音通信为主的 VSAT 网、以电视接收为主的 VSAT 网三类。VSAT 网的网络结构有星形、网状或者星形/网状混合三种。VSAT 星形网的网络结构示意图如图 7-10 所示。

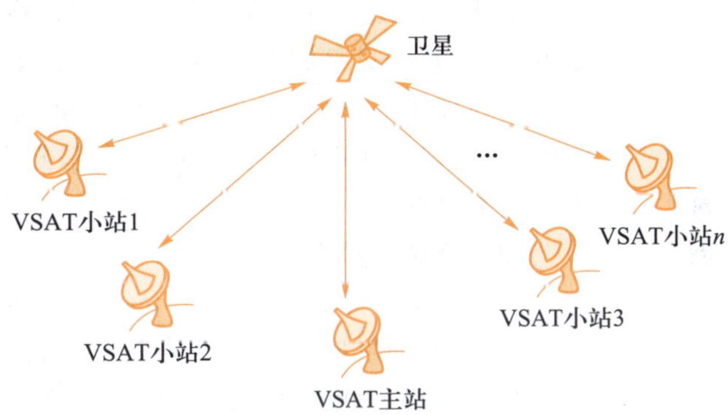

图 7-10 VSAT 星形网的网络结构示意图

星形网由一个主站和若干个 VSAT 小站组成。通过卫星主站可与任一小站直接通信,各个 VAST 小站之间必须通过主站转接才能互相通信,这种网主要用于数据传输;网状网中各站无主次之分,通过卫星,任意两个 VSAT 站都能直接互相通信,这种网主要用于话音传输。一个卫星通信网内可有数十、数百甚至数千个 VSAT 站。

(2) 卫星移动通信系统

卫星移动通信系统与传统的同步卫星通信系统(GEO)不同,采用的是低轨道卫星(LEO)方案,即在地球上空 500~2 000 km 处设置一系列卫星(20~70 颗)。高度越低,最小仰角越大,需要的卫星数越多,但适应了手机低功率的要求,手机可以做得很小。同时,由于高度大大降低,传输时延可以减小到 5~35 ms。每天大约有 10 min 可以看到卫星,每颗卫星都有多个点波束照射地面。这种方案的好处是减小了卫星和用户终端的功率要求,从而降低了卫星成本,并允许用户使用低成本便携手机;缺点是需要对几十颗卫星进行跟踪,有些 LEO 方案还需要有卫星间和波束间的越区切换，增加了整个系统（特别是卫星系统）的复杂性。

目前已有许多种卫星移动通信方案，最著名的是原美国摩托罗拉公司的“铱”系统和美国 Loral Qualcomm 卫星业务公司的全球星系统。

① “铱”系统。“铱”系统原计划将 77 颗低轨道小型智能卫星均匀分布在 7 条极地轨道上，通过微波链路构成一个全球性移动个人通信系统。卫星数量与铱元素外层电子数相等，故称为“铱”系统。经改进后，采用 66 颗低轨道卫星和 6 条极地轨道即可覆盖全球，但仍称为“铱”系统。卫星质量为 700 kg，高度为 780 km，采用 6 个极地轨道平面，每个轨道平面 11 颗卫星，其中有 1 颗是备用空闲卫星，每个轨道平面倾角为 86.4°。

“铱”系统采用数字蜂窝设计，类似于今天的陆地蜂窝移动通信系统，不同之处是卫星点波束形成的蜂窝区在飞速移动跨越用户，而不是用户跨越蜂窝区。蜂窝区之间也有越区切换功能。

② 全球星系统。全球星系统采用 48 颗低轨道卫星，8 个轨道平面，每个轨道平面 6 颗卫星，其中有 1 颗是备用空闲卫星，每个轨道平面倾角为 52°，相邻轨道卫星间相移为 7.5°，轨道高度为 1 400 km。每一覆盖区有 3～4 颗卫星覆盖，每颗卫星与用户保持连接 10～12 min，然后通过软切换方式转到另一颗卫星。轨道周期为 2 h，天线指向精度为±1°。

与“铱”系统相比，全球星系统采用非极地轨道方式，即倾斜轨道方式，所用卫星数比“铱”系统少 18 颗，但卫星倾角使其在北纬 50°和南纬 50°之间具有较好的覆盖能力，该覆盖区包括了全球绝大部分的人口居住区，因而能够覆盖全球 98%的人口。

全球星系统采用先进的 CDMA 接入技术，其组网思想与“铱”系统不同，网络拓扑结构简单，卫星系统只是简单的中继器而已，不单独组网，而与地面网联合组网，因而没有复杂的星上处理能力，也无须星间交叉链路，所有呼叫建立、处理和选路均由地面有线或无线网完成，可以充分利用地面公用电话网基础设施（有线网和蜂窝网）进行传输和交换，整个系统的成本很低。

（3）直播卫星系统

直播卫星业务（Direct Broadcasting Satellite Service，DBS）通常是指采用地球同步轨道卫星，以大功率辐射地面某一区域，向小团体及家庭传送电视娱乐、多媒体数据等信息，服务于广大用户的一种卫星广播业务。与传统通信卫星相比，直播卫星具有以下特点：卫星波速窄，能够全面覆盖某一国家或地区；卫星辐射功率大，一般 EIRP（等效全向辐射功率）大于 48 dBW；用户天线小，数量大，典型接收天线口径为 0.5～1.0 m，造价低廉等。

ITU 为卫星规定了广播业务的专用频段（BSS），数字卫星直播有了两种技术选择，其一是利用固定通信卫星（FSS）开展直接到家（DTH）业务；其二是通过专用大功率广播电视专用卫星开展直播卫星业务（DBS）。为了避免电波“溢出”和相互干扰，每一个国家申请的直播卫星轨道位置、频道数，以及相邻卫星的间隔、调制方式、带宽等参数，都被明确指配。

卫星电视系统中的订户或者最终用户都直接从同步卫星接收信号。信号以数字形式在微波频段进行广播。DBS 是从 DTH 卫星服务发展而来的。DBS 订户需安装一个直径为 0.6～0.9 m 的天线接收器及一个机顶盒。天线接收器从卫星直接截获微波信号，机顶盒输出可以被电视机理解的信号。

在我国，中国直播卫星有限公司统一管理和运营“中卫 1 号”“鑫诺 1 号”“鑫诺 3 号”“中星 6B”和“中星 9 号”等在轨卫星，鑫诺卫星通信有限公司目前管理的卫星资源有“鑫诺

4号”“鑫诺5号”“鑫诺6号”等多颗卫星。卫星技术在我国一直以来只被作为一种传输手段应用到广电产业中，即广电系统利用卫星转发器进行节目传送，然后通过各种有线网络或者无线系统集体接收，最后分配到各家各户。

“中星9号”直播卫星（见图7-11）机顶盒确定采用ABS-S标准，不能接收其他频率和标准的卫星电视节目。“中星9号”直播卫星主要应用于“村村通”工程，有效扩大了农村广播电视覆盖面，解决了近亿名农民听广播难、看电视难的问题。

图7-11 “中星9号”直播卫星

（4）全球卫星导航系统

① GPS。GPS（Global Positioning System）即全球定位系统，是美国为满足军事战略需要从20世纪70年代开始研制，历时20余年，耗资200亿美元，于1994年全面建成的，具有在海、陆、空进行全方位实时三维导航与定位能力的新一代卫星导航与定位系统。GPS由空间部分、地面监控部分和用户接收机三大部分组成。

空间部分使用24颗高度约20 200 km的卫星组成卫星星座。24颗卫星均为近圆形轨道，运行周期约为11 h 58 min，分布在6个轨道平面上（每个轨道平面4颗），轨道倾角为55°。在地球上的任何地面位置、任何时间都可观测到4颗以上的卫星。

② GLONASS。1995年，俄罗斯耗资30多亿美元，完成了GLONASS导航卫星星座的组网工作。其原理和方案都与GPS类似。GLONASS星座由21颗工作星和3颗备份星，共24颗卫星组成。24颗卫星均匀分布在3个近圆形的轨道平面上，这3个轨道平面两两相隔120°，每个轨道平面有8颗卫星，同平面内的卫星之间相隔45°，轨道高度为19 100 km，运行周期为11 h 15 min，轨道倾角为64.8°。其地面控制部分全部都在俄罗斯领土境内。

③ 北斗系统。中国北斗卫星导航系统（BeiDou Navigation Satellite System，BDS）是中国自行研制的全球卫星导航系统，是继GPS、GLONASS之后第三个成熟的卫星导航系统。北斗卫星导航系统由空间段、地面段和用户端段三部分组成，可在全球范围内全天候、全天时为各类用户提供高精度、高可靠定位、导航、授时服务，并具有短报文通信能力，已经初步具备区域导航、定位和授时能力，定位精度为10 m，测速精度为0.2 m/s，授时精度为10 ns。

拓展阅读
中国北斗卫星导航系统

2000年，我国首先建成北斗导航试验系统，使我国成为继美、俄之后世界上第三个拥有自主卫星导航系统的国家。该系统已成功应用于测绘、电信、水利、渔业、交通运输、森林防火、减灾救灾和公共安全等诸多领域，产生了显著的经济效益和社会效益，特别是在2008年北京奥运会、汶川抗震救灾中发挥了重要作用。为了更好地服务于国家建设与发展，满足全球应用需求，我国启动实施了北斗卫星导航系统建设。

迄今为止，中国北斗卫星导航系统（见图7-12）经历“北斗一号”“北斗二号”和“北斗三号”三个发展阶段。“北斗一号”卫星导航系统由3颗导航定位卫星组成。“北斗二号”卫星导航系统共发射25颗组网星，在亚太区域提供稳定的服务。其中3颗星退役（第1、2、14颗星），1颗星在轨维护（第4颗星），5颗星在轨试验（第17~21颗星，为北斗三号试验卫星），其余16颗卫星（含4颗备份星，第22、23、32、45颗星）连续稳定运行。“北斗三号”卫星导航系统已发射30颗组网星，均入网稳定运行，在全球范围内提供稳定的服务。卫星的轨道分布为：MEO（中地球轨道），24颗星；GEO（地球静止轨道），3颗星；IGSO（倾斜地球同步轨道),3颗星。“北斗三号”卫星导航系统于2020年7月31日建成正式开通,标志着我国北斗“三步走”发展战略圆满完成,我国成为世界上第三个独立拥有全球卫星导航系统的国家。

图7-12 北斗卫星导航系统

2023年5月17日,中国在西昌卫星发射中心成功发射第56颗北斗导航卫星。

2023年12月26日,中国在西昌卫星发射中心成功发射第57、58颗北斗导航卫星。该组卫星属于中圆地球轨道卫星,是我国“北斗三号”卫星导航系统建成开通后发射的首组MEO卫星,入轨并完成在轨测试后,将接入北斗卫星导航系统。

2024年9月19日,中国在西昌卫星发射中心发射第59、60颗北斗导航卫星。

截至2023年7月,北斗卫星导航系统已服务全球200多个国家和地区用户,在民航、海事、搜救等领域积极履行国际义务,为推动构建人类命运共同体贡献着中国力量。

未来我国将建成以北斗系统为核心,更加泛在、更加融合、更加智能的国家综合定位导航授时体系,为智能化、无人化发展提供核心支撑。届时,从室内到室外、从深海到深空,用户均可享受全覆盖、高可靠的导航定位授时服务,北斗卫星导航系统将更好地服务全球、造福人类。

7.4 卫星互联网

7.4.1 卫星互联网的概念

卫星互联网是基于卫星通信的互联网,通过一定数量的卫星形成规模组网,从而辐射全球,构建具备实时信息处理的大卫星系统,是一种能够完成向地面和空中终端提供宽带互联网接入等通信服务的新型网络。卫星通信与移动通信、地面光通信一样作为现代通信的重要方式之一,具有低延时、低成本、广覆盖、宽带化等优点。

2020年4月,卫星互联网首次作为重要的信息基础设施被纳入国家“新基建”政策支持的重点方向。信息基础设施主要是指新一代技术演化生成的基础设施,如以5G、物联网、工业互联网、卫星互联网为代表的通信网络基础设施,以人工智能、云计算、区块链等为代表的新技术基础设施,以数据中心、智能计算中心为代表的算力基础设施等。

7.4.2 卫星互联网的发展

卫星互联网的发展历史可以追溯到20世纪80年代,主要经历了三个阶段的迭代升级,如图7-13所示。从2014年开始,卫星互联网的发展进入第三阶段,该阶段以星链

(Starlink)、一网公司(OneWeb)的 OneWeb 等为代表,是定位于与地面通信互补合作、融合发展的宽带互联网时期。

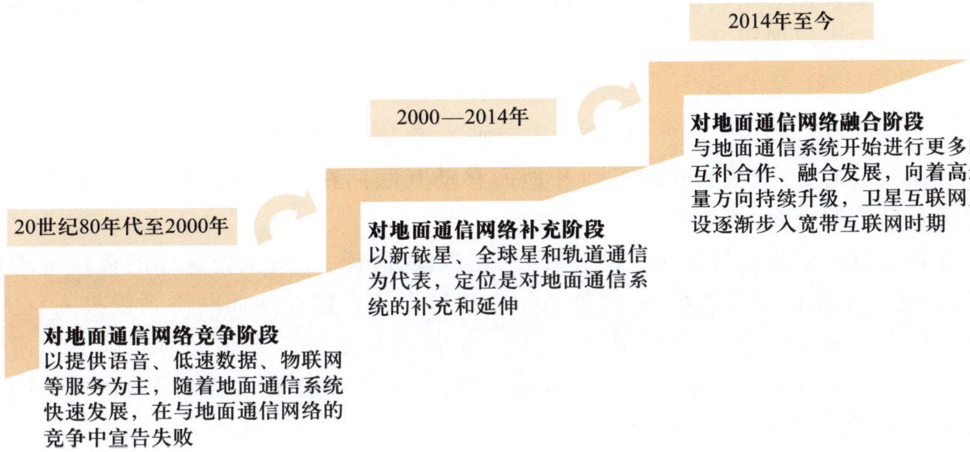

图 7-13 卫星互联网的发展历程

第一阶段:对地面通信网络竞争阶段(20 世纪 80 年代至 2000 年)。典型代表有原美国摩托罗拉公司提出的“铱”系统、美国劳拉公司和高通公司联合提出的全球星系统、轨道通信公司(Orbcomm)提出的轨道通信系统等。这个阶段主要以提供语音、低速数据、物联网等服务为主。后来随着地面通信系统快速发展,卫星互联网由于市场定位错误、技术复杂度高、投资过大、研发周期长及系统能力弱等多方面原因,在与地面通信网络的竞争中宣告失败。

第二阶段:对地面通信网络补充阶段(2000—2014 年)。上一代三大星座纷纷推出第二代计划,焕发出了新的生机。以新铱星、全球星和轨道通信为代表,第二代星座系统在卫星数量、单星质量、功率等方面都进行了优化提升。这个阶段的主要定位是对地面通信系统的补充和延伸,同时也在极端条件下向航空、航海等用户提供移动通信服务。

第三阶段:对地面通信网络融合阶段(2014 年至今)。随着运载火箭、材料工艺、毫米波通信等技术的创新与进步,以一网公司(OneWeb)、太空探索公司(SpaceX)等为代表的企业开始主导新型卫星互联网星座建设。卫星互联网与地面通信系统开始进行更多的互补合作、融合发展,向着高通量方向持续升级,卫星互联网建设逐渐步入宽带互联网时期。

近年来,我国也在大力发展卫星互联网,多个部门陆续发布了一系列政策。2021 年 4 月,中国卫星网络集团有限公司(简称星网公司)成立,主要从事卫星互联网的论证设计、研究试验、工程设计、工程建设、工程服务、运行控制、运营管理等业务,目前已有试验卫星在轨进行技术验证。我国在卫星制造、卫星发射、卫星运营和卫星终端研制及创新应用等多个方面,向卫星互联网全面推进。

2023 年 7 月 9 日,中国成功将卫星互联网技术试验卫星发射升空。同年 11 月,中国卫通初步建成首张完整覆盖我国国土全境及“一带一路”共建国家沿线重点区域的高轨卫星互联网。

目前,低轨道卫星空间轨位和频谱资源日益紧张。各国纷纷部署星座计划,一场围绕卫星发射“通行证”的太空资源争夺战正在悄然展开。首次纳入“新基建”范畴的卫星互联网建设已经上升为国家战略性工程。低轨卫星互联网是通过最多可达上万颗低轨道通信卫星所组成的星座作为接入以提供连接服务的通信网络，与地面网络相比具有明显的覆盖触达优势。2023年7月9日，我国在酒泉卫星发射中心使用长征二号丙运载火箭成功将由航天科技集团五院抓总研制的卫星互联网技术试验卫星发射升空，标志着中国版星链低轨道通信星座开始走向现实。

7.4.3 卫星互联网的应用

卫星互联网有哪些用途呢？有了它，宽带服务接入、高清视频回传、流媒体传输等都可以实现。最关键的是，卫星互联网将弥补地面移动互联网在山区、高原、沙漠、空中和海洋等空间覆盖不足的缺陷。

全球仍有近一半的人口无法上网，原因是在沙漠、海洋、冰川深处这样的极端地理环境面前，地面通信基站信号无法覆盖，另外有很多地区大规模建设地面网络系统投入巨大，投入产出比严重失衡，所以基础设施薄弱。目前，卫星通信是为基础建设薄弱区域的网络覆盖所提供的一种低成本解决方案，也是为沙漠、海洋、冰川等极端地理环境提供通信的已知的最优解决方案。

随着卫星互联网的不断发展，未来不仅可以让大山里的孩子随时随地上网课，也可以在灾难来临时，为灾区提供快速及时的应急网络接入服务，保障人民群众的生命安全。

未来，不论何时何地，都可以实时在线，而且卫星互联网将进一步提高卫星质量和体积，实现手机直连卫星业务，将有可能在更多应用场景替代地面移动通信业务。

此外，这些卫星还可以搭载不同的有效载荷，实现更多的应用。例如，搭载数据采集载荷，可以实现卫星物联网服务，无论物流产品在陆地、海上或者空中，均可以准确获取其位置信息、温度信息和其他状态信息等；搭载船舶防碰撞系统载荷，可以接收全球任意海域各类船舶的位置等信息，再播发给各类船只，使之可以感知周边船舶信息或者开展经济信息分析等；搭载民航广播式自动相关监视载荷，可以接收全球民航客机广播信息，既有利于航空公司飞机的飞行安全，也有利于空域实时监控管理；搭载导航增强载荷，可以实现高精度的导航定位功能，提供车道级导航和厘米级定位精度业务；搭载遥感观测载荷，可以感知全球农作物生长态势，进行病虫害监测、森林火情监测、污染监测和违章建筑识别等。

7.5 实做项目及教学情境

实做项目一：网络在线学习

目的和要求：登录“智慧职教”平台，学习相关知识点的PPT、微课、动画等资源，完成网络学习任务。具体使用方法参见1.5节。

实做项目二：数字卫星电视接收机的安装与调试

PPT 数字卫星电视接收机的安装与调试

动画 数字卫星电视接收机的安装与调试

目的：

① 掌握卫星接收天线的工作原理和组成。

② 学会数字卫星电视接收机的安装与调试。

要求：

① 进行卫星接收天线的安装。卫星接收天线结构示意图如图7-14所示。

② 进行卫星接收天线的定位。

③ 进行卫星接收天线与数字卫星接收机及电视机的连接，如图7-15所示。

④ 进行数字卫星接收机的设置。

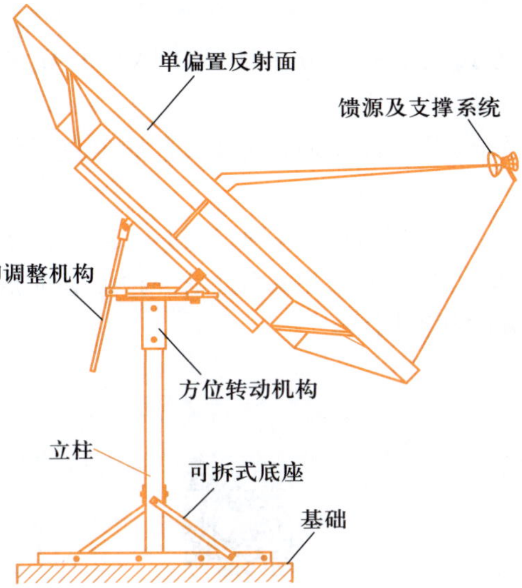

图 7-14　卫星接收天线结构示意图

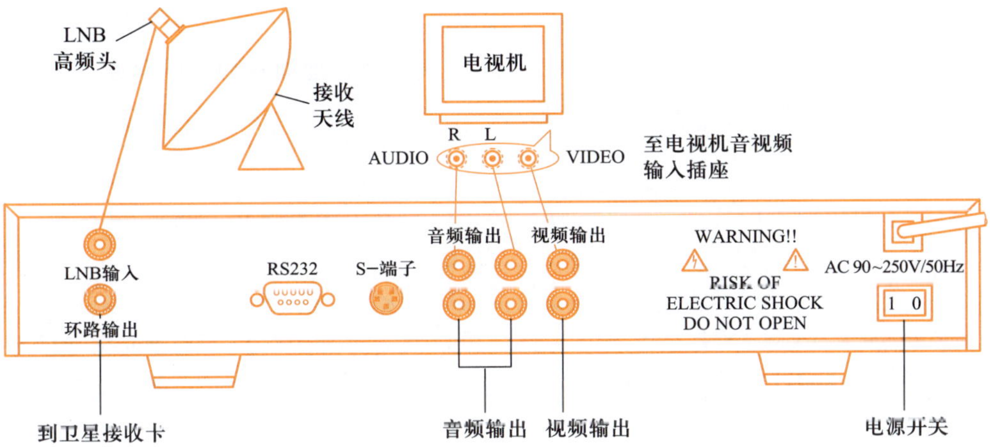

图 7-15　数字卫星接收机的连接示意图

小　结

1. 微波中继通信是利用微波作为载波并采用中继(接力)方式在地面上进行的无线电通信。

2. 数字微波通信系统由发信机、收信机、天馈线系统、多路复用设备及用户终端设备等组成。

3. 卫星通信是地球上(包括陆地、水面和大气层)多个地球站利用通信卫星作为中继站而进行的微波通信。

4. 卫星通信系统由空间分系统、通信地球站分系统、跟踪遥测指令分系统和监控管理分系统组成。

5. 卫星通信系统按卫星的种类及卫星的运动方式可分为同步卫星通信系统与非同步

卫星通信系统。

6. 卫星通信的多址方式主要有频分多址（FDMA）、时分多址（TDMA）、空分多址（SDMA）和码分多址（CDMA）等。

7. VSAT 卫星通信系统、卫星移动通信系统、直播卫星系统和全球卫星导航系统是卫星通信的主要应用。

8. 卫星互联网是基于卫星通信的互联网，通过一定数量的卫星形成规模组网，从而辐射全球，构建具备实时信息处理的大卫星系统，是一种能够完成向地面和空中终端提供宽带互联网接入等通信服务的新型网络。

即测即评

（扫描二维码可进行自我测试）

第 8 章 接入网

☑ 本章教学说明	• 主要介绍接入网的概念 • 简要介绍 xDSL • 重点介绍 PON 接入网技术 • 概要介绍 WLAN 等接入网技术
☑ 本章内容概述	• 接入网概述 • 光接入网 • 无线接入技术
☑ 本章重点、难点	• 接入网的概念 • ADSL 技术 • EPON 技术
☑ 本章学习目的和要求	• 掌握接入网的概念和特点 • 熟悉主要的接入网技术
☑ 本章实做要求及教学情境	• 网络在线学习 • 光猫安装 • WLAN 组网与配置
☑ 本章学习能力要素及基础要求	• 课前预习相关内容 • 了解各种宽带接入技术

本章学习方法建议

- 通过“智慧职教”平台进行网络学习
- 课前预习与课后复习相结合
- 结合家庭上网方式，学习 PON 接入及 WLAN 的内容
- 参观、实践与课堂学习相结合
- 收集各种具体接入方案与理论学习相结合

素养目标

- 激发科技报国精神：通过对接入技术发展、光纤接入技术的深入学习，培养创新思维与动手解决问题的能力。
- 加强网络强国意识：通过学习光纤接入技术原理与应用，强化对我国正从网络大国走向网络强国的认识，了解建设网络强国对于国家及个人的重要性。
- 提升服务家国理念：通过光纤宽带服务千万用户案例的学习，认识到服务意识、奉献精神在生活、工作中的重要性。

本章建议学时数

6 学时

PPT 接入网概述

8.1 接入网概述

8.1.1 接入网的概念

微课 接入网概述

传统接入网是指由用户驻地网和核心网之间的所有机线设备组成的网络，它通过用户网络接口实现用户语音、数据、图像、视频等多综合业务的接入，向核心网提供一系列标准化的业务节点接口，并通过 Q3 接口受电信管理网的管理控制。

根据国际电联关于接入网的框架建议（G. 902），接入网是由业务节点接口（Service Node Interface，SNI）和相关用户网络接口（User Network Interface，UNI）组成的，为传送电信业务提供所需承载能力的系统。传统接入网的接口如图 8-1 所示。

动画 接入网概述

Q3 接口是电信管理网（TMN）网管操作系统（Operating System，OS）和被管理网元（NE）之间的接口，该接口支持信息传送、管理和控制功能。

用户网络接口（UNI）是用户和网络之间的接口，接入网与用户间的 UNI 能够支持目前网络所能够提供的各种接入类型和业务。

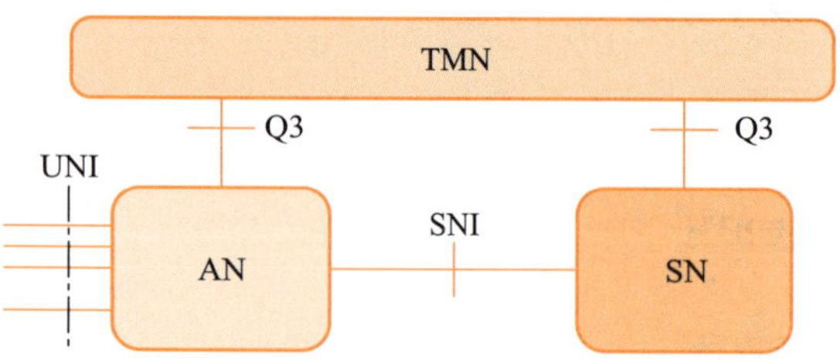

图 8-1　传统接入网的接口

业务节点接口（SNI）是接入网（AN）和业务节点（SN）之间的接口。

1. 水平方向上接入网在电信网中的位置

图 8-2 描述了水平方向上接入网在电信网中的位置，电信网在水平方向上分为用户驻地网、接入网和核心网。

① 根据距离用户的远近，电信网可以划分为公用网和用户驻地网两部分。

② 公用网又可以划分为接入网和核心网。公用网离用户相对较远，物权归通信运营商或内容服务商所有，包含所有属于运营商或服务商的、用于完成用户间通信的机线设备。人们通常所说的电信网多指公用网部分。

图 8-2 水平方向上接入网在电信网中的位置

③ 核心网顾名思义就是通信网的核心，是数据交换、转发、接续和路由的网络部分。

④ 用户驻地网靠近用户，通常是指一栋楼房内完成用户通信和控制功能的用户驻地布线系统，物权归用户所有。

⑤ 在水平方向上，接入网位于用户驻地网和核心网之间，是整个公用网络的边缘部分，是公用网中与用户距离最近的一部分，负责使用有线或无线连接，将广大用户一级一级汇接到核心网中，常被形象地称作电信网的“最后一公里”。

2. 垂直方向上接入网在电信网中的位置

图 8-3 描述了垂直方向上接入网在电信网中的位置。从实现的功能上，电信网自上而下可分成应用层、业务层、核心层和传送层，支撑网保障各层次功能正常运转。

① 应用层：利用各种业务网络实现的信息服务网络，如远程教育、会议电视、文件传送、远程监控和影视点播等。

② 业务层：基于核心层实现的各种业务网络，如电话网、非 IP 数据网、IP 网和其他业务网络等。

③ 核心层：基于传送层的传输功能实现用户驻地网（或用户终端）和业务网络之间的连接，主要实现的是交换功能。用于接入数据业务的 IP 接入网，除了传输功能外，还具备部分交换功能，位于电信网的传送层和核心层。

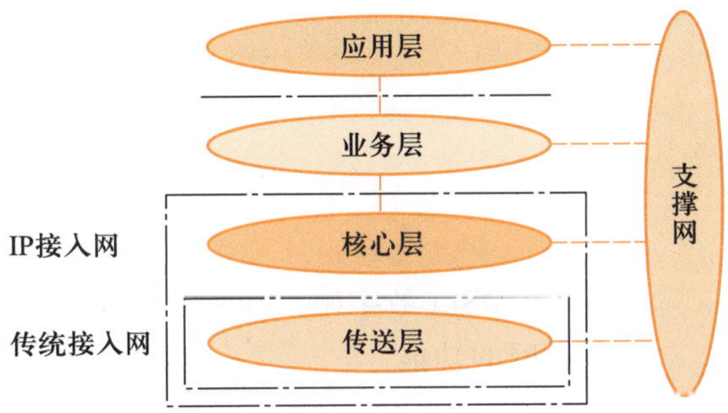

图 8-3 垂直方向上接入网在电信网中的位置

④ 传送层：实现业务信息的传输功能，即承载网。每一层的功能都要在下层功能实现的基础上完成，比如一个具备核心层交换功能的网络，首先要具备传送层的承载功能。传统电话接入网实现本地业务节点到用户驻地网之间的传输功能。

随着计算互联网的发展，传统电信网的框架结构从电路交换及其组网技术逐步转向以分组交换特别是 IP 为基础的新框架。随着 IP 化的趋势从核心网逐渐延伸到接入网，一种新的接入网模型应运而生——IP 接入网。

IP 接入网的接口如图 8-4 所示，IP 接入网位于用户驻地网和 IP 核心网之间，它与用户驻地网和 IP 核心网之间的接口均为通用的参考点（Reference Point，RP）。RP 可以是两台设备间的接口，也可以是系统逻辑上的接口，逻辑接口连接的两个部分可以位于一台设备中。

图 8-4 IP 接入网的接口

PPT 接入网分类

微课 接入网分类

动画 接入网分类

8.1.2 接入网的分类

如图 8-5 所示，按照 UNI 和 SNI 间传输介质的不同，接入网分为有线接入网和无线接入网。下面只重点介绍 DSL 技术。

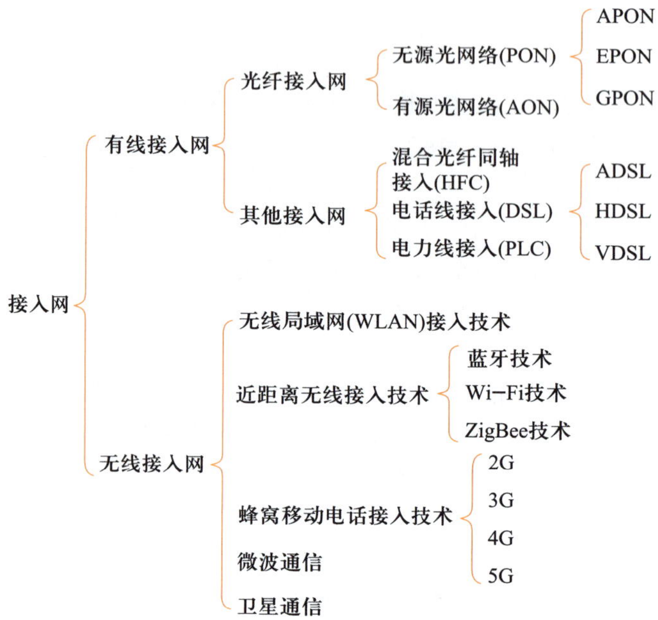

图 8-5 接入网分类

DSL（数字用户线）技术基于原有电话线，能在不增加线路的情况下同时实现打电话和上网的功能。

PPT xDSL 技术

微课 xDSL 技术

动画 xDSL 技术

1. DSL 技术的概念

DSL 技术在同一电话线上分别传送数据和语音信号，数据信号并不通过电话交换机设备，减轻了电话交换机的负载，且使用 DSL 技术上网不需要缴付另外的电话费。DSL 接入网连接示意图如图 8-6 所示。

由于受话音终端接口带宽的限制，DSL 在双绞线上传输话音和数据时，话音使用了 4 kHz 以下的带宽，数据信号并不经过电话交换机设备。通过在双绞线两端加装调制解调器，利用 4 kHz 以外的带宽，从而可在双绞线上传输话音的同时实现高速数据传输。

2. xDSL 技术的分类

xDSL 技术是对多种用户线高速接入技术的统称，其传输速率与传输距离成反比。xDSL 包括 ADSL、HDSL、VDSL、SDSL、RADSL 等。它们主要的区别体现在信号传输速率和距离的不同，以及上、下行速率对称性的不同这两个方面。

下面简单介绍 xDSL 的几种技术。

（1）非对称数字用户线（Asymmetric Digital Subscriber Line，ADSL）

ADSL 是在无中继的用户环路网上，使用有负载电话线提供高速数字接入的传输技术。其特点是可在现有的任意双绞线上传输，误码率低，下行数字信道速率可达 12 Mbit/s，上行数字信道速率最高可达 1 Mbit/s，是广大电信运营商主推的 DSL 技术。

21 世纪初 ADSL 曾在我国被广泛推广，随着光接入技术的出现，“光进铜退”，ADSL 逐渐退出历史舞台。ADSL 发展以后，又出现了其他 DSL 技术，包括 HDSL、VDSL、SDSL、RADSL 等。

(2) 高比特率数字用户线(High-bit-rate Digital Subscriber Line,HDSL)

HDSL 是在无中继的用户环路网上使用无负载电话线提供高速数字接入的传输技术,能够在现有的普通电话双绞铜线(两对或三对)上全双工传输 2 Mbit/s 速率的数字信号,无中继传输距离达 3~5 km。

(3) 甚高比特率数字用户线(Very high-bit-rate Digital Subscriber Line,VDSL)

在 ADSL 基础上发展起来的 VDSL,可在很短距离的双绞铜线上传送比 ADSL 更高速的数据,其最大的下行速率为 52 Mbit/s,对应传输线长度不超过 300 m;当下行速率在 13 Mbit/s 以下时,传输距离可达 1.5 km;上行速率则为 1.6 Mbit/s 以上。

(4) 对称数字用户线(Symmetrical Digital Subscriber Line,SDSL)

SDSL 是对称的 DSL 技术,可以看作是 HDSL 的一个变种,其与 HDSL 的区别在于只使用一对铜线。SDSL 可以支持各种上、下行通信速率相同的应用,提供速率最高为 2.3 Mbit/s 时,可以实现距离为 3 km 左右的对称传输。

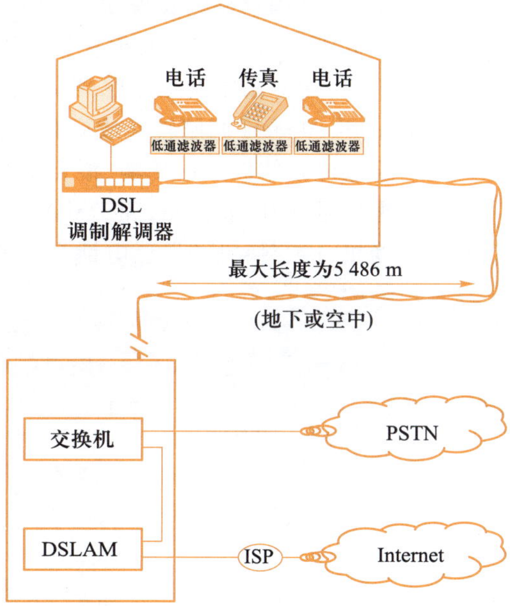

图 8-6 DSL 接入网连接示意图

(5) 速率自适应数字用户线(Rate Adaptive Digital Subscriber Line,RADSL)

RADSL 提供的速率范围与 ADSL 基本相同,也是一种提供高速下行、低速上行并保留原语音服务的数字用户线技术。其与 ADSL 的区别在于,RADSL 的速率可以根据传输距离动态自适应,距离增大时,速率降低。

3. ADSL 技术

ADSL 是 DSL 技术中应用最广的一种,因为 ADSL 技术可以在一对双绞线上同时传输电话信号和高速数据信号,而且高速数据信号的上、下行速率是非对称的,其上行速率比下行速率小,非常适合大多数住宅用户上网时下载数据量远大于上载数据量的特点。正因为如此,ADSL 利用的双绞线就是已有的电话用户线。

(1) 基本原理

ADSL 是在现有双绞线上传送高速非对称数字信号的一种技术,只需在双绞线两侧各装一个 ADSL 收发机[一种专用的调制解调器,用户端为 ATU-R(ADSL Termination Unit-Remote,即用户端猫),局端为 ATU-C(ADSL Transceiver Unit-Central office,也称为 DSLAM,即局端猫)],即可迅速提供高速数字通道。ADSL 系统结构如图 8-7 所示。

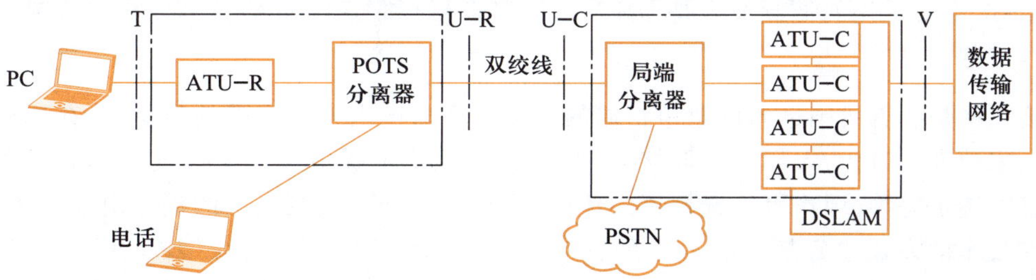

图 8-7 ADSL 系统结构

ADSL 系统由用户端设备和局端设备组成。用户端设备包括用户 ADSL Modem（即 ATU-R，用户端收发模块）和用户端分离器；局端设备包括位于中心机房的 ADSL Modem（即 ATU-C，局端收发模块）、DSL 接入多路复用器（DSLAM）和局端分离器。

ADSL 系统的工作原理如图 8-8 所示。上行方向上，计算机发送的数字信号经用户 ADSL Modem 调制转换成高频数据信号，与电话发出的低频语音信号经由分离器合成一路通过电话线向局端传输，混合信号到达局端分离器后，局端分离器把两路信号分开，高频数据信号送往 DSLAM，经 DSLAM 解调成数字信号传送至互联网，低频语音信号送往电话交换机，由交换机转发至电话交换网。下行方向是上行方向的逆过程。

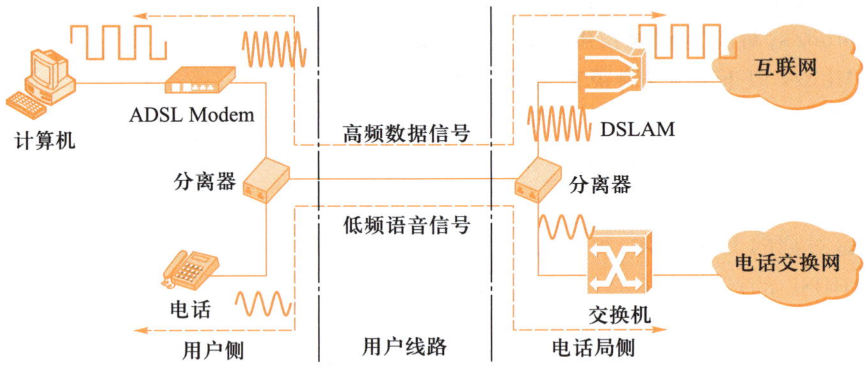

图 8-8 ADSL 系统工作原理

（2）频段分配

为了在同一双绞线上传输两个方向的信号，ADSL 系统通常采用频分复用（FDM）方式分隔两个方向的信号，如图 8-9 所示。它把普通电话双绞线的频率划分为三个频段：低频话音频段（0.3～3.4 kHz）、中频上行频段（32～134 kHz，也称为低速回传通道）和高频下行频段（181～1 100 kHz，也称为高速下行通道）。话音频段用来传话音，上行频段用来传上行数据，下行频段用来传下行数据。

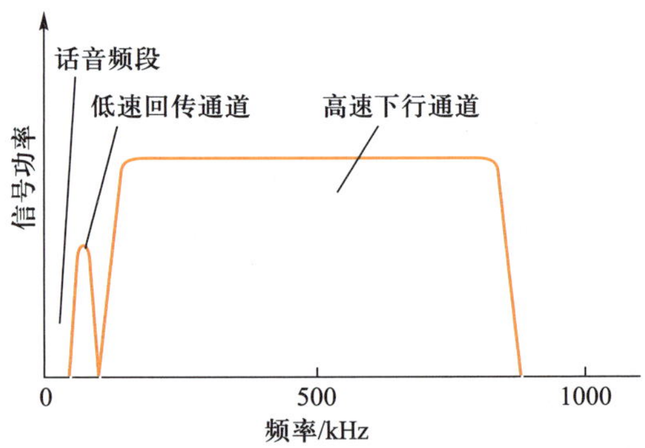

图 8-9 ADSL 线路信号的频分复用

FDM 方式的缺点是占据较宽的频率范围，而双绞线的衰减随频率升高而迅速增加，因此，FDM 方式的传输距离有较大局限性。为了充分利用双绞线衰减的频率特性，目前倾向于允许高速下行通道与低速回传通道重叠使用，两者之间的干扰可利用非对称回波消除器来消除。

ADSL 主要采用的调制技术是 DMT（离散多音频）和 CAP（无载波幅度相位调制）。

8.1.3 接入网演进

接入网是随着我国运营商竞争格局的形成而逐渐进入人们视野的新概念，在原来中国电信一家独大的时代，人们不强调接入网的概念，而单纯提电信网。而现在随着三大运营商网络的逐步完善，用户可以选择接入任何一个电信运营商，接入网的概念由此应运而生。接入网技术的发展也经历了拨号上网、xDSL 接入、HFC 接入、电力线接入、WLAN 接入、光纤接入等阶段。用户享受的带宽从每秒几千比特（kbit）到现在的几百兆比特（Mbit）。目前,用户家里一般都存在有线和无线两种接入网。

下面按发展顺序分别介绍各种接入网技术。

1. 拨号上网

20 世纪 90 年代,刚有互联网的时候,人们上网使用最为普遍的一种方式是拨号上网。只要拥有一台个人计算机、一个外置或内置的调制解调器(Modem)和一根电话线,再向本地 ISP 供应商申请自己的账号,或购买上网卡,拥有自己的用户名和密码后,通过拨打 ISP 的接入号 163××(169××)就能连接到 Internet 上。

2. xDSL 接入

DSL 技术是指以现有的电话线为传输介质,利用各种先进的调制技术和编码技术、数字信号处理技术来提高铜线的传输速率和传输距离。但是电话线的传输带宽毕竟有限,电话线接入方式的传输速率和传输距离一直是一对难以调和的矛盾,从长远的观点来看,电话线接入方式很难适应将来宽带业务发展的需要。

xDSL 技术主要包括非对称数字用户线(ADSL)、高比特率数字用户线(HDSL)、甚高比特率数字用户线(VDSL)等。

3. HFC 接入

HFC(Hybrid Fiber/Coax,混合光纤同轴电缆)接入技术是利用现有同轴电缆(即电视线)的一种接入技术。同轴电缆也是传输带宽比较大的一种传输介质,目前的有线电视 CATV 网就是一种混合光纤同轴网络,主干部分采用光纤,用同轴电缆经分支器接入各家各户。

HFC 与 CATV 的基本区别是能够在原有的单向 CATV 网上实现双向通信业务,特别是电话业务,因而有人称其为电缆电话(CAP)。

HFC 可以提供宽带上网业务,但在用户侧需要配置电缆调制解调器(Cable Modem,CM,或称线缆调制解调器)。Cable Modem 通常至少有两个接口,一个用来接墙上的有线电视端口,另一个与计算机相连。

4. 电力线接入

电力线通信(Power Line Communication,PLC)技术是指利用电力线传输数据和话音信号的一种通信方式。PLC 利用电力线作为通信载体,终端用户只需要插上电源插头,就可以实现网络接入。

PLC 的基本原理是利用电网低压线路实现数据、语音、图像等多媒体业务信号的高速传输,把数据信号加载于电力线进行传输,接收端的调制解调器再把信号从电流中解调出来,并传送到计算机等终端设备,以实现信息的传递。

电力线接入技术没有形成规模市场,只在很短的时间内使用,后来就被光接入代替了。

5. WLAN 接入

无线局域网(Wireless Local Area Network,WLAN)是一种利用射频(Radio Frequency,RF)技术进行数据传输的系统。该技术的出现并不是用来取代有线局域网,而是用来弥补有线局域网的不足,以达到网络延伸的目的,使得无线局域网能利用简单的系统架构实现无网线、无距离限制的通畅网络。

6. 光纤接入

光纤是目前传输速率最高的传输介质,在主干网中已大量采用了光纤。光纤接入是宽带接入网的最终形式,目前"光进铜退"是广大电信运营商全力推进的网络建设方案。

8.2 光接入网

重点掌握

- 光接入网的概念。
- PON 网络结构。
- 两种主要的 PON 技术:EPON 和 GPON。

8.2.1 光接入网概述

PPT 光接入网概述

微课 光接入网概述

动画 光接入网概述

拓展阅读 光纤入万家,创新驻心中

1. 光接入网的概念

所谓光接入网(Optical Access Network,OAN),就是采用光纤作为主要传输介质的接入网,泛指本地交换机或远端模块与用户之间采用光纤通信或部分采用光纤通信的系统。光接入网采用树形拓扑、点对多点结构、单纤双向传输,最大覆盖范围为 20 km。

如图 8-10 所示,OAN 包含与同一光线路终端(Optical Line Terminal,OLT)相连的多个光分配网(Optical Distribution Network,ODN)和光网络单元(Optical Network Unit,ONU)。

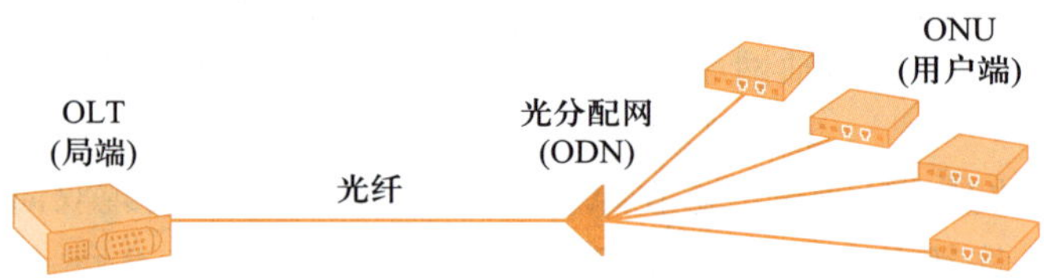

图 8-10 OAN 系统结构示意图

2. 光接入网的分类

根据接入网中的 ODN 是否含有源设备,OAN 又可以划分为无源光网络(Passive Optical Network,PON)和有源光网络(Active Optical Network,AON)。AON 采用电复用器分路,PON 采用光分路器(又称分光器)分路。接入网中主要是无源光网络。

PON 中,OLT 和 ONU 之间没有任何有源设备而只使用光纤等无源器件。

AON 中,用有源设备或网络系统(如 SDH 环网)的光分配终端(Optical Distribution Terminal,ODT)代替无源光网络中的 ODN,传输距离和容量大大增加,易于扩展带宽,网络规划和运行的灵活性大,不足的是有源设备需要机房、供电和维护等辅助设施,因此在实际中应用较少。

3. 光接入网的应用场景

按照 ONU 在光接入网中所处具体位置的不同,可以将 OAN 划分为 FTTC、FTTB、FTTH、FTTR、FTTD 等几种基本不同的应用类型,如图 8-11 所示。

(1) FTTC

在 FTTC(Fibre To The Curb,光纤到路边)结构中,ONU 设置在路边的人孔或电线杆上的分线盒(Distribution Point,DP,分配点,一般为分线盒)处,有时也可能设置在交接箱(Fexible Point,FP,灵活点,一般为交接箱)处,但通常为前者。此时从 ONU 到各个用户之间的部分仍为双绞线铜缆。若要传送宽带图像业务,则这一部分可能会需要同轴电缆。

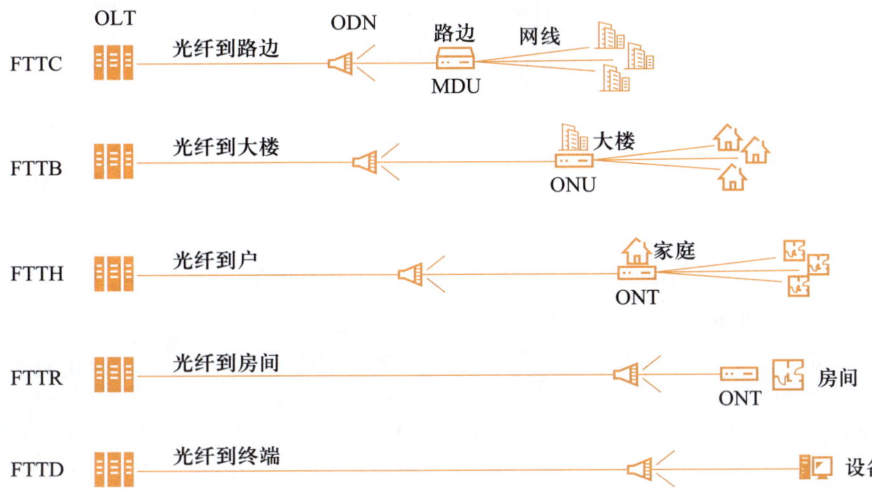

图 8-11 FTTx 系列

FTTC 结构主要适用于点对点或点对多点的树形拓扑。典型用户数在 128 个以下，现在用户数正逐渐降低。利用 FTTC，同轴电缆或其他介质可以把信号从路边传递到家中或办公室里。FTTC 代替了普通旧式电话服务，只通过一条线就可以完成电话、有线电视、因特网接入、多媒体和其他通信业务的分发。

(2) FTTB

FTTB(Fibre To The Building，光纤到大楼)也可以看作 FTTC 的一种变形，不同之处在于将 ONU 直接放到大楼内(通常为居民住宅或企事业单位办公楼)，再经多对双绞线将业务分送给各个用户。FTTB 是一种点对多点结构，通常不用于点对点结构。

(3) FTTH

将 ONU 放到用户家中即为 FTTH(Fibre To The Home，光纤到户)结构。FTTH 用于居民住宅用户，每个用户的业务量小，因而经济的结构是点对多点方式。总体来看，FTTH 结构是一种全光纤网，即从本地交换机一直到用户全部为光连接，中间没有任何铜缆，也没有有源电子设备，是真正全透明的网络。

(4) FTTR

FTTR(Fibre To The Room，光纤到房间)可以看作 FTTH 的一种变形。FTTR 技术方案是通过光纤介质进行家庭组网，在配线箱或关键位置部署 FTTR 主网关，以主网关为核心，通过光分路器和单芯双向光纤，组建成 FTTR 的光网络。FTTR 主网关上行连接 OLT，下行通过光纤、光分路器连接多个从光路由，光路由支持千兆以太网口、Wi-Fi 6，通过光纤进入每一个房间，实现家庭用户各个房间有线、无线千兆网络的覆盖。FTTR 技术组网方案详见图 8-12。

FTTR 技术方案由主网关、光路由、光网络、网络管理平台四部分组成。主网关位于 OLT 与光路由之间，向上通过 XG(S)-PON 或 10G EPON 连接 OLT，承接千兆光纤入户，向下提供接口连接光路由。光路由布置在用户的各个房间，向上通过室内光纤连接主网关，向下为各终端提供 Wi-Fi 和 GE 口接入进行上网。光网络由光缆、分光器等部件构成，它们共同搭建起家庭内网的基础设施。网络管理平台负责采集家庭网络信息并汇总整理上报，从而全面实现对家庭千兆网络的运维管理。与传统组网技术方案相比，FTTR 具有一定优势。

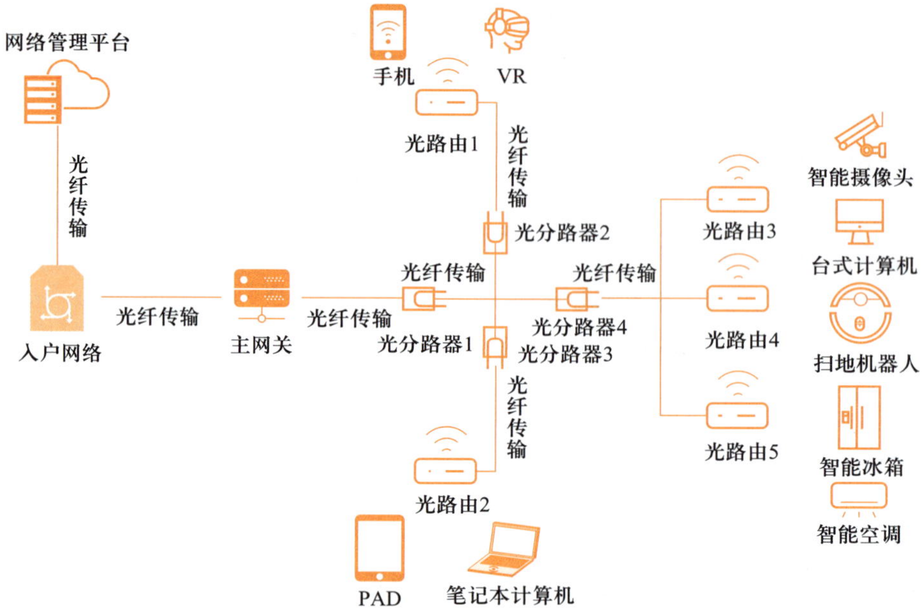

图 8-12 FTTR 技术组网方案

FTTR 分为 FTTR-H 和 FTTR-B，前者面向家庭，后者面向企业（商场、园区、医院、学校等）场景。

（5）FTTD（光纤到终端）

在 FTTD 技术方案中，光纤会直接延伸至用户终端（如台式机、笔记本计算机、家电等），铜线将彻底退出网络。

PPT PON 接入技术

微课 PON 接入技术

动画 PON 接入技术

8.2.2 PON 网络

1. PON 技术概述

PON 技术有 APON（ATM Passive Optical Network）、EPON（Ethernet Passive Optical Network）、GPON（Gigabit-capable Passive Optical Network）等。APON 是基于 ATM 的 PON 技术，EPON 是基于以太网的 PON 技术，GPON 是吉比特的 PON 技术。EPON 和 GPON 是不同标准组织推出的不同技术体系。两者之间并没有升级演进或替代的关系，是平行发展关系。PON 技术发展如图 8-13 所示。

（1）APON、GPON 发展历程

1996 年，由 13 家大型网络运营商同它们的主要设备供应商组成了 FSAN（Full Service Access Network）联盟，其目标是要为 PON 设备定义一个通用的标准。FSAN 联盟当时努力的结果是产生了 155 Mbit/s 的 PON 系统技术规范，它采用 ATM 作为传输协议，故被称为 APON。

1997 年，根据 FSAN 联盟的建议，ITU-T 推出了 APON 技术体系，也就是 G. 983. 1 标准，这是业界的第一个 PON 标准。

2001 年年底，FSAN 联盟将 APON 改名为 BPON，意为宽带 PON，原因是 APON 这个名称容易让人产生“该系统只能提供 ATM 业务”的误解。

为了进一步提升 PON 的速率标准，2002 年，FSAN 联盟启动了一项新的工作，对 1 Gbit/s 以上的 PON 网络进行标准化。

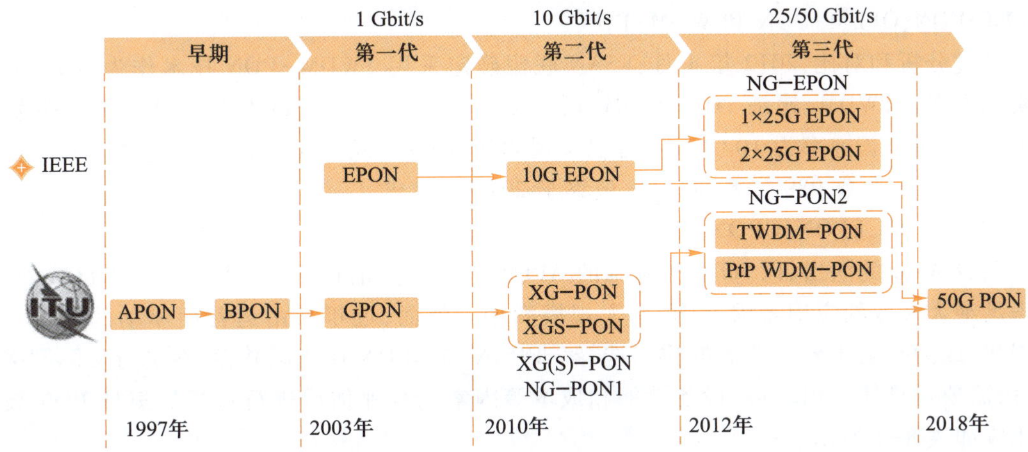

图 8-13 PON 技术发展

2003 年 3 月，在 FSAN 联盟的建议基础上，ITU-T 颁布 G.984 标准，也就是 GPON（千兆比特无源光网络）。

2008 年，ITU 启动了下一代 GPON 标准的研究。2010 年，XG-PON 标准诞生，也就是 ITU-T G.987 系列。

2017 年，ITU 正式通过了 G.9807 XGS-PON 国际标准。XGS-PON 和 10G EPON 的速率都是 10 Gbit/s 级别。

2021 年 4 月 23 日，ITU-T SG15 全会通过了 50G PON 标准。

2023 年，ITU-T SG15 全会通过 G.9804.3 Amd.2，标志着 50G PON 国际标准体系已完成。

目前来看，50G PON 的应用集中在家庭宽带、中小微企业、园区、工业等场景。家庭应用主要是满足 8K（及以上）超高清视频、AR/VR/XR（扩展现实）、裸眼 3D 等需求。一般来说，单个 XR 设备的连接带宽不高（380 Mbit/s 左右），10G PON 就够用。采用 50G PON，更多是针对多并发的需求，也就是多人同时使用 XR 设备，如家里多名成员共同参与 XR 游戏互动。中小微企业的主要应用是云桌面办公、视频会议、企业云盘等，50G PON 可以成为其数字化转型底座。园区应用场景主要有大型企业、医院、学校、工厂、港口等。

（2）EPON 发展历程

2000 年，IEEE 成立了 EFM 工作组，正式启动相关标准化工作。EFM 工作组的全名为第一英里以太网工作组（Ethernet for the First Mile），归属于制定以太网标准的 IEEE 802.3 组。

2004 年 6 月，EFM 工作组正式推出 IEEE 802.3ah 标准，也就是 EPON。

2006 年，IEEE 开始立项制定 10 Gbit/s 速率的 EPON（10G EPON）系统标准，也就是后来的 IEEE 802.3av。10G EPON 分为两个类型：一类是非对称方式，即下行速率为 10 Gbit/s，上行速率为 1 Gbit/s；另一类是对称方式，即上、下行速率均为 10 Gbit/s。

2015 年 7 月，IEEE 启动了 25G/50G/100G EPON 技术的标准制定工作，命名为 IEEE 802.3ca。

（3）NG-PON 发展历程

XG（S）-PON 标准制定完成之后，FSAN 联盟很快启动了 NG-PON2 的标准研究（NG-PON1 就是 10G PON，包括 10G GPON 和 10G EPON），目的是实现 40 Gbit/s 的下行速率和 40/10 Gbit/s 的上行速率。当时，NG-PON2 的主流备选技术方案包括高速 TDMA-PON、

TWDM-PON、OFDM-PON 和 WDM-PON。

经过分析和对比，2012 年 4 月，FSAN 联盟确定采用 TWDM-PON 技术作为 NG-PON2 的实现方案。TWDM，就是 TDM+WDM（时分复用+波分复用）。TWDM-PON 采用 4/8 波长叠加方式，单波长速率为 10 Gbit/s，可以实现 4×10 Gbit/s 或 8×10 Gbit/s 的速率。这个方案被 ITU-T 制定为 G. 989. x 系列标准，最终于 2015 年完成。

（4） APON、EPON、GPON 的比较

随着 ATM 的淡出，以 ATM 为基础的 APON 呈现自然消亡状态。EPON 技术已成熟，能够满足绝大多数的应用需求，已开始大规模商用。然而，近年来由运营商驱动的 GPON 迅速崛起，成为欧美主导运营商的技术选择。EPON 与 GPON 在我国并存，在进行实际网络部署时，需要对具体应用环境、设备性能和成本等因素综合评估后进行选择。三种 PON 技术的比较如表 8-1 所示。

表 8-1 APON、EPON、GPON 三种技术的比较

比较项	APON	EPON	GPON
相关组织	FSAN 联盟提出，ITU-T 标准化	IEEE 802. 3 标准	FSAN 联盟提出，ITU-T 标准化
网络拓扑结构	MTMP	MTMP	MTMP
封装技术	ATM 封装，技术复杂	以太网封装	GEM 封装
标准完善程度	标准化很完善	标准较完善	标准较完善
市场应用	没有得到市场认可	已经规模应用	已经规模应用

从表 8-1 可以看出，APON、EPON、GPON 三种技术最大的区别就是封装技术不同，它们的网络拓扑结构都是点对多点（MTMP）结构，都由局端的光线路终端（OLT）、用户端的光网络单元（ONU）以及光分配网（ODN）组成，其典型结构为树形结构。

① APON 技术。APON 技术的核心部分采用 ATM 技术。

APON 技术的主要特点如下。

a. 支持对称速率（155. 52 Mbit/s）和非对称速率（下行 622. 08 Mbit/s，上行 155. 52 Mbit/s）。

b. 传输距离最大为 20 km。

c. 支持的光分比为 1 ∶ 32～1 ∶ 64。

d. 具备综合业务接入、服务质量（QoS）保证的特点，由于标准化时间较早，已有成熟商用化产品。

另外，APON 技术也存在利用 ATM 信元造成的传输效率较低、带宽受限、系统相对复杂、价格较贵、需要进行协议之间的转换等缺点。

② EPON 技术。EPON 在以太网之上提供多种业务，遵循 IEEE 802. 3ah 标准。EPON 由于使用经济而高效的结构，成为连接接入网最终用户的一种较有效的通信方法。

在 EPON 中，OLT 到 ONU 间的距离最大可达 20 km。

EPON 中的 ONU 采用了技术成熟而又经济的以太网协议，在中带宽和高带宽的 ONU 中实现了成本低廉的以太网第二层第三层交换功能。这种类型的 ONU 可以通过层叠来为多个最终用户提供很高的共享带宽。因为都使用以太网协议，在通信过程中就不再需要协议转换，实现 ONU 对用户数据的透明传送。对于光纤到户（FTTH）的接入方式，ONU 和综

合接入单元(IAD)可以被集成在一个简单的设备中,不需要交换功能,从而可以在极低的成本下给终端用户分配所需的带宽。

10G EPON 是 EPON 的升级版,采用 IEEE 802.3av 标准。其显著提高了带宽,理论上可以提供高达 10 Gbit/s 的对称或非对称双向数据传输速率,适应大数据量传输需求,如高清视频流、云服务和企业级高速互联网接入。10G EPON 技术支持的最大分光比为可达到 1∶256。

③ GPON 技术。GPON 遵循 ITU-T G.984 系列标准,融合了 ATM 和以太网技术。GPON 可以提供更灵活的服务,支持多种速率等级和 QoS,更适合混合型服务,如语音、视频和数据服务。GPON 的标准制定考虑了对传统 TDM 业务的支持,继续采用 125 ms 的固定帧结构,以保持 8K 的定时延续。

GPON 初始标准的下行最大速率为 2.488 Gbit/s,上行最大速率为 1.244 Gbit/s,通过 TDM 可以实现更高的利用率。

10G GPON 是 GPON 的升级版,遵循 ITU-T G.987 系列标准。其提供高达 10 Gbit/s 的带宽,并保持与原有 GPON 系统的向后兼容性,适用于需要大规模容量和多样化的服务质量保证的场景,包括商业、住宅及智慧城市等多种宽带接入环境。

④ EPON 和 GPON 的比较。EPON 和 GPON 的比较主要包括以下几个方面。

a. 架构差异:EPON 使用以太网协议,支持点对点结构,每个终端设备都有专用的带宽;GPON 采用分布式架构,利用光线多路复用技术实现广播信号共享。

b. 距离差异:EPON 的传输距离较短,通常在 20 km 左右;GPON 具有更长的传输距离,可覆盖约 60 km。

c. 成本差异:EPON 较为经济实惠,部署和维护成本相对较低;GPON 的设备和部署费用稍高,但具有更高的带宽和覆盖范围。

d. 应用差异:EPON 更适合家庭和小型企业等较小规模的网络,提供对称带宽,满足多用户需求;GPON 广泛应用于大型企业、公共机构和城市级部署,可满足更高带宽和覆盖范围的需求。

GPON 技术是针对 1 Gbit/s 以上的 PON 标准,除了对更高速率的支持外,还是一种支持全业务、效率更高的解决方案。它能将任何类型和任何速率的业务进行原有格式封装后经由 PON 传输,帧长度可变,提高了传输效率,因此能更简单、通用、高效地支持全业务。

2. PON 网络结构

PPT PON 网络结构

PON 采用点对多点树形拓扑结构、无源光纤传输方式、单纤双向通信技术。一个典型的 PON 系统由光线路终端(OLT)、光分配网络(ODN)、光网络单元(ONU)组成,如图 8-14 所示。

微课 PON 网络结构

(1) OLT

OLT 通常放在局端中心机房,也可以由光纤拉远,设置在靠近用户的位置,提供与网络管理系统之间的接口和本地管理控制接口,其功能如图 8-15 所示,上行实现各种信号按业务类型送入各种网络的功能,下行实现本地业务汇聚功能。

动画 PON 网络结构

(2) ONU

ONU 通常放置在用户端,功能示意图如图 8-16 所示,上行对不同用户终端设备进行复用、编码,下行实现不同业务的解复用。

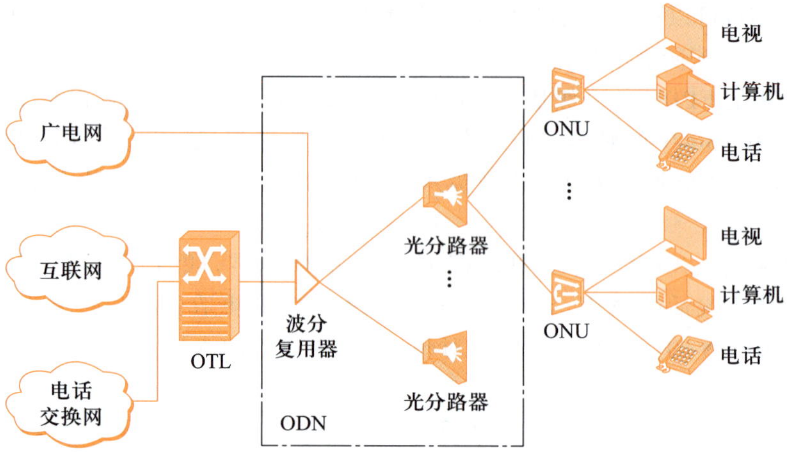

图 8-14 PON 网络组成

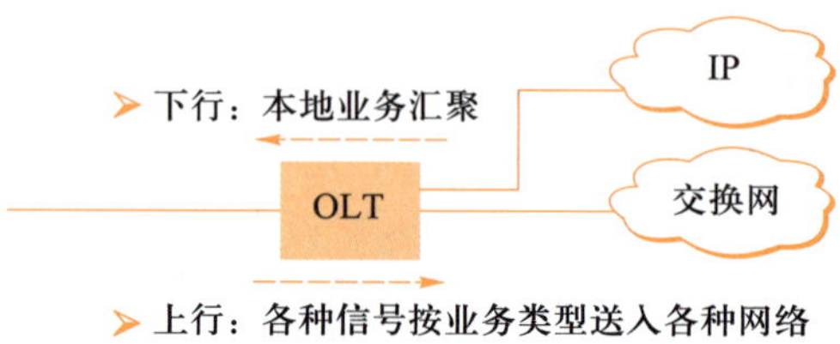

图 8-15 OLT 功能示意图

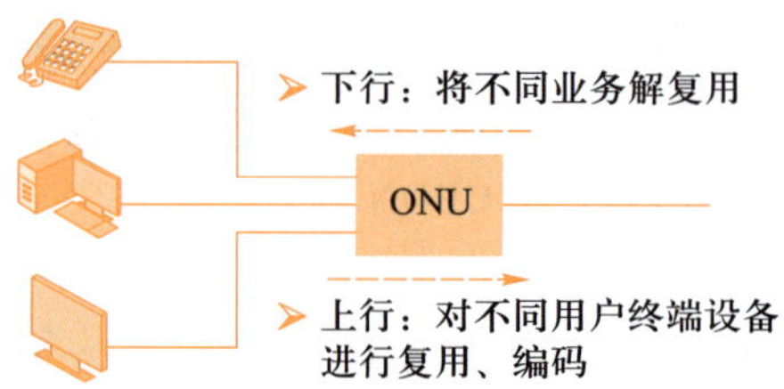

图 8-16 ONU 功能示意图

OLT、ONU 分别实现网络侧和用户侧各种终端设备业务的复用和解复用功能，包括核心功能模块、业务功能模块和公共功能模块三大模块。

(3) ODN

ODN 由馈线光缆子系统、配线光缆子系统、入户光缆子系统和光缆终端子系统组成，如图 8-17 所示。

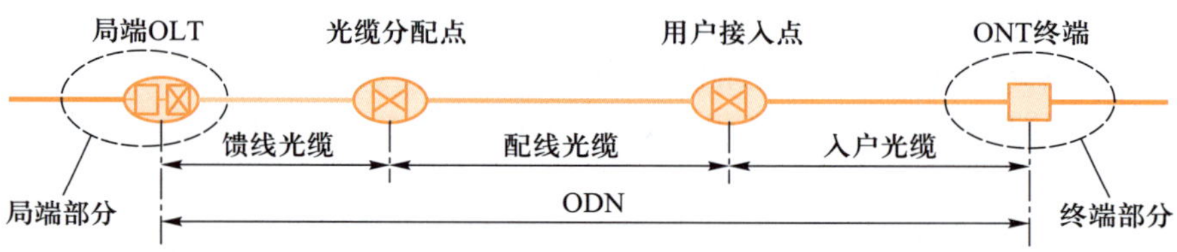

图 8-17 ODN 系统组成

馈线光缆子系统由连接光分路器和中心机房的光缆和配件组成。

配线光缆子系统由楼道配线箱、连接楼道配线箱和光分配点的光缆、光分路器及光缆连接配件组成。配线光缆子系统连接从光缆交接箱过来的配线光缆，用光分路器进行分配，完成对多用户的光纤线路分配功能。配线光缆子系统是 ODN 应用中最关键的一个环节，也是配置最为灵活的一个环节。

入户光缆子系统由连接用户光纤终端插座和楼道配线箱的光缆及配件组成。

光缆终端子系统是独立的需要设置终端设备的区域，是直接入户的光缆，由一个或者多个光纤端接信息插座以及连接到 ONU 的光纤跳线组成。

ODN 是连接 OLT 和 ONU 的无源光分配网络，主要包括无源光分路器和光纤光缆等器件，其功能是分发下行数据并集中上行数据。PON 之所以称为无源光网络，就是因为在 OLT 和 ONU 之间的 ODN 中没有任何有源电子设备。

光分路器用于光功率分割，可以等分也可以按特定比例分，常见分光比有 1∶2、1∶4、…、1∶128 等，常见形态有盒式封装的光分路器、微型封装的光分路器、机架式光分路器等。

3. PON 网络技术原理

为了分离同一根光纤上多个用户来去方向的信号，PON 采用以下两种复用技术：下行数据流采用广播技术，上行数据流采用 TDMA 技术。

PON 上行数据传输原理如图 8-18 所示，上行工作波长为 1 310 nm，上行数据分时发送，各 ONU 的发送时间与长度由 OLT 集中控制——TDMA 的接入机制。

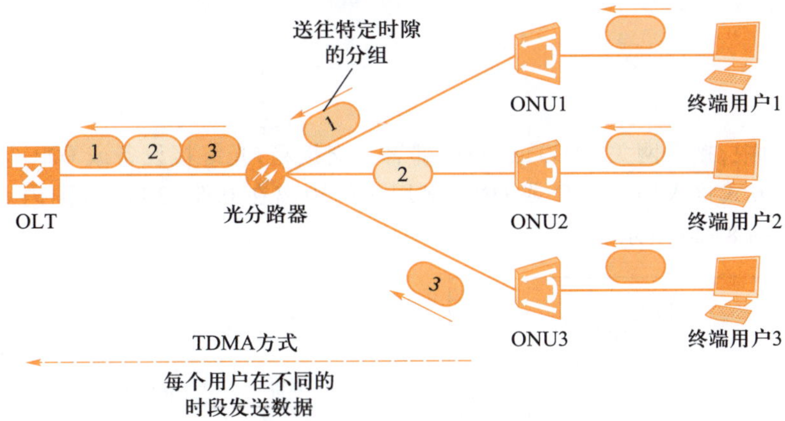

图 8-18 PON 上行数据传输原理

PON 下行数据传输如图 8-19 所示，采用广播方式，下行工作波长为 1 490 nm，所有 ONU 都能收到相同的数据，每个 ONU 根据下行数据的标识信息接收属于自己的数据，丢弃其他用户的数据。

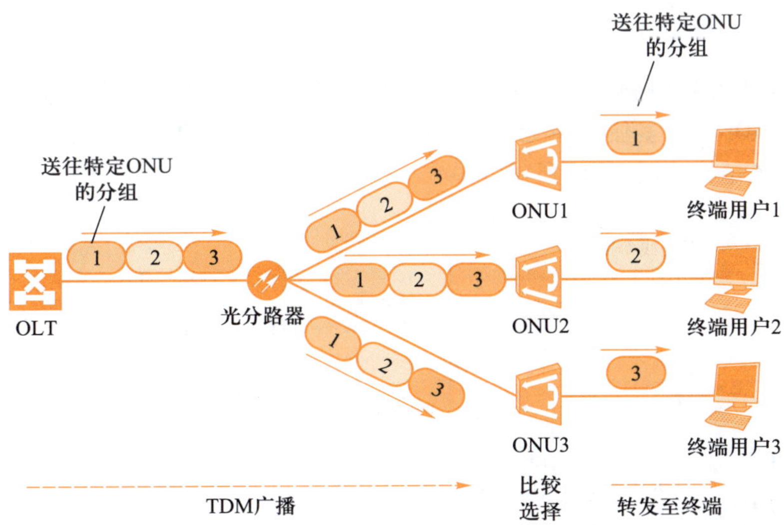

图 8-19 PON 下行数据传输原理

8.2.3 PON 技术应用

本节从 PON 系统典型应用模式和 PON 主要应用场景两方面介绍 PON 技术应用，所举案例以 EPON 为例，GPON 应用模式和场景与 EPON 类似。

归纳思考

光纤到户的主要方式有：

- FTTC；
- FTTB；
- FTTH；
- PON+LAN；
- FTTR。

PPT PON 技术应用

微课 PON 技术应用

动画 PON 技术应用

1. FTTC

FTTC 应用中，接入网关（AG）或 ONU 部署在交接箱，光终接设备或 ONU 下采用其他有线介质或无线方式接入用户，AG 或 ONU 离用户的距离在 0.5～2 km 范围内。光纤到交接箱系统结构如图 8-20 所示。

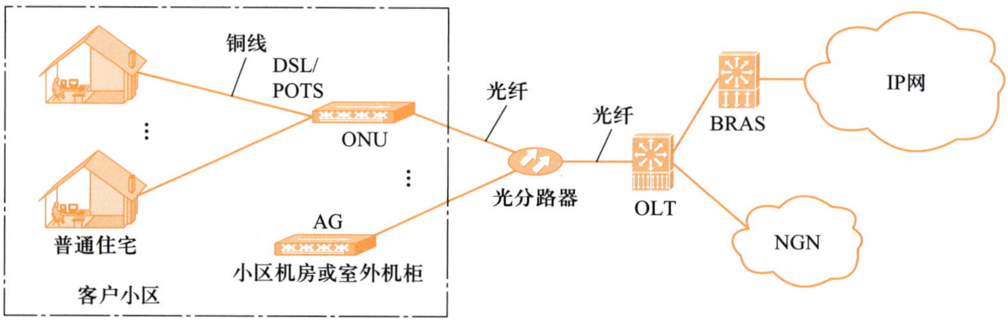

图 8-20 光纤到交接箱系统结构

2. FTTB

FTTB 是指光纤延伸到距离用户更近的楼层或单元内，距离最终用户 0.1 km 以内。FTTB 模式下的 ONU 为多住户单元型，主要用于多个住宅用户，具有宽带接入终端功能。光纤到楼宇系统结构如图 8-21 所示。

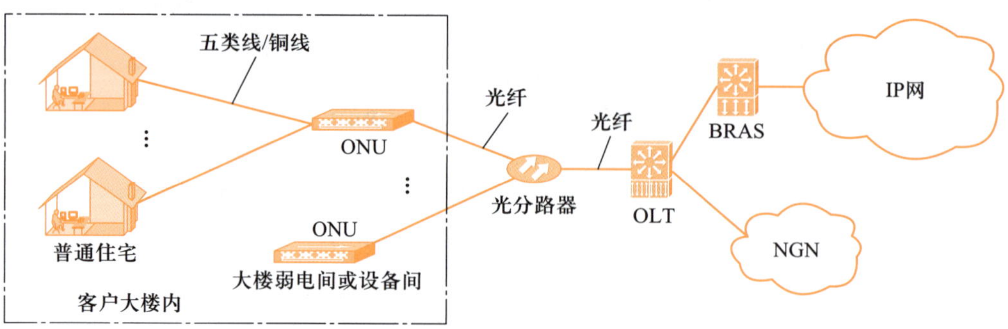

图 8-21 光纤到楼宇系统结构

3. FTTH

FTTH 模式下的 PON 口上行的 ONU 具有家庭网关功能,通常为家庭网关型 ONU,ONU 之后的设备或网络由用户管理,提供一定范围的灵活业务。光纤到户系统结构如图 8-22 所示。

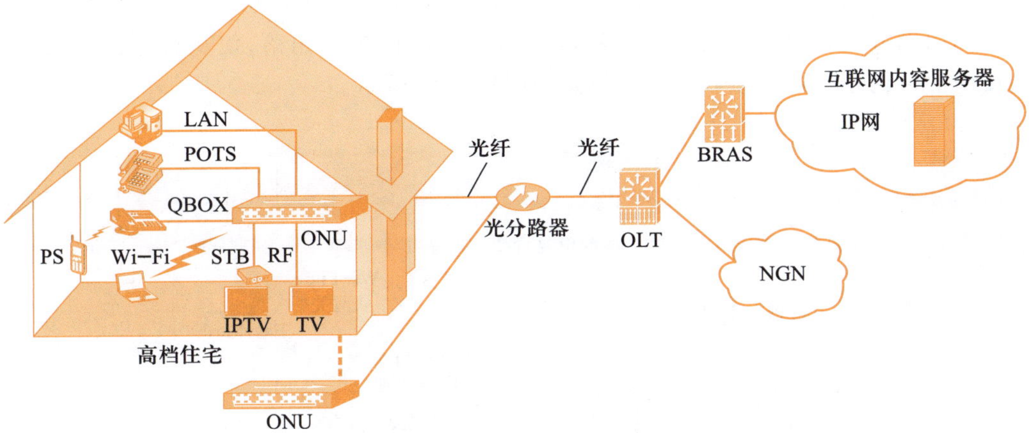

图 8-22 光纤到户系统结构

4. PON+LAN

PON+LAN 主要应用于新建小区场合,如图 8-23 所示。

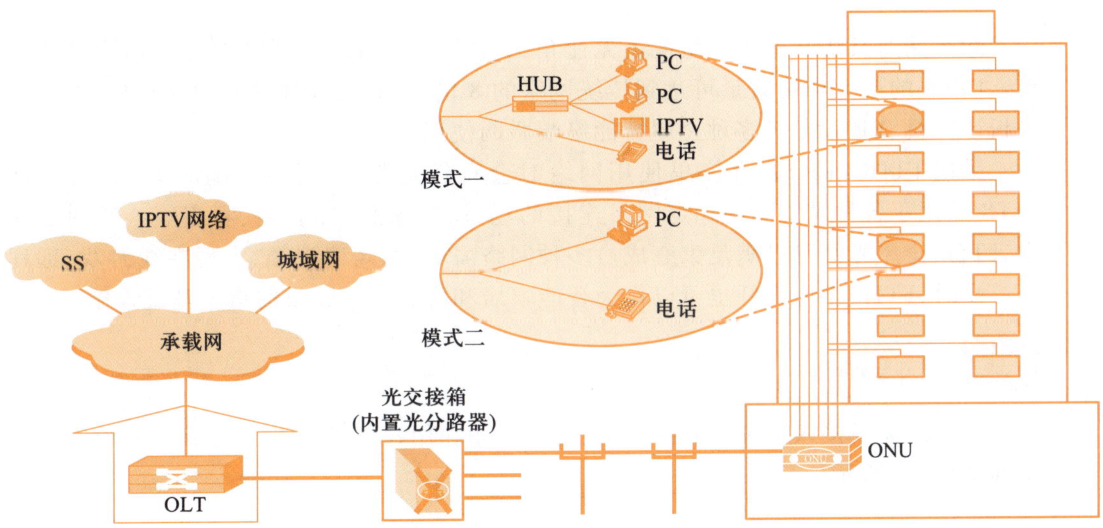

图 8-23 PON+LAN 应用场景

PON+LAN 建网成本较 FTTH 模式低,末端采用五类网线,铜线接入距离在 100 m 以内,一般 ONU 设备放在楼内,OLT 集中放置在中心机房。ODN 组网一般采用一级分光方式,集中设置并尽量靠近用户。对于 16 Mbit/s 以下下行速率的中低速率用户,每 PON 口建议支持 256 个用户数;对于 20 Mbit/s 以上下行速率的高速率用户,每 PON 口建议支持 128 个用户数。ONU 设备尽量靠近用户,考虑到五类线的距离限制,铜缆长度不超过 100 m,可以放在楼道或者弱电井。内置 IAD 时,可只用一根五类线入户,8 芯中有 4 芯用来传数据,其余芯可以用于承载电话。考虑到用户带宽、ONU 分布情况,每个 PON 口携带 MTU 不超过 16

个。当ODN网沿道路铺设时,利用现有管线,在个别情况下可能会采用链型组网形式。为了减少工程配置的复杂性,建议使用相同规格的非等分光分路器。

5. FTTR

FTTR在FTTH的基础上再将光纤布设进一步拓展到每一个房间,从而实现更高的网络速率和更好的网络覆盖。FTTR是千兆时代下家庭网络的新型覆盖模式,通过全部采用光纤接入的组网方式,将更快、更强的信号准确送达房间的各个角落,使从客厅到房间、从楼上到楼下的任何地方都能接收到千兆网速,如图8-24所示。

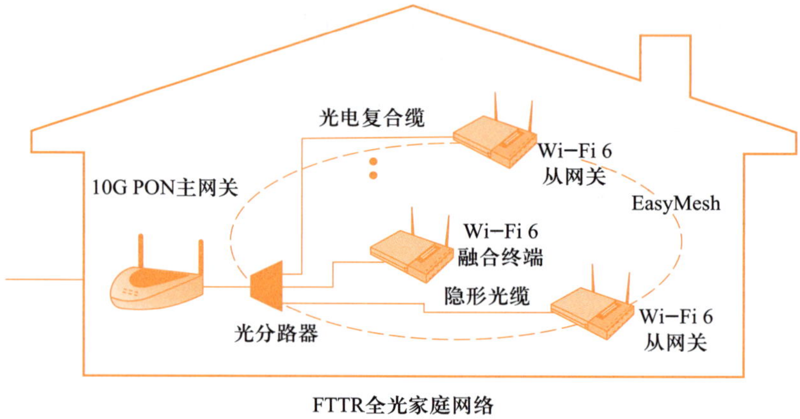

图8-24 FTTR应用场景

除了网速又快又稳还全屋覆盖无死角的优势外,FTTR还可以支持更多的终端设备连接。FTTR的最大连接数量可达到传统网络的8倍,以有效保证家中的计算机、电视、手机、平板计算机、VR设备等多种全屋智能终端联网使用。

采用FTTR组网后,在家里使用网络时会有任意移动不掉线,随时无感切换的体验。FTTR适用于各种需要高速稳定网络连接的场景,如家庭、办公室、酒店等。特别是在家庭中,FTTR全屋光纤可以满足家庭成员多种网络需求,如高清视频、大型在线游戏、远程办公等。同时,FTTR全屋光纤也可以作为智能家居和智慧城市建设的重要基础设施。

8.3 无线接入技术

典型的无线接入系统主要由基站、用户单元和用户终端等部分组成。无线接入系统结构如图8-25所示。

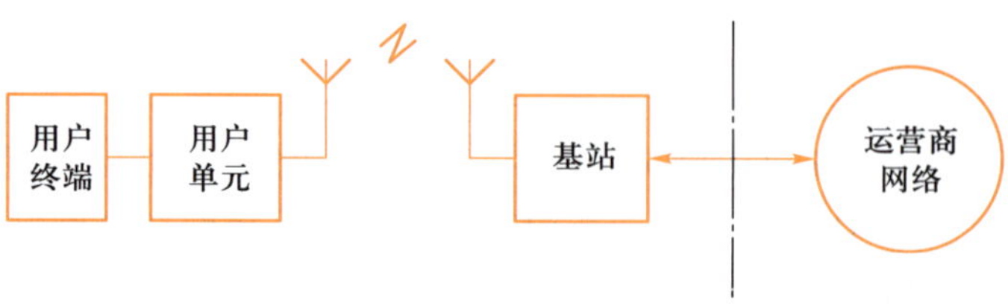

图8-25 无线接入系统结构

1. 基站

基站通过无线收发信机提供与用户单元之间的无线信道,并通过无线信道完成话音呼叫和数据的传递。基站与用户单元之间的无线接口可以使用不同技术，并决定整个系统的特点，包括所使用的无线频率及其一定的适用范围。

2. 用户单元

用户单元与基站通过无线接口相接，并向用户终端透明地传送业务。对于固定无线接入方式，用户单元与用户终端一般是分离的；对于移动无线接入方式，用户单元与用户终端一般是合为一体的。

3. 用户终端

用户终端就是接收和发送业务数据的用户侧终端设备。

8.3.1 近距离无线接入技术

重点掌握

近距离无线接入技术：

- 蓝牙技术；
- ZigBee 技术。

1. 蓝牙技术

PPT 近距离无线接入技术

蓝牙（Bluetooth）是一种短距离（一般 10 m 内）的无线通信技术。利用蓝牙技术能在包括移动电话、PDA、无线耳机、笔记本计算机、相关外设等众多设备之间进行无线信息交换，以取代原来所需的有线电缆。

微课 近距离无线接入技术

蓝牙由蓝牙技术联盟（Bluetooth Special Interest Group，Bluetooth SIG）管理。蓝牙技术联盟在全球拥有超过 25 000 家成员公司，分布在电信、计算机、网络和消费电子等多重领域。蓝牙技术联盟负责监督蓝牙规范的开发，管理认证项目，并维护商标权益。制造商的设备必须符合蓝牙技术联盟的标准才能以"蓝牙设备"的名义进入市场。蓝牙技术拥有一套专利网络，可发放给符合标准的设备。

动画 近距离无线接入技术

蓝牙耳机、蓝牙模块如图 8-26 所示。

(a) 蓝牙耳机　(b) 蓝牙模块

图 8-26　蓝牙耳机和蓝牙模块

蓝牙技术频段为 2 400～2 483.5 MHz（包括防护频带），这是全球范围内无须取得执照（但并非无管制的）的工业、科学和医疗（ISM）用频段的 2.4 GHz 短距离无线电频段。

2. ZigBee 技术

ZigBee 译为"紫蜂"，是一种近距离、低复杂度、低功耗、低速率、低成本的双向无线通信技术。蜜蜂在发现花丛后会通过一种特殊的肢体语言来告知同伴新发现的食物源位置等信息，这种肢体语言就是 ZigZag 形舞蹈，是蜜蜂之间一种简单传达信息的方式。借此意义，ZigBee 成为新一代无线通信技术的名称。

ZigBee 技术研究组织是 ZigBee 联盟(ZigBee Alliance),协议是 IEEE 802.15.4 标准的 WPAN 协议。ZigBee 模块如图 8-27 所示。

图 8-27 ZigBee 模块

2001 年 8 月,ZigBee 联盟成立。2002 年下半年,英国 Invensys 公司、日本三菱电气公司、美国摩托罗拉公司以及荷兰飞利浦半导体公司共同宣布加入 ZigBee 联盟,研发名为 ZigBee 的下一代无线通信标准。

ZigBee 联盟的目的是在全球统一标准上实现简单可靠、价格低廉、功耗低、无线连接的监测和控制,并于 2004 年 12 月发布了第一个正式标准。

每个 ZigBee 网络节点不仅本身可以作为监控对象,利用其所连接的传感器直接进行数据采集和监控,还可以自动中转别的网络节点传过来的数据资料。除此之外,每一个 ZigBee 网络节点(FFD,全功能设备)还可以在自己信号覆盖的范围内,和多个不承担网络信息中转任务的孤立的子节点(RFD,精简功能设备)无线连接。

PPT WLAN 技术

8.3.2 WLAN 技术

1. WLAN 的基本概念

微课 WLAN 技术

WLAN(无线局域网)是利用无线技术实现快速接入以太网的技术,利用 WLAN 技术可以在家庭、公司、学校、机场等多种场合建立本地无线连接,使用户以无线方式接入局域网。WLAN 具有安装便捷、使用灵活、经济节约、易于扩展等有线网络无法比拟的优点。WLAN 既可以是整个网络都使用无线通信方式,称为独立式 WLAN;也可以是 WLAN 无线设备与有线局域网相结合,称为非独立式 WLAN。后者主要可为用户接入有线局域网提供无线接入手段,目前在实际应用中以非独立式 WLAN 为主。

动画 WLAN 技术

IEEE 802.11 制定了无线局域网技术标准。Wi-Fi(Wireless Fidelity)是 IEEE 802.11 系列标准的应用,是一个名为"无线以太网相容联盟"(Wireless Ethernet Compatibility Alliance,WECA,又称 Wi-Fi 联盟)的组织所发布的业界术语。Wi-Fi 联盟(Wi-Fi Alliance)旨在全球范围内推行 Wi-Fi 产品的兼容认证。由于 Wi-Fi 产品的广泛应用,人们往往把 Wi-Fi 与 WLAN 及 IEEE 802.11 标准相混淆,将它们不加区分地等同起来。

2. WLAN 系列标准

下面主要介绍 IEEE 802.11 系列标准,并简单介绍 IEEE 802.11 系列标准的安全协议。

(1) IEEE 802.11 系列标准

IEEE 802.11 是无线网络的协议标准。共同的协议标准是确保不同厂商生产的设备实现互通与兼容的基础,到目前为止,IEEE 正式发布的无线网络协议标准共有 IEEE 802.11、IEEE 802.11a、IEEE 802.11b、IEEE 802.11g、IEEE 802.11n、IEEE 802.11ac、IEEE 802.11ax 等。

(2) IEEE 802.11 系列标准的安全协议

除原 IEEE 802.11 标准中的 WEP 安全协议和我国提出的 WAPI 协议外,IEEE 进一步提出了新一代 WLAN 安全标准 IEEE 802.11i,WEP 标准已被逐步取代。

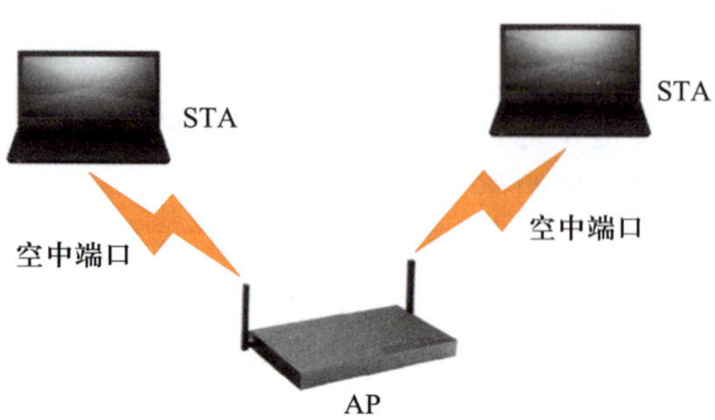

图 8-28 WLAN 网络组成

3. 无线局域网的拓扑结构

WLAN 网络由无线接入点(Access Point,AP)、无线工作站(STA)和空中端口组成,如图 8-28 所示。

AP 是 WLAN 的核心设备,是一种配备有 WLAN 适配器的网络设备,类似于移动通信中的基站,一般是固定的。它通过有线或无线的方式连接到有线网络上,是 WLAN 用户设备进入有线网络的接入点。根据应用场景不同,AP 通常可分为室内型和室外型,室内环境下覆盖范围通常为 30~100 m,室外环境下最大覆盖范围可达到 800 m。

STA 是 WLAN 的用户设备,是一种配备有 WLAN 适配器的终端设备,如笔记本计算机、智能手机等。一般 STA 具有移动性,WLAN 中的 STA 根据网络结构的不同,可以直接相互通信或通过无线 AP 进行通信。

空中端口是 WLAN 设备的信道,可以支持单个点对点连接。

8.4 实做项目及教学情境

实做项目一:网络在线学习

目的和要求:登录“智慧职教”平台,学习相关知识点的 PPT、微课、动画等资源,完成网络学习任务。具体使用方法参见 1.5 节。

实做项目二:光猫安装

目的:

① 了解光猫安装流程。

② 掌握用户端设备安装和设置。

要求:

① 根据图 8-29,正确连接光猫、计算机。

② 建立 PON 连接,访问 Internet。

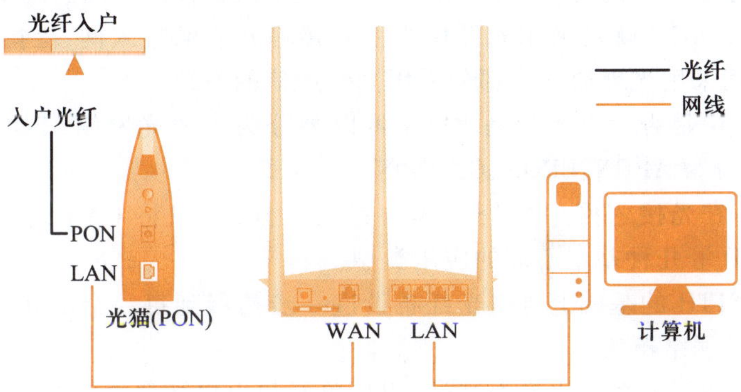

图 8-29 光猫连接网络结构

实做项目三:组建 WLAN 网络

目的:

① 了解 WLAN 的网络结构。

② 掌握 WLAN 的接入和配置。

要求:

① 根据图 8-30,组建 WLAN 网络。

② 完成 WLAN 网络的配置。

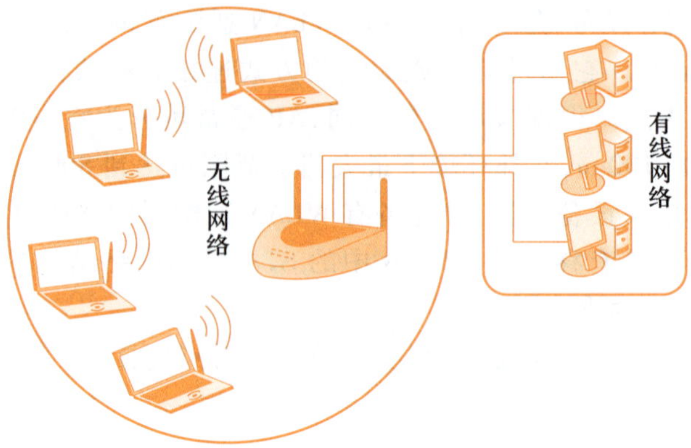

图 8-30 WLAN 网络结构

小 结

1. 接入网是由业务节点接口(SNI)和相关用户网络接口(UNI)组成的,为传送电信业务提供所需承载能力的系统。

2. 电信网在水平方向上分为用户驻地网、接入网和核心网。

3. 从实现的功能上,电信网自上而下可分成应用层、业务层、核心层和传送层。

4. 按照 UNI 和 SNI 间传输介质的不同,接入网分为有线接入网和无线接入网。

5. DSL 包括 ADSL、HDSL、VDSL、SDSL、RADSL 等,一般统称为 xDSL。它们主要的区别体现在信号传输速率和距离的不同,以及上、下行速率对称性的不同这两个方面。

6. 光接入网(OAN)就是采用光纤作为主要传输介质的接入网,泛指本地交换机或远端模块与用户之间采用光纤通信或部分采用光纤通信的系统。

7. 根据 ODN 中是否含有源设备,OAN 可以划分为无源光网络(PON)和有源光网络(AON)。PON 又分为 APON、EPON、GPON 等。

8. 按照 ONU 在光接入网中所处具体位置的不同,可以将 OAN 划分为 FTTC、FTTB、FTTH、FTTR、FTTD 等几种基本不同的应用类型。

9. FTTR 在 FTTH 的基础上再将光纤布设进一步拓展到每一个房间,从而实现更高的网络速率和更好的网络覆盖。

10. 典型的无线接入系统主要由基站、用户单元和用户终端等部分组成。

11. WLAN(无线局域网)是利用无线技术实现快速接入以太网的技术,利用 WLAN 技术可以在家庭、公司、学校、机场等多种场合建立本地无线连接,使用户以无线方式接入局域网。

即测即评

(扫描二维码可进行自我测试)

第9章 网络安全

本章教学说明	• 主要介绍网络安全的概念 • 概要介绍网络安全发展历程 • 重点介绍网络安全体系架构 • 重点介绍网络安全等级保护
本章内容	• 网络安全概述 • 网络安全体系架构 • 网络安全技术 • 网络安全等级保护
本章重点、难点	• 网络安全体系架构 • 网络安全等级保护
本章学习目的和要求	• 掌握网络安全的概念和特点 • 理解网络安全等级保护
本章实做要求及教学情境	• 网络在线学习 • 配置防火墙
本章学习能力要素及基础要求	• 课前预习相关内容 • 了解生活中的网络安全
本章学习方法建议	• 课前预习与课后复习相结合 • 结合电信诈骗案例，学习网络安全的概念 • 参观、实践与课堂学习相结合 • 收集网络安全案例

素养目标

- 提升网络安全意识：通过对网络安全概念、发展历程的深入学习，培养网络安全意识和远离网络诈骗的能力。
- 加强网络安全防护：通过学习网络安全等级保护，强化对网络安全不同等级的理解，了解网络安全对于国家及个人的重要性。

本章建议学时数

6 学时

9.1 网络安全概述

9.1.1 网络安全的定义

网络安全(Cyber Security)是指网络系统的硬件、软件及系统中的数据受到保护,不因偶然的或者恶意的原因而遭受破坏、更改、泄露,系统连续可靠正常地运行,网络服务不中断。

网络安全通常指计算机网络的安全,也可以指计算机通信网络的安全。计算机通信网络是将若干台具有独立功能的计算机通过通信设备及传输媒体互联起来,在通信软件的支持下,实现计算机间的信息传输与交换的系统。而计算机网络是指以共享资源为目的,利用通信手段把地域上相对分散的若干独立的计算机系统、终端设备和数据设备连接起来,并在协议的控制下进行数据交换的系统。计算机网络的根本目的在于资源共享,通信网络是实现网络资源共享的途径,因此,计算机网络是安全的,相应的计算机通信网络也必须是安全的,应该能为网络用户实现信息交换与资源共享。

安全的基本含义是客观上不存在威胁,主观上不存在恐惧,即客体不担心其正常状态受到影响。可以把网络安全定义为:一个网络系统不受任何威胁与侵害,能正常地实现资源共享功能。要使网络系统正常地实现资源共享功能,首先要保证网络的硬件、软件能正常运行,然后要保证数据信息交换的安全。由于资源共享的滥用,导致了网络安全问题,因此网络安全的技术途径就是要实行有限制的共享。

从用户(个人或企业)的角度来讲,希望:

① 在网络上传输的个人信息(如银行账号和上网登录口令等)不被他人发现,即用户对网络上传输的信息具有保密性的要求;

② 在网络上传输的信息没有被他人篡改,即用户对网络上传输的信息具有完整性的要求;

③ 在网络上发送的信息源是真实的,不是假冒的,即用户对通信各方提出的身份认证的要求;

④ 信息发送者对发送过的信息或完成的某种操作是承认的,即用户对信息发送者提出的不可否认的要求。

从网络运行和管理者的角度来讲,希望本地信息网正常运行,正常提供服务,不受网外攻击,未出现计算机病毒、非法存取、拒绝服务、网络资源非法占用和非法控制等威胁。

从安全保密部门的角度来讲,希望对非法的、有害的、涉及国家安全或商业机密的信息进行过滤和防堵,避免通过网络泄露关于国家安全或商业机密的信息,避免对社会造成危害，对企业造成经济损失。

从社会教育和意识形态的角度来讲，应避免不健康内容的传播，正确引导积极向上的网络文化。

2023 年 5 月 24 日，中国互联网协会发文，提示人们警惕“AI 换脸”新骗局，指出利用“AI 换脸”“AI 换声”等虚假音视频进行诈骗、诽谤的违法行为屡见不鲜。2024 年 3 月 15 日，中央广播电视总台“3・15”晚会曝光了使用“AI 换脸”进行网络诈骗的行为，再次引发人们对 AI 应用的关注。技术发展有时是把双刃剑，随着 AI 技术飞速迭代发展，形形色色的新骗局、新套路层出不穷，令人防不胜防。

9.1.2 网络安全的发展历程

随着计算机技术的飞速发展，信息网络已经成为社会发展的重要保证。网络中有很多信息是敏感信息，甚至是国家机密，难免会吸引来自世界各地的各种人为攻击（如信息泄露、信息窃取、数据篡改、数据删添、计算机病毒等）。同时，网络实体还要经受诸如水灾、火灾、地震、电磁辐射等方面的考验。

网络安全发展过程中，主要经历了以下几个时代。

1. 萌芽时代

网络安全的萌芽时代可从 1986 年 C-BRAIN（大脑病毒）诞生之日算起到 20 世纪 90 年代初止。这个时代的计算机系统相对简单，木马病毒的代码结构也比较简单，数量也较少，网络互联程度不高，破坏力和威胁性都很有限。萌芽时代最具代表性的网络安全事件包括磁芯大战、C-BRAIN 和莫里斯蠕虫的传播。

（1）计算机病毒的理论原型

1946 年 2 月 14 日，世界上第一台通用计算机在美国宾夕法尼亚大学诞生。1949 年，冯・诺依曼在其论文《复杂自动装置的理论及组织的进行》中，首次提出了一种会自我繁殖的程序存在的可能。冯・诺依曼的这一观点，被视为计算机病毒最早的理论原型。虽然目前的计算机病毒未必都有传染性或自我繁殖的特性，但早期的计算机病毒确实如此。

（2）早期计算机病毒

C-BRAIN 是公认的第一个流行计算机病毒，由一对巴基斯坦兄弟编写。1986 年，因其公司出售的软件时常被任意非法复制，使得购买正版软件的人越来越少，兄弟二人便编写了 C-BRAIN 来追踪和攻击非法使用其公司软件的人。

莫里斯蠕虫是第一个通过互联网传播的病毒，由康奈尔大学的罗伯特・莫里斯制作。罗伯特・莫里斯编写该蠕虫的初衷其实是向人们证明网络漏洞的存在，但病毒扩散的影响很快就超出了他的想象。

（3）主要特点

① 感染性、破坏性是计算机病毒的主要威胁。该时代的网络威胁形式还比较单一，绝大多数都是带有感染性、破坏性的传统计算机病毒，目标主要是计算机。这些病毒感染计算机后，大多会有明显的感染迹象。

② 计算机病毒数量不多。该时代绝大多数的流行病毒都是由制作者手动编写，产量相对较低，平均每年流行的新病毒数量为几百到几千个。

2. 黑客时代

（1）计算机病毒的大流行

20世纪90年代中后期至21世纪最初10年,是计算机病毒大流行时代。随着 Windows 操作系统的全球普及,互联网的高速发展以及社交网站、网络游戏、电子商务的日益繁荣,木马程序、挂马网页、钓鱼网站、流氓软件等新型攻击手法不断涌现,并开始呈现爆发式增长,网络诈骗的雏形出现。此外,针对企业和机构的 DDoS 攻击、网页篡改和渗透等活动也日渐活跃。

(2) 知名计算机病毒

黑客时代,计算机攻击目标也开始从早期的操作系统(如 DOS)逐渐进化为 Windows 系统,并通过软盘、光盘、互联网和移动存储设备等方式进行传播。

黑客时代的常见病毒有 CIH 病毒、爱虫病毒等。CIH 病毒的名称源于当时就读于中国台湾大同工学院的学生陈盈豪名字(Chen Ing-hau)的首字母缩写。CIH 病毒可篡改主版 BIOS,破坏系统全部信息。1998年6月2日,首例 CIH 病毒在中国台湾被发现。2000年5月4日,一种名为"我爱你"的计算机病毒开始在全球各地迅速传播,短短的一两天内就侵袭了100多万台计算机。这个病毒是通过 Microsoft Outlook 电子邮件系统传播的,邮件的主题为"I LOVE YOU",包含附件"Love-Letter-for-you. txt. vbs"。打开病毒附件后,该病毒会自动向通讯录中的所有电子邮件地址发送病毒邮件副本,阻塞邮件服务器,同时还感染并破坏扩展名为". VBS"". HTA"". JPG"". MP3"等的12种数据文件。

(3) 主要特点

相比于萌芽时代,黑客时代的攻击技术和攻击方式都有了很大的进步。总体来看,黑客时代的网络威胁主要有以下几个特点。

① 安全失衡。随着个人计算机和互联网的高速普及,网络攻击技术的发展速度大大超出了网络安全技术与服务的发展速度,使得应用与安全之间失去平衡,绝大多数的个人计算机都处于极低的防护水平。

② 单兵作战。由于在这个时代入侵个人计算机非常容易,因此即便单兵作战,攻击者通常也会获得很高的收益且风险很低。也正因为如此,黑客时代的绝大多数攻击者都会单独行动,而绝大多数被攻击的人也都是普通网民。

③ 利益导向。随着钓鱼网站、流氓软件等木马程序与新型威胁"遍地开花",利益驱动下黑客活动越来越猖獗。

3. 黑产时代

(1) 网络威胁持续升级

2010年后,随着免费安全软件的普及,普通个人计算机面临的直接网络威胁越来越小,动辄数百万台计算机被感染的事件几乎绝迹。但是,与传统网络威胁逐渐消失相伴的是网络黑产的日益成熟。信息泄露、网络诈骗等多种形式的网络威胁开始迅速地大范围流行。

信息泄露问题在全球范围内持续高发。信息泄露的直接后果之一就是网络黑市、网络诈骗横行。表面上看,信息泄露的责任主体是企业,但受影响最深的是普通网民。网络购物退款诈骗、机票退改签诈骗、冒充公检法诈骗等多种精准、高危的诈骗形式,让普通网民防不胜防。

(2) 主要特点

① 黑色产业链体系化、专业化。黑产时代网络威胁的主要特点是攻击体系化、手段专业化、产业链条化,尤其是会有组织地针对企业和机构开展攻击、获取数据,并精准实施网

络诈骗。

② 智能手机与物联网设备成攻击目标。在萌芽时代和黑客时代，个人计算机是网络攻击的主要目标。但进入黑产时代以后，智能手机很快成了各类网络威胁，特别是网络诈骗主要的攻击目标。同时，具有防护能力低、漏洞修复不及时等问题的物联网设备也频频沦陷。

4. 高级威胁时代

(1) 高级威胁时代到来

所谓高级，其实就是指攻击手法高超且十分隐蔽，一般很难被发现，一般称这种网络威胁为高级威胁。如果这种高级威胁是持续不断的，那么就称其为高级持续性威胁(APT, Advanced Persistent Threat)。高级威胁时代以 2010 年的"震网"病毒(Stuxnet)为序幕。"震网"病毒是一种蠕虫病毒，其复杂程度远超一般计算机黑客的能力。该病毒于 2010 年 6 月首次被检测出来，是第一个专门定向攻击真实世界中基础(能源)设施(如核电站、水坝、国家电网)的蠕虫病毒。2017 年的"影子经纪人"事件标志着高级威胁时代全面到来。

(2) 著名的 APT 组织

① 方程式组织。这是一个由卡巴斯基实验室于 2015 年发现并曝光的尖端网络犯罪组织，其名字来源于他们在网络攻击中对使用强大加密方法的偏好。

② 海莲花(OceanLotus)组织。其对在制造业、科技公司、消费品行业和酒店业中有既得利益的外国企业进行了长时间的入侵与渗透。

(3) 主要特点

① 国家级 APT 实力急剧上升。在国家和地区的大力支持下，国家级 APT 组织实力正在急剧上升，单个企业、政府部门、基础设施难以应对，势必导致国家级 APT 组织的产出投入比持续增加，而这也将进一步刺激国家加大对这些 APT 组织和网络攻击方面的投入。

② 新一代网络安全技术开始受到重视。高级威胁的出现使得绝大多数的传统安全方法失效，以大数据、流量分析、威胁情报等技术为代表的新一代网络安全技术开始受到重视，并在应对高级威胁的过程中得以快速发展。

9.2 网络安全体系架构

9.2.1 信息安全标准与规范

1. 信息安全标准组织

信息安全标准是规范性文件之一，是为了在一定范围内获得最佳秩序，经协商一致制定并由公认机构批准，共同使用和重复使用的一种规范性文件。在国际上，与信息安全标准化有关的组织主要有国际标准化组织(ISO)和国际电工委员会(International Electrotechnical Commission, IEC)。国内的信息安全标准组织是全国信息安全标准化技术委员会(TC260)。

2. 信息安全标准分类

由于信息安全标准规范种类极其繁多，可以根据不同的目的，从不同角度对标准进行分类，比较通行的方法有 3 种，即标准层次分类法、标准约束性分类法、标准性质分类法。

(1) 按标准的层次分类

从世界范围来看，可分为以下 5 类。

① 国际标准：由 ISO 和 IEC 制定的标准。此外，由 ISO 认可的国际组织所制定的标准

也可视为国际标准。国际标准是被国际广泛承认和通用的标准。

② 区域标准:又称地区标准,是世界区域性标准化组织制定的标准,如欧洲标准化委员会(CEN)制定的欧洲标准。这种标准在区域范围内有关国家通用。

③ 国家标准:在一个国家范围内通用的标准。

④ 行业标准:在某个行业或专业范围内适用的标准,也称为协会标准。

⑤ 企业标准:由企业制定的标准。

(2) 按标准的约束性分类

按照约束性,标准可分为强制性标准和推荐性标准。根据《中华人民共和国标准化法》的规定,保障人身健康、生命财产安全的标准和法律及行政法规规定强制执行的标准是强制性标准,其他标准是推荐性标准。

(3) 按标准的性质分类

标准按其性质一般分为以下 3 类。

① 技术标准:对标准化领域中需要协调统一的技术事项所制定的标准,主要包括基础标准、产品标准、方法标准、安全标准、卫生标准和环保标准等。

② 管理标准:对标准化领域中需要协调统一的管理事项所制定的标准。管理事项主要指在营销、采购、设计、工艺、生产、检验、能源、安全、卫生、环保等管理中与实施技术标准有关的重复性事务和概念。管理标准主要包括各种技术管理标准、生产管理标准、营销管理标准、劳动组织管理标准以及安全、卫生、环保、能源等方面的管理标准。

③ 工作标准:对标准化领域中需要协调统一的工作事项所制定的标准。工作事项主要指在执行相应技术标准与管理标准时,与工作岗位的职责、岗位人员的基本技能、工作内容、要求与方法、检查与考核等有关的重复性事务和概念。工作标准主要包括通用工作标准、分类工作标准和工作程序标准。

3. 信息安全规范

信息安全是现代社会的一个重要方面,它涉及个人、组织和国家的利益。为了保护信息免受未经授权的访问、篡改和泄漏,制定一套严格的信息安全规范至关重要。下面列举一些常见的信息安全规范,帮助读者了解如何保护自己和组织的信息安全。

① 密码安全。密码安全是信息安全的基本要求之一,一个强大的密码可以有效防止未经授权的访问。密码安全的指导原则对长度、不重复、定期更改、双因素认证等方面进行了规定。

② 邮件和信息传输安全。邮件和信息传输是人们日常工作和个人通信中常用的方式,可以使用加密通信、谨慎附件和连接、隐私设置等方式保证邮件和信息的安全传输。

③ 社交媒体和网络行为安全。在社交媒体和网络平台上,遵守规矩更为重要,要尊重他人隐私、谨慎标记位置和活动、注意言辞和态度。

④ 数据备份和恢复。数据备份是保护个人和企业数据安全的重要手段,可以通过定期备份、多重备份等方式保护数据安全。

⑤ 设备安全。设备安全是信息安全的基础。

9.2.2 信息安全管理体系

1. 信息安全管理体系的概念

信息安全管理体系是组织在整体或特定范围内建立信息安全方针和目标,以及完成这些目标所用方法的体系。它是直接管理活动的结果,表示为方针、原则、目标、方法、过程、核查表等要素的集合。

信息安全管理体系(Information Security Management System,ISMS)是1998年前后从英国发展起来的信息安全领域中的一个新概念,是管理体系(Management System,MS)思想和方法在信息安全领域的应用。近年来,伴随着ISMS国际标准的制定和修订,ISMS迅速被全球接受和认可,成为世界各国、各种类型、各种规模的组织解决信息安全问题的一个有效方法。ISMS认证随之成为组织向社会及其相关方证明其信息安全水平和能力的一种有效途径。

2. ISO/IEC 27000系列标准

信息安全管理体系标准组织通过确定信息安全管理体系范围、制定信息安全方针、明确管理职责、以风险评估为基础选择控制目标与控制方式等活动建立信息安全管理体系;体系一旦建立,组织应按体系规定的要求进行运作,保持体系运作的有效性;信息安全管理体系应形成一定的文件,即组织应建立并保持一个文件化的信息安全管理体系,其中应阐述被保护的资产、组织风险管理的方法、控制目标及控制方式和需要的保证程度。

ISO/IEC 27000系列标准是国际上广泛应用的信息安全管理体系(ISMS)标准之一,专注于ISMS的安全性,由ISO和IEC发布。

具体来说,ISO关于信息安全的定义中涵盖了以下几个关键术语的含义。

① 机密性(confidentiality):确保只有获得授权的人可以访问敏感信息,防止未经授权的披露。

② 完整性(integrity):保护信息免受未经授权的修改或破坏,确保信息的准确性和完整性。

③ 可用性(availability):确保信息和相关的信息处理系统在需要时可用,防止因为故障、攻击或其他事件而导致的服务中断。

④ 认证性(authentication):确认用户、系统或实体的身份,以确保只有合法用户可以访问信息。

⑤ 不可抵赖性(non repudiation):防止发送或接收方否认其参与过的行为或交流。

⑥ 授权(authorization):授予合法用户访问和使用信息或资源的权限。

⑦ 可靠性(reliability):确保信息处理系统可靠地执行其预期功能。

⑧ 风险管理(risk management):采取适当的措施来识别、评估和减轻信息安全风险。

ISO/IEC 27001详细描述了确保在组织中有效实施信息安全的方法和实践,重点是提供安全可信的数据交换和通信渠道。ISO/IEC 27001在实现管理和组织目标时主要考虑的是管控风险性,其尚未能被证明作为一个完整的信息管理系统而独立存在。在ISO/IEC 27000系列标准中,ISO/IEC 27001是第一个发布的,发布时间为2005年。此后相继又发布了ISO/IEC 27002、27005和27006等标准,均获得了广泛应用。

(1) ISO/IEC 27001

ISO/IEC 27001是公认的国际标准,其确认了企业实施认证ISMS要求所需要的七个要素,即建立、实施、运行、监视、评审、保持和改进。此外,该标准还通过处理和评估各组织系统中存在的风险性要求,确保组织能够系统地管理和减少其信息系统中的风险,从而保护其信息资产免受威胁。通常,ISO/IEC 27001会与ISO/IEC 27002一起使用,后者负责实现安全控制的目标。采用ISO/IEC 27001有助于组织管理和保护员工和客户的重要信息,管理风险以保护和发展相关品牌。

(2) ISO/IEC 27002

ISO/IEC 27002 是关于信息安全控制行为准则的标准,它列出了一系列符合 ISO/IEC 27001 标准的结构化信息安全控制措施。对于其中没有特别列出的安全控制措施,相关组织不必再额外考虑。ISO/IEC 27002 为各类组织管理者提供了在实施信息安全管理时使用的最佳实践建议,包括管理组织中的资产、人力资源、运营管理、运行环境、业务连续性、合规审查以及信息安全事故等方面。

(3) ISO/IEC 27005

ISO/IEC 27005 提供了基于风险的网络安全风险管理实施指南。该标准支持 ISO/IEC 27001 中特别列出的概念和要求。为了全面理解 ISO/IEC 27005,组织需要了解 ISO/IEC 27001 以及 ISO/IEC 27002 中的流程和概念。ISO/IEC 27005 适用于各种规模的组织和部门,在实施基于风险的信息系统时,能够提供全面的指导。该标准采用了一个信息风险管理流程,该流程由七个主要元素组成,包括设置环境、评估风险、处理风险、接受风险、沟通风险、咨询风险以及监控和审查风险。

(4) ISO/IEC 27006

ISO/IEC 27006 的主要目的是为其他组织提供信息安全审计和认证服务的第三方机构确定正式流程和要求。采用该标准的组织一般被认为是可信赖的组织。

此外,ISO/IEC 还提出了其他标准,包括 ISO/IEC 27003《信息技术 安全技术 信息安全管理体系指南》、ISO/IEC 27000《信息技术 安全技术 信息安全管理体系 概述和词汇》、ISO/IEC 27007《信息安全、网络安全和隐私保护 信息安全管理体系审核指南》、ISO/IEC 27004《信息技术 安全技术 信息安全管理 监视、测量、分析和评价》、ISO/IEC TS 27008《信息技术 安全技术 信息安全控制评估指南》以及 ISO/IEC 27014《信息安全、网络安全和隐私保护 信息安全治理》等。

3. ISO/IEC 27001 标准

作为国际上具有代表性的信息安全管理体系标准,ISO/IEC 27001 已在世界各地的政府机构、银行、证券、保险公司、电信运营商、网络公司及许多跨国公司得到了广泛应用。该标准重新定义了对信息安全管理体系的要求,旨在帮助企业确保信息安全,有足够并具有针对性的安全控制选择。通过信息安全管理体系的建立、运行和改进,可以进一步规范企业相关的信息管理工作,从而确保企业云计算服务的安全问题。

ISO/IEC 27001 的理念是基于风险评估的信息安全风险管理,采用 PDCA (Plan、Do、Check、Action) 管理思想 (见图 9-1),全面、系统、持续地改进组织的信息安全管理,可用于组织的信息安全管理体系建立和实施,保障组织的信息安全。

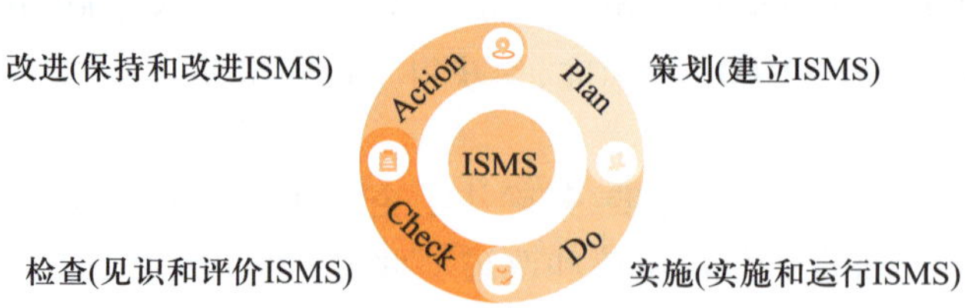

图 9-1 ISO/IEC 27001 PDCA 管理思想

① Plan:信息安全管理体系的策划与准备。根据组织的整体方针和目标,建立安全策

略、目标以及与管理风险和改进信息安全相关的过程和程序，以获得结果。

② Do：信息安全管理体系文件的编制。实施和运行安全策略、控制、过程和程序。

③ Check：信息安全管理体系运行。根据安全策略、目标和惯有经验评估和测量过程业绩，向管理层报告结果，进行评审。

④ Action：信息安全管理体系审核、评审和持续改进。根据内部信息安全管理体系审核和管理评审或其他信息，采取纠正和预防措施，以实现信息安全管理体系的持续改进。

以上四个步骤成为一个闭环，通过它的不断运转，使信息安全管理体系得到持续改进，使信息安全绩效螺旋上升。

通过实施 ISO/IEC 27001 信息安全管理体系，可为组织带来多方面的益处，包括：证明组织内部控制具备独立保障，并满足组织信息管理和业务连续性要求；独立证明已遵守各项适用的法律、法规；通过满足合同要求以提供竞争优势，并向客户展示其云计算信息安全已受到保护；在使信息安全流程、程序和文件材料正式化的同时，能够独立证明组织的云服务相关信息安全风险已得到妥善识别、评估和管理；证明高级管理层对其信息安全的承诺；通过定期的评估流程，有助于监控组织的绩效并最终得到改善。

ISO/IEC 27001 体系建立流程主要包括准备、风险评估、体系文件建立、运行和完善、认证审核等阶段，如图 9-2 所示。

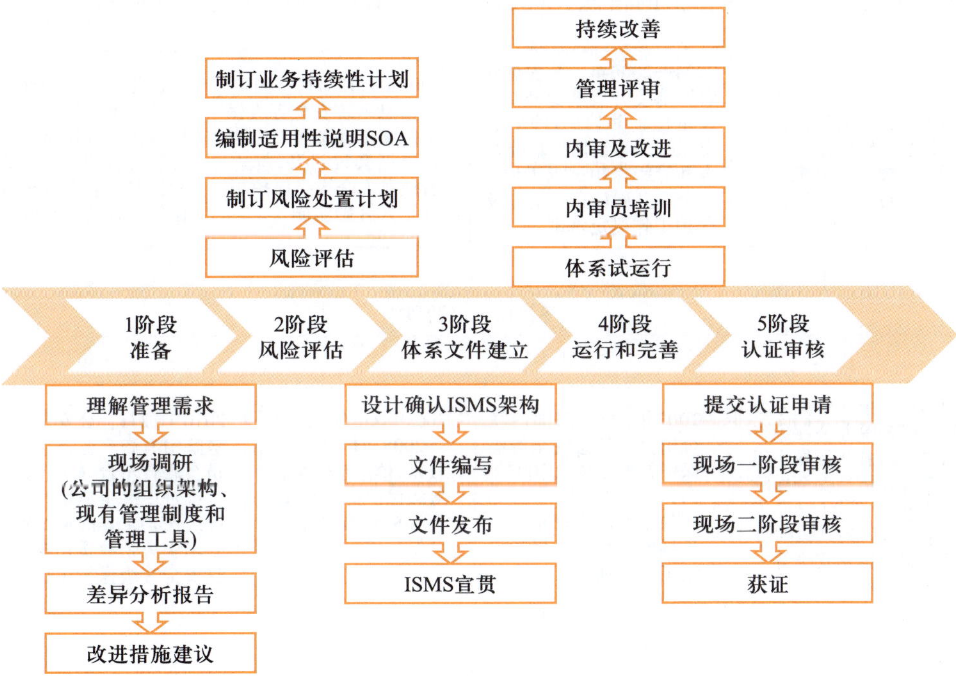

图 9-2 ISO/IEC 27001 体系建立流程

9.2.3 信息安全等级保护体系

信息安全等级保护是指对国家重要信息、法人和其他组织及公民的专有信息以及公开信息和存储、传输、处理这些信息的信息系统分等级实行安全保护，对信息系统中使用的信息安全产品实行按等级管理，对信息系统中发生的信息安全事件分等级响应、处置。

等级保护的意义主要体现在以下两个方面。

① 提高整体保障水平：能有效地提高信息安全保障工作的整体水平，有效解决信息系统面临的威胁和存在的主要问题。

② 优化安全资源分配：将有限的财力、物力、人力投入重点地方，发挥最大的安全经济效益。

网络安全等级保护是国家网络安全工作的基本制度、基本国策，是维护国家关键信息基础设施安全的重要手段。从 1994 年至今，我国的网络安全等级保护工作经过实践及改进，不断丰富制度内涵，拓展保护范围，完善监管措施，逐步健全网络安全等级保护制度政策、标准和支撑体系，对我国的网络信息安全建设具有重要的指导作用。

我国等级保护工作经过多年的发展，已经从 1.0 阶段发展到 2.0 阶段，逐渐从制度上升到法律。需要说明的是，等级保护 1.0 阶段被称为“信息安全等级保护”，等级保护 2.0 阶段被称为“网络安全等级保护”。等级保护 1.0 更多是指导性和推荐性的安全标准，等级保护 2.0 随着《中华人民共和国网络安全法》的实施，将网络安全等级保护制度上升为法律义务，对网络运营者提出了明确的法律要求。

1. 等级保护 1.0 阶段

1994 年，国务院发布《中华人民共和国计算机信息系统安全保护条例》，首次提出计算机信息系统实行安全等级保护的概念，等级保护进入 1.0 阶段，如图 9-3 所示。

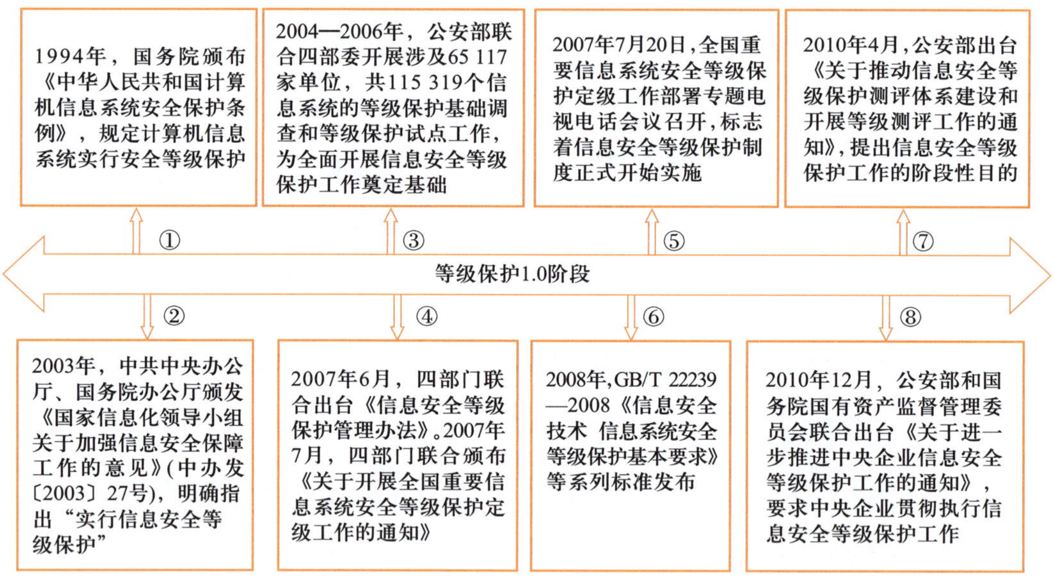

图 9-3 等级保护 1.0 阶段

2. 等级保护 2.0 阶段

2016 年 10 月 10 日，第五届全国信息安全等级保护技术大会召开，公安部网络安全保卫局郭启全总工指出，国家对网络安全等级保护制度提出了新的要求，等级保护进入 2.0 时代，如图 9-4 所示。

综上所述，我国的等级保护制度经历了从政策提出到法律实施，再到标准更新和全面推广的各阶段，旨在提高国家信息系统的安全保护能力，确保信息安全。

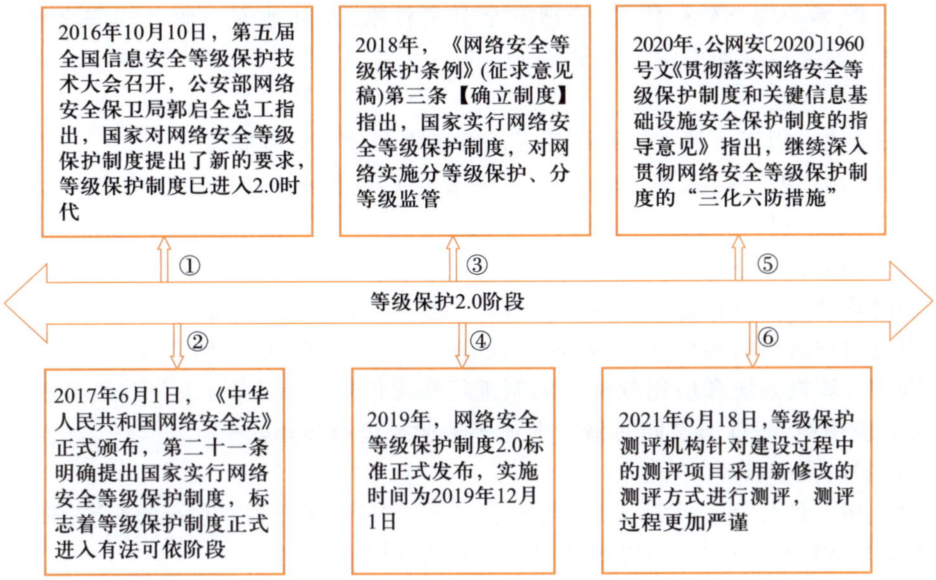

图 9-4　等级保护 2.0 阶段

9.3　网络安全技术

9.3.1　网络安全策略

网络安全策略包括一系列措施和程序，旨在保护网络系统、数据和资源免受各种威胁和攻击。这些策略通常涵盖以下几个方面。

① 物理安全。保护硬件实体（如服务器、打印机等）和通信链路，防止自然灾害、人为破坏和物理攻击。这包括区域划分、设备安全标识、设备可靠性、电磁骚扰防护、电源适应能力、线缆管理和绝缘电阻等措施。

② 网络安全。确保网络通信的安全性，如使用加密技术、防火墙技术、身份认证等保护数据传输。

③ 访问控制。控制对网络系统、数据和资源的访问权限，确保只有授权用户才能访问敏感信息。

④ 数据安全。保护数据不被未经授权的用户访问、修改或泄露。

⑤ 用户安全。保护用户隐私和个人信息，防止非法获取和利用。

⑥ 安全管理和监控。包括定期的安全审计和漏洞扫描，以及提供网络安全培训和意识提升活动。

⑦ 网络分段。防止恶意软件在网络功能之间横向扩散。

⑧ 多因素身份验证。使用密码、生物识别、短信验证码等多种验证方式。

⑨ 响应和恢复计划。制订网络安全事件的响应和恢复计划，以最小化安全事件的影响。

通过实施这些策略，可以提高计算机系统的安全性，保护个人和组织的信息安全，确保网络的稳定和可靠。

9.3.2　网络安全技术

狭义上的网络安全技术是指致力于解决诸如如何在计算机网络上有效进行介入控制，以及如何保证数据传输安全性等问题的技术手段，主要包括物理安全分析技术、网络结构安全分析技术、系统安全分析技术、管理安全分析技术,及其他安全服务和安全机制策略。网络安全技术通常包含如下常用技术。

1. 主机安全技术

主机安全技术用于保护主机系统免受恶意软件和攻击的威胁。

计算机病毒(包括木马、恶意软件等)历来是信息系统安全的主要威胁之一。由于网络的广泛互联,病毒的传播途径和速度大大加快。

病毒的传播途径包括以下几种。

① 通过移动存储设备进行病毒传播,如 U 盘、CD、软盘、移动硬盘等。

② 通过网络进行病毒传播,如网页、电子邮件、即时通信软件、FTP 等。

③ 利用计算机系统和应用软件的漏洞进行病毒传播。

在实际应用中,病毒通常同时借助上述多种途径进行传播。

病毒防护的主要技术如下。

① 阻止病毒的传播。在防火墙、代理服务器、SMTP 服务器、网络服务器、邮件服务器上安装病毒过滤软件,在 PC 和移动终端上安装杀毒软件。

② 检查和清除病毒。使用防病毒软件检查和清除病毒。

③ 病毒数据库的升级。病毒数据库应不断更新,并下发到桌面系统。

④ 在防火墙、代理服务器及 PC 和移动终端上安装控制扫描软件,禁止未经许可的控件下载和安装。

2. 身份认证技术

身份认证技术通过用户身份的验证和授权,确保只有授权用户才能访问敏感数据。

身份认证技术主要解决网络通信过程中通信双方的身份认可,经常使用的身份认证技术如下。

① 路由器认证,路由器与交换机之间的认证。

② 操作系统认证,操作系统对用户的认证。

③ 网管系统对网管设备的认证。

④ VPN 网关设备之间的认证。

⑤ 拨号访问服务器与客户之间的认证。

⑥ 应用服务器(如 Web Server)与客户之间的认证。

⑦ 电子邮件通信双方的认证。

3. 访问控制技术

访问控制技术可控制不同用户对信息资源的访问权限,防止非法用户访问或非授权操作。

4. 加密技术

加密技术通过算法将信息转换为密文,保护数据在传输和存储过程中的安全性。

5. 防火墙技术

防火墙技术可在网络边界建立屏障,隔离潜在威胁,保护内部网络。网络防火墙技术是一种特殊的网络互联设备,用于加强网络间的访问控制,防止外网用户通过外网非法进入内网去访问内网资源,从而保护内网运行环境。

6. 安全审计/入侵检测技术

安全审计/入侵检测技术通过监控和分析网络行为,及时发现和预防安全事件和攻击。

入侵检测技术是一种预防和发现入侵的安全机制，但是入侵检测系统不能面面俱到，无法取代其他优秀的安全程序或优秀的安全操作。不过随着技术的发展，入侵检测技术不断完善，是非常有前景的安全技术。入侵检测一般分为两种：基于主机的入侵检测和基于网络的入侵检测。

（1）基于主机的入侵检测

基于主机的入侵检测是利用主机审计数据和跟踪日志，来判断主机系统是否受到入侵。其优点是操作简单，可针对不同操作系统的特点检测出应用层的入侵事件；缺点是大量占用主机资源。

（2）基于网络的入侵检测

基于网络的入侵检测是利用网络站点对报文截获后，通过协议分析和网络流量等数据来判断是否有入侵行为。其优点是能够实时地得到反馈，并且能够迅速做出反应，从而达到实时的保护效果。一般专用网络普遍选择基于网络的入侵检测系统。

7. 安全管理技术

安全管理技术包括策略制定、安全配置、风险评估和安全事件响应等，是网络安全的核心。

8. 数据加密技术

数据加密技术可保护数据在传输和存储过程中的安全性。

9. 数字签名技术

数字签名技术是身份认证技术中的一种具体技术，主要用于基于 PKI 认证体系的认证过程，可保证数据的不可抵赖性和完整性。

10. 报文摘要技术

报文摘要技术用于消息认证，核实数据的完整性。

上述这些技术共同作用，形成一个多层次、多角度的网络安全防御体系，以保护网络和数据免受攻击和损害。

9.4 网络安全等级保护

9.4.1 网络安全保护等级划分

网络安全等级保护的对象主要包括大数据、信息系统、基础信息网络等，如图 9-5 所示。

网络安全等级保护是指对国家秘密信息、法人和其他组织及公民的专有信息，以及公开信息和存储、传输、处理这些信息的信息系统分等级实行安全保护。对信息系统中使用的信息安全产品实行分级管理，对信息系统中发生的信息安全事件进行分级响应和处置。

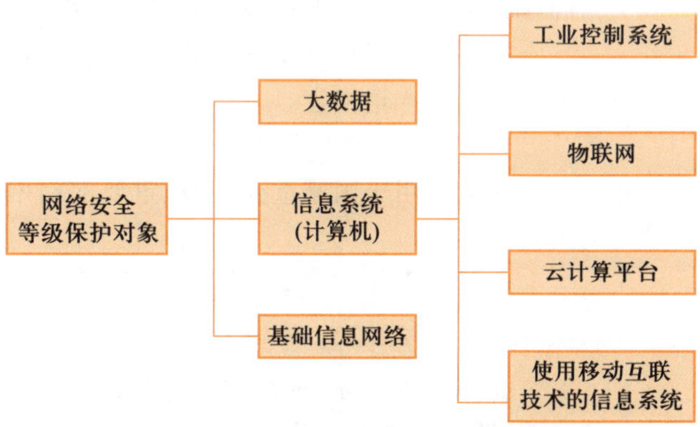

图 9-5 网络安全等级保护对象

网络安全保护等级分为五级，如表 9-1 所示。其中，第一级的存在感很低，企业经营过程中常见的是第二级和第三级，第四级和第五级适合于国家重要领域，在企业中并不多见。

表 9-1 网络安全等级保护比较

保护等级	公民、法人的合法权益	社会秩序和公共利益	国家安全
第一级	损害	否	否
第二级	严重损害	损害	否
第三极	—	严重损害	损害
第四级	—	严重损害	严重损害
第五级	—	—	特别严重损害

1. 第一级:自主保护级

一般适用于小型私营、个体企业,中小学,乡镇所属信息系统,县级单位中的一般信息系统。自主保护级不需要备案,对评估周期没有要求。

这类等级保护对象遭到破坏后,会对公民、法人和其他组织的合法权益造成损害,但不损害国家安全、社会秩序和公共利益。

2. 第二级:指导保护级

一般适用于县级单位中的重要信息系统,地市级以上国家机关、企事业单位内部的一般信息系统,如不涉及工作秘密、商业秘密、敏感信息的办公系统和管理系统等。指导保护级需要在公安机关备案,建议两年评估一次。

这类等级保护对象遭到破坏后,会对公民、法人和其他组织的合法权益产生严重损害,或者对社会秩序、公共利益造成损害,但不损害国家安全。

3. 第三级:监督保护级

一般适用于地市级以上国家机关、企业、事业单位内部的重要信息系统,如涉及工作秘密、商业秘密、敏感信息的办公系统和管理系统。监督保护级需要在公安机关备案,要求每年评估一次。

这类等级保护对象遭到破坏后,会对社会秩序和公共利益造成严重损害,或者对国家安全造成损害。

4. 第四级:强制保护级

一般适用于国家重要领域、重要部门中的特别重要信息系统以及核心系统,如电力、电信、广电、铁路、民航、银行、税务等重要部门的生产、调度、指挥等涉及国家安全、国计民生的核心系统。强制保护级需要在公安机关备案,要求半年评估一次。

这类等级保护对象遭到破坏后,会对社会秩序、公共利益造成特别严重损害,或者对国家安全造成严重损害。

5. 第五级:专控保护级

一般适用于国家重要领域、重要部门中的极端重要信息系统。公安机关根据特殊安全需要备案。

这类等级保护对象遭到破坏后,会对国家安全造成特别严重损害。

9.4.2 网络安全等级保护流程

如图 9-6 所示,网络安全等级保护流程主要包括系统定级、系统备案、等级测评、安全整改、监督检查五个阶段。

① 系统定级。信息系统运营、使用单位根据《信息安全技术 网络安全等级保护定级指南》确定等级保护对象,明确定级对象,梳理等级保护对象受到破坏时所侵害的客体及对客

体造成侵害的程度，确定等级保护对象业务信息等级和系统服务等级，这一过程可能涉及专家评审和主管部门审核。

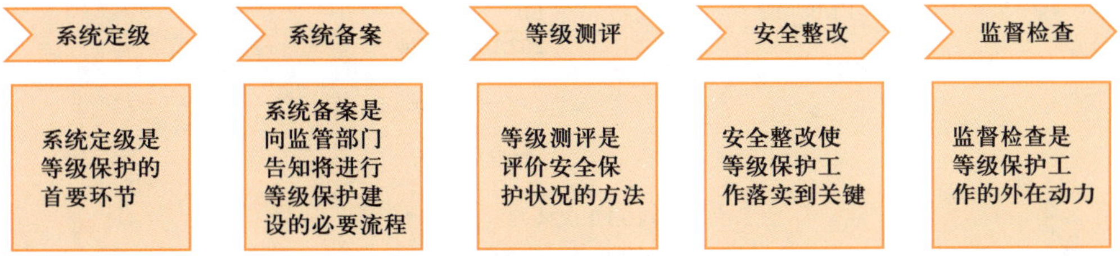

图 9-6 网络安全等级保护流程

② 系统备案。定级完成后，信息系统运营、使用单位或其主管部门需在 30 个工作日内到所在地设区的市级以上公安机关办理备案手续，备案材料包括系统拓扑结构、安全组织机构、安全保护设施设计实施方案、信息安全产品清单，以及认证、测评报告，专家评审意见等。

③ 等级测评。信息系统建设完成后，运营、使用单位需选择符合管理办法要求的检测机构进行等级测评，以发现安全问题并及时进行整改。

④ 安全整改。根据管理规范和技术标准，运营、使用单位需采购和使用相应等级的信息安全产品，建设安全设施，建立安全组织，制定并落实安全管理制度。

⑤ 监督检查。公安机关依据《信息安全等级保护管理办法》及《中华人民共和国网络安全法》相关条款，对运营、使用单位开展等级保护工作进行监督检查，定期进行安全检查。

网络安全等级保护流程旨在确保信息系统的安全保护等级符合国家相关标准，以防止潜在的网络安全威胁。

9.5 实做项目及教学情境

实做项目一：认知防火墙

目的：

① 了解常用防火墙软件。

② 了解防火墙的部署场景。

③ 理解防火墙的包过滤策略。

要求：

① 通过互联网学习有哪些防火墙品牌。

② 通过互联网学习防火墙应用案例。

实做项目二：配置防火墙

目的：

① 用防火墙划分内网、外网、DMZ 区域。

② 防火墙的路由配置。

③ 防火墙的 NAT 配置，实现内网访问外网。

要求：

① 根据图 9-7，完成网络搭建。

② 完成防火墙的配置。

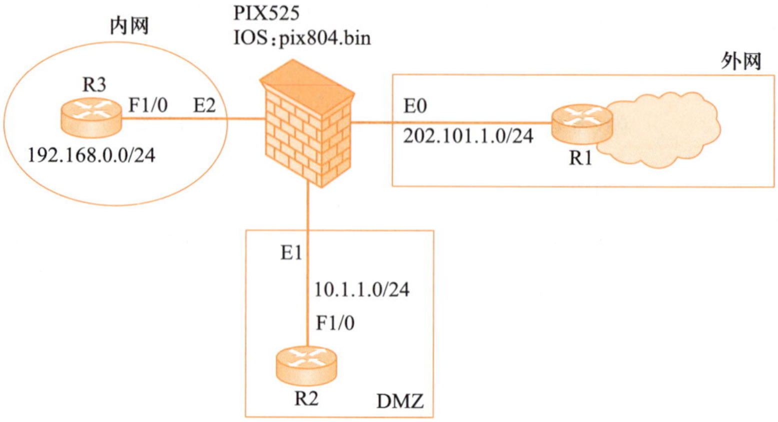

图 9-7 配置防火墙

小　结

1. 网络安全是指网络系统的硬件、软件及系统中的数据受到保护,不因偶然的或者恶意的原因而遭受破坏、更改、泄露,系统连续可靠正常地运行,网络服务不中断。

2. 狭义上的网络安全技术是指致力于解决诸如如何在计算机网络上有效进行介入控制,以及如何保证数据传输安全性等问题的技术手段,主要包括物理安全分析技术、网络结构安全分析技术、系统安全分析技术、管理安全分析技术,及其他安全服务和安全机制策略。

3. 自主保护级,一般适用于小型私营、个体企业,中小学,乡镇所属信息系统,县级单位中的一般信息系统。

4. 指导保护级,一般适用于县级单位中的重要信息系统,地市级以上国家机关、企事业单位内部的一般信息系统,如不涉及工作秘密、商业秘密、敏感信息的办公系统和管理系统等。

5. 监督保护级,一般适用于地市级以上国家机关、企业、事业单位内部的重要信息系统,如涉及工作秘密、商业秘密、敏感信息的办公系统和管理系统。

6. 强制保护级,一般适用于国家重要领域、重要部门中的特别重要信息系统以及核心系统,如电力、电信、广电、铁路、民航、银行、税务等重要部门的生产、调度、指挥等涉及国家安全、国计民生的核心系统。

7. 网络安全等级保护流程主要包括系统定级、等级备案、等级测评、安全整改、监督检查五个阶段。网络安全等级保护流程旨在确保信息系统的安全保护等级符合国家相关标准,以防止潜在的网络安全威胁。

即测即评

(扫描二维码可进行自我测试)

第10章 通信新技术

本章教学说明

- 重点介绍物联网的体系架构与关键技术
- 简要分析工业互联网的发展与体系架构
- 概要介绍量子通信技术
- 简要介绍大气激光通信和空天地海一体化通信
- 概要介绍云网融合的发展
- 概括介绍大数据与人工智能的关键技术

本章内容

- 物联网
- 工业互联网
- 量子通信
- 大气激光通信
- 空天地海一体化通信
- 云网融合
- 大数据与人工智能

本章重点、难点

- 物联网的体系架构及关键技术
- 工业互联网的体系架构
- 量子保密通信技术
- 云网融合的思想
- 大数据与人工智能的关键技术

☑ 本章学习目的和要求

- 掌握物联网的体系架构
- 理解工业互联网的体系架构
- 了解量子通信技术
- 理解云网融合的思想
- 理解大数据与人工智能的产生与发展

☑ 本章实做要求及教学情境

- 调查各运营商移动互联业务开展及使用情况
- 使用云服务的业务
- 使用人工智能工具进行文档编辑和制图

☑ 本章学习能力要素及基础要求

- 了解现代通信网络技术的产生背景
- 掌握通信网的相关基础知识
- 了解通信网络的发展历史知识
- 了解通信新技术的发展过程

☑ 本章学习方法建议

- 学习本章时要配合第 2~6 章的复习
- 课前预习，并通过 Internet 收集各种通信新技术
- 自学与探讨相结合
- 课后作业与章节个人总结相结合

☑ 素养目标

- 融合前沿技术培养系统思维：结合物联网、工业互联网、量子通信等前沿技术，培养系统思维能力，深入理解这些技术对于社会生产/生活方式、安全保密等方面的深刻影响。
- 强化服务社会意识：通过学习云网融合、大数据与人工智能的应用模式，思考这些技术如何服务于社会、提升民生福祉，强化技术服务社会的意识。

☑ 本章建议学时数

7 学时

PPT 物联网技术

10.1 物联网

10.1.1 物联网概述

微课 物联网技术

动画 物联网技术

1. 物联网:信息技术革命的新浪潮

物联网(Internet of Things,IoT)是指通过网络将物体连接起来的一种技术和概念。它涉及现实世界中的各种设备,包括但不限于智能手机、传感器、电器与机器等,将这些设备通过嵌入式系统连接到互联网上,可实现数据的收集、传输与分析,进而能够进行远程控制、智能化决策等。物联网的目的是提高效率、经济性和便捷性,同时也减少人为干预。

物联网作为下一代互联网技术的代表,已成为信息技术革命的第三次浪潮。通过融合无线传感器网络(Wireless Sensor Network,WSN)和无线数据通信等先进技术,物联网旨在构建一个全球性的超大规模信息网络,将物理世界的事物智能化和互联化。

在物联网体系中,各类感应器被嵌入电网、运输系统、建筑物及基础设施内,并通过互

联网使得“物”能够实时传递信息，“物—物”和“人—物”的互联成为可能。如装备了 GPS 的运输车辆和 RFID 芯片的集装箱，能自动完成收费等智能任务。

拓展阅读
信息在指尖，万物皆可及

早在 1999 年，中国科学院就开启了传感网研究；2009 年，我国提出了“感知中国”的理念，推动了中国物联网的发展。全球最早的物联网概念则由美国自动识别(Auto-ID)中心于 1999 年提出。之后，ITU 于 2005 年正式定义了物联网，IBM 在 2009 年将其扩展至“智慧地球”的概念。

物联网的核心在于将物品智能化并连接到互联网，打破了物理和 IT 基础设施之间的传统边界，使得基础设施如机场、公路和建筑物得以与数据中心、个人计算机和宽带网络融合为一个统一的系统。在这个系统中，不仅经济和社会管理得以优化，甚至个人的日常生活也变得更加智能化。

在物联网的世界里，通过机器对机器(Machine to Machine，M2M)的通信，我们见证了智能电网、安全监测、城市信息化、环境监测等领域的商业化应用。物联网正将我们引向一个智能化、互联化的未来，其中万物不仅相联，还能够独立“交流”，大幅提升了生活与工作的便捷和效率。

2. 物联网体系架构与层次划分

归纳思考

- 物联网是万物互联的网络。
- 物联网的感知层主要用于识别物体、采集信息，与人体结构中皮肤和五官的作用相似。

物联网系统按照功能和作用的不同，自下而上分为三个核心层次，即感知层、网络层和应用层，如图 10-1 所示。

(1) 感知层

感知层相当于物联网的“皮肤”和“五官”，负责对物理世界的识别和信息采集。感知层包括但不限于二维码标签、RFID 标签及其读写器、摄像头、GPS 定位器、多种传感器和终端设备。

(2) 网络层

位于中间的网络层扮演着传递信息的角色，类似于人类的神经系统，负责将感知层捕获的信息安全、可靠地传递到应用层。网络层由多样化的网络组成，包括但不限于私有网络、公共互联网、各种有线和无线通信网络，以确保信息的顺畅传输。

网络层又分为接入网和传输网两个部分。

① 接入网：实现最后一公里的连接，可通过光纤、无线网络、以太网或卫星等多种技术接入底层的传感器和 RFID 网络。

② 传输网：负责数据的远距离传输，涵盖电信网、广电网、互联网、电力通信网和专用网络等。

网络层的关键技术涉及异构网络的融合、下一代网络承载、多种无线通信技术(如 3G/4G、Wi-Fi、WiMAX、蓝牙、ZigBee 等)以及资源与存储管理，以应对海量数据传输和高服务质量要求。

(3) 应用层

顶层的应用层致力于信息的综合处理、用户与设备间的交互和远程控制。例如，连接至网络的家用电冰箱能让超市实时掌握消费者的存货状况并及时进行补货配送。

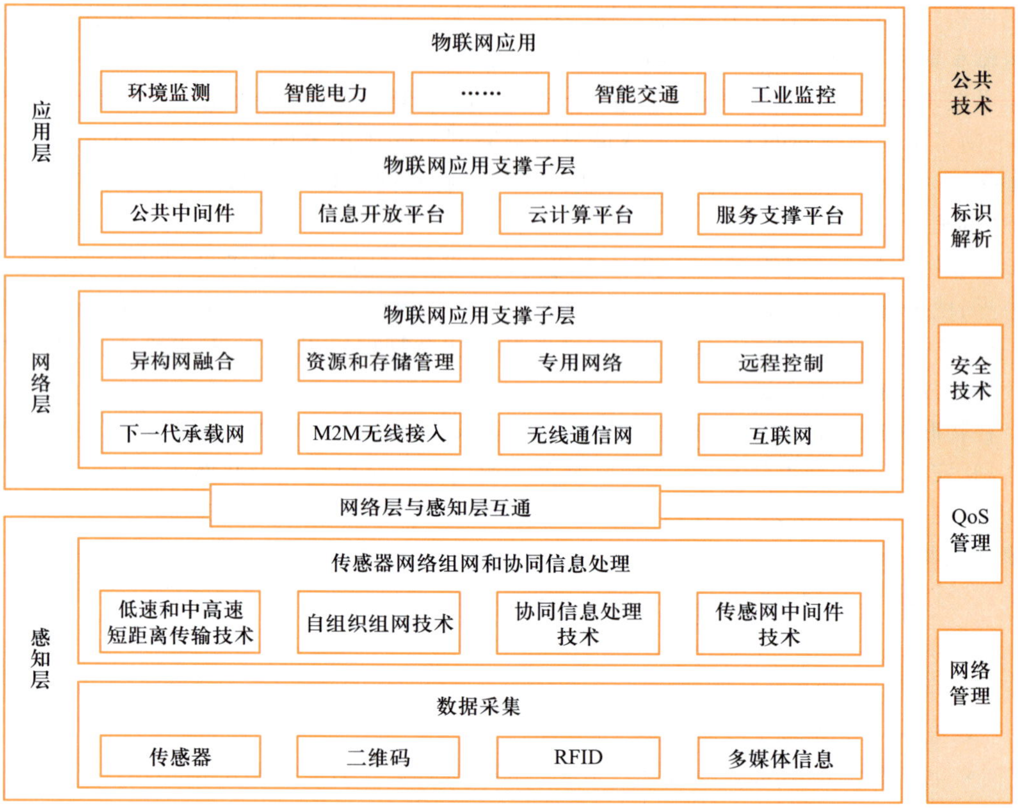

图 10-1 物联网的体系架构

在这三层架构的协同工作下，物联网实现了从具体的设备感知到全球性的信息交互和服务提供，满足了从智能家居到智慧城市等不同层面的应用需求。随着新技术的不断涌现，物联网的发展正日益加速，为全面互联的未来打下坚实的基础。

3. 物联网关键技术

物联网的关键技术从不同层面可分为传感节点技术、组网与互联技术、应用技术和关键支撑技术，如表 10-1 所示。

表 10-1 物联网的关键技术

技术类别	相关技术
传感节点技术	传感器技术：智能化和微型化的传感器是信息采集的首要工具，用于监测温度、湿度、压力等多种环境参数。 射频与基带芯片技术：提供无线通信功能，使节点能够发送和接收信号。 嵌入式软件与操作系统：确保节点的高效运算和任务管理。 SoC(单片系统)技术：实现硬件功能的高度集成，减小体积和降低能耗
组网与互联技术	传感器组网：构建网络来连接众多分散的传感节点，以便于信息的集中处理。 节点间信息交互：确保信息高效、准确地在网络中传递。 网络安全性：防止数据泄露和非法访问，确保网络安全。 物联网与互联网互联：将物联网数据与互联网服务相结合，扩展应用范围

续表

技术类别	相关技术
应用技术	感知信息处理:分析和处理节点采集的数据,提取有用信息。 系统软件:管理和控制整个物联网系统的运行。 应用软件与平台:提供用户界面和应用程序,方便用户访问和使用物联网服务。 传感应用标准化:推广标准化接口和协议,以增强不同设备的互操作性和兼容性
关键支撑技术	可编程技术:提升系统的灵活性和适应性,应对多变的需求。 测试技术和平台:保障设备和系统的可靠性,通过连续的测试迭代

物联网的产业链可以细分为标识、感知、处理和信息传送 4 个环节,涵盖了 RFID、MEMS、智能芯片、无线传感器网络和 NB-IoT 等关键技术。

(1) RFID

物联网中非常重要的技术是射频识别(Radio Frequency Identification, RFID)技术。RFID 是 20 世纪 90 年代开始兴起的一种自动识别技术,是一种先进的非接触识别技术。RFID 系统结构如图 10-2 所示。

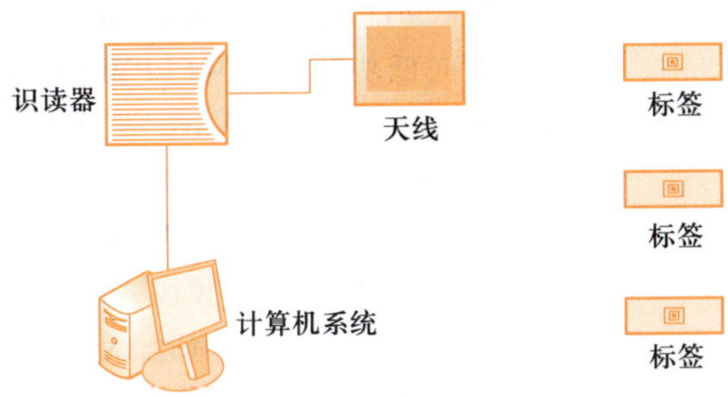

图 10-2 RFID 系统结构

识读器通过发射天线发送一定频率的射频信号,当标签进入发射天线工作区域时产生感应电流,标签获得能量被激活,并将自身编码等信息通过卡内置的发送天线发送出去;系统接收天线接收到从标签发送来的载波信号,经天线传送到识读器,识读器对接收的信号进行解调和解码,然后送到计算机系统进行相关处理;计算机系统根据逻辑运算判断该标签的合法性,针对不同的设定做出相应的处理和控制,发出指令信号,控制执行机构动作。

在物联网的构想中,RFID 标签中存储着规范而具有互用性的信息,通过无线数据通信网络把它们自动采集到中央信息系统,实现物品的识别,进而通过开放性的计算机网络实现信息交换和共享,实现对物品的"透明"管理。

(2) MEMS

MEMS(Micro-Electro-Mechanical System,微机电系统)技术是建立在微米和纳米技术基础之上的。MEMS 技术制造的传感器外形小巧,在批量生产后成本降低迅速,目前主要用于汽车和消费电子产品。MEMS 集微型机械结构、传感器、执行器和处理电路于一体,是结合了各种微制造技术和现代信息技术进展的先进技术。

(3) 智能芯片

智能芯片相当于一个单片机,在物联网中负责数据预处理和传送指令,常与感应系统及动力系统协同工作。

(4) 无线传感器网络

无线传感器网络是基于自组织原则构建的技术系统,其核心任务是监测环境而非传统通信。这一网络由多个微型节点组成,每个节点都具备感测、计算和通信功能。如图 10-3 所示,这些节点被部署在需要监测的区域,收集如温度、振动、化学浓度等重要的环境参数,并将数据传输到汇聚节点进行进一步分析。

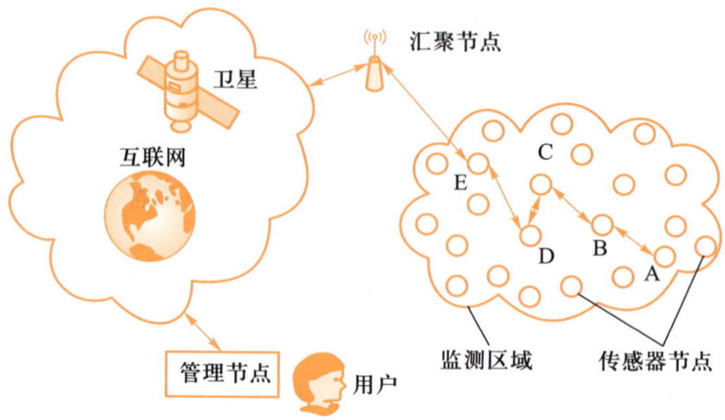

图 10-3 无线传感器网络结构示意图

(5) NB-IoT

NB-IoT(Narrow Band-Internet of Things,窄带物联网)是物联网的一种无线接入技术,专门面向低功耗广域网(LPWAN)市场。物联网的无线接入方式主要分为两类:一类是 ZigBee、Wi-Fi、蓝牙、Z-Wave 等短距离通信技术;另一类是 LPWAN。LPWAN 又可分为两小类:一类是工作在未授权频谱的 LoRa、SigFox 等;另一类是工作在授权频谱且得到 3GPP 支持的蜂窝网络技术,如 NB-IoT。

NB-IoT 运用授权频段,并可通过带内、保护带或独立载波方式部署,能与现有网络共存,广泛应用于全球。其优势如下。

① 连接能力强:NB-IoT 在同一基站支持的连接数可达到现有无线技术的 50~100 倍,即可达 10 万个连接,适用于低延迟、低设备成本、低功耗和优化网络架构的应用场景。

② 覆盖范围广:NB-IoT 的室内覆盖能力比 LTE 网络高出 20 dB,能显著提升覆盖范围,特别适合农村广阔地区以及城市深覆盖需求的场所。

③ 功耗低:NB-IoT 设备的低功耗特性符合物联网应用的需求,适合于无法频繁更换电池的设备,如偏远地区的传感监测设备,提供多年的电池使用寿命。

④ 成本效益高:与 LoRa 等技术相比,NB-IoT 可利用现存网络进行部署而无须另建网络设施。利用低速率、低功耗、低带宽带来的芯片和模块成本优势,NB-IoT 设备的成本较低。

10.1.2 传感器与传感器网络

传感器是一种检测器,能够感知特定的物理或化学条件,如温度、光线、压力、声音、湿度等,并将其转换成电信号,用于监测、控制或收集环境信息的工具。传感器是物联网领域非常关键的元件。

传感器网络通常指的是由多个传感器节点组成的网络。这些节点通常包括传感器本身、数据处理单元和通信接口。节点间可以无线或有线的方式相互通信,形成一个网络。在无线传感器网络中,节点通过无线信号传输数据,可以用于空间广泛或是人类难以到达的区域进行数据采集。

传感器网络的主要功能是收集所部署区域内的数据,并通过网络将数据传输到中央位置,如服务器或数据中心,以供分析和处理。

10.1.3 物联网技术的发展与应用

1. 物联网的挑战和未来前景

物联网的发展也面临着一些挑战，具体如下。

① 安全与隐私：物联网深入人们的日常生活，因此数据安全和隐私保护面临挑战。

② 标准化：不同制造商的物联网设备之间面临互操作性问题，需要有通用的标准和协议。

③ 大数据处理：如何高效地存储、处理和分析物联网产生的海量数据，是重大的问题。

④ 网络连接问题：在偏远地区网络连接不稳定或不存在，这限制了物联网的可用性。

⑤ 能源消耗：物联网设备的持续运行必须考虑低能耗和持续服务的问题。

物联网的未来发展可能集中在提升智能学习能力、强化边缘计算和云计算集成、提高能源效率和拓展安全技术等领域。更先进的人工智能（AI）技术将成为物联网进一步智能化的一个重要驱动力。随着这些技术手段的完善，物联网将更广泛地融入人们的工作和生活之中。

2. 物联网的应用

PPT 物联网应用

微课 物联网应用

动画 物联网应用

物联网正在不断发展中，对于智能城市、智能家居、健康监控、工业自动化、供应链管理等领域都有巨大的应用潜力。随着技术的不断进步，物联网将会在日常生活和工业生产中发挥越来越重要的作用。物联网的典型应用如下。

① 智能家居：家电、照明系统、安全监控、暖通空调、智能门锁和能源管理系统等通过物联网互联，实现自动化控制和远程操作。

② 智能穿戴设备：如手表、健康监测设备等收集用户的健康和生活数据以提供个性化建议。

③ 工业物联网：各种传感器、机器和设备在工业生产中相连，提升生产效率，实现预测性维护和精准控制。

④ 智慧城市：利用物联网进行交通流量监控、废物管理、公共安全监控、能源使用优化等。

⑤ 农业物联网：传感器监测土壤湿度、光照、作物生长情况，无人机进行植被监测，进而优化资源使用和提升作物产量。

⑥ 健康医疗：患者使用可穿戴设备，实时追踪健康状况，而医生可以通过远程监测设备进行远程诊断和监控。

⑦ 交通和物流：通过 GPS 和物联网设备跟踪运输中的货物情况，优化路线，减少延误等。

10.2 工业互联网

10.2.1 工业互联网简述

工业互联网，又称工业物联网（Industrial Internet of Things，IIoT），是将先进的计算机、分析技术、网络设备与机器整合在一起的现代工业框架。它侧重于利用从传感器、设备和工业机器中获得的大量数据，通过软件工具分析这些数据，以优化生产效率、减少浪费、降低运营成本和提升生产质量。

这个概念由通用电气（General Electric）首先提出，并且在随后几年内得到了全球工业环境的广泛关注和应用。工业互联网结合了机械和数字世界的强大能力，可以实现对整个生产流程更精确的控制，从而达到革新工业生产方式的目的。

工业互联网的核心要素如下。

① 智能设备:在工业设备中集成传感器和执行器,以便实现实时数据的监控和分析。

② 高级分析:使用大数据和分析算法对收集的数据进行深度分析,以获得洞见和找出优化机会。

③ 增强的连接性:通过网络技术,如无线通信和云计算,连接机器、人和工业系统,实现数据的即时共享和处理。

④ 应用系统和软件:定制软件解决方案,确保数据分析结果能够导致实际的操作改进和策略决策。

工业互联网在许多不同的领域都具有应用潜力,可以帮助企业实现设备的远程监控和维护,减少故障时间,提升能效和减少资源浪费,改进供应链管理,通过实时数据分析并提升产品质量,支持个性化生产和服务。

由于安全性是工业系统的首要考虑因素,工业互联网的发展也带来了对网络安全、数据保护和隐私方面的新挑战。因此,随着工业互联网的持续发展,这些问题正变得越发重要。

10.2.2 工业互联网发展的痛点分析

工业互联网的发展是现代制造业和传统工业与信息技术融合的一大趋势,具有巨大的潜力和利益。然而,在推进过程中,它也面临着一系列的挑战和痛点。

① 安全问题:随着越来越多的设备连接到网络,安全问题成为工业互联网发展最主要的痛点之一。这包括数据安全、网络安全和设备安全。黑客攻击、数据泄露和工业间谍活动的风险都随之增加,这对于依赖重要基础设施和高度机密数据的工业环境来说是一个严重的威胁。

② 兼容性和集成性:工业设备和系统通常有着长久的使用周期,而且来自不同制造商、具有不同标准和技术的设备需要相互协作。这使得新老系统的集成、数据交换和互操作性成为推进工业互联网的重大障碍。

③ 数据管理:处理和分析海量数据是工业互联网的关键,如何从庞大的数据集中提取有用的信息、保证数据质量、处理数据隐私和确保数据存储的效率与安全性,都是难题。

④ 人才缺口:工业互联网的发展依赖于跨领域技能型人才,需要掌握工程、IT 和数据分析等多专业知识及技能。目前这样的复合型人才相对匮乏,也是工业互联网发展的一个痛点。

⑤ 标准化与规范:由于缺乏统一的标准和规范,因此制定行业标准和协议以保证设备和系统能够无缝对接和通信,是工业互联网面临的另一个挑战。

⑥ 技术更新快速:随着技术的迅速迭代升级,企业需要不断更新设备和软件。这不仅涉及显著的财务成本,也需要组织具有一定的灵活性以快速适应新技术。

⑦ 文化和组织变革挑战:实施工业互联网不仅是技术上的变革,同样也涉及企业文化和流程的变更。在引导员工理解和适应新的工作方式时,也会遇到阻力。

⑧ 投资回报率不确定:由于前期投入大,且效益可能需要较长时间才能显现,因此企业在投资工业互联网方面会犹豫不决。

工业互联网的发展需要解决上述技术性、组织性和管理上的痛点,才能充分发挥其潜力。

10.2.3 工业互联网体系架构

工业互联网体系架构通过层次化设计实现了从数据的生成到数据的应用和服务的全过程管理，具体包括设备层、边缘层、企业层、产业层，如图 10-4 所示。

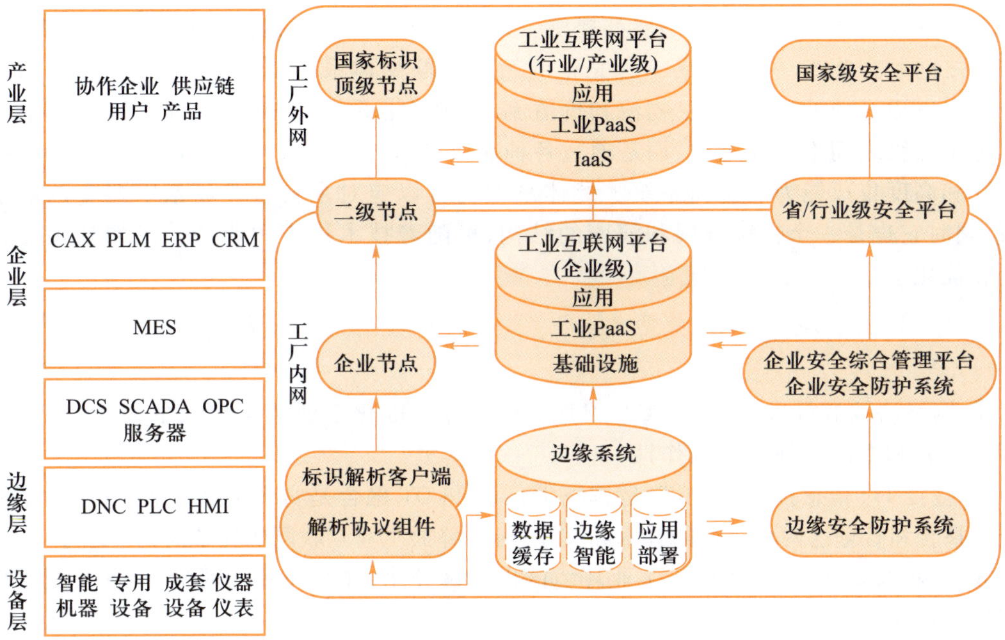

图 10-4 工业互联网体系架构

1. 设备层

设备层(device layer)是工业互联网体系架构的最底层，主要由各种工业终端设备和传感器构成。设备层负责采集工业现场的原始数据，如温度、压力、振动、转速等参数，并将这些数据传递到更高层次进行进一步处理。

2. 边缘层

边缘层(edge layer)又称为边缘计算层，是相对于核心网络层而言的。核心网络层的建设是一个复杂且资源密集的工作，需要不同类型的组织和企业共同配合。企业通常只需要关注边缘计算层和设备侧的网络，而核心网络层的规模化建设和维护则依赖于大型的、专业的网络服务提供商和机构。边缘层的主要职责是在数据发送到云端服务器处理之前，在本地进行数据的预处理、分析和临时存储，以减少延迟和节省网络带宽。此外，边缘层还执行一些更复杂的任务，如实时数据分析、局部决策支持，以及设备的即时控制。

3. 企业层

企业层(enterprise layer)是指在企业内部进行数据处理和应用的层级，这些处理和应用是为了优化企业内部运作和提升生产效率。企业层负责进一步处理和分析来自边缘层的数据，并将这些数据转化成可操作的信息，以支持企业的管理和决策，如生产调度、资源管理、设备维护等。企业层还会与企业的 ERP(企业资源计划)、MES(制造执行系统)等系统集成，实现数据的垂直流通，为企业提供全面的业务支持。

4. 产业层

产业层(industry layer)是指跨企业、跨行业的数据和服务层级，它通过数据共享、协作平台等实现上下游产业链的整合与优化。在这一层，数据分析和服务不仅仅局限于单个企业，而是在更广泛的产业范围内应用，支持产业优化、市场分析、供应链管理等多元化的服务。它可以整合来自不同企业层的数据和资源，促进产业间的协同合作和创新发展，创造新的商业模式和价值链。

工业互联网体系架构的每一层都提供了特定的技术和服务以满足相应级别的需求，同时它们之间紧密相连，共同构成一套完整的工业互联网体系。通过这种层级化设计，工业互联网可以更好地处理信息流、物流和价值流，实现工业系统的智能化和数字化转型。

每个层级之间不是孤立的，而是通过各种协议和API进行交互，形成一套具有弹性、可扩展性和高度集成能力的全面系统。此体系架构可以应对来自工业场景中多变的需求和挑战，同时它也是一个持续发展和演变的结构，可随着技术进步和业务需求的变化而不断适应和优化。

10.2.4 工业互联网技术及应用

1. 工业互联网的关键技术

① 网络协议和标准化：OPC UA、MTConnect等标准化工业通信协议的使用，有助于实现不同设备和系统之间的互操作性。

② 整合IT（信息技术）与OT（运营技术）：IT和OT融合是实现工业互联网的一大挑战。安全地整合和管理这两个领域的技术和文化，可以释放工业互联网的完整潜力。

③ 工业以太网技术：适用于工业环境的以太网技术，如时间敏感网络（TSN），能够确保数据传输的实时性和确定性。

④ 系统集成和互操作性：不同厂商的设备、软件和平台的无缝协作是成功的关键。

2. 工业互联网的应用

工业互联网的应用非常广泛，下面是一些具体的应用案例。

① 预测性维护：利用传感器收集的机器数据和高级分析技术来预测设备何时可能出现故障，并在问题发生前进行维护，以减少停机时间。

② 智能制造：实现全面自动化和优化的生产流程，使整个制造系统更高效和灵活。

③ 远程监控和控制：允许工程师在远离现场的地方监控和控制生产设备。

④ 供应链管理：通过对供应链进行实时监控和分析，提高物流效率，响应市场变化。

⑤ 能源管理：使用工业互联网收集和分析能源使用数据，优化能源消耗和降低成本。

⑥ 加强客户体验和服务：通过分析数据，提供定制化的服务，改善用户体验。

⑦ 工业产品创新：利用IoT和大数据分析发现新的商业模式和产品创新机会。

⑧ 自适应生产线：使用人工智能和实时数据，可自动调整生产线适应不同要求。

⑨ 质量控制：实时监控和自动分析产品质量数据，快速识别和解决质量问题。

⑩ 工业物联网平台：可集成多个应用和服务，为设备提供连接、分析和开发环境。

⑪ 智能安全监控：实现对生产现场的全面监控，及时采取行动预防安全事故。

⑫ 资源和能源优化：使用工业互联网技术来跟踪、分析和优化资源和能源的消耗。

⑬ 制造业服务化：将服务整合到产品中，如通过预测性维护和性能保证合同，提供更全面的客户解决方案。

工业互联网实现的这些应用不仅能够改进现有的工业系统，还能够创造全新的服务和业务模式，为企业提供竞争优势。随着技术的进步，工业互联网的应用将进一步增广和深化。

10.3 量子通信

10.3.1 量子通信技术概述

量子通信技术是一种使用量子物理学原理进行信息传输的技术。这个领域的研究和开发受到广泛的关注,是因为它涉及能够提供理论上绝对安全的通信方式——量子密钥分发(QKD)。以下介绍量子通信技术的一些基本概念和组成部分。

① 量子纠缠:量子通信的一个关键特性是量子纠缠,这种现象允许两个或多个粒子(如光子)生成纠缠态,即使它们被分开很远的距离,它们的量子状态也仍然相互依存。这意味着对一个粒子的测量会瞬间影响到与它纠缠的另一个粒子的状态,不管两者相距多远。

② 量子密钥分发:这是一种利用量子纠缠和量子不可克隆性原理来创建共享加密密钥的方法。它基于一个简单的事实:任何对量子比特(qubit)的观测或测量都会立即改变其状态,这一变化可以被通信双方检测到,从而警示它们有第三方在窃听。

③ 量子比特:与经典比特不同,量子比特可以同时存在多个状态(如“0”和“1”),这种现象称为量子叠加。通过这种方式,量子比特能在量子通信中携带和处理更多的信息。

④ 光子传输:量子通信系统通常利用光子作为携带信息的载体,因为光子可以在光纤或空间中传播,并且它们可以很好地与量子比特纠缠在一起。

⑤ 光纤和自由空间链路:量子通信可以通过光纤或自由空间链路实现。自由空间量子通信无须物理介质,可以在地球表面或跨越大气层(如从地球到卫星)进行。

量子通信技术仍处于发展阶段,但已经在实验和特定的应用方面取得了实质性进展。未来,量子通信将为网络安全、军事通信、保障隐私权以及构建量子互联网等领域带来革命性的变化。

10.3.2 量子保密通信的关键技术

量子保密通信依赖于多种关键技术来确保通信的安全性,其涉及的一些关键技术如下。

① 源端系统:源端需要生成高品质的量子态,通常采用单光子源或纠缠光子对的形式。

② 单光子探测器:接收端需要高效率、低噪声的单光子探测器来检测信号。

③ 量子通道:量子信息通常通过光纤或自由空间传输,要在通道内保持光子的状态稳定。

④ 纠错和隐私放大:在传输过程中,由于噪声和环境干扰,即使在没有监听者的情况下也可能产生错误。因此,量子通信系统需要纠正错误,执行隐私放大算法来防止窃听。

⑤ 量子中继:对于超出直传距离限制的通信距离,量子中继技术是实现长距离量子通信的必要技术。当前的量子中继还不够成熟,但正在积极研发中。

⑥ 量子存储:能够在保持量子态的同时存储量子信息的设备。

⑦ 量子网络:建立量子节点和连接节点的通道,有多个量子重复器和量子门处理和转发信息。

⑧ 安全认证:在建立量子密钥分发之前,需要确认通信双方的身份,以防止“中间人攻击”。

⑨ 同步与控制:量子通信需要精确的时间同步以及高效的信号控制协议。

量子保密通信的关键技术仍在不断地研发和改进过程中,其目的是提升可靠性、增长通信距离和传输率,同时将成本降至商业可行的水平。

10.3.3 量子保密通信的发展现状

随着技术的不断进步及应对挑战的策略持续发展，量子保密通信进入了落地实施的阶段。

① 量子密钥分发实用化：各国研究团队和企业已开发出多种量子密钥分发系统，并且开始商业化。这些系统通过不同的协议提供了在特定距离内可用的量子密钥分发解决方案。

② 长距离量子通信：例如，中国的“墨子号”量子科学实验卫星已成功地在几千千米的尺度上实现了量子纠缠分发和跨大陆级别的量子密钥分发。

③ 地面光纤网络：一些地区已建设了基于地面光纤的量子通信网络，如银行、政府机构和数据中心。我国已经部署了覆盖北京和上海的量子通信网络。

④ 自由空间量子通信：除了通过光纤，人们还在探索通过自由空间实现量子通信，这将使得无法铺设光纤的地区以及移动平台（如卫星和船舶）之间的量子通信成为可能。

⑤ 量子卫星通信：量子通信卫星如中国的“墨子号”卫星在空间实验中取得成功，为全球量子通信网络的搭建提供了可能。这类卫星可实现地球轨道上与地面站点之间的量子密钥分发。

⑥ 量子网络的研究与开发：正在开展的研究包括量子网络的构建，旨在用量子重复器、量子存储和其他技术连接多个量子节点。这样的网络将实现更为复杂的量子通信任务。

⑦ 标准化与规定：为了推动量子通信技术的实用化和产业化，国际标准化组织以及国家标准机构开始开展对量子通信相关技术标准的制定工作。

⑧ 技术研究和协同合作：企业和学术界通过合作，推动量子保密通信向更大范围、更高安全性的方向发展。全球范围内的研究机构和公司在该领域内进行着丰富的探索和尝试。

这些进展标志着量子通信正走向实际应用和商业化，但也面临着实践中的一些挑战，如量子中继技术尚未成熟、成本较高、系统复杂度大等，这些都是需要解决的关键问题。

10.3.4 量子通信技术的应用前景

量子通信技术的应用前景是非常广阔的，以下是一些预期的应用方向。

① 国家安全与防务：量子通信的安全性可直接用于军事和国家安全通信，防止泄密。

② 信息安全：量子通信可以为金融机构、企业和个人提供安全的通信手段，尤其适用于传输高安全性需求的信息，如银行交易、医疗记录等。

③ 保护关键基础设施：量子密钥分发可用于增强电网等关键基础设施通信安全。

④ 安全认证系统：量子通信技术可应用身份认证、智能卡等功能提高安全等级。

⑤ 全球量子互联网：远期目标是建立全球量子通信网络，使任何两点之间的通信都能通过量子方式进行，实现真正的信息安全。

⑥ 分布式量子计算：通过量子互联网络，可将分布在不同地点的量子计算资源进行连接，构建强大的分布式量子计算系统。

⑦ 传感与导航：在量子传感领域，利用纠缠等量子特性可大大提高传感器的灵敏度和精度，适用于地理勘探、定位导航和精密测量。

⑧ 时间同步：量子通信可以实现高精度的时间同步，这对于天文观测、全球定位系统和一些需要高精度时间同步的网络系统都是很重要的。

⑨ 量子科学实验：量子通信技术可使得远距离量子科学实验成为可能。

⑩ 隐私通信与个人应用：随着成本的下降，普通用户也可用它保护自己的通信安全。

⑪ 量子云计算:用户可利用量子网络将数据传送至量子云服务器,进行量子计算。

随着技术的不断进步和市场的成熟,量子通信的应用场景将越加丰富,其带来的安全保障和经济效益也会日益显著。

10.4 大气激光通信

10.4.1 空间激光通信概述

空间激光通信技术将激光作为信息载波,适用于各类空间环境,包括大气层、近地轨道、中地轨道、地球同步轨道以及星际和宇宙空间的传输。激光通信的光波频率远高于微波,带宽更广,并因波长较短表现出显著的相干性和定向性,这些特性包括以下六个方面。

① 高带宽和大容量:激光通信频带极宽,能实现极高数据传输速率(如以太比特级)。

② 轻质小型化:与微波系统相比,激光系统的组件(如光学天线和收发部件)更轻便。

③ 低功耗:激光聚焦性强,发射功率得以降低,从而减少能耗。

④ 成本效益好:建设和维护成本相对更低。

⑤ 高稳定性和保密性:激光通信的光束狭窄、定向性强,通信干扰小,保密性好。

⑥ 频谱资源自由:光通信不受传统电磁频谱资源的约束,避免了干扰和频谱竞争。

未来,空间激光通信技术的应用前景越发广阔,特别是现代社会不断增长的信息传输需求,推动了从微波到激光技术的过渡,并激发了将互联网扩展到太空的设想。这种通信形式不仅能覆盖广泛的空间区域,还具备高速数据传输的能力,受到通信专家的高度认可。

10.4.2 大气激光通信系统组成

大气激光通信是利用激光信号通过大气层进行信息传输的通信技术。它代表了现代无纤光通信技术,为远距离、无须铺设物理线路的通信提供了解决方案。

大气激光通信系统主要由光发射端机、光接收端机、大气信道等组成,如图 10-5 所示。有的系统还配有遥控、遥测等辅助设备。

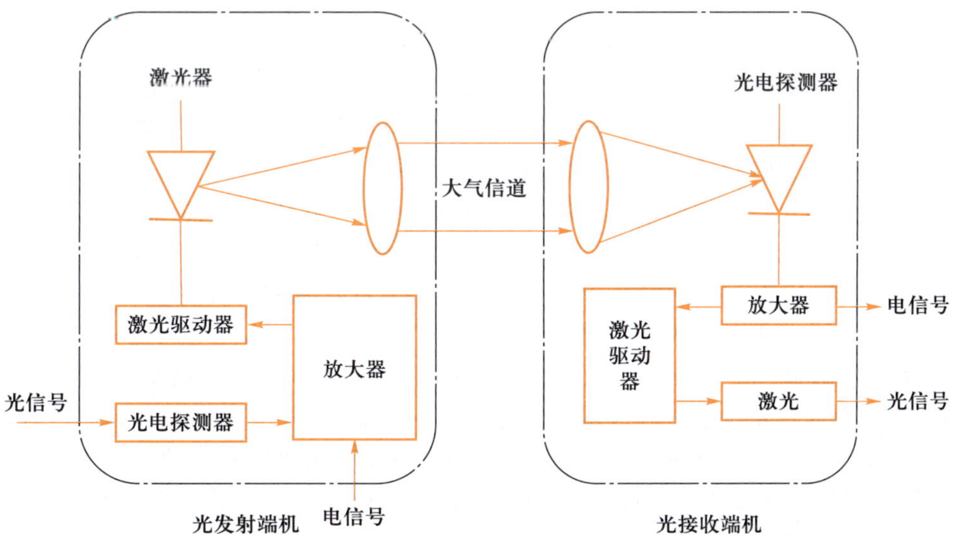

图 10-5 大气激光通信系统组成

激光通信是通过激光将信息从发射端传到接收端的一种通信方式。信号可以通过电线或光纤输入，经过增强后，由光学天线发射出去。接收端的光学天线收到信号后，将其转换回原始的电信号或光信号。为了确保信号接收的准确性，发射端会配备瞄准设备。

大气激光通信的关键技术主要如下。

① 瞄准、捕获和跟踪技术：保证能精确地定位并跟踪信号。

② 光学天线的设计技术：要根据通信距离和功率需求来决定发射和接收的视场大小。

③ 激光器(LD)的温度控制技术：保持激光器稳定工作，避免输出信号失真。

④ 光调制技术：有直接调制和间接调制两种方式，用于将信息编码到激光信号中。

⑤ 激光探测技术：选用合适的探测器以满足通信的速率和灵敏度要求。

大气激光通信技术主要用于固定点通信和应急通信，适合在无法铺设光缆的条件下使用。激光通信设备的优点在于无电磁干扰、灵活部署和维护简易。

10.4.3 激光通信在其他领域的展望

激光通信技术不断找到新的应用场景，包括卫星通信、深空探测和海洋探测等。

① 在卫星通信中，使用激光而不是微波可以提高通信速率，扩大通信容量，不受电磁频谱的限制。但这项技术相对复杂，要求高精度的设备和系统稳定性验证。国际上有许多卫星利用激光通信技术，包括侦察卫星和导航卫星。我国也在研究和开发激光通信技术，已成功将其应用于如“墨子号”量子卫星，并建立了包括月球在内的空间数据传输网络。

思政故事
“真激光”助力照明行业绿色发展

② 在深空探测方面，激光通信能在极远的距离传递信号，其灵敏度和效率远超传统通信方法。NASA 正进行一项搭载深空激光通信系统的卫星项目，在木星和火星间进行通信。

③ 在海洋探测中，激光通信是一个潜在的解决方案，可以提供比声呐更高速率和更好保密性的通信。蓝绿激光能在水下进行通信，其传输距离取决于水质的清澈程度：在清澈的深海环境中可达 200 m，而在近岸水域则大约为 50 m。

这些应用展现了激光通信的潜力，随着技术的发展，激光通信将在更多领域得到应用。

10.5 空天地海一体化通信

10.5.1 空天地海一体化信息网络

随着网络技术的融合与进步，现代通信网络正向着以 6G 技术为标志的空天地海一体化方向迈进。这种综合信息网络将地面网络作为基础，通过天基网络的拓展实现对宇宙和海洋的全方位覆盖，从而服务各种平台用户。

空天地海一体化信息网络以地面网络为基础，以天基网络为延伸，覆盖太空、天空、陆地、海洋等空间，为天基、空基、陆基、海基等用户提供信息基础设施，如图 10-6 所示。

目前，地面网络技术相对成熟，世界各国正集中力量发展和实践空天一体化网络，并在此领域取得了显著成就。代表性的如国际上的 OneWeb 和 Starlink(星链)低轨道卫星星座项目，以及国内的“鸿雁”和“行云”计划，它们通过全球覆盖优势与地面网络竞争互联网用户。

高轨道卫星通信系统通过其区域覆盖能力，有效地执行全球数据中继和回传服务。我国同样推进空天地海一体化通信网络的研究，中国电子科技集团牵头的天地一体化信息网络进入国家“科技创新 2030”的重大项目行列，利用高轨道卫星和低轨道卫星的综合优势，构建混合型通信网络。

全球对空间互联网的重视和投资不断加码。随着太空技术升级，未来的卫星将实现通信、导航、遥感一体化,极大提升空间通信效率。这些空天一体化通信网络的积极推进,正在加速卫星宽带通信技术的成长。

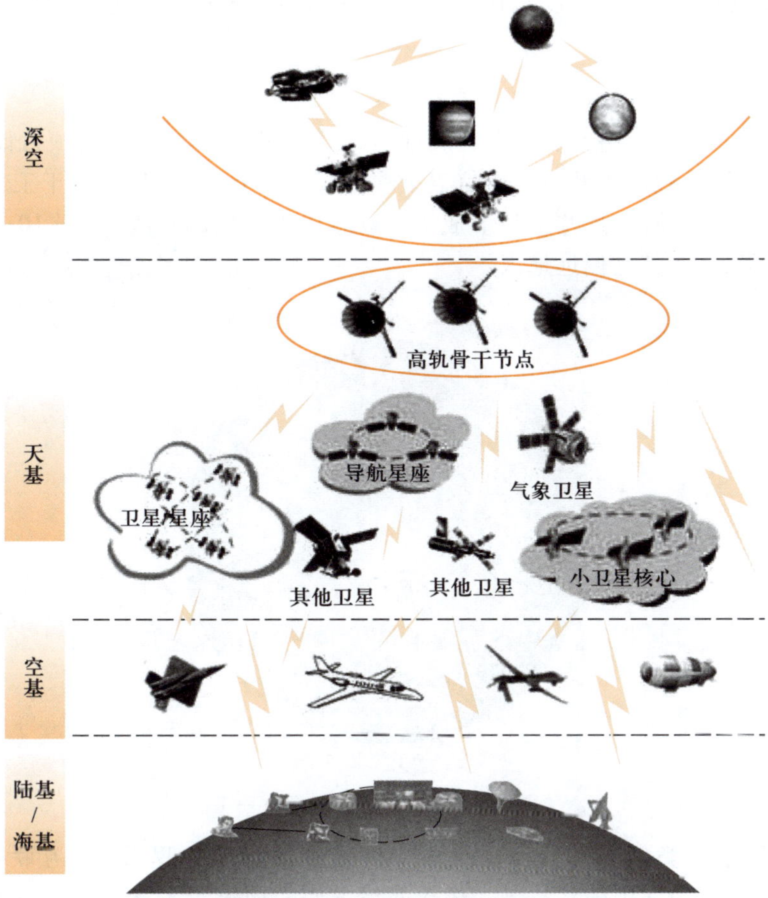

图 10-6　空天地海一体化信息网络

10.5.2　国外空天一体化网络的发展

国外空天一体化网络的发展迅猛,一些项目已达到了商业运营阶段,形成了一定的市场影响力。以下介绍一些突出的发展动态。

① SpaceX 的 Starlink 项目:SpaceX 的 Starlink 是目前最知名的空天一体化信息网络项目之一。它计划部署大量低轨道卫星,提供全球高速互联网服务。这个星座网络由数千颗小卫星组成,并一直在快速扩张,旨在为偏远地区和全球各地用户提供可靠的宽带服务。

② OneWeb:OneWeb 与 SpaceX 的 Starlink 颇为相似,打算搭建一个低轨道卫星通信网络,提供全球覆盖。OneWeb 提出的解决方案同样侧重于提供偏远地区的互联网接入,此计划已经获得了包括空客、软银在内的多个大型投资者的资金支持。

③ 亚马逊的 Kuiper 计划:亚马逊的空天一体化网络意图通过部署约 3 236 颗卫星在低轨道提供面向全球的宽带互联网服务。

④ 欧洲的 Galileo 系统:虽然其主要是一个全球导航卫星系统(GNSS),但 Galileo 系统也是一个技术先进的空天一体化网络的例证,展示了欧洲在相关技术上的成就和野心。

⑤ 全球 VSAT 系统:很多公司和组织提供基于地球同步轨道卫星的宽带 VSAT(甚小口径

卫星终端站)服务,这也是一种空天一体化网络,虽然时延高,但提供了较稳定的宽带连接。

以上项目都体现了对空天一体化网络潜力的认可和投资,在提高遥远地区的互联网连通性、实现全球无缝通信网络,以及在紧急情况下提供关键通信能力等方面起到了或将会起到重要作用。

10.5.3 国内空天一体化网络的发展

我国在空天一体化网络的发展上也展现出雄厚的实力,相关的重要项目如下。

① “鸿雁”星座:我国的低轨道通信卫星项目“鸿雁”计划中,核心骨干卫星共有 54 颗,有 270 颗小卫星进行补网,这些卫星形成了 300 颗以上规模的星座(见图 10-7),为全球提供高速互联网服务,尤其是偏远地区。

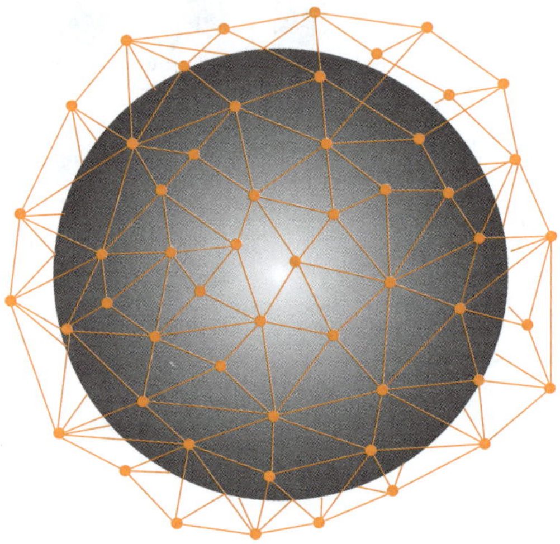

图 10-7 “鸿雁”星座示意图

② “天链”项目:类似于“鸿雁”,“天链”项目是我国另一个提供宽带互联网的重要卫星通信项目,将进一步加强中国在空天一体化网络方面的构建和实施。

③ “西斗”导航卫星系统(北斗三号系统):我国已经建立了自主的全球卫星导航系统,可以提供高精度的定位、导航及时间服务,具有地域通信和遥感等多项功能。

④ “行云”项目:这个项目专注于建设高轨道通信卫星系统,用以实现数据的全球中继和回传,尤其对偏远地区和海洋领域至关重要。

⑤ 国家“科技创新 2030”——重大项目:天地一体化信息网络研究被纳入国家“科技创新 2030”计划的框架之内,反映了国家对信息网络相关技术研究与实践的高度重视。

⑥ 国家高技术研究发展计划(863 计划):我国通过这一计划投资空天一体化网络的相关关键技术研发,助力卫星通信领域的发展。

中国的空天一体化网络规划和建设不仅涉及卫星发射和星座网络的布局,还包括地面基础建设、数据链路、通信协议、网络安全等多个方面,形成了涵盖空间平台、地面网络和应用服务的全方位布局。

10.5.4 低空通信与低空经济

1. 低空通信

低空通信网络主要依靠无线电技术、蜂窝网络(如 LTE、5G)和物联网(IoT)架构,提供无人机和其他低空飞行器与地面控制中心之间的实时通信。该网络支持飞行器的远程操控、导航、状态监控和数据传输，确保低空飞行的安全与效率。例如，在无人机进行农田监测、城市物流和空中摄影等任务时，低空通信网络通过稳定的数据连接保障操作的精准性和可靠性。

2. 低空经济

低空经济指利用低空飞行器（如无人机）进行各类经济活动，通过先进的通信和数据技术实现高效运营。其应用场景涵盖物流配送、农林监测、环境保护、基础设施检查和城市管理等领域。低空经济凭借无人机的高灵活性和低成本，显著提高了各类行业的运营效率。例如，物流公司利用无人机进行快速配送，显著缩短配送时间，提高客户满意度；农业领域则通过无人机进行精准喷洒和监测，从而优化资源使用，增加产量。

10.6 云网融合

10.6.1 云计算

云计算是一种提供按需计算资源和服务的模式，用户通过网络（通常是互联网）可以随时获取到共享的计算资源（如服务器、存储、应用程序和服务），而无须管理复杂的后端硬件和软件基础设施。根据服务模式和部署模式的不同，云计算可以分为多种类型。

1. 按服务模式分类

① 基础设施即服务（Infrastructure as a Service，IaaS）：提供虚拟服务器、存储和网络资源。用户可以在这些资源上运行操作系统和应用程序，像使用自己的数据中心一样，但实际上这些资源位于云服务提供商的数据中心。

② 平台即服务（Platform as a Service，PaaS）：提供编程环境和工具，使开发者能够创建、部署和管理应用程序，而无须关心底层的操作系统、服务器和网络配置。

③ 软件即服务（Software as a Service，SaaS）：通过互联网提供应用软件，用户可直接使用这些软件，无须下载和安装，如电子邮件、客户关系管理、企业资源规划等。

2. 按部署模式分类

① 公有云：由第三方云服务提供商运营并管理，通过互联网为多个用户提供资源。

② 私有云：专为单个组织设计，可以在组织的内部网络上运营，也可以托管在第三方数据中心，提供更高水平的安全和控制。

③ 社区云：由特定社区共享的云，成员通常具有共同的关注点。

④ 混合云：结合了公有云和私有云，用户可根据需要跨多个云环境使用数据和应用。

3. 云计算的优势

① 成本效率高：减少了物理硬件的投资和维护成本。

② 可扩展性好：根据需求灵活增减资源。

③ 可用性强：通常提供高可用性和灾难恢复策略。

④ 易于访问：可以在任何设备上通过互联网访问服务。

⑤ 灵活性好：实现了不同服务和资源的快速部署。

随着云计算技术的发展，越来越多的组织和个人开始转向云端服务，以获取更高效、更可靠和更弹性的计算解决方案。

10.6.2 云网融合

云网融合是指将云计算服务与网络技术紧密整合，打造出一个统一、协调、可扩展的服务平台,该平台能够灵活、高效地分配和管理资源,如图 10-8 所示。这种融合不只是技术的结合,也是商业模式和服务模式的创新,能深刻改变 IT 资源的使用和服务的交付方式。

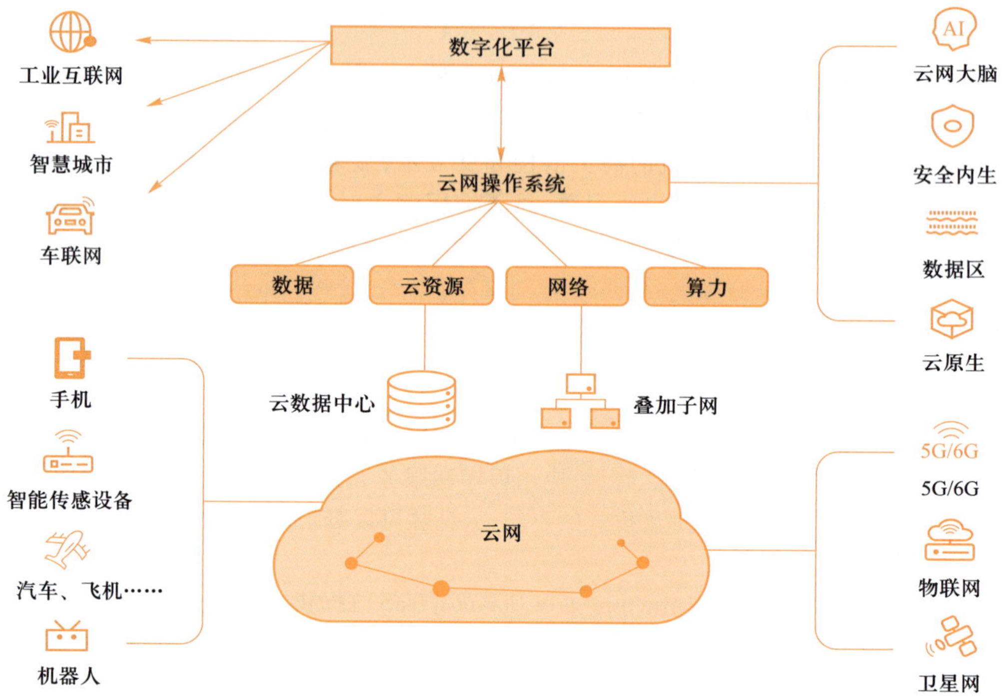

图 10-8 云网融合的愿景框架

1. 云网融合的技术框架

云网融合的技术框架可分为基础设施层、功能层、操作系统层和应用层,如图 10-9 所示。

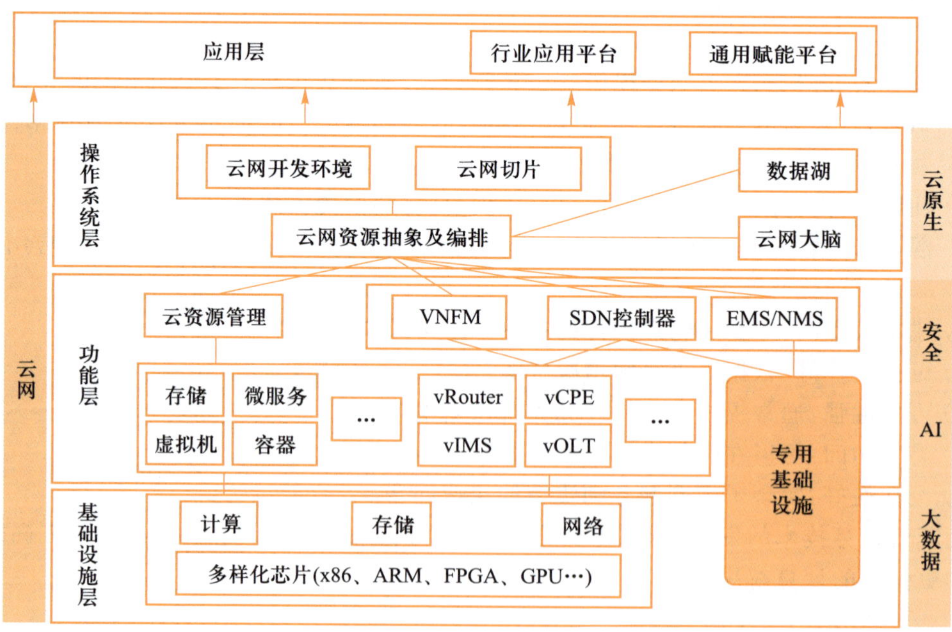

图 10-9 云网融合的技术框架

① 基础设施层：云网融合技术框架的最底层，包括实体服务器、存储设备、网络设备等物理资源，以及数据中心的基础网络结构。它为云平台提供了核心的计算能力、数据存储能力和网络连接能力。

② 功能层：在基础设施层上，功能层引入了如 SDN（软件定义网络）、NFV（网络功能虚拟化）、CDN（内容分发网络）等技术，实现网络资源的灵活编排和自动化管理。这一层实现了对网络功能的虚拟化处理，将传统的网络服务（如负载均衡、防火墙、WAN 加速等）转化为可以按需分配和扩展的虚拟服务。

③ 操作系统层：包括运行在集群中的云操作系统，如 OpenStack、VMware 等，负责对基础设施层的资源进行抽象和管理，提供云资源的统一调度和管理平台。这一层可看作云端的“操作系统”，它管理着虚拟机的生命周期（创建、监控、调度、迁移和删除）。

④ 应用层：负责运行最终用户直接使用的云服务和应用程序，包含各种类型的服务，从基础的 IaaS、PaaS 到高级别的 SaaS。用户通过应用层可直接部署和管理应用，享受到由下层提供的计算、存储和网络服务的优势。

2. 云网融合的关键技术

① NFV 和 SDN：NFV 和 SDN 是云网融合的技术支柱。NFV 支持将网络功能从硬件设备上抽象，并实现为可以在标准的计算机硬件上运行的虚拟化服务。SDN 则提供了通过软件来控制网络资源和流量的方法，使网络管理更灵活和高效。

② 资源集中与弹性伸缩：云网融合使得计算、存储和网络资源可以集中管理，在需要时可以根据服务需求动态调整资源的分配，从而实现了资源的弹性伸缩。

③ 服务自动化与智能调度：通过融合，企业可以自动化部署和管理应用程序和服务，减少人工干预，同时运用智能算法完成资源分配和任务调度，以优化性能和成本效率。

④ 端到端服务与 QoS 保证：在云网融合体系中，能够提供端到端的服务质量（QoS）保证。这是通过综合考虑数据中心内部资源分配和网络中的数据传输性能来实现的。

⑤ 数据中心互联：云网融合带来的另一个优势是能够实现多个数据中心之间的紧密互联。

⑥ 多云和混合云架构：随着企业以及服务提供商越来越倾向于部署跨越多个云服务平台的应用程序，云网融合提供了管理这样一个分布式环境所需的可视化和控制能力。

⑦ 安全与合规：融合的架构需要内置包括数据加密、访问控制、网络隔离等安全机制。

云网融合的发展可视为数字化转型的关键部分，它有效对接了传统 IT 基础设施与现代化云服务平台之间的需求和优势，为企业和个人用户提供了一个更加灵活、高效、可靠的计算和网络服务环境。

10.6.3 电信云

电信云的发展是电信行业响应信息技术变革和市场需求的自然结果，主要驱动因素如下。

① 技术进步：21 世纪初，随着云计算的兴起，互联网公司如亚马逊、谷歌和微软等开始提供云服务。这种技术的成功应用促使电信行业也开始考虑如何利用云计算技术来优化其业务和网络。

② 商业压力：随着数据使用量的大幅增长和传统语音服务收入的下降，电信运营商面临着比以往更大的成本压力。云计算模式通过共享资源、降低成本和提高运营效率开辟了

解决这些问题的新途径。

③ 虚拟化技术:虚拟化技术的成熟和推广,尤其是 NFV 和 SDN 技术的出现,为电信云的实现与部署提供了关键支撑,允许电信运营商以更加灵活和成本效益的方式管理和扩展其网络。

④ 市场竞争:与互联网服务提供商和其他第三方服务的竞争,迫使电信运营商寻求创新的差异化服务和新的业务模式,电信云提供了支持这些探索的平台。

⑤ 服务创新和个性化需求:用户和企业客户对服务的需求变得越来越多样化和个性化,他们寻求更多的灵活性、更快的服务交付和更优的体验。电信云可以响应这些市场变化。

⑥ 法规与合规要求:不同地理区域对数据处理和存储的要求各不相同,电信云可以帮助电信运营商符合当地法规,提供数据主权和隐私保护。

⑦ 5G 及物联网:随着 5G、物联网等新技术的发展,对于计算资源和网络性能的要求也在不断提升。电信云能支持这些技术的大规模部署,提供更加广泛的网络覆盖和更高的数据处理能力。

⑧ 行业协同:一些行业标准组织,如全球移动通信系统协会、欧洲电信标准化协会等支持并推动了电信云的相关标准制定,有利于整个行业向云端转移的协同和规范性发展。

随着技术的进步和市场需求的演变,电信云将成为电信行业转型和增长的重要驱动力。

10.6.4 云网融合的应用

云网融合将云计算技术与网络技术深度结合,可以提供更加灵活、高效且可定制的综合服务。这种融合的应用覆盖了众多领域,以下是云网融合的一些关键应用场景。

① 多云和混合云服务:企业可以通过云网融合更方便地实现多云(使用多个云服务提供商)或混合云(结合公有云和私有云)策略,实现数据和应用程序在不同云平台之间的无缝迁移和管理。

② 边缘计算:云网融合能够使数据处理更接近数据源(通常是用户的设备或物联网设备),从而减少延迟,提高处理速度,特别是对于需要实时响应的应用,如自动驾驶、智能工厂等意义重大。

③ 灵活控制和分配网络资源:通过实施 SDN 和 NFV,运营商可以灵活控制和分配网络资源,提供更灵活的网络服务,降低成本,并增加新服务的开发速度。

④ 企业级应用:企业通过云网融合可以迅速部署尖端技术,如大数据分析、人工智能、机器学习等,增强业务智能,提高效率和运营效果。

⑤ 灾难恢复和业务连续性:云网融合使数据备份和灾难恢复变得更简单和经济,企业可以利用云服务快速恢复系统而不会严重影响业务运行。

⑥ SaaS:随着网络变得更加快速和可靠,SaaS 模式变得更加普及,用户可以随时随地通过互联网访问应用软件,不再受地理位置限制。

⑦ PaaS 和 IaaS:开发者可以利用 PaaS 提供的编程环境和工具来开发、运行和管理应用程序,而无须关心底层硬件和基础设施;IaaS 则允许用户租用计算资源,按需扩展和收缩。

⑧ 智能网络安全:云网融合允许更为智能的安全服务,安全服务提供商可以即时分析大量的网络流量和数据,并及时响应潜在的安全威胁。

⑨ 智慧城市和物联网:城市级的云网融合可以连接数百万的传感器和设备,支持智慧城市的应用,如智能交通系统、公共安全监控、智慧能源管理等。

随着技术的成熟和推广，云网融合将进一步驱动数字化转型和创新式服务的发展。

10.7 大数据与人工智能

10.7.1 大数据与人工智能概述

大数据与人工智能是两个关系密切且在现代信息技术领域中扮演核心角色的术语。它们通常是相互依赖的，因为大数据为人工智能提供训练数据，而人工智能为处理和分析大数据提供方法和技术。

1. 大数据

大数据指的是数据量巨大、类型多样且增长速度快的数据集，基于其规模和复杂性，传统的数据处理软件通常难以有效处理这些数据集。大数据通常依据以下几个维度来定义。

① 体量(volume)：数据的规模。

② 速度(velocity)：数据生成和处理的速度。

③ 多样性(variety)：数据的类型和来源的多样性，包括结构化数据和非结构化数据。

④ 真实性(veracity)：数据的质量和准确性。

⑤ 价值(value)：能从数据中提取的有价值信息。

大数据技术涉及数据的收集、存储、管理和分析，用于发现模式、趋势和关联，可以帮助企业做出更明智的决策。

2. 人工智能

人工智能是一门科学和工程领域，涉及研究和创建智能的机器或软件，即那些能够执行需要人类智能的任务，包括但不限于学习、理解、推理、规划、通信和感知。

人工智能通常分为两种类型。

① 弱人工智能：是指设计用于执行某一特定任务的人工智能。

② 强人工智能：是指智能水平全面性达到或超过人类智能的系统。

人工智能的一个主要子领域是机器学习(ML)，这是一种通过数据和算法让计算机系统进行“学习”，从中找到模式和做出决策的技术。深度学习(DL)是机器学习的一个分支，它使用深度神经网络来模仿人脑的工作方式。

3. 大数据与人工智能的结合

将人工智能应用于大数据，机器可以通过分析大规模的数据集自动识别趋势和模式，并做出决策。例如，人工智能可用于市场预测、用户行为分析。大数据与人工智能的结合被用于多个领域，如：在商业智能中，通过人工智能可以预测市场趋势，优化供应链，改善客户关系管理，从而提升企业的竞争力；在医疗保健方面，人工智能通过分析患者数据可以进行疾病预测，制订个性化治疗计划，提高医疗服务的效率和效果；在金融服务中，人工智能被用于风险评估、欺诈检测和算法交易，以增强金融系统的安全性和稳定性；在运输领域，人工智能可以优化车流管理，推动自动驾驶技术的发展，提升智慧物流系统的效率；在智能城市中，人工智能可以监测城市运行状态，进行能源管理和安全监控，提升城市的管理水平；在制造业中，人工智能用于生产线优化、质量控制和预测性维护，可以提升生产效率和产品质量。

随着技术的快速发展，大数据与人工智能将继续在全球范围内引领创新和转型，为企业和社会提供前所未有的能力。

10.7.2 大数据与人工智能的发展

大数据与人工智能相互影响，共同进步，两者的发展历程密不可分。

1. 大数据的发展

大数据的概念在 21 世纪初期逐渐浮现，随着互联网、社交媒体、智能手机等的普及，数据量经历了指数级的增长。企业和组织意识到，这些大量的数据中蕴含了巨大的价值。为了挖掘这些价值，需要新的技术和方法。

① 2000 年代：Hadoop 和 NoSQL 数据库应运而生，开始解决海量数据的存储和处理问题。

② 2010 年代：云计算的崛起提供了更加弹性和可伸缩的资源来存储和分析大数据。

③ 现在：大数据技术更加成熟，涉及数据湖、实时分析、数据仓库优化以及企业级的数据平台和服务。

2. 人工智能的发展

人工智能从 20 世纪 50 年代开始发展，但直到最近几十年内，由于数据量的爆炸式增长和计算能力的显著提升，人工智能才迎来了黄金时期。人工智能经历了如下几个发展阶段。

① 1950—1970 年代：早期人工智能研究主要基于推理和知识表达。

② 1980—1990 年代：机器学习开始兴起，专家系统在商业上获得了一定的成功。

③ 2000 年代：随着算力的提升和大数据的出现，深度学习开始迅速发展。

④ 2010 年代：深度学习带领人工智能取得了长足的进步，人工智能在图像识别、语音识别和自然语言处理等领域获得了突破。

⑤ 现在：人工智能正逐渐渗透到各个行业和日常生活中，从智能助手到医疗诊断，再到自动驾驶汽车等。

3. 大数据与人工智能共生的现状

在目前的数字经济时代，大数据与人工智能相互促进，继续快速发展，具体表现如下。

① 数据的海量增长：物联网设备、社交媒体、在线交易等持续产生大量数据，这些数据为人工智能提供了丰富的学习材料。

② 计算能力的提升：高性能计算（如 GPU）和云计算的发展极大增强了处理大型数据集的能力，使复杂的人工智能算法得以执行。

③ 算法的创新：新型的机器学习算法和架构不断涌现，提高了人工智能处理数据的能力。

④ 应用范围的扩大：大数据与人工智能的结合被广泛地应用到各个领域，如金融科技、智能制造、健康医疗等，用于实现智能分析和决策支持。

⑤ 伦理与隐私保护：随着技术的发展，大数据与人工智能应用中的隐私保护和伦理问题也越来越受到重视，如欧洲制定了《通用数据保护条例》（GDPR）等数据保护法规。

预计未来，大数据与人工智能将继续沿着更加智能化、自动化的道路发展，而解决好隐私、安全性及合规性等问题将是科技创新和应用的重要挑战。

10.7.3 大数据与人工智能的关键技术

大数据与人工智能的关键技术构成了它们功能强大、应用广泛的基础，如表 10-2 和表 10-3 所示。

表 10-2 大数据的关键技术

序号	关键技术	具体说明
1	数据存储技术	分布式文件系统[如 Hadoop 分布式文件系统(HDFS)]、云存储服务(如 Amazon S3),以及各种 NoSQL 数据库系统能够高效地存储和管理海量的数据
2	数据处理技术	大数据处理框架(如 Apache Hadoop)和其核心组件(MapReduce),以及 Apache Spark 等更快的实时数据处理工具
3	数据分析技术	批处理分析和流处理分析工具(如 Apache Hive、Apache Pig),以及实时流处理系统(如 Apache Storm、Apache Flink)
4	数据集成技术	帮助整合来自不同源的数据(如 Apache Sqoop、Apache Flume 等)
5	数据管理和治理	数据仓库解决方案(如 Amazon Redshift、Google BigQuery)、数据湖构建工具(如 Delta Lake),以及数据质量管理和元数据管理工具
6	大数据分析算法	机器学习算法、图算法、预测建模、统计分析方法等,这些算法能够从大型数据集中挖掘有用信息
7	数据可视化工具	商业智能和数据可视化工具(如 Tableau、Power BI、Qlik),帮助用户通过图表、图形等形式直观理解数据分析结果

表 10-3 人工智能的关键技术

序号	关键技术	具体说明
1	机器学习	算法让计算机学习如何从数据中做出决策或预测,关键技术包括监督学习、非监督学习和强化学习等
2	深度学习	一个人工神经网络的子集,特别是深层次的神经网络,如卷积神经网络(CNN)、循环神经网络(RNN)和 Transformer 等模型
3	自然语言处理(NLP)	如语言模型、语义分析、情感分析、机器翻译等,可帮助机器理解、解释和生成人类语言
4	计算机视觉	涉及从图像或视频中获取信息的技术,如图像识别、物体检测、图像分割和视觉跟踪
5	语音识别	使计算机能够识别和理解人类语音,并将其转化为文本,典型应用包括虚拟助手和自动语音转文字服务
6	推荐系统	利用用户数据,采用协同过滤、内容推荐等技术为用户推荐商品或内容
7	强化学习	通过奖励和惩罚机制训练模型做出决策,适用于游戏、机器人等领域
8	优化技术	搜索和优化算法(如遗传算法、模拟退火),帮助在大规模的解空间中找到最优或近似最优解

随着技术的发展融合,大数据与人工智能越来越多地在一些关键技术上共同前进。随着大数据与人工智能的发展,新增的技术和工具不断出现,推动了科技创新的不断进步,如表 10-4 所示。

表 10-4 大数据与人工智能的联合应用技术

序号	关键技术	具体说明
1	分布式计算和机器学习平台	如 Apache Spark MLlib，可以在集群上进行分布式机器学习计算
2	云服务和 API	提供大数据处理和 AI 功能的云平台服务，如 Amazon Web Services、Microsoft Azure 和 Google Cloud Platform
3	加速计算硬件	如 GPU 和 TPU，为深度学习训练和模型推理提供了大量计算资源
4	自动化机器学习	如 Google AutoML，旨在自动化机器学习模型的选择和调整过程中涉及的复杂工作

10.8 实做项目及教学情境

实做项目一：调查各运营商移动互联业务开展及使用情况

目的：

① 了解移动互联业务的发展。

② 探索移动互联业务的未来发展趋势。

要求：

① 利用互联网提供的各种资源，了解各运营商的移动互联业务开展及使用情况。

② 通过各种渠道，调研分析移动互联业务的发展与使用情况，写出调研报告。

实做项目二：使用云服务的业务

目的：

① 了解云服务功能的主要类型。

② 使用云服务的产品。

要求：

① 调研云服务的主要产品形态。

② 结合调研和使用情况，写出调研报告。

实做项目三：人工智能工具的使用

目的：

① 掌握人工智能工具的使用。

② 探索人工智能提示词的使用方法。

要求：

① 使用人工智能工具进行物联网关键技术的收集与整理。

② 总结人工智能工具提示词的使用方法，写出研究报告。

实做项目四：智能化制图工具的使用

目的：

① 掌握人工智能制图工具的使用。

② 了解人工智能制图工具的优缺点。

要求：

① 利用智能化制图工具(如 Midjourney)完成一次特定主题的海报制作任务。

② 总结人工智能制图工具使用的经验,写出总结报告。

小　结

1. 物联网(IoT)是连接物体网络的技术,目的是提高效率和减少人工干预,构建全球超大规模信息网络。它融合了无线传感器网络、无线数据通信等技术,并使得物品通过“物—物”和“人—物”的互联来自动化完成任务。

2. 物联网系统分为三个核心层次:感知层(识别和信息采集)、网络层(信息传递,分为接入网和传输网)和应用层(信息处理、用户交互和远程控制)。

3. 物联网关键技术涵盖传感节点技术、组网与互联技术、应用技术和关键支撑技术,包括 RFID、MEMS、智能芯片、无线传感器网络和 NB-IoT 等。它们推动信息采集、数据传输和物品管理,同时带来新挑战,如安全与隐私、标准化、大数据处理、网络连接问题、能源消耗等。

4. 工业互联网(IIoT)结合了计算机、分析技术、网络设备与机器,侧重于对从传感器、设备和工业机器中获得的数据进行分析来优化生产。

5. 工业互联网体系架构包括设备层、边缘层、企业层和产业层,实现信息流、物流和价值流的管理和优化。

6. 工业互联网的应用涉及预测性维护、智能制造、远程监控和控制、供应链管理、能源管理和客户体验提升等,这些应用能够改进当前工业系统并创造新的服务和业务模式。

7. 量子通信技术是使用量子物理学原理来传输信息的技术,包括量子纠缠、量子密钥分发(QKD)、量子比特(qubit)、光子传输等概念。QKD 提供理论上绝对安全的通信,因为任何监听尝试都会立即被检测到。

8. 量子保密通信的关键技术涉及源端系统、单光子探测器、量子通道、纠错和隐私放大、量子中继、量子存储、量子网络、安全认证和同步与控制等。

9. 量子通信技术的应用影响到国家安全、信息保护、关键基础设施保护,并可能带来全球量子互联网和分布式量子计算。它还可以被应用于传感、导航和精确时间同步。

10. 空间激光通信技术是将激光作为信息载波,适用于各类空间环境的通信方式。其特性包括高带宽和大容量、轻质小型化、低功耗、成本效益好、高稳定性和保密性、频谱资源自由。

11. 大气激光通信系统由光发射端机和光接收端机构成,并通过大气信道传输信息。其关键技术包括精准的瞄准、捕获和跟踪技术、光学天线的设计技术、激光器的温度控制技术、光调制技术和激光探测技术。

12. 空天地海一体化通信是地面网络、天基网络和相关技术的融合,旨在提供一个覆盖太空、天空、陆地和海洋的信息网络。

13. 云计算按部署模式分类有公有云、私有云、社区云和混合云。云计算的优点是成本效率高、可扩展性好、可用性强、易于访问和灵活性好。

14. 云网融合是指将云计算与网络技术相结合,创建一个灵活、高效的服务平台,改变 IT 资源和服务的使用和交付方式。云计算的服务模式包括 IaaS、PaaS 和 SaaS,分别提供虚拟化的基础设施、开发平台和软件应用。

15. 云网融合的技术框架由基础设施层、功能层、操作系统层和应用层组成,关键技术包括NFV和SDN、资源集中与弹性伸缩、服务自动化与智能调度、端到端服务与QoS保证、数据中心互联、多云和混合云架构、安全与合规等。

16. 云网融合的应用包括多云和混合云服务、边缘计算、灵活控制和分配网络资源、企业级应用、灾难恢复和业务连续性、SaaS、PaaS、IaaS、智能网络安全、智慧城市和物联网等,推动了数字化转型和创新式服务的发展。

17. 大数据与人工智能紧密相关,相互促进。大数据表示规模大、增长快、类型多样的数据集,人工智能则关注智能任务的执行,包括学习和理解等。大数据为人工智能提供训练数据,人工智能帮助处理和分析大数据。

18. 大数据的关键技术包括数据存储、处理、分析、集成、管理和治理等,人工智能的关键技术涉及机器学习、深度学习、自然语言处理等。这些技术在多个行业中有着广泛的应用。

即测即评

(扫描二维码可进行自我测试)

参考文献

[1] 孙青华.现代通信技术及应用[M].3版.北京:人民邮电出版社,2014.

[2] 孙青华,尹凤祥.现代信息化教学平台的比较研究[J].深圳大学学报(理工版),2020,37(z1):169-174.

[3] 姚美菱,吴蓬勃,张星,等.5G超密集组网的必然性和挑战性分析[J].电信快报,2019(1):12-14.

[4] 孙青华,尹凤祥."互联网+"触发"邮政+"[J].中国邮政,2016(6):44.

[5] 王克文,张维庭,孙童.空天地一体化算力网络资源调度机制[J].计算机工程,2024,7:1-11.

[6] 明朝辉,明晓洋,王骋翰,等.空天地一体化融合通信赋能智慧应急救援建设[J].中国应急救援,2024(4):25-29.

[7] 程瑞鹏.云网融合打造大型能化集团智慧数字底座[J].山西电子技术,2024(4):73-76.

[8] 王耀东,程瑚,沈存峰.新型城域网云网融合业务应用创新实践[J].江苏通信,2024(4):26-29.

[9] 郑晓园,叶紫冰,李昕泽.基于5G、云网融合的新型城域网重构分析[J].电子元器件与信息技术,2024(7):131-133.

[10] 谢华.通信网基础[M].2版.北京:电子工业出版社,2007.

[11] 李伟章.现代通信网概论[M].2版.北京:电子工业出版社,2008.

[12] 韩冷,鲜继清.现代通信系统[M].西安:西安电子科技大学出版社,2017.

[13] 赵小林.网络通信技术教程[M].北京:国防工业出版社,2003.

[14] 谢希仁.计算机网络[M].8版.北京:电子工业出版社,2021.

[15] 唐纯贞,严建民,鲁碧英.电信网与电信业务[M].北京:人民邮电出版社,2003.

[16] 李昭智.数据通信与计算机网络[M].北京:电子工业出版社,2002.

[17] 相村,钱志峰.下一代网络的研究[J].中国数据通信,2005,7(1):54-58.

[18] 沈庆国,邹仕祥,陈茂香.现代通信网络[M].3版.北京:人民邮电出版社,2017.

[19] 蒋青泉.交换技术[M].2版.北京:高等教育出版社,2008.

[20] 栾正禧.中国邮电百科全书——电信卷[M].北京:人民邮电出版社,1993.

[21] 叶华,聂衡,李鹏宇.软交换组网技术领域中若干问题的探讨[J].北京邮电大学学报,2004(z1):96-101.

[22] 李瑞峰.软交换技术发展现状[J].邮电设计技术,2004(5):44-46.

[23] 孙青华.光电缆线务工程(下)——光缆线务工程[M].北京:人民邮电出版社,2011.

[24] 张政.数字微波[M].北京:人民邮电出版社,1993.

[25] 孙青华.接入网技术[M].北京:人民邮电出版社,2014.

读者意见反馈

为收集对教材的意见建议，进一步完善教材编写并做好服务工作，读者可将对本教材的意见建议通过如下渠道反馈至我社。

咨询电话　400-810-0598

反馈邮箱　gjdzfwb@pub.hep.cn

通信地址　北京市朝阳区惠新东街4号富盛大厦1座

　　　　　高等教育出版社总编辑办公室

邮政编码　100029

资源服务提示

授课教师如需获取本书配套教辅资源，请登录“高等教育出版社产品信息检索系统”(https://xuanshu.hep.com.cn/)搜索下载，首次使用本系统的用户，请先进行注册并完成教师资格认证。

高教社高职工科分社电板块教材服务中心：gzdz@pub.hep.cn